新时代大学计算机通识教育教材

曹成志 宋长龙 主 编

刘向东 李 锐 周 栩 副主编

邹 密 吕 楠 参 编

基于互联网的数据库及程序设计

第3版

U0252780

清华大学出版社
北 京

内 容 简 介

本书由长期从事计算机基础课教学、吉林省高等院校精品课程建设的优秀教学团队编写,主要内容涵盖数据库技术应用、网页制作和网络应用程序设计三大主题内容,由网站环境设计、Dreamweaver 及静态网页设计、网页的布局和应用、数据库逻辑设计及数据库系统结构、MySQL 数据库管理与维护、数据库访问及结构化查询语言、PHP 程序设计、动态网页及程序设计、MySQL 程序设计等内容构成。每章配有符合标准化考试要求的大量习题(填空题、单选题和多选题)、程序设计填空题、程序阅读结果题、程序设计题和思考题。书中恰当地融合了思政和"二十大"精神等元素。

本书还配有实践指导教材,内容包括对应主教材内容的验证性、设计性和创新性实验题目,实验过程指导以及其习题分析与解答。

本套教材适合作为高等院校、高等职业技术学院的授课教材,也可作为计算机等级考试、IT 技术培训、学生自主学习和 MOOC 授课的独立教材或参考书。

图书在版编目(CIP)数据

基于互联网的数据库及程序设计/曹成志,宋长龙主编. —3 版. —北京:清华大学出版社,2024.5(2025.3重印)
新时代大学计算机通识教育教材
ISBN 978-7-302-66407-9

Ⅰ.①基… Ⅱ.①曹…②宋… Ⅲ.①关系数据库系统—高等学校—教材 Ⅳ.①TP311.132.3

中国国家版本馆 CIP 数据核字(2024)第 111267 号

责任编辑:袁勤勇
封面设计:常雪影
责任校对:李建庄
责任印制:宋 林

出版发行:清华大学出版社
   网 址:https://www.tup.com.cn,https://www.wqxuetang.com
   地 址:北京清华大学学研大厦 A 座   邮 编:100084
   社 总 机:010-83470000   邮 购:010-62786544
   投稿与读者服务:010-62776969,c-service@tup.tsinghua.edu.cn
   质量反馈:010-62772015,zhiliang@tup.tsinghua.edu.cn
   课件下载:https://www.tup.com.cn,010-83470236
印 装 者:三河市铭诚印务有限公司
经 销:全国新华书店
开 本:185mm×260mm   印 张:24.75   字 数:605 千字
版 次:2016 年 8 月第 1 版 2024 年 7 月第 3 版 印 次:2025 年 3 月第 2 次印刷
定 价:69.90 元

产品编号:098691-01

前　言

　　国家制定的"互联网＋"行动计划将推动移动互联网、云计算、大数据、物联网等与现代制造业结合,促进电子商务、工业互联网和互联网金融健康发展,引导互联网企业拓展国际市场。为完成和实施"互联网＋"这一战略目标,教育应该先行,如何培养和储备"互联网＋"技术开发和应用的综合型人才,引导"互联网＋"技术未来的生力军——大学生充分利用"互联网＋"技术解决专业领域的实际应用问题,将成为教育工作者近期的主要义务和责无旁贷的责任,也是亟待解决的问题,需要教育工作者进一步学习和探讨这一新课题。

　　在基于互联网环境下的大数据、信息化社会的今天,如何培养大学生成为"互联网＋"的建设者和引领者,而不是被动享用"互联网＋"资源的普通用户;如何将计算机网络技术与其他学科的理论、技术和艺术相融合,增强学生社会实践中借鉴、引入计算机科学、网络的理念和技术方法来分析问题、解决问题;如何将现实问题转化成计算机网络技术能解决的各种形式,达到用计算机网络技术处理各种复杂事务之目的;如何提升学生的计算思维、逻辑思维、分析问题以及用计算机网络技术解决现实问题的能力,掌握用计算机网络技术解决实际问题的过程、实现原理和技术方法,突破现有技术手段(软件),提高计算机网络的应用水平,增大计算机网络技术的应用领域和应用深度,增强各学科的创新能力——探讨和解决这些问题是本书的主要宗旨。

　　经过近些年的社会调研、学习、探索、研究以及教学实践,综合精品资源共享课和大规模网络开放课程(Massive Open Online Courses,简称 MOOC 或慕课)的教学方式改革与建设,以及基于计算思维的计算机基础课程改革,我校组织了长期从事计算机基础教学、负责精品课程及优秀教学团队建设且有互联网技术应用、开发及教学经验的专业教师进行了专题讨论和研究,针对目前发行的一些相关技术参考书进行了认真剖析、归纳、总结和提炼,取其精华,去其不足,为编写这方面的教科书夯实了基础。

　　为了落实中国共产党二十大的"科教兴国战略",解决"培养什么人、怎样培养人、为谁培养人"的教育根本问题,将数据库及程序设计课程中的相关知识点与"深入开展社会主义核心价值观宣传教育,深化爱国主义、集体主义、社会主义教育,着力培养担当民族复兴大任的时代新人"及"加快发展数字经济"的伟大部署有机融合,提升大学生数字技术素养、思政意识和数据库技术综合应用能力,推动以数字技术应用能力培养为重点的课程思政改革,结合资源共享课和大规模开放线上、线下以及混合模式的课程建设,是此次改版的主要任务和出发点。在教学内容方面去繁就简,从完整性、系统性、连贯性、逻辑性、可读性以及实用性等方面进一步优化,使新版本更适合教学和 IT 技术人员参考。

　　在编写本教材的过程中,作者遵循教学工作的基本规律,采用"案例教学法"将教学和实用技术相结合,理论联系实际,由浅入深,循序渐进,以人才招聘为案例讲解相关内容,使读者在学习过程中做到有的放矢,通过个案扩展到解决一般问题的过程和技术方法。按照计算思维课程改革的精神实质,以面向案例、任务和问题求解的教学思想为主线,较科学地整理和规划了教学内容、知识点和技能点。努力使读者掌握开发一个完整互联网实用软件的整体过程、总体思路和设计方法,为引导读者开发和设计解决专业领域实际问题的互联网应用软件尽微薄之力。

数据库技术是互联网技术的基石,互联网技术只有与数据库技术有机地结合起来,才能体现出其巨大的力量和作用。因此,本套教材涵盖数据库技术应用、网页设计和网络应用程序设计三大主题内容。本套教材分主教材和实践指导两本书。主教材由曹成志和宋长龙组织编写并负责修改和统稿,共 11 章和两个附录,具体内容及参编教师的分工如下表所示。

作　者	内　容
刘向东	第 1 章　网络应用程序设计基础
李　锐	第 2 章　Dreamweaver 及静态网页设计基础
刘向东	第 3 章　网页的布局和应用
宋长龙	第 4 章　数据库逻辑设计及数据库系统结构
邹　密	第 5 章　MySQL 数据库管理与维护
宋长龙	第 6 章　数据库访问及结构化查询语言
曹成志	第 7 章　PHP 程序设计基础
周　栩	第 8 章　PHP 程序设计
吕　楠	第 9 章　动态网页及程序设计
曹成志	第 10 章　MySQL 程序设计
邹　密	第 11 章　会话管理
曹成志	附录 A　MySQL 常用运算符及函数
	附录 B　PHP 常用运算符及函数

主教材每章配有符合标准化考试要求的大量习题(填空题、单选题和多选题)、程序设计题和思考题;实践指导辅教材包括验证性、设计性和创新性实验题目,实验过程指导以及主教材的习题分析及解答,供读者自主学习、自测和上机实践参考。本套教材可以作为高等院校、高等职业技术学院的教材,也可以作为参加全国计算机等级考试以及计算机网络应用软件研发人员的技术参考书。

作为吉林大学"十三五"规划教材,本套教材是全体作者长期从事计算机基础教学和软件开发实践经验的总结和成果。在此对给予作者大力支持的吉林大学和闽南理工学院、为本书付出辛勤劳动的教师以及一直关注本书问世的读者和学生表示衷心的感谢。

由于时间仓促和作者认知水平有限,书中肯定还会有错误或遗漏之处。如果由此给读者和同学们带来不便,作者深表歉意,也恳请广大读者指出其不妥之处并提出修改建议,以便帮助我们改正错误、弥补不足,把今后的教材建设得更好,为广大读者提供更易于教、更易于学的 IT 教材。

作　者

2024 年 4 月

目　　录

第1章 网络应用程序设计基础

在网络技术广泛应用之前,设计计算机软件时,通常将程序本身和用户数据安装在同一台设备中,所有软件涉及的服务和数据管理都由这台设备实现。基于这种设计结构的软件,称为单机应用程序。单机应用程序设计简单,但受限于用户设备的性能。随着业务需求和数据的增长,软件的处理能力和安全性会出现瓶颈。特别是用户长期积累的宝贵数据就可能因为一次系统或硬件错误,而造成永久的损失。

随着互联网技术的普及和发展,由于网络的便利,用户更倾向于用网络来传递和共享数据。这就对软件的数据管理和安全性提出了更多的要求,软件开发开始将程序和数据合理地安装在用户设备和多个专用的计算机中,通过网络完成数据操作和管理。采用这种结构设计的软件就称为网络应用程序。由于网络应用程序提供了更多样化的功能和更好的服务,逐渐成为程序设计的主流。

在移动互联网时代,网络应用程序展现的形式越发丰富,功能日趋完善,同时产生了海量的数据,对这些数据的分析具有极大的经济价值和战略意义。网络和数据的安全性已不再局限于IT行业,在党的二十大报告中甚至将其重要性上升到了国家安全的高度。因此,在如今的大数据时代,掌握网络和数据管理的相关知识,掌握对基于互联网的数据库应用程序能进行快速而有效开发的技能,具有很强的现实意义和时代意义。

本章主要从网络应用程序设计与开发的概念角度为读者回答下列问题。

(1) 网络应用程序涉及哪些知识?

(2) "互联网+"和大数据是什么?

(3) 互联网的工作原理是什么? 网站是如何工作的?

(4) 要创建网站,所需要的技术路线是什么?

(5) 网络应用程序设计与开发需要哪些软件平台? 如何安装、配置和测试相关的软件平台?

1.1 网络应用程序概述

应用程序是指为某些特定任务开发的计算机软件。无论单机应用程序还是网络应用程序,通常都拥有可视的用户界面,用户通过用户界面操作软件,软件通过程序完成指定的任务,同时使用或产生相关的数据。

一个成熟网络应用程序的功能可分为用户界面、任务逻辑和数据操作,由于功能相对独立,技术路线差别大,所以常被设计成独立模块单独实现。各模块间可以放置在不同的计算机中通过网络获取、传递信息,这种模块化的设计方法被称为三层架构。

1.1.1　网络应用程序的设计结构

网络应用程序的三层架构由表示层、业务逻辑层和数据访问层构成,如图 1-1 所示。每层都可以选择不同的运行模式,由独立的开发团队开发或更新,而不会影响其他层,从而实现"模块内高内聚,模块间低耦合"的思想。常见的即时通讯(聊天)、视频会议、网站、在线游戏和远程控制等软件都采用这样的设计方式。

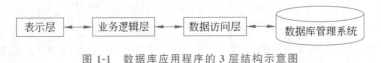

图 1-1　数据库应用程序的 3 层结构示意图

1. 表示层 UI

表示层即用户所看到的界面,也叫作表现层。表示层是最接近用户的一层,负责数据显示的界面(窗口)和与用户交互的接口。用户通过表示层向业务逻辑层传输请求(命令)和数据,并通过逻辑层获取结果,并以一定的格式显示输出。

2. 业务逻辑层 BLL

业务逻辑层也称功能层或处理层,负责程序任务的逻辑实现,是网络应用程序功能的核心。业务逻辑层位于数据访问层与表示层之间,并不直接存取数据,在软件界面和数据交换的过程中起到承上启下的作用。

当业务逻辑层接收到表示层的数据请求时,需要进行有效性验证(如数据项值、数据格式和用户权限等检查)或相关业务处理(如计算、分类和统计汇总等),调用数据访问层,接收数据访问层返回的数据或处理结果后,再进行后续的业务处理。

3. 数据访问层 DAL

数据访问层的主要功能是直接访问数据文件(如数据库、二进制文件、文本文件和 XML 文件等),根据业务逻辑层的调用请求,实现数据的增加、删除、修改、查询等操作,将结果返回给业务逻辑层,为业务逻辑层提供数据服务。

由于数据的重要性,数据访问层只描述了数据的逻辑操作和接口实现,不直接负责数据的实际操作,而是交给专业的数据库软件,即数据库管理系统。

4. 数据库管理系统 DBMS

数据库管理系统是需要独立安装的第三方软件,执行创建与维护数据库、用户权限验证、数据一致性检验、存取用户数据、数据备份和数据库日志等工作。通过 SQL 语言与网络应用程序进行数据通信,将数据的逻辑管理变成物理上的实现。

总之,对数据访问层而言,业务逻辑层是调用者;对于表示层而言,业务逻辑层是被调用者,对数据库管理系统而言,网络应用程序是调用者。这样的设计结构兼顾了软件质量和安全性,还可以根据需要分层安装在不同设备中。

1.1.2　网络应用程序的运行模式

网络应用程序提供了单机应用程序不能实现的远程服务,其数据集中存放,统一管理,不受地域和时间限制,很好地保证了数据的安全性、一致性和实时性。但是受限于设备性能、应用场景和网络状况,用户体验会有很大的不同。为使网络应用程序能更好地适应实际情况,可以将一个软件不同层次的结构,安装运行在不同设备中。

用户的设备也叫客户机,安装在客户机的程序称为客户端。安装在网络中专用计算机,为客户端程序提供运行支持的程序称为服务器端,这些专用计算机也称为服务器计算机。网络应用程序在运行时,根据运行位置的不同,可分为客户端/服务器(client/server,C/S)模式和浏览器/服务器(browser/server,B/S)模式。

1. 客户端/服务器模式

C/S 模式是一种典型的双层结构,由客户端和服务器端两部分组成。客户端包括表示层、业务逻辑层和数据访问层,运行在客户机上。客户端提供前台界面,接受用户请求,完成具体业务。客户端需要单独安装。服务器端只包括数据库管理系统,提供后台数据管理和并发控制,通过 IP 地址和指定账户与多个客户端相联,也称为数据库服务器。

客户端负担从软件界面到数据库访问的整套流程,负担较重,因此也被戏称"胖"客户端。服务器端只负责数据的存取和管理。C/S 模式中网络只负责基本数据传输,甚至某些情况下可以单机运行,所以网络负载较小,但对网络安全性要求较高,通常使用专用网络,适合在安全性较高的局域网环境。

目前,适合 C/S 模式的应用程序开发工具(语言)有很多,例如,Visual Basic、Visual C++ 、C♯、Java 和.NET 框架等都是常见的选择。

2. 浏览器/服务器模式

随着软件技术的发展,C/S 模式的弱点逐渐显现出来。例如,发布、安装、维护、升级和用户培训等较为困难,维护成本逐渐提高。此外,网络的流行导致用户群分散,对开放网络应用的需求与日俱增。改进的思路是对客户端减"肥",对服务器端增"胖",进而产生了 B/S 模式。

B/S 模式属于三层结构。客户端只保留表示层,负责显示和简单的输入输出功能。业务逻辑层和数据访问层从客户机中独立出来,安装在服务器计算机上,为客户端提供业务支持,组成了 Web 服务器,也称为应用服务器。数据库服务器保持不变,即可与 Web 服务器运行在同一台服务器计算机上,也可运行在不同服务器计算机上。

网络浏览器是轻量级应用程序,可以实现网络中文件的传输和内容显示。B/S 模式(如图 1-2 所示)中,由于客户端功能简单,所以只要客户机中安装浏览器就可以运行,无须单独安装。由于浏览器与业务逻辑层无关,不需要复杂的逻辑功能和数据库接口程序,不用配备专用的网络硬件,所以 B/S 模式适合各种应用场景。

图 1-2　数据库应用程序的 B/S 模式

开发基于 B/S 模式的软件需要兼顾客户端和 Web 服务器端。客户端内容的设计需要 HTML、CSS 和 JavaScript 等一整套语言。设计 Web 服务器端程序的常用语言包括 PHP (Hypertext Preprocessor)、JSP(Java Server Pages)、ASP(Active Server Pages)和 Python 等。这些语言各有特点,只要掌握其中一种即可。

3. C/S 模式和 B/S 模式的特点

C/S 模式在逻辑结构上比 B/S 模式少一层,客户端处理任务后再提交给服务器,可以充分发挥客户机的处理能力,因此,运行效率高,响应速度快,表示层形式丰富,但对客户端负载要求高。此外,CS 模式的客户机都必须安装和配置相关软件,维护和升级都必须重新安装,因此软件的开发和维护成本高。

BS 模式把具体事务的处理逻辑部分交给了服务器,客户端只负责显示,因此客户机只需要浏览器就可运行,不需要安装软件。其好处是软件的开发和维护成本低,能够实现跨平台,通用性强;缺点是运行和维护主要在服务器端进行,服务器端处理任务后再把数据和结果回传客户机,因此对服务器负载和网络条件要求高。

总之,C/S 和 B/S 两种模式各有千秋,一个数据库应用系统可能是二者的混合体。例如,移动设备版和网页版的微信软件分别属于 C/S 模式和 B/S 模式。

1.2 "互联网十"与大数据

如果从产业发展周期来看,现在的网络应用程序还处于早期阶段,移动互联网正在以令人热血沸腾的姿态迅速向前发展。据第 51 次《中国互联网络发展状况统计报告》中显示,截至 2022 年 12 月,我国网民规模已达 10.67 亿,互联网普及率 75.6%。以互联网为代表的网络信息产业已成为国家经济的重要基础。

以教育、金融、医疗、汽车和房地产等为代表的主流经济产业都正在与互联网结合,试图依靠互联网迅速获得流量、客户和生意,没有互联网平台的传统产业公司面临被淘汰的风险。党的二十大报告也指出,要加快发展数字经济,促进数字经济和实体经济深度融合,打造具有国际竞争力的数字产业集群。为了促进传统行业的互联网化,推动产业转型升级,"互联网十"变得越来越重要。

1.2.1 什么是"互联网十"

"互联网十"就是指以互联网平台为基础,充分发挥互联网在生产要素和产品销售中的优化和集成作用,将互联网创新成果深度融合于经济社会各领域之中,提升实体经济的创新力和生产力,形成更广泛的以互联网为基础设施和实施工具的一种经济发展新形态。

通俗地说,"互联网十"就是"互联网十所有传统行业",但不是二者简单相加,而是利用信息通信技术和互联网平台使二者进行深度融合。我国提出"互联网十"行动计划,将推动移动互联网、云计算、大数据、物联网和人工智能等技术与现代制造业结合,促进电子商务、工业互联网和互联网金融健康发展,引导互联网企业拓展国际市场。相对于完全垂直型的传统行业,"互联网十"具有以下特点。

(1)跨界融合:"互联网十"不仅是将某个单一行业和互联网业进行融合,而可能影响整个传统行业的运作方式,形成整个产业链的重塑融合,带来新的客户群体,改变生产要素的结合方式,提高行业竞争力。

(2) 创新驱动:中国需要从粗放的资源驱动型增长转变成精细的创新驱动型发展模式。"互联网+"可以使网络模式下的行业更容易进行二度创新,也能通过互联网创新为行业带来效率的提升,驱动行业增长。

(3) 重塑结构:行业和社会的互联网化可能打破原有的社会结构、经济结构、地缘结构和文化结构。在"互联网+"框架下,许多传统的结构都可能有所变化。

(4) 尊重人性:由于人是互联网的体验者和使用者,互联网的力量也体现为对人性的尊重,特别是在 Web 3.0 时代,用户不仅是互联网的客户和消费群体,也是网络内容的来源,"互联网+"时代更加须要尊重并了解人性。

(5) 开放生态:"互联网+"的生态是开放的,将孤岛式的传统方式和制约创新的环节打开,连接起来,使研发由市场驱动,让真正的需求决定行业的价值。

(6) 万物互联:将人、生活、数据和设备连接到一起,使得网络连接变得更加紧密,更有价值。万物互联将信息转化为行动,给企业、个人和国家创造新的功能,并带来更加丰富的体验和前所未有的经济发展机遇。

1.2.2　"互联网+"的应用

现在的互联网已经不再是一个独立的行业,特别是伴随智能手机的普及和发展,移动互联网打破了生活与网络的分隔,打破了线上和线下的界限,与其他行业结合变成了底层的框架。现阶段我国的"互联网+"主要有如下应用方向。

(1) 互联网+工业:传统制造企业采用信息通信技术改造原有产品及研发生产方式。2014 年,中国互联网协会和工业应用委员会等国家级产业组织宣告成立,工业互联网已经开始实践。传统工业与移动互联网、云计算、物联网和互联网商业模式等网络创新技术融合后,产生了一大批新型产品。

(2) 互联网+商贸:商贸领域与互联网融合的时间较早,电子商务业务多年来伴随着我国互联网行业发展壮大,目前仍处于快速发展阶段,覆盖了包括 B2B 电子商务、企业自营电商、出口跨境电商等多种贸易类型,产生了一大批电子商务平台。随着移动互联网的出现,电子商务也面临着转型升级,发展前景广阔。

(3) 互联网+金融:随着余额宝的横空出世,传统金融也开始出现变化,国家对互联网金融的研究越来越透彻,互联网金融得到了有序的发展,以及相关政策的支持和鼓励。在线理财、支付、电商小贷、P2P、众筹等为代表的细分互联网金融模式不断出现,互联网金融已然成为一个新金融行业,并为普通大众提供了更多元化的投资理财选择。

(4) 互联网+教育:在中国教育领域,"互联网+"意味着教育内容的持续更新、教育方式的不断变化、教育评价的多样化。互联网和课程结合带来了各学科课程内容全面拓展与更新,使得知识表现更加多样化;互联网和教学结合形成了网络教学平台、软件、视频等诸多全新的概念,使传统的教学组织形式发生了革命性变化;互联网和学习结合创造了移动学习平台,代表的是学生学习观念与行为方式的转变。未来的教与学活动都会围绕互联网进行,而线下活动则成为线上活动的补充与拓展。

(5) 互联网+民生:在民生领域打造智慧城市,不论是行政事务还是民生服务都正在向互联网敞开大门。在各级政府或事业单位网站上可以查找到多种在线服务,移动电子政务正成为推进国家治理体系建设的工具。越来越多的打车软件、水电费提交接口和在线订票平台,可以使人们的出行更加便捷。互联网的应用将使人们的生活变得更加智能。

1.2.3 什么是大数据

随着"互联网+"进程的演进,中国规模以上网络产业得到了快速增加。据第 51 次《中国互联网络发展状况统计报告》显示,截至 2022 年 12 月,我国网络购物用户规模达 8.45 亿,网络直播用户 7.51 亿,线上办公用户 5.40 亿,在线旅行预订用户 4.23 亿,医疗用户 3.63 亿。随着互联网产业的发展,数据产生的速度也越来越快,数据量越来越大,社会进入了大数据时代。

大数据(big data)是指规模大到无法在一定时间范围内用常规软件工具进行捕捉、管理和处理的数据集合。通常认为大数据有 5V 特点:大量(Volume)、高速(Velocity)、多样(Variety)、低价值密度(Value)、真实性(Veracity)。大数据蕴含着重要的决策、优化和应用价值,但需要新的处理模式和硬件设备,才能充分利用其信息价值。

1. 大数据的基础设施

大数据由于自身特点,无法采用传统的由单个计算机实现数据管理方法。随着通信网络的大规模建设,带宽不再成为网络计算的瓶颈,如云计算等新型基础设施的出现,为大数据的存储和处理提供了支撑。新基础设施可以概括为"云、网、端"三部分。

(1)"云"即云计算,指通过网络,将计算机任务分布在由大量普通计算机构成的资源池中,使各种应用能够根据需要获取计算能力、存储空间和信息服务。云计算将逐渐成为数据的存储和分析中心,让用户像用水、用电一样,便捷、低成本地使用计算资源。

(2)"端"则是用户直接接触的个人计算机、移动设备、可穿戴设备、传感器,乃至软件形式存在的应用,是数据的来源,也是服务提供的客户端。由于数据管理放到了云计算平台上,基础设施建设所以更专注在用户体验和多"端"协同上。

(3)"网"是新体系下的连接系统,将光纤、WiFi、5G、卫星和物联网等技术,通过云融合,形成了一张低延迟、广覆盖的网,融入每个人的生活中,让云-网-端形成有机的整体。

2. 大数据的应用

近年来,随着我国大力推进 5G、物联网和云计算等基础建设,大数据的应用已经进入人们生活的诸多方面,范围越来越广。

(1)电商大数据:电商是最早利用大数据进行精准营销的行业。除了精准营销,电商可以依据客户消费习惯来提前为客户备货,还可以利用其交易数据和现金流数据,为其生态圈内的商户提供基于现金流的小额信贷。未来电商数据应用会有更多的想象空间,包括预测流行趋势、消费趋势、地域消费特点、客户消费习惯、各种消费行为的相关度、消费热点、影响消费的重要因素等。

(2)医疗大数据:医疗行业拥有大量的病例、病理报告、治疗方案和药物报告等。借助于大数据平台,可以根据病人的基本特征,收集不同的病例和治疗方案,建立针对疾病特点的数据库。在诊断病人时可以参考病人的疾病特征、化验报告和检测报告,参考疾病数据库来快速帮助病人确诊,制定适合病人的治疗方案。同时这些数据也有利于医药行业开发更加有效的药物和医疗器械。

（3）金融大数据：大数据在金融行业应用范围较广，可以总结为以下 5 方面：依据客户消费习惯、地理位置、消费时间进行推荐以实现精准营销；依据客户现金流、信用评级和消费记录实施风险管控；利用大数据分析报告实施产业决策支持；利用金融行业全局数据了解业务运营薄弱点，提升效率；利用客户的财富数据和行为数据实现产品设计。

（4）农牧大数据：大数据在农业应用主要指依据未来商业需求的预测来规划农牧产品生产，降低菜贱伤农的概率。同时大数据的分析将会更加精确地预测未来的天气，帮助农牧民做好自然灾害的预防工作。政府也可以根据数据分析，对农业做精细化管理，实现科学决策。

（5）教育大数据：目前教育大数据主要应用于改善教学质量和提供教育平台，如 AI 搜题、语言学习助手和在线学习平台等。在不远的将来，无论是教育管理部门，还是教师或家长都可以针对不同学生进行个性化分析。通过大数据的分析来优化教育机制，也可以做出更科学的决策，这将带来潜在的教育革命。

1.3　网站的工作原理

1.3.1　网页和网站

在"互联网＋"和大数据的大背景下，大量基于互联网的应用已经出现，其中占主流的应用形式就是网站（web site）。网站是网络应用程序架构在 B/S 模式上的典型应用，主要由网页（web page）组成。网页是包含文字、图片、声音、动画和视频等多种媒体信息的页面文件，可通过浏览器下载并显示。网页根据运行方式和信息的来源不同，可分为静态网页和动态网页。

1. 静态网页

静态网页指使用标准 HTML（Hyper Text Markup Language，超文本标记语言）设计的文本文件，其扩展名为 HTM 或 HTML。静态网页通过 HTML 标签描述页面元素的位置和特征，通过浏览器将各个元素解析成网页。要改变页面内容，只能在服务器端修改静态网页文件的内容。

早期的网站主要由静态网页组成，网页内容对所有用户都完全相同，仅用作信息发布和媒体内容展示。有些网页包含诸如 GIF 格式的动画、FLASH、滚动字幕等多种动态的效果，但这些动态效果都是预先编好，发送到客户端浏览器后就不再改变，这些网页仍然属于静态网页。

2. 动态网页

动态网页是指网页内容可以随时间、环境或客户不同而自动变化的网页。例如，常见的论坛、博客、留言板和搜索引擎等实时变化的网页都属于动态网页。

动态网页通常以静态网页为基础，在文件中添加可在服务器端直接运行的脚本程序（也称网络程序），当用户通过浏览器访问动态网页时，服务器端执行脚本程序，将执行结果转变成新的 HTML 代码，发送到客户端浏览器进行显示。使用动态网页可以为用户带来更好的个性化体验，并通过连接数据库服务器增强网页的功能和服务，因此，动态网页已经成为现代网站中网页的主要形式。

3. 网站

网站是一种通过网页发布信息或提供服务的网络媒体。访问网站后看到的第一个网页称为主页。网站通过链接将主页与网站其他网页组织到一起,为用户提供信息及工作界面。网站除了包含网页相关的资源文件外,还包含为用户正常访问网站提供支持的服务和技术,可以总结为域名、存放空间和服务程序。

(1) 域名(domain name):由一串用圆点分隔的名字组成,用于访问互联网上某一台计算机或计算机组,是便于记忆和沟通的一组服务器地址。例如,百度网站的域名是 www.baidu.com,用户可以通过这个域名登录百度的网站服务器。

(2) 空间:可以看作网站服务器端的一块磁盘空间(文件夹),用来存放网站的信息,例如网页、音频、动画和视频等。网站的空间可以是网络建设人员自己架设的主机空间,也可以是云计算服务商提供的虚拟主机。

(3) 服务器程序:用来支持网页访问并辅助动态网页运行的软件,通常包括网页服务器程序和数据库管理系统。其中,网页服务器是 Web 服务器在网站中的体现,为用户能够准确访问网站资源,提供文件传输和脚本运行等功能。不同的动态网页脚本,所使用的网页服务器也不同。

1.3.2　网站工作原理概述

访问网站实际上就是网页服务器与客户端浏览器交互的过程,浏览器是运行在客户端发送请求并显示结果的软件,网页服务器程序是工作在网站主机上响应请求并提供文档的软件,二者通过超文本传输协议(Hypertext Transfer Protocol,HTTP)规定的流程和通信协议进行通信。网站的工作原理如图 1-3 所示。

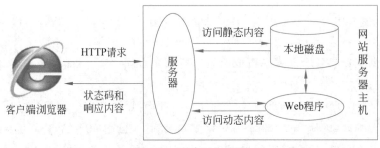

图 1-3　网站工作原理

浏览器首先发送 HTTP 请求,通过 HTTP 协议的统一资源定位器(Uniform Resource Locator,URL)与网页服务器通信。统一资源定位器,也称资源名,是互联网上资源访问地址和访问方式的标准表示。使用资源名可以访问存储在服务器中的数据文件或者要求执行服务器中的网络应用程序,并将执行结果返回客户机。

网页服务器运行在网站后台,主要任务是监听主机通信端口接入的网络请求。当接收到 HTTP 请求时,网页服务器通过解析资源名,在网站的文件系统中定位所需文件。若定位成功,则返回请求的网页信息;否则,在浏览器中显示异常信息及状态码,例如,404 表示请求的资源不存在,503 表示服务器过载而无法访问等。

　　如果用户请求访问的是静态网页,则网页服务器直接将静态网页发送到客户端浏览器;如果是动态网页,则网页服务器通过语言解释程序执行文件中的脚本代码,并连接数据库服务器,实现网页的业务逻辑,生成浏览器可识别格式。最后,网页服务器负责将网页回传给客户端,再通过浏览器解释并显示网页。

　　【例 1-1】　使用 IE 浏览器访问百度网站,观察访问网站动态网页的效果。

　　(1) 启动 IE 浏览器,输入资源名 http://www.baidu.com 访问百度网站,浏览器会向百度服务器发送通信请求。

　　(2) 百度服务器获取到用户请求后,解析资源名并显示主页,查找并准备相关文件,以 HTTP 协议的形式发送给用户浏览器。用户在浏览器中按 F12 键可以打开“开发人员工具”窗口,在“网络”选项卡中可以查看浏览器发送和接收的消息内容,例如,通信请求的资源名、获取方法、格式和状态码等。

　　(3) 浏览器接收并解析网页源文件后,按照 HTML 标签功能组织网页所需资源,并显示当前页面。从浏览器的右击快捷菜单中选择“查看源文件”选项,可以看到服务器向浏览器传输的 HTML 代码。

　　(4) 在百度主页的搜索栏中输入“网站建设”,观察“开发人员工具”窗口发现浏览器向百度服务器发送新的 HTTP 请求。服务器端通过语言解释程序执行动态主页中的应用程序并检索数据库,生成新的页面和状态码回传给用户浏览器。随着用户请求的改变,网页结构和内容随之发生变化,实时显示当前关键字的搜索结果,如图 1-4 所示。

图 1-4　百度动态页面和“开发人员工具”选项卡

1.4　网站建设的相关软件和技术

网站建设是一个广义的术语,涵盖了网站规划、域名申请、主机租赁、网页设计、网络应用程序开发、推广应用和维护等多方面的知识和技术。本节以建设人才招聘网站为例,概要介绍网站建设中涉及的软件技术。

1.4.1　网站的常用软件

网站通过各种服务器软件为用户提供网络访问服务,其中最重要的软件是网页服务器和数据库服务器。网页服务器为用户提供网上信息浏览和文件下载服务,可根据网站应用的需要,部署动态网页程序的解释环境。数据库服务器为网页提供数据支持,如人才招聘网站中的招聘公司、职位、求职人员和管理人员等数据。

1. 网页服务器软件

网页服务器也称 Web 服务器或 HTTP 服务器,目前世界上最流行的三大网页服务器是 IIS、Nginx 和 Apache。

(1) Microsoft IIS 服务器:是专用于 Windows 操作系统的网上信息发布服务器,属于 Windows 的内部组件,兼容包括 ASP 语言在内的微软各项 Web 技术。IIS 功能强大,运行稳定,是常见的网页服务器。

(2) Nginx 服务器:是一款轻量级服务器,可提供网页服务和电子邮件服务。其特点是性能高,系统资源消耗少,并发能力强。由于开放源代码,表现性能好,Nginx 服务器近年来在服务器市场的占有率逐步提高。

(3) Apache 服务器:是使用率排名第一的 Web 服务器软件,几乎可以运行在所有的计算机平台上。Apache 服务器快速、可靠,可通过简单的扩充,部署多种解释程序,并可作为代理服务器使用。

2. 数据库管理系统

有许多数据库管理系统(Data Base Management System,DBMS)软件可为网站提供数据服务,每个网站都应该安装数据库管理系统。

(1) Oracle 数据库:是目前比较流行的 C/S 或 B/S 结构的大型数据库管理系统,功能强大,技术性强,适合大型网络系统。

(2) DB2 数据库:可以工作在不同的操作系统平台上,具有较好的可伸缩性,支持从大型机到微型计算机环境,主要应用于大型网络系统。

(3) Access 数据库:只能运行于 Windows 系统,具有 Microsoft Jet 数据引擎和图形用户界面两个特点,是 Office 的软件之一,适用于工作在 C/S 结构的小型应用系统。

(4) SQL Server 数据库:主要运行在 Windows 平台上,面向大型网络系统。

(5) MySQL 数据库:是小型数据库管理系统,体积小、速度快、成本低而且开放源码,被许多中小型网站选用。

1.4.2　网页应用程序分类

用户在浏览器看到的网页信息,一般是由 HTML、层叠样式表(Cascading Style

Sheets,CSS)和其他脚本语言编写的网页程序运行的结果。

HTML 是一种描述网页信息的标记性语言,通过 HTML 标签向浏览器指明网页中的文字、图片、链接、动画、表格和列表等各种元素的内容、样式和布局,是网页应用程序的设计基础。

CSS 是目前公认的网页页面排版样式标准,作为 HTML 语言的一种补充,帮助 HTML 实现样式和内容的分离,使网页的编写和维护更加方便。

HTML 和 CSS 作为标记性语言,只能用于描述网页中的元素,不能进行事务处理和逻辑判断。涉及特殊效果和动态内容时,需要借助脚本语言设计网页脚本程序。根据网页脚本程序执行的位置,网页应用程序可以分为客户端程序和服务器端程序。

1. 客户端程序

客户端程序主要指在客户浏览器上运行的脚本程序,通常使用 HTML 和 CSS 设计显示界面,通过客户端脚本语言实现逻辑处理,使网页能响应用户操作、动态显示页面、检测浏览器和实现各种特殊效果。客户端程序完全由浏览器运行,不需要服务器和数据库支持。这降低了网络通信和服务器负载,提高网站整体性能,但不能自动改变网页内容,常用于设计静态网页。

常见的客户端脚本语言有 JavaScript 和 VBScript,其中 JavaScript 编程简单、功能强大并支持跨平台,得到所有浏览器的支持,已成为客户端脚本的标准,广泛用于 Web 应用程序开发。

客户端程序可以手工编写代码,也可以借助 Dreamweaver(简称 DW)和 FrontPage 等可视化网页设计工具,通过键盘和鼠标的简单操作自动生成客户端程序代码。例如,Dreamweaver 中的"行为"可以用于创建动态效果,比较适合非专业人员。

2. 服务器端程序

服务器端程序主要承担服务器端的数据维护、业务规划和管理等任务,主要操作由动态网页完成。要改变静态网页中的内容,也需要在服务器端修改和发布网页源文件。例如,开发聊天室、留言板和 BBS 等实时更新的网页,需要在服务器端进行设计和维护网页。

目前常见的服务器端脚本语言有 ASP、JSP 和 PHP。

(1) ASP:是动态网页技术标准,支持 VBScript 和 JavaScript 脚本,通常只与 IIS 一起使用,具有良好的性能,但跨平台能力不足。

(2) JSP:内置基于 Java 的脚本语言,支持 Apache 服务器,可以完成功能强大的跨平台站点程序。

(3) PHP:是一种跨平台的服务器端脚本语言,支持目前绝大多数数据库和服务器,并且开放源代码,适合中小型网站的动态网页设计。

1.5　Apache 服务器的安装与测试

Apache 是 Web 服务器软件,可以运行在几乎所有平台的计算机中。在计算机上运行 Apache 软件之前,需要下载、安装和配置 Apache 服务器软件。

1.5.1　下载 Apache 服务器软件

Apache 软件版本更新的速度较快,在其官方网站中可以下载最新版本或某一稳定的前期版本。在网络浏览器网址栏中输入 http://httpd.apache.org,在网站首页中阅读版本概况,单击 DownLoad 超链接转到下载页面。

在下载页面中,网站为当前版本提供了几种下载类型,单击 Files for Microsoft Windows 超链接,可下载 Windows 直接运行的文件。

许多第三方镜像平台也提供了 Apache 软件下载,如 http://www.apachehaus.com 站点。打开下载页面后,找到并下载服务器压缩文件 HTTPD-2.4.17-x86.ZIP。其中 x86 代表 32 位系统;如果需要 64 位系统,则选择 x64 版本。

1.5.2　安装与卸载 Apache 服务器软件

(1) 解压缩:将文件解压缩到本机指定的服务器文件夹,如 D:\server\Apache24。并修改 Apache 服务器配置文件为安装程序指定服务器文件夹位置。

(2) 修改配置文件:用“记事本”程序打开 D:\server\Apache24\conf\httpd.conf 的 Apache 配置文件,按 Ctrl+F 键打开“查找”对话框,搜索 ServerRoot,修改其值为本机服务器文件夹的路径,如 ServerRoot "D:\server\Apache24"。

(3) 安装软件:单击 Windows 的“开始”按钮,在“开始”下面的搜索框中输入 CMD 并按 Enter 键,打开命令提示符窗口。输入命令 D:\server\Apache24\Bin\httpd.exe -k install -n Apache 并按 Enter 键,开始安装 Apache 服务器软件。安装成功后,服务名称命名为 Apache,系统自动测试,若有问题,系统将提示错误信息。图 1-5 表示安装成功。

图 1-5　正确安装 Apache 服务

(4) 卸载软件:要卸载 Apache 软件,需要先卸载 Apache 服务。在命令提示符窗口中输入命令 sc delete Apache,最后删除服务器文件夹就能实现软件卸载。

1.5.3　启动和配置 Apache 服务器

安装好 Apache 服务器后,配置相关的端口参数,开启或关闭服务器。

(1) 启动和关闭 Apache 服务器:双击 D:\server\Apache2.4\Bin\ApacheMonitor.EXE 文件运行服务器监控程序,再双击任务栏中对应的图标,打开监控器窗口。

在服务状态栏中选择已安装的 Apache 服务,单击 Start 按钮,便启动了 Apache 服务器。如正确启动,则 Apache 左侧图标变为绿灯。单击 Stop 按钮将关闭 Apache 服务器;单击 Restart 按钮,将重新启动 Apache 服务器。

(2) 配置端口参数:Apache 服务器无法正常启动可能的原因是 Apache 与网络其他应

用程序的端口号冲突。解决的方法是：用记事本打开 Apache 服务器的配置文件 httpd.conf，将 Listen 80 项的参数值 80 改为其他端口号，如 8082。

（3）辅助功能：单击 Services 按钮，打开 Windows 系统的服务管理窗口，可查看和设置相关服务的状态；单击 Connect 按钮，可以实现远程连接，通过在对话框中输入对方主机的名称或 IP 地址，实现两个主机之间的通信。

1.5.4 测试 Apache 服务器软件

Apache 服务器的主要功能是为客户端提供网页链接服务。当客户端向服务器申请某个有效网页时，服务器将网页回传给客户端浏览器，这些可访问的网页默认存放在 Apache 安装目录下的 htdocs 文件夹中。如果客户端在网络浏览器网址栏中仅输入服务器站点域名或 IP 地址，而未指定所访问的具体网页，则 htdocs 文件夹中的 Index.HTML 文件默认作为网站主页反馈给客户端，因此通常将网站的主页命名为 Index.html 文件。

浏览器和服务器的交互过程可以通过回路地址 Localhost 查看。回路地址 Localhost 是一个标准主机名，对应的 IP 地址为 127.0.0.1，访问 Localhost 表示访问本机服务器站点，通常用作单机情况下的服务器测试。

【例 1-2】 测试 Apache 服务器的运行。

（1）双击任务栏中 Apache 服务器图标，打开监控器界面，单击 Start 按钮启动 Apache 服务。

（2）打开 IE 浏览器，输入回路地址 http://localhost，若出现图 1-6 所示的服务器测试页面（版本或下载源不同，测试页面会有差异），则表示服务器正确运行。

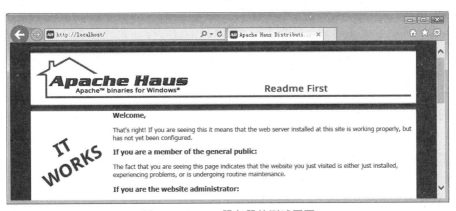

图 1-6 Apache 服务器的测试页面

（3）打开 Apache 安装目录下的 htdocs 文件夹，双击测试页面文件 Index.html，显示的网页应与图 1-6 所示网页相同。

1.6 MySQL 数据库管理系统的安装与配置

MySQL 具有体积小、速度快、源代码开放和使用成本低等特点，是中小型网站常用的关系型数据库管理系统。

1.6.1 MySQL 数据库管理系统的下载

MySQL 数据库软件对用户采用双授权政策,分为社区版(Community Server)和企业版(Enterprise Server)。社区版开源且完全免费,但缺乏官方的技术支持;企业版提供了更全面的功能、管理工具和技术支持。如果从成本考虑,仅使用社区版配合 PHP 和 Apache 也能构建性能卓越的开发环境。

在浏览器中输入 MySQL 的官方网站 http://dev.mysql.com/downloads,进入网页,按照所需版本查找下载链接,即可下载软件压缩包。

1.6.2 MySQL 数据库管理系统的安装

解压缩下载到本地的安装文件,通过如下步骤安装 MySQL 软件。

(1)双击 MySQL-installer-community-5.6.10.1.msi 安装程序,出现 MySQL 的安装向导窗口。单击 Install MySQL Products 按钮,弹出用户的许可证协议界面。

(2)选中 I accept the license terms 的前面的复选框,表示接受用户安装时的许可协议,然后单击 Next 按钮,进入查找最新版本界面。

(3)选择 Skip the check for updates 选项跳过更新检查,可以根据具体情况操作,单击 Execute 按钮,进入安装类型设置界面。

(4)MySQL 提供了 5 种安装类型:Developer Default 是默认安装类型,Server only 是仅作为服务器;Client only 是仅作为客户端;Full 是完全安装类型;Custom 是自定义安装类型。这里可以直接选择 Developer Default,用户也可以根据实际情况对数据库做更多设定,单击 Next 按钮后弹出安装条件检查界面。

(5)数据库软件要正确运行需要多种相关软件支持,安装条件检查界面用于保证数据库运行所需软件是否正确安装。计算机一般不安装 C++ 相关程序,可能需要在此下载并安装。单击 Next 按钮,进入安装界面。

(6)单击 Execute 按钮,开始安装程序。当安装完成之后单击 Next 按钮,进入服务器配置页面,用于对服务器进行个性化设置。

(7)在第一配置页中,通过 Server Configuration Type 下面的 Config Type 下拉列表项可以配置服务器的类型:Developer Machine(开发机器)、Server Machine(服务器)和 Dedicated MySQL Server Machine(专用 MySQL 服务器)。不同的服务器类型对应数据库对内存、硬盘等资源的不同决策。通过 Enable TCP/IP Networking 左边的复选框可以启用或禁用 TCP/IP 网络,并配置用于连接 MySQL 服务器的端口号。

新建一个网站数据库,采用默认的 Developer Machine 类型,启用 TCP/IP 网络,采用默认端口为 3306 即可,如图 1-7 所示。

(8)在第二配置页中,通过 MySQL Root Password(输入新密码)和 Repeat Password(确认密码)文本框可以设置 root 用户的密码。root 用户是 MySQL 数据库中唯一的超级管理员,具有等同于操作系统的最高级权限,却不适合日常的数据库管理工作,可以通过下面的 Add User 按钮添加新的普通管理员用户,如图 1-8 所示。

(9)继续单击 Next 按钮,完成 MySQL 数据库的整个安装配置工作。

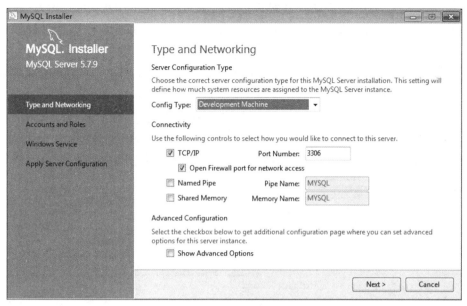

图 1-7　服务器类型配置

图 1-8　服务器用户配置

1.6.3　MySQL 数据库管理系统的测试

MySQL 数据库分为客户端和服务器两部分。当服务器端服务开启时，才能通过客户端登录数据库，并对数据库进行操作。

1. 启动数据库服务

在 MySQL 数据库安装过程中，一般将 MySQL 服务设置为自动启动，Windows 系统可以通过服务窗口对数据库服务做手动修改。

单击"开始"菜单按钮,在命令搜索栏里输入 Services.msc 后按 Enter 键,打开服务窗口。在服务窗口中可以找到 MySQL56 服务,右击该服务,在快捷菜单中选择"属性"命令,打开服务的属性窗口。

在属性窗口里可以更改 MySQL 服务的状态:启动、停止、暂停和恢复,也可以设置服务的启动类型:自动、手动和已禁用,如图 1-9 所示。

图 1-9　MySQL 服务的属性窗口

由于 MySQL 服务器端不提供图形界面,因此想知道 MySQL 服务是否运行,可以在 Windows 任务管理器中查看是否存在 MySQLd.exe 进程而获知。

2. 登录数据库

MySQL 服务启动后,可以通过在命令行客户端中输入控制命令,登录和操作数据库服务器。单击 Windows"开始"菜单→"所有程序"→ MySQL → MySQL 5.6 → MySQL Command Line Client,打开 MySQL 的命令行客户端程序。

MySQL 命令行客户端也称为控制台。初次登录需要在控制台中输入安装时设定的超级管理员密码(root 用户密码),并按 Enter 键登录。如果成功,控制台以 root 用户身份登录到 MySQL 数据库,并显示欢迎语句和当前服务器的状态。此时在控制台中出现命令行提示符"MySQL>",提醒用户输入 MySQL 支持的命令。

3. 操作数据库

使用任意身份登录 MySQL 数据库后,就可以通过控制台在当前用户权限下对数据库执行操作和查看结果。MySQL 数据库提供了多个工具程序辅助用户查看数据库服务器状态和进行基本的管理,下面列出一些常用工具的调用命令。

(1) **MySQL**:用于 MySQL 对 SQL 的解释器工具,可用于登录、开启、关闭服务器。

(2) **MySQLaccess**:用于管理用户的访问接口,检查访问权限。

（3）**MySQLadmin**：用于管理数据库服务器的接口程序，包括数据库的创建、移除、授权和刷新等多种管理功能。

（4）**MySQLcheck**：用于检查表的完整性并修复侦测到的错误。

（5）**MySQLdump**：用于将数据库或表转储为另一文件。

（6）**MySQLhotcopy**：用于当服务器运行时，对数据库进行热备份。

（7）**MySQLimport**：用于将不同文件格式的数据导入 MySQL 表中。

（8）**MySQLshow**：用于显示服务器或者所包含数据库和表的信息。

（9）**perror**：用于显示指定的错误代码含义。

这些命令的格式和使用方法，可以在控制台中通过输入 Help 命令查看。

MySQL 作为关系型数据库软件，对数据的查询、更新和管理采用的是通用的数据库查询语言 SQL，通过在控制台直接输入 SQL 命令实现。

【例 1-3】　在控制台中运行 SQL 命令。

在控制台中输入以下 SQL 命令，获取当前数据库用户列表。

```
mysql>Use mysql;
mysql>Select * From User;
```

1.7　MySQL 图形界面管理工具

MySQL 作为一个命令驱动的数据库管理系统，通过在控制台输入命令操作数据不仅不直观，而且对用户的 SQL 语言的熟悉度要求较高。为此出现了众多管理 MySQL 数据库的可视化图形界面管理工具，它们可以比命令行界面更方便地操作数据库。

1.7.1　常用管理工具介绍

为 MySQL 数据库提供图形界面的软件有很多，常用的是 phpMyAdmin、Navicat、MySQL GUI Tools 等。每种可视化管理工具都有其特点。

1. phpMyAdmin

phpMyAdmin 简称 PMA，是使用 PHP 语言编写的，基于 Web 方式架构在服务器主机上的数据库图形管理工具。PMA 采用了 B/S 模式，跟其他 PHP 程序一样可以在任意计算机的浏览器中连接和操作 MySQL 数据库，因而得到了众多网站开发人员的青睐。PMA 由于易于远程管理，且完全免费，已成为 MySQL 数据库最常用的维护工具。

2. Navicat

Navicat 是一套世界知名的桌面版数据库管理工具，提供多种语言选择，支持对本地或远程的 MySQL、SQL Server、Oracle 等多种数据库进行管理及开发。Navicat 的功能足以满足专业开发人员的所有需求，包含数据模型、数据传输、数据同步和创建报表及计划等多种数据库工具，使用可靠，运行快速且价格适宜，并提供可用的免费版本，专门用于简化数据库管理和降低管理成本。

3. MySQL GUI Tools

MySQL GUI Tools 是一个由 MySQL 官方提供的可视化的 MySQL 数据库管理控制台，目前不支持中文，主要包含 4 个用于数据管理的图形化工具。

（1）**MySQL Migration Toolkit**：用于实现不同数据库之间数据迁移的工具。

（2）**MySQL Administrator**：用于服务器端对 MySQL 服务进行管理的工具。

（3）**MySQL Query Browser**：是 MySQL 数据查询界面，用于在客户端进行数据查询、创建和管理的工具。

（4）**MySQL Workbench**：是专为 MySQL 设计的数据库建模工具，可用于设计和创建新的数据库图示，建立数据库文档，完成复杂的数据库迁移。

下面分别介绍基于 Web 的 phpMyAdmin 软件和支持多种数据库的桌面型 Navicat 软件的安装和配置。

1.7.2　phpMyAdmin 的安装与启动

1. phpMyAdmin 的下载

在官方网站上可以下载 phpMyAdmin 软件，下载方法是：在浏览器网址栏输入 https://www.phpmyadmin.net/files/，打开 phpMyAdmin 各版本的下载链接网页，选择下载版本 3.5.2.2 的压缩包文件。

2. phpMyAdmin 的安装

首先将下载的文件解压到服务器的主机上。解压缩文件夹更名为 phpMyAdmin 并移动到服务器的网页文件夹内，如 D：\Server\Apache\HTDOCS。

然后用记事本打开 Libraries 文件夹中的配置文件 Config.Default.PHP。按 Ctrl＋F 键打开查找对话框，搜索以下配置项，并修改对应值。

（1）修改访问网址：$cfg['PmaAbsoluteUri']＝'HTTP://LocalHost/phpMyAdmin'。

（2）修改 MySQL 服务器端口号：$cfg['Servers'][$i]['port']＝''。

使用 MySQL 默认端口号 3306，保留为空即可，如果使用其他端口号，则需要填写。

（3）修改 MySQL 用户名和密码：$cfg['Servers'][$i]['user']＝'root';$cfg['Servers'][$i]['password']＝'root 用户密码'。

填写 phpMyAdmin 访问 MySQL 数据库时的用户名和密码，默认为 root 用户。

（4）修改认证方法：$cfg['Servers'][$i]['auth_type']＝'cookie'。

认证方式可选择 4 种模式：cookie、http、HTTP 和 Config。其中 Config 方式无须输入用户名和密码可直接进入，不推荐使用。其他方式登录 phpMyAdmin 时都需要数据用户名和密码验证，一般填写 Cookie 作为认证方式。

（5）设置短语密码：$cfg['blowfish_secret']＝'短语密码'。

如果需要通过远程服务器调用 phpMyAdmin，就需要设置密码，此处不能空，否则，在登录时提示错误。

3. phpMyAdmin 的测试

安装 phpMyAdmin 后就可以通过浏览器访问数据库。在浏览器中打开 phpMyAdmin 所在服务器页面，如 HTTP://LocalHost/phpMyAdmin，可以看到 MySQL 服务器中的数据，如图 1-10 所示。单击任意数据库查看数据库中包含的数据库表，也可以单击数据表名查看所包含数据。使用 phpMyAdmin，可以对数据库进行各种操作。

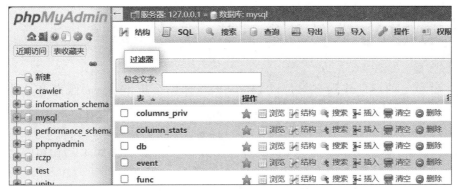

图 1-10　phpMyAdmin 界面

1.7.3　Navicat 的下载与安装

1. Navicat 的下载与安装

Navicat 包含 Navicat for MySQL、Navicat for SQL Server 和 Navicat for Oracle 等多个成员类别。在 Navicat 的官方网站 www.navicat.com.cn 中可以找到 Windows 环境下的 Navicat for MySQL 软件。

双击下载的安装应用程序,打开软件安装的欢迎界面,在安装设置页面中指定安装路径后,单击后续的 next 按钮即可完成 Navicat 的安装。

2. Navicat 的测试

首次使用 Navicat for MySQL 应用程序时需要配置 MySQL 服务器连接。单击软件界面中的"连接"按钮后可以打开"新建连接"窗口,如图 1-11 所示,参数使用方法如下。

图 1-11　Navicat 新建连接窗口

（1）连接名：Navicat 中所连接 MySQL 数据库的使用名。

（2）主机名或 ip 地址：如果是本机 MySQL 数据库,则填写 Localhost;如果是网络中的远程 MySQL 数据库,则填写所在主机的 ip 地址。

（3）用户名和密码：所连接 MySQL 数据库的管理用户和密码。

参数设置完成后,单击"测试"按钮测试服务器是否连接正确。如果正确连接,单击"确定"按钮完成数据库配置,则可以在 Navicat 中查看连接数据库的数据。

1.8　XAMPP 软件包的下载、安装和测试

1. 什么是 XAMPP

有一种稳定的网站建设方案是以 Linux 作为操作系统,Apache 作为 Web 服务器,MySQL 作为数据库管理系统,PHP 或 Perl 作为服务器端脚本语言。这个组合被称为 LAMP 组合。LAMP 凭借其特有的安全、快速、易用、易于开发以及大量的开源代码与 Windows、IIS 和.NET 等专有和商业软件进行竞争,已经成为一种 Web 应用程序部署的事实标准。

但要熟练地使用 LAMP,从安装配置到升级维护都不容易。为了简化 Web 部署流程,由 Apache Friends 组织开发的 XAMPP(X-系统,A-Apache,M-MySQL,P-PHP,P-phpMyAdmin/Perl)为建立 LAMP 站点提出了一种免费、跨平台的解决方案。XAMPP 是一个集成软件包,提供建站所需软件的一站式安装和配置,支持多国语言,可以在 Windows、Linux、Solaris、Mac OS X 等多种操作系统下安装使用。由于 XAMPP 的易用性,使其成为大量低成本网站首选的建站软件。

2. XAMPP 的下载与安装

作为一款集成软件包,XAMPP 包含多个建设网站常用的软件,下载一个安装包就可同时获得多款建站所需软件,并在安装后自动配置。本书所选取的 XAMPP 版本为 5.6.40,可以在官方网站 https://www.apachefriends.org/中找到,或者在浏览器输入链接 https://sourceforge.net/projects/xampp/files/XAMPP%20Windows/5.6.40/xampp-windows-x64-5.6.40-1-VC11-installer.exe,即可下载,其中包括 Apache 2.4.3、MySQL 5.6、PHP 5.6 和 phpMyAdmin3.5.2 等组件。

在安装 XAMPP 之前,如果系统中已经安装了 XAMPP 所包含软件的其他版本,需要先卸载后再开始安装。运行下载完毕的 XAMPP 应用程序,应用程序经过解压缩过程进入 XAMPP 的欢迎界面。单击 Next 按钮,打开 setup 界面选择需要安装的组件,再单击 Next 按钮,设置安装路径,如 D:\XAMPP 后完成安装设置。

3. XAMPP 的测试

XAMPP 安装完成后,弹出 XAMPP 的控制面板窗口,如图 1-12 所示。在窗口中可以启动和配置 XAMPP 组件,单击 Apache 和 MySQL 的 Start 按钮启动 Apache 和 MySQL 服务,此时下面的控制台提示所执行操作和出现的问题。如果正常启动,控制台不出现错误信息,并将 Start 按钮变成 Stop 按钮。单击 Stop 按钮即可关闭服务。

单击 Apache 和 MySQL 前面的 Modules Service 按钮可以将 Apache 和 MySQL 设置为 Windows 的系统服务,默认为开机自动启动。

开启 Apache 和 MySQL 服务后,分别单击 Apache 和 MySQL 组件的 Admin 按钮可以打开 XAMPP 的欢迎页面和登录 phpMyAdmin 的管理页面。

4. XAMPP 的常用配置

初次使用 XAMPP 时可以设置配置文件,以满足不同的工作环境。需要注意的是配置文件修改后只有相关服务器组件重新启动后才能生效。

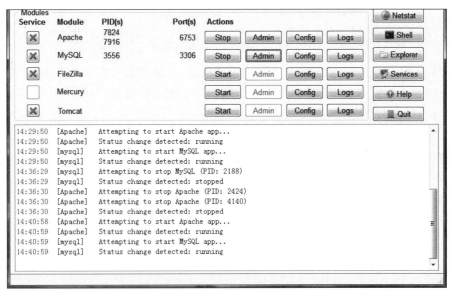

图 1-12　**XAMPP** 的控制台窗口

（1）修改网站发布目录。Apache 组件默认的网站发布目录是 XAMPP 安装目录下的 HTDOCS 文件夹，如 D:\xampp\htdocs。单击 Apache 组件的 Config 按钮，选择 httpd. conf，打开 Apache 的配置文件。以 htdocs 为关键词搜索 DocumentRoot 和 Directory 两个配置项，同时修改两项的值可以设置站点的新存放目录。例如，将 DocumentRoot "D:/ xampp/htdocs" 和 < Directory "D:/xampp/htdocs" > 修改成 DocumentRoot "D:/rczp" 和 <Directory "D:/rczp">。

（2）设置 phpMyAdmin 认证方式。安装 XAMPP 后，认证方式存放在配置文件中，启动 phpMyAdmin 时，默认以 root(无密码)用户直接登录。通过修改配置文件中的认证方式，可以选择其他用户登录。操作方法是：单击 Apache 组件的 Config 按钮，选择 config .inc.php。找到$cfg['Servers'][$i]['auth_type']='config'配置项，修改 config 为 cookie，存盘后再启动 phpMyAdmin，可以输入任何用户名和密码进行登录。

（3）设置 MySQL 的字符编码。MySQL 默认使用 latin-1 字符集(编码)，当涉及中文字符时，无论是在 phpMyAdmin 中管理数据库，还是在网页中显示数据都可能出现乱码，因此，需要设置字符集为 UTF-8 编码。操作方法是：单击 MySQL 组件的 Config 按钮，选择 my.ini，打开 MySQL 的配置文件，删除"## UTF 8 Settings"行下面 5 行左边的注释"#"，修改后的内容如下：

```
## UTF 8 Settings
init-connect=\'SET NAMES utf8\'
collation_server=utf8_unicode_ci
character_set_server=utf8
skip-character-set-client-handshake
character_sets-dir="C:/xampp/mysql/share/charsets"
```

（4）MySQL 组件默认将数据库以文件夹的形式保存在"…\xampp\mysql\data"文件夹中，一个数据库对应一个文件夹。

1.9　网站建设的流程

建设一个网站包含很多步骤,只有完成每一步骤,才能建成一个完整的网站。虽然建站没有一个固定的规范,但是,实际实施已经形成了一个基本的流程,通过这个流程按部就班地开发网站,能够提升效率和减少错误。

1. 规划网站

网站在设计之初要对其内容、目标和风格进行整体规划,根据市场、环境和目标群体进行分析,明确网站的定位,提供什么服务或传达什么理念。

例如,人才招聘网站的主要功能是为公司和求职者搭建一个沟通的平台,其目标群体为公司和求职人员,能提供用户和职位信息展示、考试和成绩管理、站内信息搜索等功能,并提供个人博客平台。

2. 确定网站结构

根据网站的功能和需求,为网站的目录提供配置方案,明确网站中网页、图片、动画、音视频和数据库等各种文件的存放位置。为实现人才招聘网站需要创建下列目录,其中主目录是网站访问的根目录,不同资源应该在主目录下分别创建资源目录。

(1) 主目录。新建网站的主目录 D:\rczp,用于存放网站的主页和其他常用页面。

(2) 博客目录。新建 D:\rczp\blog 目录,用于存放为网站提供个人博客功能的网页。

(3) 样式文件目录。新建 D:\rczp\css 目录,用于存放独立于网页的 CSS 文件。

(4) 图片文件目录。新建 D:\rczp\images 目录,用于存放网站中使用的图片资源。

3. 购买网站空间

网页文件需要保存在一个可以被外部用户访问的网站空间中,并且提供具有良好语义的域名以方便用户访问。获取网站空间一般有以下 3 种方式。

(1) 独立主机。购买专用的服务器主机,并向网络提供商申请足够的网络带宽和固定 IP 地址。由于主机性能要求高且需要专人维护,所以成本高,适合大型企业的大型网站。

(2) 主机托管。购买服务器主机,并将整机交由专业的运营商托管,由运营商负责网络管理和维护,不需要固定 IP 地址,适合中等规模网站。

(3) 租用虚拟主机。虚拟主机是指将一台运行在互联网上的物理计算机,虚拟出多台可以独立使用的服务器主机,每台都有云服务提供商独立的 IP 地址,由多个用户平摊硬件和网络维护成本,是小型网站的首选方案。

人才招聘网站通过租用虚拟主机来存储网页文件。互联网上有许多空间服务提供商,如阿里云,网址为 www.aliyun.com,提供了多种类型的虚拟主机,如图 1-13 所示。选择适合的空间大小、操作系统和带宽后即可购买其使用权。

4. 申请域名

互联网中的每台主机都对应不同的 IP 地址,用于互相访问定位。因为 IP 地址全由数字组成难于记忆,所以网站都会申请域名,让用户通过域名访问网站。空间服务提供商一般都会提供域名注册服务,首先查询所需域名(如 rczp.com)是否被注册,若可用则购买该域名的使用权并与网站空间的 IP 地址进行绑定。

图 1-13　阿里云主机介绍页面

5. 发布网站

一般虚拟主机会提供一个专用于文件传输的 FTP(File Transfer Protocol,文件传输协议)地址,可以使用各种 FTP 客户端,如 Dreamweaver 中的 FTP 工具,将网站所有文件上传到空间服务器上。此后用户就可以通过浏览器输入域名浏览网站内容。

综上所述,网站的建设是一个系统性工程,涉及诸多软件和技术的协同工作,但最重要的还是网站内容的建设。现代的网站以动态网页为主,需要数据库技术支持。实际上网站内容设计的首要工作是数据库设计。

1.10　人才招聘网站的前期设计

在建设网站前要认真了解相关行业,思考网站的功能和用户需求,将网站的构想落实成网站需求说明书,并讨论网站的特点和可行性。在明确网站的需求和定位后,对网站的整体风格、功能、结构和开发环境进行前期规划。本节以人才招聘网站为例进行介绍。

1. 规划网站功能

人才招聘网站定位于小规模的内容管理系统,通过操纵数据库来更新页面内容,为公司用户和应聘人员提供岗位和个人信息的展示平台。为了方便感兴趣内容的查找和岗位的考核,还提供了搜索功能和应聘考试的成绩管理功能。

大多数内容管理系统除了设计普通用户登录的前台页面外,还提供独立的后台管理系统,由管理员用户登录,用于管理、发布和维护网站数据库。为了简化设计需求,在人才招聘网站中将后台的数据维护功能合并到前台页面中,将用户分为个人和公司两类,根据用户类别实现不同的数据库管理功能。

2. 规划网站结构

由于网站的功能不多,规模小巧,出于搜索引擎优化的目的,采用层级较少的扁平式网站结构,将网站的首页和主要页面放置在网站根目录内。建立 Action 目录,放置网站业务逻辑和数据库管理页面;建立 Images 和 CSS 两个目录,分别存放组成网页的图像文件和样式文件,如图 1-14 所示。

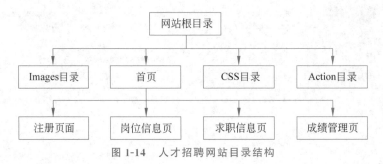

图 1-14　人才招聘网站目录结构

网站的主要页面功能如下。

(1) 首页:用于提供用户登录和数据搜索的界面,展示网站的最新信息、广告和联系方式等内容,通过导航栏可以链接到其他页面。

(2) 注册页:为个人和公司新用户提供网站注册界面。

(3) 招聘信息页:用于展示公司的岗位招聘信息和公司的搜索结果。公司用户可用于维护岗位信息,个人用户可用于申请具体岗位。

(4) 求职信息页:用于展示网站数据库中的求职人员信息和人员搜索结果。求职人员可用于维护本人的基本信息。

(5) 成绩管理页:求职人员登录后可查看本人的岗位成绩,公司用户登录后可录入或查看所有应聘人员的岗位成绩。

3. 选择开发环境及工具

作为一个轻量级的数据库系统,网站通过安装 XAMPP 软件包获取网站运行环境:Apache 网页服务器、Mysql 数据库服务器和 PHP 解析器。

网页设计上,通过 HTML 和 CSS 语言设计页面,嵌入 PHP 程序实现数据库操作和网站业务逻辑。展示页面借助 Dreamweaver 的模板技术,使网页的风格相似、布局相同、颜色统一,并实现网站的快速制作。

4. 设计数据库

数据库设计是网站实现过程中非常重要的步骤,可以由网站建设人员设计,并由专门的数据库管理人员实现。

在人才招聘网站中,包括应聘人员和招聘公司两种用户。招聘公司提供招聘岗位信息,符合招聘条件的应聘人员可以参加考试,并由招聘公司录入成绩以便查询。为了存储和维护这些数据,可以使用 phpMyAdmin 数据库管理平台,在 Mysql 数据库服务器中创建 RCZP 数据库,并在该数据库内添加数据表。

习题

一、用适当的内容填空

1. 随着互联网的发展,计算机软件可以分成两个类别:程序本身和数据统一存放的

（　①　）程序,程序或数据分配到网络上专用主机的（　②　）程序。

2. 在某网络游戏中,需要下载网游客户端到用户机器上安装,才能与他人共同玩游戏,这属于网络应用程序中的（　①　）模式,可以缩写为（　②　）。如果无须下载安装客户端程序,打开网页就能直接进行游戏,采用的网络应用模式是（　③　）模式,可以缩写为（　④　）。

3. 动态网页能根据用户的不同请求生成不同内容的页面,例如登录一个人才招聘网站时用户从客户端浏览器中看到的是（　①　）网页,通过页面中的按钮向服务器发送求职请求,服务器接收到请求后,运行（　②　）编写的程序,并查找（　③　）获取求职信息生成新的页面,回传给浏览器。

4. 用浏览器访问网站实际上就是（　①　）和（　②　）交互的过程,两者一般通过（　③　）规定的流程和标准通信格式进行通信。

5. 建设一个 Lamp 站点通常是用（　①　）作为操作系统,（　②　）作为 Web 服务器,（　③　）作为数据库,（　④　）作为服务器端脚本。这些软件都是免费使用且开放源代码的。

6. 网页客户端程序设计主要指通过（　①　）、（　②　）和（　③　）语言的综合使用构造网页,并使网页产生动态的显示效果。

7. 在建设低成本网站时常使用 Apache 服务器和 MySQL 数据库,并根据当前环境配置相关参数,Apache 软件的配置文件是（　①　）,MySQL 的配置文件是（　②　）。

8. 在 phpMyAdmin 程序安装过程中,主要是对程序进行配置。在配置文件中,$cfg['PmaAbsoluteUri'] 的作用是（　①　）,$cfg['Servers'][$i]['port'] 的作用是（　②　）,$cfg['Servers'][$i]['auth_type'] 的作用是（　③　）。

9. 在制作网页时,标准的静态网页是采用（　①　）语言编写的网页,为了使网页的编写和维护更方便,还使用（　②　）专门实现样式设计。

10. 在 XAMPP 的控制面板窗口中可以对所包含软件进行手动设置,其中（　①　）按钮是用于开启服务的,（　②　）按钮是打开配置文件的,（　③　）按钮是打开管理页面的。

二、单选题

1. 通过浏览器发送请求消息和响应消息使用（　　）网络协议。

  A. FTP   B. HTTP   C. TCP/IP   D. DNS

2. 关于 MySQL 数据库的说法,错误的是（　　）。

  A. MySQL 支持跨平台使用,例如可以在 Linux 系统中使用

  B. MySQL 数据库启动后可以在任务管理器中查看到 MySQL 进程

  C. 手动更改 MySQL 数据库的 my.ini 文件不能更改端口号

  D. 登录 MySQL 数据库后输入 help,可以查看命令帮助信息

3. 只能运行于 Windows 系统的网页服务器是（　　）。

  A. MySQL   B. Tomcat   C. Apache   D. IIS

4. 完全免费且开放源代码的数据库软件是（　　）。

  A. SQLServer   B. MySQL   C. DB2   D. Oracle

5. 初次安装 XAMPP 后,内部组件都会使用默认的设置工作,下列关于 XAMPP 及其组件配置的描述,错误的是（　　）。

A. XAMPP 默认的网页发布目录是 HTDOCS 文件夹

B. MySQL 中的数据库默认保存目录是 data 文件夹

C. phpMyAdmin 默认通过用户名和密码登录

D. MySQL 的配置文件中默认使用♯代表注释

6. 下列计算机语言中,(　　)不是常用的服务器端脚本语言。

    A. JSP   B. ASP   C. PHP   D. JavaScript

7. 下列计算机语言中,(　　)不是常用的客户端网页设计语言。

    A. HTML   B. VBScript   C. CSS   D. Java

8. 在下列数据库软件中,(　　)不能在 Linux 操作系统和 Windows 操作系统中都能正常运行。

    A. SQLServer   B. MySQL   C. DB2   D. Access

9. 在下列选项中,(　　)不是常见的 MySQL 数据库管理工具。

    A. Navicat   B. phpMyAdmin

    C. MySQL Administrator   D. Access

10. 建设并真正运营一个人才招聘网站需要完成许多基本步骤,(　　)不是网站建设必须经历的过程。

    A. 获取空间   B. 申请域名   C. 绑定域名   D. 配置 Apache

11. 下面关于网页的叙述中,错误的是(　　)。

    A. 网页是包含文字、图片、动画等媒体信息的页面文档

    B. 动态网页是指网页的内容可根据用户需要动态修改

    C. 静态网页是指浏览器中的网页页面静止不动

    D. 网页通过超链接跳转到其他页面

12. MySQL 服务器的默认端口号是(　　)。

    A. 80   B. 8080   C. 3306   D. 127

三、多选题

1. 以下软件中(　　)不是专用的可视化网页编辑软件。

    A. FrontPage   B. Dreamweaver   C. phpMyAdmin   D. 记事本

    E. Photoshop   F. Apache

2. 在 Windows 操作系统中可以安装(　　)数据库服务器。

    A. Apache   B. Tomcat   C. MySQL   D. Oracle

    E. SQLServer   F. PostgreSQL

3. 下列软件中,(　　)是专用于 MySQL 数据库的工具。

    A. Navicat   B. phpMyAdmin

    C. MySQL GUI Tools   D. SQLyog

    E. Navicat for MySQL   F. Workbench

4. XAMPP 是低成本网站建设常用软件包主要包含(　　)软件。

    A. Linux   B. Apache   C. perl   D. MySQL

    E. PHP   F. Dreamweaver

5. 下列关于 Apache 服务器叙述中,错误的是(　　)。

A. Apache 服务器软件现在可以在官方网站上直接下载

B. Apache 服务器是目前世界上使用率最高的服务器

C. Apache 服务器无须设置就可以运行 Java 文件

D. Apache 服务器支持跨平台

E. Apache 服务器软件包含手动操作界面

6. MySQL GUI Tools 是一个由 MySQL 官方提供的 MySQL 数据库管理控制台,包括多个工具程序,( )不是其中所包含的工具。

A. MySQL Migration Toolkit　　　　B. MySQL Administrator

C. MySQL phpMyAdmin　　　　D. MySQL Manager

E. MySQL Workbench　　　　F. MySQL Query Browser

7. 下面软件中,( )不是一个 Lamp 站点所必需的软件。

A. MySQL　　　　B. PHP　　　　C. phpMyAdmin　　　　D. Ajax

E. Apache

8. 下列关于 XAMPP 的叙述中错误的是( )。

A. XAMPP 是建站常用软件的组合　　　B. XAMPP 不能安装在 Linux 服务器上

C. XAMPP 支持免费下载　　　D. XAMPP 支持 Perl 脚本语言

E. XAMPP 适合大多数大型的网站　　　F. XAMPP 支持动态网站设计

9. 正式运行网站,需要将网站内容放置到一个拥有固定 IP 地址的主机空间中,下列选项中( )是获取网站空间常见的方式。

A. 自己购买主机并申请固定 IP　　　B. 自己购买主机并委托给运营商

C. 自己和他人购买主机和共享 IP　　　D. 使用自己的个人主机运营网站

E. 租用云空间提供商的虚拟主机

四、思考题

1. 日常所用的计算机程序中,哪些属于 B/S 结构,哪些属于 C/S 结构,哪些是纯桌面型应用程序?

2. 什么是 HTTP 协议,HTTP 协议是怎么工作的?

3. 什么是客户机? 什么是服务器? 浏览器和服务器分别工作在哪里?

4. 什么是静态网页? 什么是动态网页? 在日常生活中所访问的网页中,怎么区分当前网页属于哪种类型?

5. 怎么设置可以使 XAMPP 中的服务在开机时自动启动? 怎么通过 Windows 命令窗口,通过命令启动 XAMPP 中的服务?

第2章 Dreamweaver 及静态网页设计基础

超文本标记语言(HyperText Mark-up Language,HTML)是一种网页设计描述性的标记语言,用于描述网页内容的显示方式和结构。例如,在网页中定义标题、文本或表格等。Dreamweaver(简称 DW)是一款集网页设计和网站管理于一身的"所见即所得"的网页设计软件,通过可视化操作设计网页,由系统自动生成 HTML 和 PHP 程序代码。设计网页主要解决下列问题。

(1) 如何安装与配置 Dreamweaver 软件?

(2) 如何创建和管理站点?

(3) HTML 包括哪些基本元素及各自的作用? HTML 文档的基本结构是什么?

(4) 如何设计网页中的文本、图像和链接等对象?

(5) CSS 的作用是什么? 如何创建 CSS?

(6) 什么是盒子模型? 如何使用 DIV+CSS 进行网页布局?

2.1 Dreamweaver 软件的安装与配置

在设计网站和网页之前,应该下载和安装相关的软件开发工具。有很多可供开发网站和网页的软件工具,Dreamweaver 仅是其中的一种。在软件开发工具安装后,通常还要按实际需求或个人习惯配置系统环境。

2.1.1 Dreamweaver 系统的安装和启动

1. Dreamweaver CS5 的安装

Dreamweaver 安装的具体操作步骤如下。

(1) 双击 Dreamweaver CS5 的安装文件压缩包,系统自动解压缩并安装,首先出现"欢迎使用"界面。

(2) 单击"接受"按钮,在"序列号"界面中,正确输入软件的序列号,选择语言。

(3) 单击"下一步"按钮,在 Adobe ID 界面中,需要创建 Adobe ID,或使用已经注册成功的 Adobe ID。

(4) 单击"下一步"按钮,在"安装选项"界面中(如图 2-1 所示),选择安装软件的组件,设置软件的安装位置。

(5) 单击"安装"按钮,开始安装软件,并在"安装进度"界面中显示进度。

(6) 单击"完成"按钮,安装完毕。

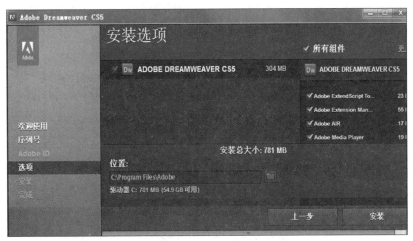

图 2-1　"安装选项"界面

2. Dreamweaver CS5 的启动

在 Windows 10 操作系统中,单击"开始"菜单,在首字母为 A 的索引列表中单击 Adobe Dreamweaver CS5,Dreamweaver CS5 的开始界面如图 2-2 所示。

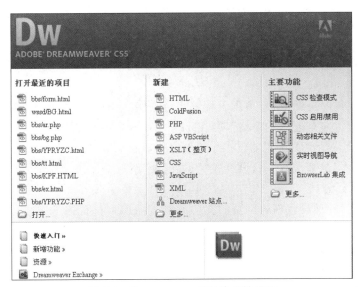

图 2-2　Dreamweaver CS5 的开始界面

开始页面集中呈现的常用操作如下。

(1)单击"打开最近的项目"窗格中的文档,可以打开对应的文档。单击"打开"按钮,可以打开其他网页文档。

(2)单击"新建"窗格中的某种类型,可以创建新文档或站点。

(3)单击 Dreamweaver Exchange 按钮,可以打开官方网站下载所需要的扩展插件。

2.1.2　Dreamweaver 系统环境的配置

由于不同用户或应用程序对系统环境要求可能不同,因此,进入系统后,有时需要对系统环境进行配置,以满足个性化的要求。单击"编辑"菜单→"首选参数"选项,在"首选参数"对话框中,可以配置系统环境,如图 2-3 所示。

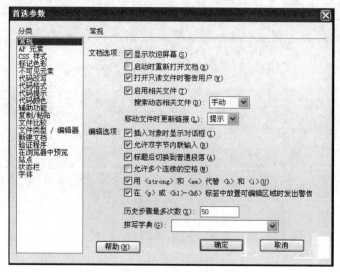

图 2-3 "首选参数"对话框

1. "常规"分类

(1) 选中"显示欢迎屏幕"项,Dreamweaver 启动后,在打开文档前会显示欢迎屏幕。

(2) 选中"启动时重新打开文档"项,系统启动时自动打开上次退出时处于打开状态的文档。

(3)"移动文件时更新链接"项用于设置移动、更名或删除文档时是否自动更新链接。

(4) 选中"允许多个连续的空格"项,在 HTML 文档中键入多个连续空格时,浏览器也显示多个空格(默认情况下浏览器将多个连续空格显示为 1 个)。

(5)"历史步骤最多次数"项,设置在"历史记录"面板中保留和显示的步骤数。

2. "新建文档"分类

(1)"默认文档"项设置新建网页的文档类型,如 HTML、CSS 和 PHP 等。

(2)"默认扩展名"项为新建的 HTML 页面指定文件扩展名为 htm 或 html,此选项只对 HTML 文件类型可用。

(3)"默认文档类型"项设置 XHTML 规范类型,使 HTML 文档符合 XHTML 规范。

(4)"默认编码"项指定创建新页面采用的默认编码(字符集)。

2.2 站点及其设计与管理

设计网页的最终目的是设计一个完整的网站。因此,在设计网页之前,应该首先在本地计算机上模拟网站创建本地站点,以便规划网站结构,管理网站。

2.2.1 站点的基础知识

1. 站点的概念

站点是开发及建设网站的环境,用于存储网站开发阶段的文件夹(目录)及其相关资源文件。文件夹由主目录和若干个子目录构成，每个目录用于存储网页（HTML）、程序脚本（PHP）、图像和样式（CSS）等网站的资源文件。

2. 文件夹类型

一个站点可以设置本地和服务器（远程）两个文件夹。

本地文件夹可以是网页设计者计算机上任何位置的文件夹，如 D:\RCZP。当然，也可以设置在…\XAMPP\HTDOCS\下，如…\XAMPP\HTDOCS\RCZP。本地文件夹是网页设计者的工作主目录，用于存储分类文件夹、网页、程序脚本及其相关的资源文件。如果仅设计、调试或浏览静态网页，则只需要本地文件夹。

远程文件夹位于 Web 服务器上，也称服务器文件夹，是浏览网页时的资源文件目录。远程文件夹（主目录）通常与本地文件夹（主目录）同名，并且具有相同的目录结构，便于资源文件上传和维护。在设计和调试动态网页（PHP）、发布网页之前，需要为站点设置服务器文件夹。在设计、调试和浏览动态网页阶段，也可以将服务器文件夹设置在网页设计者计算机的…\XAMPP\HTDOCS\文件夹下，如…\XAMPP\HTDOCS\RCZP。

2.2.2　建立本地站点

通常先创建站点，然后再设置对应的服务器及其文件夹。创建站点的步骤如下。

（1）在本地磁盘上创建文件夹作为站点文件夹（主目录），如 D:\RCZP，并在该文件夹中创建相关的资源文件夹，如 Image 和 CSS 等。

（2）在 Web 服务器计算机上创建服务器文件夹，例如，在 XAMPP 的默认安装目录下，创建…\XAMPP\HTDOCS\RCZP。

（3）单击"站点"菜单→"新建站点"选项，弹出"站点设置对象"对话框，如图 2-4 所示。

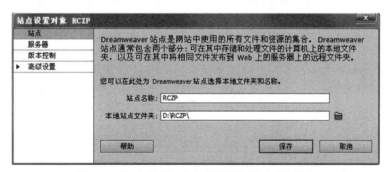

图 2-4　"站点设置对象"对话框的"站点"选项卡

（4）输入"站点名称"，如 RCZP，此名称将显示在"文件"面板和"管理站点"对话框中。在"本地站点文件夹"文本框中选择或输入站点文件夹名称，如 D:\RCZP\。

（5）在"站点设置对象"对话框的"服务器"选项卡中，单击"服务器"→"＋"按钮，在"基本"选项卡中添加信息，如图 2-5 所示。

（6）在服务器的"高级"选项卡中，选择服务器模型等信息，如图 2-6 所示。

上传本地文件到服务器有两种方式：一种是设计完成网页后一次性上传；另一种是选中服务器"高级"选项卡的"保存时自动将文件上传到服务器"，自动分次上传。

（7）单击"保存"按钮后，返回"站点设置对象"对话框，添加了一个服务器，如图 2-7 所示，选中"远程"和"测试"复选框。

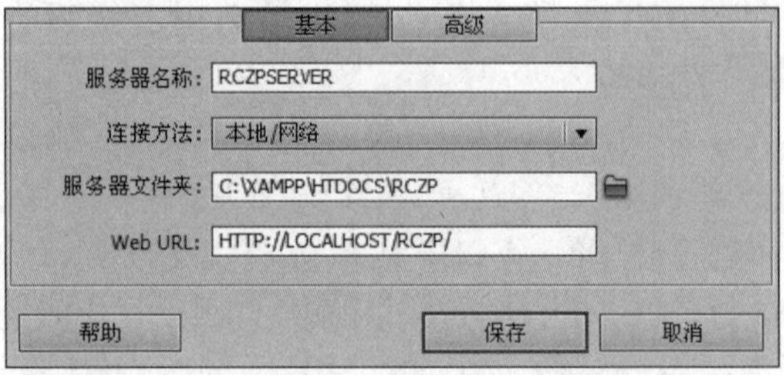

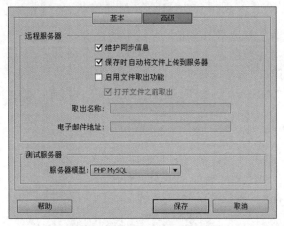

图 2-5　服务器的"基本"选项卡

图 2-6　服务器的"高级"选项卡

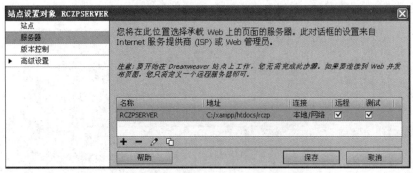

图 2-7　站点设置对象—服务器选项卡

（8）选中服务器（如 RCZPSERVER）所在行后，单击"编辑现有服务器"（笔图标）按钮，可以重新修改服务器信息；单击"删除服务器"（减号图标）按钮将删除服务器信息。

（9）展开"站点设置对象"对话框中的"高级设置"选项，选择"本地信息"选项，设置默认图像文件夹，如 D:\RCZP\Image。

（10）单击"保存"按钮，完成一个站点的设置，如 RCZP。在"文件"面板中将展现站点文件、子文件夹及其相关文件，如图 2-8 所示。

图 2-8　"文件"面板

2.2.3 管理站点

建立站点后,需要对各个站点进行管理,如打开、编辑、切换、删除和复制站点等。

1. 选择当前站点

在保存网页文件时,系统默认目录为当前站点的本地文件夹。可以从"文件"面板的下拉列表框中选择站点名称,切换当前站点,如图 2-9 所示。

2. 编辑站点

编辑站点的具体操作步骤如下。

(1) 单击"站点"菜单→"管理站点"选项,在"管理站点"对话框中,如图 2-10 所示,选中站点名称,单击"编辑"按钮,或者双击站点名称(如 RCZP)。

图 2-9 选择当前站点的"文件"面板

图 2-10 "管理站点"对话框

(2) 在"站点设置对象"对话框的"站点"选项卡中(如图 2-4 所示)可以修改站点信息;在"服务器"选项卡中(如图 2-7 所示),双击服务器行,或者单击"编辑现有服务器"按钮,可以调整服务器(含服务器文件夹)的信息。

(3) 单击"保存"按钮,返回到"管理站点"对话框,最后单击"完成"按钮。

3. 复制站点

通过复制站点可以创建多个结构相同的站点。在"管理站点"对话框中选中站点名,单击"复制"按钮,新复制的站点名称为"源名+复制",与源站点具有相同的文件夹。

4. 删除站点

删除站点只是删除 Dreamweaver 同本地站点间的关系,并不删除文件和文件夹。在"管理站点"对话框中,选中要删除的站点名称,单击"删除"按钮,即可删除站点。

2.3 Dreamweaver 基本操作

Dreamweaver 是设计网页的一种可视化向导,在向导的引导下,通过键盘或鼠标操作菜单、对话框或控制面板等可视化对象,可以生成 HTML 代码,协助用户设计网页。

2.3.1 工作界面

工作界面由工作模式下拉框、菜单栏、文档工具栏、文档窗口、状态栏、属性面板和浮动面板组等部分组成,如图 2-11 所示。

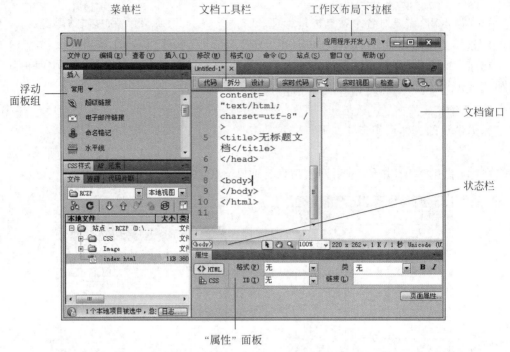

图 2-11 Dreamweaver 的工作界面

1. 工作区布局选择

工作区布局是系统工作界面及各种面板的一种布局方式,选择工作区布局以便适应个性化要求。系统默认是"设计器"工作区布局,可以从工作区布局下拉框中选择其他工作区布局,如应用程序开发人员、经典或双重屏幕等,进行工作区布局切换。

2. 菜单栏

菜单栏用于显示菜单项,主要包括文件、编辑、查看、插入、修改、格式、命令、站点、窗口和帮助菜单项。单击某菜单项,可执行对应的操作。

3. 文档工具栏

文档工具栏包含编辑文档的常用操作按钮,如代码、拆分和设计等。使用这些按钮可以快速切换文档的视图模式,还可以预览/调试网页和设置网页标题等。

4. 文档窗口

文档窗口用于显示当前文件内容。窗口顶部的选项卡显示所有打开的文件名,若修改文件内容尚未保存,则文件名后显示一个星号。文档窗口中有如下 3 种视图方式。

(1)代码视图:用于编辑 HTML、JavaScript、程序脚本代码(如 PHP)以及任何其他类型代码。在代码视图中可以查看、修改和编写网页代码。在输入 HTML 代码过程中,可以采用代码引导功能选择标签及其属性,例如,输入"<"后可以从下拉列表框中选择标签名(如 P);按空格后,从下拉列表框中选择属性名(如 align),再进一步输入或选择属性值(如 left),如图 2-12 所示。

(2)设计视图:用于可视化页面布局,直接输入网页中的内容,以可视化形式呈现,类似于浏览器的风格,以所见即所得的方式显示和编辑网页的内容。

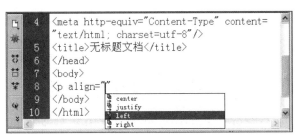

图 2-12　输入标签及属性的代码引导下拉框

（3）拆分视图：将窗格分为左右两部分，左窗格是代码视图，右窗格是设计视图。单击设计窗格中的内容，可以定位代码窗格中的代码，便于查阅和修改网页的代码。

5．状态栏

状态栏显示当前文档的相关信息，如当前标签名称和信息缩放百分比等。

6．属性面板

属性面板又称属性检查器。单击"窗口"菜单→"属性"选项打开"属性"面板，其内容与当前选中元素有关。例如，选中图像，将显示该图像的文件路径、宽度和高度等。

7．浮动面板组

工作界面有许多功能小窗口（面板），所在位置不确定，通过鼠标可以拖动改变位置，所以通常称为浮动面板。系统默认显示"插入"、CSS 和"文件"面板等，单击"窗口"菜单可以打开其他面板。

2.3.2　设计网页的一般步骤

设计网页的一般步骤是新建网页、编辑和保存网页、预览网页。

1．新建网页

（1）单击 Windows 操作系统的"开始"菜单，在首字母为 A 的索引列表中单击"Adobe Dreamweaver CS5"选项。

（2）在开始页，单击"新建"列表中 HTML 选项，打开工作界面并新建网页文档。

2．编辑和保存网页

（1）单击文档编辑区，输入网页中的内容，如"欢迎访问人才招聘网！"。

（2）单击"文件"菜单→"保存"选项，在"另存为"对话框中选择文件路径，并为文件命名，如 Index.HTML；单击"保存"按钮，保存文件。

3．预览网页

单击文档工具栏中的"在浏览器中预览/调试"按钮，选择"预览在 IExplorer"选项，预览网页。另外，也可以按 F12 键或者单击"文件"菜单→"在浏览器中预览"→IExplorer 选项，预览网页。

2.4　HTML 文档的设计基础

HTML 文档（文件）是由标签（也称标记）符号定义的各元素组成的，即网页是由 HTML 标签进行描述的。网页与 HTML 文档是同一概念的两种不同表现形式：用 HTML 编写的代码文件称为 HTML 文档，而 HTML 文档通过浏览器展现出来的页面效果称为网页。

2.4.1　HTML 基本术语

HTML 文档由诸多元素组成,每个元素由标签或标签对及其属性构成,各种标签有各自的属性和作用。

1. 标签

标签是 HTML 中一些有特定意义的符号,它决定着网页的效果和布局。标签都包含在一对尖括号<和>中。可分为对标签和单标签。

(1) 对标签。由起始标签和结束标签组成,起始标签一般用"<标签名称>"表示,而结束标签用"</标签名称>"表示,中间是受标签控制或修饰的内容。例如,"<B>网页程序设计</B>"中,<B>是起始标签,</B>是结束标签,功能是以粗体显示"网页程序设计"。

(2) 单标签。只有起始标签,不包含任何内容,往往只完成一个功能或操作。一般在标签首部或尾部加斜杠(/),如
和</Br>均表示换行符。

2. 元素

元素一般由对标签、属性以及标签之间的内容构成,浏览器依据标签的作用解析各个元素。例如,"<Title>我的第一个网页</Title>"描述网页的标题,由<Title>开始,由</Title>结束,元素内容是"我的第一个网页"。

有些元素只含起始标签及其属性,例如,<IMG SRC="LOGO.JPG" Width="50" Height="50"/>。

3. 标签属性

多数标签具有属性,每种标签的多个属性之间没有前后顺序关系,用空格隔开即可。属性包括名和值,属性值必须在元素的起始标签中定义,通常包含在半角双引号中。

标签格式:

> 标签名称 属性名 1="值 1" 属性名 2="值 2"……>

<HTML 元素的完整结构如图 2-13 所示。如果属性代码中出现引号嵌套,则外层用单引号(')、内层用双引号(")。

图 2-13　HTML 元素结构图

2.4.2　HTML 文档的设计工具及规则

一个网页对应一个 HTML 文档,文档的扩展名为 HTM 或 HTML,内容是纯文本格式的,因此,可以使用任何能编辑纯文本的软件编写 HTML 文档。

1. 用记事本编写 HTML 文档

在设计 HTML 文档过程中,首先要用编辑器新建 HTML 文件,编写 HTML 代码,保存文件之后,才能浏览网页效果。

【例 2-1】　新建网页文件 Onepage.HTML，浏览效果如图 2-14 所示。

在"记事本"程序中输入代码，如图 2-15 所示。单击"文件"菜单→"保存"选项，"保存类型"选择"所有文件"，输入文件名为 Onepage.HTML，单击"保存"按钮。

图 2-14　页面浏览效果　　　　　　　图 2-15　用"记事本"程序编辑 HTML 代码

2. 设计 HTML 文档

在 DW 的开始页面，单击"文件"菜单→"新建"选项，在"新建文档"对话框中，选择页面类型为"空白页"和 HTML，布局为"无"，单击"创建"按钮，新建一个空白文件。切换到"代码"视图，如图 2-16 所示。

图 2-16　"代码"视图

将<Title>和</Title>标签之间的文字"无标题文档"修改为"我的第一个网页"，在<Body>和</Body>标签之间输入"Hello，HTML！"。单击"文件"菜单→"保存"选项，在"另存为"对话框中，输入文件名 Onepage 和存放位置，按 F12 键浏览网页。

从图 2-16 中可以看出,新建 HTML 文档后,系统自动产生若干行代码,典型的标签含义如下。

(1)<!DOCTYPE html … >,用于声明文档类型,不是 HTML 标签,必须写在 HTML 文档的第一行,位于<Html>标签之前。如果网页文档中没有<!DOCTYPE>,则浏览器按默认的文档类型解析网页,各种浏览器可能有不同的浏览效果。

(2)<Html xmlns="http://www.w3.org/1999/xhtml">,说明整个网页标签应该符合 XHTML 的规范。

(3)<meta http-equiv="Content-Type" content="text/html; charset=utf-8"/>,其中<meta>标签可提供有关页面的元信息(meta-information),如搜索引擎的关键词。<meta>标签位于<head>…</head>内,没有结束标签。http-equiv="Content-Type"表示描述文档类型,content="text/html"表示浏览器要解析 HTML 文档;"charset=utf-8"表示文档内容采用 UTF-8 字符编码,中文网页通常采用 GB2312 或 UTF-8 编码。

互联网搜索引擎将查找<meta>元素中定义的关键词。例如,在设计网页时,编写"<meta name="keywords" content="人才招聘,用人岗位,MySQL">"代码,在互联网搜索引擎界面中输入"人才招聘""用人岗位"或"MySQL"等关键字都能搜索到该网页。

3. HTML 的书写规范

(1)HTML 文件的列宽不受限制,多个标签可写成一行。

(2)标签中的某些项不能分行写。例如,下列代码中将 Title 分两行是错误的。

```
<Ti
tle> Hello,HTML!</Title>
```

(3)尖括号、标签和属性名等必须用半角字符。

2.4.3　HTML 文档基本结构

通过例 2-1 可以看出,一个 HTML 文档至少要包括 4 对标签,各对标签及顺序如图 2-17 所示。

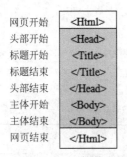

网页开始	<Html>
头部开始	<Head>
标题开始	<Title>
标题结束	</Title>
头部结束	</Head>
主体开始	<Body>
主体结束	</Body>
网页结束	</Html>

图 2-17　HTML 文档基本结构

(1)<Html>结构标签。通常处于文档的最前面,表示文档开始,即浏览器从<Html>开始解析网页,直至遇到</Html>为止,因此,<Html>…</Html>标识了 HTML 文件的开始和结束,所有其他标签都包含在<Html>和</Html>之间。

(2)<Head>头部标签。内容被称为文件头,包含关于网页文档的信息,例如网页的标题、脚本、样式(CSS)定义及文档的元信息等,这些信息大部分不在浏览器窗口中显示。元信息是指网页的设计日期、作者、版权及关键字等,以便用户了解网页的基本情况,同时供搜索引擎进行分类搜索。

(3)<Title>标题标签。用于设定 HTML 文档标题内容,应用于<Head>和</Head>标签之间,是网页头部不可或缺的一部分。每一个 HTML 文档都必须有且只有一个<Title>标签,浏览网页时,在浏览器窗口的标题栏中显示文档标题内容。

(4)<Body>主体标签。用于指明 HTML 文档的主体区,是网页的可见部分,可以包含文本、图像、链接、音频、视频、表格和表单等各种内容。

2.4.4　<Body>页面主体标签

<Body>…</Body>标志着一个网页文档的主体区，包含浏览器中显示的信息。<Body>标签的属性用于设置整个页面，例如网页的背景颜色、背景图案、文字颜色及链接等。

标签格式：

```
<Body Bgcolor=背景颜色值 Background=背景图文件名
Text=文字颜色值> 主体区各种元素 </Body>
```

<Body>标签的常用属性如表 2-1 所示。

表 2-1　<Body>标签的常用属性

属　性	DW 名	说　明	示　例
Bgcolor	背景颜色	设置网页的背景色，属性值是颜色名称或♯RRGGBB 格式的十六进制数	<Body Bgcolor="Black">
Background	背景图像	设置网页的背景图像文件名	<Body Background="Image/LOGO.JPG">
Text	文本颜色	设置网页内文本的颜色值	<Body Text="♯FF0000">

【例 2-2】　设置网页的背景为灰色，文字颜色为红色。

```
<Html><Head><Meta CharSet="utf-8" /><Title>网页颜色</Title></Head>
<Body Bgcolor="♯cccccc"  Text="Red">
    欢迎访问人才招聘网！
    </Body></Html>
```

2.5　文本与图像设计

文本格式的设定可以直接从 HTML 入手，也可以通过 Dreamweaver 工具来实现。本节先介绍 HTML 的基本设计方法，以便更好地理解 HTML 的基本设计原理。

2.5.1　标题级别

1. Hn 标签

标签格式：

```
<Hn Align=对齐方式 … > 标题内容 </Hn>
```

网页的主体区中可以设计<H1>，<H2>，…，<H6>6 级标题，标题标签标识的文字独占一行显示。标题级别决定了字号的大小和粗细程度，系统默认数字越小，级别越高，因此，一级标题<H1>字号最大，六级标题<H6>字号最小。通过标题的属性可以重新设置标题的样式。

【例 2-3】　设计各级标题，页面效果如图 2-18 所示。

```
<Html><Head><Meta CharSet="utf-8" /><Title>标题示例</Title></Head>
<Body><H1>人才招聘网</H1> <H2>职场资讯</H2> <H3>个人简历</H3>
   <H4>企业服务</H4> <H5>职位选择</H5> <H6>创业培训</H6>
</Body></Html>
```

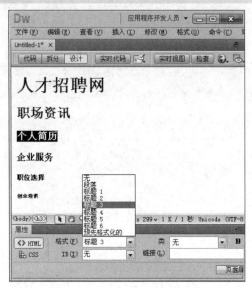

图 2-18　选择标题级别下拉框

2. 选择标题的操作

通过属性面板可以选择对应的标题级别。选中文档中的一段文字,单击"属性"面板 HTML 选项,从"格式"列表中选择"标题 1"至"标题 6"之一,如图 2-18 所示。

2.5.2　段落与换行

在浏览纯正文内容时,仅当信息超过浏览器宽度时才自动换行。要使信息自成段落或另起一行输出,除加标题标签外,还可以用换行和段落等标签。

1. 换行标签

换行标签
、</Br>或
是单标签,从该标签位置开始另起一行输出信息。

2. 段落标签

标签格式:

```
<P Align=对齐方式 …… > 段落内容 </P>
```

段落标签用于划分一个段落,段落的内容可以是文本及图像等其他类型的对象。浏览器在处理<P>标签时,将另起一行及一个空白行,即各段落之间空一行。

Align 属性用来设置段落在浏览器中的对齐方式,属性值 Left 表示左对齐,Right 表示右对齐,Center 表示居中。

【例 2-4】　设置段落与换行,页面效果如图 2-19 所示。

```
<Html> <Head><Meta CharSet="utf-8" />
   <Title>段落与换行</Title> </Head>
  <Body> <H1>段落效果</H1>
    <P Align="Center">招聘信息</P>
```

```
    <P Align="Center">求职信息</P>
    <P Align="Right">求职论坛</P>
    <H1>换行效果</H1>
    <P Align="Center">招聘信息<Br/>
        求职信息<Br/> 求职论坛</P>
</Body></Html>
```

3. 设置换行和段落的操作

在文档窗口的设计视图中输入一段文字后按 Enter
键,就形成一个段落,内容包含在<P>…</P>标签中;按
Shift+Enter 键,即换行,生成
标签。

通过"属性"面板设置段落的方法:选中一段文字,单
击"属性"面板上的 HTML 选项,在"格式"下拉列表中选
择"段落"。

2.5.3 文本基本属性

文本是网页信息的主要载体,文本的基本属性有字
体、字号和字的颜色等。

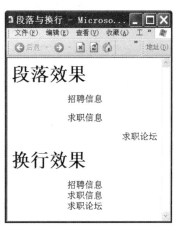

图 2-19 段落浏览效果

1. Font 标签

文本的标签为 <Font>…</Font>。可以通过设置<Font>标签的属性值来设置文本的
字体、字号和文字颜色。

标签格式:

<Font Face=字体 Size=字号 Color=文字颜色值> 文字内容 </Font>

<Font>标签的常用属性如表 2-2 所示。

表 2-2 <Font>标签的常用属性

属　　性	DW 名	说　　明	示　　例
Face	字体	设置文本的字体名	<Font Face="隶书">吉林大学</Font>
Size	大小	设置文本的字号值	<Font Size=" 5">人才招聘</Font>
Color	文字颜色	设置文本的字颜色值	<Font Color=" blue">推荐人才</Font>

其中 Size 值范围为 1~7,数值越大,字越大,如果超出这一范围,则按下限或上限值设置字
号。Size 默认值为 3,如果 Size 的值为+n 的形式,则表示 3+n。例如 Size=+2 表示 Size
的值为 5;Size=+10 表示 Size 的值为 7(3+10=13 超出上限 7,按 7 设置)。

【例 2-5】 设置文本字号、字体和颜色等属性,页面效果如图 2-20 所示。

```
<Html><Head>
<Meta CharSet="utf-8" />
<Title>文本基本属性实例</Title></Head>
<Body><Font Size="7" >人才招聘网</Font><Br>
    <Font Face="华文楷体">个人简历</Font><Br>
    <Font Color="#0066FF">职场资讯</Font><Br>
```

```
<Font Face="黑体" Color="Red"
    Size="6">创业培训</Font>
</Body></Html>
```

图 2-20　文本基本属性效果

2. 设置文本属性的操作

设置文本属性的具体操作步骤如下。

（1）选择 CSS 选项。选中一段文字，单击"属性"面板的 CSS 选项，如图 2-21 所示。

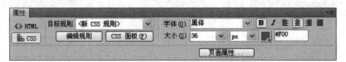

图 2-21　设置字体基本属性面板

（2）编辑字体列表，如图 2-22 所示。字体列表中默认有 13 种字体，若要用的字体不在字体列表中，则需要在"字体"下拉列表中选择"编辑字体列表…"选项，在"编辑字体列表"对话框中，"字体列表"为当前已有的字体组合，"可用字体"列表框为当前还没有选择的字体，将某字体添加到"选择的字体"列表框中，单击"确定"按钮。

图 2-22　"编辑字体列表"对话框

（3）新建 CSS 规则。在"字体"下拉列表框中选择字体，如"黑体"。在"新建 CSS 规则"对话框中，"选择器类型"为"类（可应用于任何 HTML 元素）"，在"选择器名称"文本框中输入目标规则（样式）名称，如 text，单击"确定"按钮。

（4）在"属性"面板中设置文本的大小及文本颜色。

2.5.4　文本格式标签

1. 文本格式标签

用文本格式标签修饰网页中的文字格式，如文字加粗<Strong>、倾斜<Em>、加下画线

<U>、加删除线<S>、上标<Sup>、下标<Sub>、大字体<Big>和小字体<Small>。

【例 2-6】　设置文本格式如斜体、下画线和删除线等,效果如图 2-23 所示。

```
<Html><Head><Meta CharSet="utf-8" />
<Title>文本格式化示例</Title></Head>
  <Body><Strong><Big>人才招聘网</Big></Strong><Br>
    <Em><Small>名企招聘</Small></Em><Br>
    <U>个人简历</U><BR><S>职位名称</S><Br>
    X<Sup>2</Sup>F<Sub>x</Sub><Br></Body></Html>
```

2. 设置文本格式属性的操作

从选中文本的右击菜单中选择"样式"下的相关选项可设置文本格式。有些标签需要单击"插入"菜单→"标签"选项,在"标签选择器"中添加相关格式,如<Sub>、<Sup>、<Small>和<Big>等。

图 2-23　文本格式化效果

2.5.5　图像的添加与设置

图像是网页中重要的元素之一,不仅具有烘托网页主题的作用,也能加深用户对网站的印象。

1. IMG 标签

图像的标签为<IMG>,是一个单标签,用/闭合。

标签格式:

```
<IMG Src=源文件名 Alt=替换文字 Alignr=对齐方式 Border=边框宽度值
    Height=高度值 Width=宽度值 Hspace=水平边距值 Vspace=垂直边距值/>
```

当浏览器读取到<IMG>标签时,显示此标签所设定的图像,常用属性如表 2-3 所示。

表 2-3　<IMG>标签的常用属性

属性	DW 名	说　　明	示　　例
Src	源文件	图像文件的 URL 地址,即文件名及相对路径或绝对路径	<IMG src="../Image /bj.jpg" Alt="无法加载图像" Align="left"/>
Alt	替换	当图像无法加载时,即显示替换文字	
Align	对齐	图像对齐方式	
Border	边框	图像边框的宽度	
Height	高	图像的高度大小,其值可为像素数	<IMG Src="Image /logo.gif" Border="2" Width="400" Height="300" Hspace="10" Vspace="10"/>
Width	宽	图像的宽度大小,其值可为像素数	
Hspace	水平边距	图像距左右对象的距离	
Vspace	垂直边距	图像距上下对象的距离	

为了使网页方便访问图像文件,通常将其存储于本地站点的某个文件夹中,如 D:/Image。

【例 2-7】　在网页中显示一幅边框宽度为 15 像素,宽度为 458 像素,高度为 336 像素,存储在站点根目录的 Image 文件夹中的图像 LOGO.JPG 中。

```
<Html><Head>
<Meta CharSet="utf-8" />
<Title>图像基本属性</Title></Head>
   <Body><IMG Border="15" SRC="Image/LOGO.JPG" ALT="无法加载图像"
      Width="458"Height="336" /></Body></Html>
```

2. 设置图像属性的操作

将光标定位于要插入图像的位置,单击"插入"菜单→"图像"选项,在"选择图像源文件"对话框中,选择图像文件(如 logo.JPG)后,单击"确定"按钮。

在"属性"面板中可以设置图像的相关属性,如图 2-24 所示。

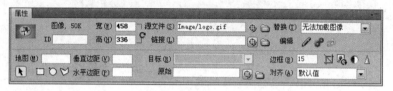

图 2-24   "图像"的属性面板

(1) 宽和高:以像素为单位设定图像的宽度和高度。

(2) 源文件:指定图像的具体路径及文件名。

(3) 替换:当浏览器无法显示图像时,在图像位置显示该文字信息。

(4) 边框:以像素为单位设定图像边框的宽度。

2.6   链接与锚记设计

网页中通常用链接(也称超链接)关联其他网页或网站。主要依据文字或图像(也称链接对象)创建链接,通过引用对象关联其他文件名、网站域名(IP 地址)及 E-mail 地址等,在网页中通常用链接实现网页导航。

在浏览器中,链接文字对象通常带有下画线和特殊颜色,鼠标指针移动到链接对象时,指针变成手形;单击链接对象后,将跳转到链接对象引用的对象网页。

2.6.1   链接设计

标签格式:

```
<A Href="引用对象名" Targe="浏览引用对象的窗口名">链接对象内容</A>
```

1. 引用对象名

引用对象名是链接要跳转的目标资源名,可以是文件名、网站域名(IP 地址)及 E-mail 地址。常用引用对象的含义如表 2-4 所示。

2. 浏览引用对象的目标窗口名

浏览引用对象的目标窗口用于说明打开引用对象的位置。该窗口名可以是网页中定义的框架名,例如,<a href="bbsright.html" target="fr2">讨论区首页</a>,其中 fr2 即为框架名。此外,还可以是如表 2-5 所示的系统值。

表 2-4　引用对象表

引用对象类型	说　　明	示　　例
文件名	链接对象打开的目标文件名,可含路径,通常是网页和图像等文件	\<A Href="../index.html">首页\</A>
网站域名(IP 地址)	链接对象要跳转的目标网站域名或 IP 地址	\<A Href="http://www.jlu.edu.cn">吉林大学\</A>
E-mail 地址	链接对象要发送 E-mail 的地址	\<a Href="mailto:wlm@sina.com">王丽敏\</a>

表 2-5　目标窗口的系统值

系统设置值	说　　明	示　　例
_Blank 或_New	新窗口打开引用对象	\<A Href="../index.html" Target="_blank">首页\</A>
_Self	在当前网页窗口中打开引用对象	\<A Href="../index.html" Target="_Self">首页\</A>
_Parent	当前网页的父窗口中打开引用对象	
_Top	顶层窗口中打开引用对象	\<A Href="http://www.jlu.edu.cn" Target="_Top">吉林大学\</A>

3. 链接对象内容

链接对象内容是用户通过浏览器由一个网页跳转到另一个网页的操作对象,通常是浏览器中可见的内容,如文字(如表 2-5 中的"吉林大学")和图像等。例如,\<A Href="Index.html">\<IMG Src="../Image/Logo.gif" Width=135 Hight=100>\</A>。

4. 链接设计向导

选中链接对象内容,在"属性"面板的"链接"框中输入引用对象名或单击"浏览文件"按钮,选择引用对象。在"目标"下拉列表中选择浏览引用对象的目标窗口名,如图 2-25 所示。

图 2-25　属性面板的链接

单击"插入"面板→"常用"→"超级链接"按钮,在"超级链接"对话框中也可以设置链接的相关参数,如图 2-26 所示。

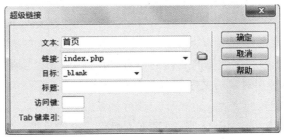

图 2-26　"超级链接"对话框

2.6.2　引用对象的文件路径

当链接的引用对象是文件名时,文件名前要加路径。

1. 绝对路径

绝对路径是完整的 URL 地址,如 http://www.jlu.edu.cn/Index.html 和 E:\RCZP\Image\BJ.gif。

由“/”开始的路径表示从站点根目录开始,如/Index.html 是站点根目录中的文件 Index.html；/Image/bj.gif 是站点根目录下 Image 文件夹中的 bj.gif 文件。

绝对路径的优点是可以精确地定位文件,缺点是不利于测试和站点移植。当引用当前站点以外的文件时通常使用绝对路径。

2. 相对路径

相对路径是指以当前网页文件所在的文件夹(简称当前目录)为起点的路径,说明当前网页文件与引用文件之间的相对位置关系,因此,在创建设计链接前,应该保存当前网页文件,以便确定相对路径的起始位置。在创建站点时,站点内所有链接应当尽可能地使用相对路径。

常见相对路径有如下几种书写形式。

(1) 当前目录:直接写文件名或文件名前加“./”,例如 Index.html 或. /Index.html。

(2) 当前目录下的子目录:直接写子目录名＋“/”,例如,Image/bj.gif。表示引用当前目录下 Image 文件夹中的文件 bj.gif。

(3) 前级目录:“../”表示前级目录。例如,../RCZP.HTML 表示当前目录中前级目录的 RCZP.HTML；../Image/bj.gif 表示当前目录的同级目录 Image 中的 bj.gif 文件。

相对路径的基本原理是省略掉对于当前文档和所链接的目标都相同的绝对路径部分,而只提供不同路径部分。

2.6.3　设计链接文字的颜色

1. 链接的状态

一个链接通常有如下 4 种状态。

(1) 初始链接:是网页中链接的初始状态,有些网页以蓝色显示链接对象的文字。

(2) 已访问链接:访问(单击)过的链接,有些网页以紫色显示链接对象的文字。

(3) 活动链接:在链接对象上按下鼠标左键和抬起之间,有些网页改变链接对象的文字颜色。

(4) 变换图像链接:鼠标指针移到链接对象上变为手形时的链接,某些网页同时改变链接对象文字的颜色。

2. 设置链接颜色的属性

链接对象各种状态的文字颜色与具体的网页设计有关。用<Body>标签的有关属性(如表 2-6 所示)可以设置链接对象的文字的各种颜色。

3. 设置链接文字颜色的操作

光标置于<Body>与</Body>之间,通过下列操作之一均可设置链接对象的文字颜色。

(1) 链接对象文字颜色的样式:单击“属性”面板的“页面属性”按钮,在“页面属性”对话框中选择"链接(CSS)"分类,设置链接对象的文字颜色,如图 2-27 所示。

表 2-6 链接对象的文字颜色属性

属 性	DW 名	说 明	示 例
Link	初始链接	链接的初始颜色,默认为蓝色	< Body Link = " navy " Alink = "maroon" Vlink="gray"> <A Href="http://www.jlu.edu.cn">吉林大学</A> </Body>
Alink(Active)	活动链接	活动链接的颜色	
Vlink(Visited)	已访问链接	已访问过链接的颜色	
Hover	变换图像链接	鼠标指针为手形时的文字颜色	

图 2-27 "页面属性"对话框

(2) 网页中链接对象的文字颜色:在 Body 标签的"页面属性"对话框中,选择分类为"外观(HTML)",设置方法与图 2-27 类似,但不能设置变换图像的链接对象文字颜色。

2.6.4 锚记链接

链接用于设计跳转到当前网页文件之外,即实现网页之间的跳转。要实现网页内部的跳转,需要锚记链接。

设计锚记链接首先要命名锚记(锚点),作为链接的目标,再设计指向锚点的链接。命名锚记是设置网页中的锚点。浏览网页单击锚记链接后,光标定位到对应的锚点。

1. 设计锚记链接

设计锚记链接需要以下步骤。

(1) 命名锚记:在文档的代码视图下,在锚点位置输入下列标签,为锚点命名。

标签格式:

`<A Name="锚记名称"或 ID="锚记名"></A>`

(2) 设计锚记链接:在网页中,用下列标签描述链接对象的内容:

标签格式:

`<A Href="#锚记名称">链接对象的内容</A>`

2. 设计锚记链接的操作

(1) 命名锚记:在页面需要跳转的目标位置定位插入点,单击"插入"面板→"常用"→"命名锚记"按钮,在"命名锚记"对话框中设置锚记名称,如图 2-28 所示。单击"确定"按钮。

(2) 设计锚记链接:设计锚记链接的方法与链接类似,先选中链接对象,再单击"插入"

图 2-28　"命名锚记"对话框

面板→"常用"→"超级链接"按钮,在"超级链接"对话框中,从"链接"下拉框中选择锚记名,或输入"#锚记名"。选中链接对象后,从"属性"面板的"链接"下拉框中也可以直接选择锚记名称,创建锚记链接。

【例 2-8】　设计网页 Index.html,网页顶部有 logo.gif 图像,下面是 H1 标题字"人才招聘",再下方为首页、招聘信息、求职信息和求职论坛的链接向导。

（1）在"文件"面板中,选择 Rczp 为当前站点。

（2）单击"文件"菜单→"新建"选项,选择"新建文档"对话框中的"页面类型"为HTML,"布局"为"无",单击"创建"按钮,新建一个空白文件。

（3）在"代码"视图下,将"无标题文档"改为"欢迎访问人才招聘网!"。

（4）单击"文件"菜单→"保存"选项,存于站点主目录下的 Index.html。

（5）在"设计"视图中,单击"插入"菜单→"图像"选项,在"图像源文件"对话框中选择Image 文件夹中的 logo.gif。选中图片,在"属性"面板中设置宽为 135,高为 100,"替换"项为"人才招聘","链接"项为 Index.php,"目标"项为_self。

（6）按 Enter 键,输入"人才招聘",在"属性"面板中设置"格式"项为"标题 1"。

（7）按 Enter 键,依次输入并选中首页、招聘信息、求职信息和求职论坛,在"属性"面板中分别设置"链接"项为 Index.php、Jobs.php、Resume.php 和 BBS.php。

（8）按 F12 键保存文件并在浏览器中预览网页。

2.7　CSS 设计

设计网页除需要 HTML 语言外,还需要 CSS(Cascading Style Sheets,层叠样式表,简称样式表)。CSS 主要用于描述 HTML 文档的样式,使网页格式化,网站整体设计风格一致。

2.7.1　CSS 基础

设计网页时,通常 HTML 标签定义网页的内容,用 CSS 设计修饰标签的格式。可以将CSS 理解为一个预先定义的格式集合,与 HTML 文档配合使用。当浏览器读到样式表时,按照样式表对页面元素的字体样式、背景、表格、链接、排列方式、区域尺寸和边框等显示方式进行控制。

一个 CSS 样式表可以同时作用于多个 HTML 文档,如果将整个网站所有网页的外观样式指向同一个 CSS,可以使网站的整体设计风格统一。修改 CSS 中某个样式,能使所有相关网页的样式随之变化。

使用 CSS 能够简化网页代码,加快下载速度,减少重复设计,便于网站维护。

1. CSS 语法基础

层叠样式表包含一组样式规则,可以直接写在 HTML 文档中,也可以单独存储在扩展名为 css 的文件中,用下列格式描述每个样式。

语法格式:

> 选择器 {属性 1:值 1; 属性 2:值 2; …; 属性 N:值 N}

(1) 选择器:包含类型说明和名称。类型说明是选择器的类型,主要有标记选择器、类选择器和 ID 选择器,而名称可以是英文字母及其开头的数字或减号(—)的组合,一般根据功能或效果命名。

(2) 声明:要用花括号括起来,每条声明由一个属性和值组成,属性和值用冒号分隔,属性之间用分号(;)隔开。

例如,将文字颜色定义为红色,字体大小设置为 16 像素,则 CSS 代码的结构如图 2-29 所示。其中,"."表示类选择器;t-Red 是选择

图 2-29　CSS 代码结构

器名称;{Color:Red;Font-Size:16px;}是完整的声明部分,定义颜色为红色,文字大小为 16 像素。

2. CSS 样式

在 CSS 样式中经常需要设置字体、文本、背景等属性,其中字体属性用于设置文本的字体、大小和加粗等,文本属性用于设置文本的颜色和对齐方式等,背景用于设置背景颜色和背景图片,常见的属性如表 2-7 所示。

表 2-7　CSS 样式常用属性

属　　　性	说　　　明	示　　　例
Font-Family	字体	{Font-Family:"黑体"}
Font-Size	字的尺寸	{Font-Size:18px}
Font-Weight	字的粗细	{Font-Weight:Bold}
Color	文本颜色	{Color:Red}
Text-Align	文字对齐方式	{Text-Align:Center}
Text-Decoration	线方式,Underline 是下画线,Line-Through 是删除线	{Text-Decoration:Line-Through}
Background-Color	背景颜色	{Background-Color:#FF0000}
Background-Image	背景图像	{Background-Image:Url(../Image/Bj.gif)}

2.7.2　CSS 选择器的类型

1. 标记选择器

标记选择器一般用于整体样式的控制。每一种 HTML 标签都可以作为相应的标记选择器名称,标记选择器名称决定了该标签采用的 CSS 样式。例如,P{Color:#FF0000;Text-Align:Center}规定所有<P>标签都采用红色字、居中显示的统一样式风格。

2. 类选择器

定义类选择器时,类名称前面加一个圆点(.)。类选择器可以应用到 HTML 标签上,同一个类选择器可以被引用多次。

例如,定义样式.Center{Text-Align:Center}和.Red{Color:Red},HTML 代码为<H1 Class="Center">吉林大学</H1>和<P Class="Center">人才招聘</P>,都引用了 Center 类选择器,遵守其规则。一个标签可以应用多个类选择器,将多种样式风格同时应用到一个标签中。例如,<P Class="Center Red">招聘信息</P>引用了 Center 和 Red 类,将同时遵守两个选择器的规则。

3. Id 选择器

Id 选择器用于定义单一元素的样式,为标有特定 Id 的元素指定样式。定义 Id 选择器时,类名称前面加一个#号。

例如,定义样式#First{Background:Lime}和#Next{Color:Blue},HTML 代码为<P Id="First">招聘信息</P>,P 元素背景为黄绿色。

设计网页时,类选择器和 Id 选择器的视觉效果几乎没有差别,只是类具有普遍性,而 Id 具有特殊性。因此,重复使用的样式用类选择器定义,单一元素或者需要 JavaScript 控制的元素用 Id 选择器定义。

与类选择器相比,Id 选择器有以下特点。

(1) 一个 Id 选择器只能在一个 HTML 文档中使用一次。否则,当 JavaScript 等其他脚本语言调用它时会出现意想不到的错误。

(2) Id 选择器不像类选择器一样能多个合并使用,一个元素只能引用一个 Id 名。例如,<P Id="First Next">是错误的。

Id 选择器主要用于网页中的特殊修饰,如标志、导航栏、主题和版权等内容,通常命名为#Logo、#Nav、#Content 和#Copyright 等,避免与其他样式发生冲突。

2.7.3　设计 CSS 的位置

根据样式表代码位置的不同,CSS 分为内嵌样式表、内部样式表和外部样式表 3 类。

1. 内嵌样式表

内嵌样式表也称内联样式表,即将样式代码直接嵌在标签内,仅对所在元素有效。例如,<P Style="Color:Sienna;Font-Size:20px">岗位名称</P>。内嵌样式表使用简单、直观,适用于仅应用一次的样式。

2. 内部样式表

内部样式表是在 HTML 文档的<Head>标签内使用<Style>定义样式,在<Body>标签内引用,只对所在的网页文档内容有效。

语法格式:

```
<Head><Style Type="Text/Css">
<!--样式表的具体内容-->
    </Style></Head>
```

【例 2-9】　在 HTML 文档中,用内部样式表设计效果如图 2-30 所示的网页。具体样式为:图片背景颜色是紫色;文字"人才招聘"是 H1,红色居中显示;"首页""招聘信息""求职

信息""求职论坛"为链接,文字大小是 20px;"最新职位""最新人才""推荐企业"的背景图片是 Bj.gif,文字颜色是白色。

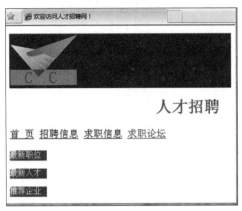

图 2-30　网页效果

HTML 代码如下:

```
<HTML><Head>
<Meta CharSet="utf-8" />
<Title>欢迎访问人才招聘网!</Title>
    <Style Type="Text/Css">
H1{Color:Red;Text-Align:right;}
#Logo{Background-Color:Purple;}
#Nav{Font-Size:20px;}
.Bj{Background:Url(Image/Bj.gif);
Height:20px;Width:75px;Color:#FFF;}</Style></Head>
<Body><P Id="logo"><A Href="Index.php">
    <Img Src="Image/Logo.gif" Width="135" Height="100" Alt="logo"/></A></P>
    <H1>人才招聘</H1>
    <P id="nav">
    <A Href="Index.php" Target="_self">首页</A>
    <A Href="Jobs.php" Target="_self" >招聘信息</A>
    <A Href="Resume.php" Target="_self" >求职信息</A>
    <A Href="News/" Target="_self" >求职论坛</A></P>
    <P Class="Bj">最新职位</P><P Class="Bj">最新人才</P>
    <P Class="Bj">推荐企业</P>
</Body></Html>
```

【例 2-10】　用 Dreamweaver 操作设计内部样式表完成例 2-9 的网页。

步骤如下:

(1) 打开例 2-8 中的 Index.html。

(2) 单击"窗口"菜单→"CSS 样式"选项,打开"CSS 样式"面板,如图 2-31 所示,单击"新建 CSS 规则"按钮。

(3) 在"新建 CSS 规则"对话框中,"选择器类型"项为"ID(仅应用于一个 HTML 元素)","选择器名称"框中输入 Logo,如图 2-32 所示,单击"确定"按钮。

(4) 在"#Logo 的 CSS 规则定义"对话框中,如图 2-33 所示,在"分类"栏中选择"背景",输入 Background-Color 值为#800080,单击"确定"按钮。

图 2-31 "CSS 样式"面板

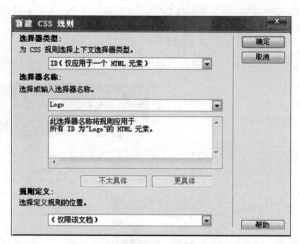

图 2-32 "新建 CSS 规则"对话框

图 2-33 "＃Logo 的 CSS 规则定义"对话框

（5）单击"CSS 样式"面板中的"新建 CSS 规则"按钮，在"新建 CSS 规则"对话框中，设置选择器类型为"ID(仅应用于一个 HTML 元素)"，输入"选择器名称"项为 Nav。单击"确定"按钮，在"#Nav 的 CSS 规则定义"对话框中，选择"分类"栏中的"类型"，输入 Font-Size 值为 20px。单击"确定"按钮，完成#Nav 的 CSS 规则定义。

（6）单击"CSS 样式"面板中的"新建 CSS 规则"按钮，在"新建 CSS 规则"对话框中，设置选择器类型为"标签(重新定义一个 HTML 元素)"，输入"选择器名称"项为 H1。单击"确定"按钮，在"H1 的 CSS 规则定义"对话框中，选择"分类"栏中的"类型"，输入 Color 值为#F00，选择"分类"栏中的"区块"，为 Text-align 选择 Center。单击"确定"按钮，完成 H1 的 CSS 规则定义。

（7）单击"CSS 样式"面板中的"新建 CSS 规则"按钮，在"新建 CSS 规则"对话框中，将"选择器类型"选为"类(可应用于任何 HTML 元素)"，输入"选择器名称"值为 Bj。单击"确定"按钮，在".Bj 的 CSS 规则定义"对话框中，选择"分类"栏中的"类型"，输入 Color 为#FFF，选择"分类"栏中的"背景"，单击 Background-Image 的"浏览"按钮，在"选择图像源文件"对话框中选中 Image 文件夹中的 Bj.gif 文件。单击"确定"按钮，完成.bj 的 CSS 规则定义。

（8）在"代码"视图中，选中图片所在的<P>标签，从"属性"面板的 ID 下拉列表中选择 Logo，如图 2-34 所示。

第 2 章　Dreamweaver 及静态网页设计基础　53

图 2-34　"属性"面板

（9）在"代码"视图中，选中链接所在的<P>标签，从"属性"面板的 ID 下拉列表中选择 Nav。

（10）切换到"设计"视图，可以看到格式化后的效果。在链接文字下方依次输入"最新职位""最新人才""推荐企业"三段文字，从"属性"面板的 "类"下拉列表中选择 Bj。

3. 外部样式表

外部样式表将 CSS 样式规则独立存储于扩展名为 CSS 的文件中，而 HTML 文件通过链接方式引用它，实现网页 HTML 与 CSS 代码的完全分离。外部样式表对所有引用它的网页都有效，适用于设计相同样式网页的网站，可以通过修改一个 CSS 文件来改变整个网站的风格。使用外部样式表，可以减少重复代码，降低下载数据量，方便网页维护。

外部样式表文件可以在任何文本编辑器（如记事本）中进行编辑，但不能包含任何的 HTML 标签。每个网页中使用<Link>标签链接到样式表文件。<Link>标签必须放到 HTML 文档的头部<Head></Head>标签内。

语法格式：

```
<Link Rel="Stylesheet" Type="Text/Css" Href="../Css/CSS 文件名"/>
```

浏览器根据 CSS 文件修饰格式网页。其中，rel="stylesheet"表示使用外部样式表；type="text/css"表示文件类型是样式表文本；href="../css/CSS 文件名"指出样式表文件所在位置，通常使用相对路径。

【例 2-11】　在 HTML 文档中，使用外部样式表设计例 2-9 的网页。

设计步骤如下：

（1）使用记事本，创建 ex.css 文件，存放在站点的 CSS 文件夹中。CSS 代码如下。

```
H1{Color:Red;Text-Align:Center;}
#Logo{Background-Color:Purple;}
#Nav{Font-Size:20px;}
.Bj{Background:Url(../Image/Bj.gif);Height:20px;Width:75px;Color:#FFF;}
```

（2）使用记事本，创建 Index1.html 文件，存放在站点的根目录下。HTML 代码如下。

```
<HTML><Head>
<Meta CharSet="utf-8" />
<Title>欢迎访问人才招聘网！</Title>
  <Link Rel="Stylesheet" Type="Text/Css" Href="Css/Ex.css"/></Head>
  <Body>
    <P Id="logo"><A Href="Index.php">
      <Img Src="Image/logo.gif" Width="135" Height="100" Alt="logo"/></A></P>
    <H1>人才招聘</H1>
    <P Id="nav"><A Href="Index.php" Target="_self">首页</A>
      <A Href="Jobs.php" Target="_self">招聘信息</A>
```

```
        <A Href="Resume.php" Target="_self">求职信息</A>
        <A Href="News/" Target="_self">求职论坛</A></P>
    <P Class="Bj">最新职位</P><P Class="Bj">最新人才</P>
    <P Class="Bj">推荐企业</P>
  </Body></Html>
```

(3) 在浏览器中查看网页效果。

【例 2-12】 使用外部样式表与向导结合,设计例 2-9 的网页。

步骤如下:

(1) 单击"文件"菜单→"新建",弹出"新建文档"对话框,选择"空白页"中的"CSS"文件,单击"创建"按钮。

(2) 在新建的 CSS 文件窗口中输入如下 CSS 代码。

```
H1{Color:Red;Text-Align:Center;}
#Logo{Background-Color:Purple;}
#Nav{Font-Size:20px;}
.Bj{Background:Url(../Image/Bj.gif);Height:20px;Width:75px;Color:#FFF;}
```

或者按照例 2-10 的第(2)~第(7)步操作,然后将其保存在 CSS 文件夹,名为 Ex.css。

(3) 单击"文件"菜单→"打开",打开例 2-8 已建的 Index.html 文件,单击"CSS 样式"面板的"附加样式表"按钮。在"链接外部样式表"对话框中,从"文件/URL"下拉列表框中选择 Css/Ex.css,"添加为"项选中"链接"按钮,如图 2-35 所示。

(4) 单击"确定"按钮,将 Index.html 文件和 Ex.css 文件进行关联,关联后的"CSS 样式"面板如图 2-36 所示。

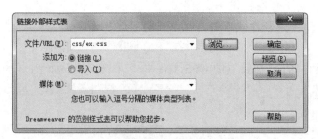

图 2-35 "链接外部样式表"对话框

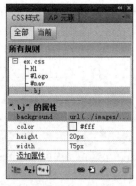

图 2-36 关联后的"CSS 样式"面板

(5) 按照例 2-10 的第(8)~第(10)步操作。

如果同一个 HTML 元素定义了多个样式,通常所有的样式会根据优先级层叠于一个新的虚拟样式表中,它们的优先级为标签内样式表优先级最高,其次是内部样式表,再次是外部样式表,最后是浏览器的默认设置。

2.8 Div 元素及 CSS 布局

实现网页布局的技术主要有框架、表格和 CSS 布局 3 种。其中 CSS 布局使用模块化的思想设计网页,首先在<Body>元素内定义多个可嵌套的<Div>元素,将页面内容分割成多个相对独立的区域,再使用 CSS 定义每个区域的尺寸、位置和颜色等显示样式。

由于 CSS 代码通常定义在<Head>元素内或者生成独立的 CSS 文件,网页的内容和样式相分离,使得代码更简洁,提高了网页的访问速度,降低了维护难度,因此 CSS 布局已成为网页设计中的主流布局方式。

2.8.1　Div 元素

Div 元素是 HTML 中最典型的块级元素,常作为文本、图像或其他元素的装载容器,实现区域分配。Div 元素内可以包含另一个 Div 元素,构成嵌套结构。

标签格式:

```
<Div Class|ID=样式名>内容</Div>
```

常用属性如表 2-8 所示。

表 2-8　DIV 标签常用属性

属性	DW 名称	属性说明	例　子
Class	类	引用的 CSS 类名	Class="Header"
Id	ID	引用的 CSS 样式 Id 号	Id="Logo"

Div 元素通常由 CSS 说明显示效果。一个网页可以包含多个 Div 元素,每个 Div 元素可以用 Class 或 Id 属性引用具体的 CSS 样式。

2.8.2　盒子模型

盒子模型是 CSS 网页布局的一个非常关键的概念。其主要思想就是把网页中的元素看作一个可以盛装内容的矩形盒子,每个盒子都由元素的内容、边框(Border)、内边距(Padding)和外边距(Margin)组成,如图 2-37 所示。

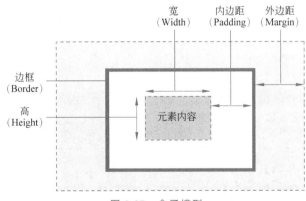

图 2-37　盒子模型

元素内容区域用于显示元素的实际内容。边框(Border)是盒子的外壳,用于确定元素的范围,元素内容与边框之间的距离就是内边距(Padding)。元素边框之外区域是外边距(Margin),用来保持与其他元素之间距离,默认为透明颜色。盒子模型的常用属性如表 2-9所示。

表 2-9 盒子模型相关属性说明

属　　性	DW 名称	属性说明	例　　子
Width	宽	元素内容的宽度	{Width：30%}
Height	高	元素内容的高度	{Height：600px}
Border	边框	边框的宽度、样式和颜色	{Border：2px Solid #00F}
Padding	Padding	内边距	{Padding：30px 50px 30px 50px}
Margin	Margin	外边距	{Margin：30px 50px}

Width 和 Height 的属性值可以是百分比形式,表示其值是相对于父元素对应值的百分比。例如,#box{Height：600px;Width：30%;Border：2px Solid #00F},表示盒子的样式为高度 600px,宽度是父元素宽度的 30%,边框是宽度 2px 的蓝色实线。

Padding 和 Margin 的属性值可以有 1~4 个,分别代表不同位置的边距,具体含义如表 2-10 所示。

表 2-10 值的个数及含义

个　　数	含　　义	例　　子
1 个值	上下左右 4 个边距相同	{Padding：30px}
2 个值	分别为上下边距及左右边距	{Padding：30px 80px}
3 个值	分别为上边距、左右边距及下边距	{Margin：30px 50px 20px}
4 个值	分别为上、右、下及左边距	{Margin：30px 50px 20px 0px}

利用外边距(Margin)可以实现一个盒子水平居中,具体方法为先指定盒子宽度(Width),然后将左右外边距(Margin)都设置为 Auto。在实际操作中,常使用这种方法进行网页布局。

例如,#box{Width：600px;Padding：30px;Margin：50px Auto;},表示盒子的样式为宽度 600px,上下左右内边距都是 30px,上下外边距都是 50px,且水平居中。

把文字、图片、超链接等网页元素放入盒子,然后利用 CSS 将盒子摆放到合适的位置,就完成了网页布局。

【例 2-13】 使用盒子模型设计效果如图 2-38 所示的 Div 嵌套结构网页。

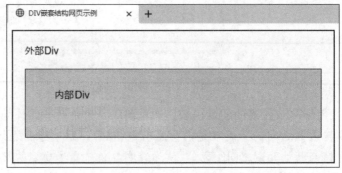

图 2-38 Div 嵌套结构

代码如下：

```
<HTML><Head>
<Meta Http-equiv="Content-Type" Content="Text/HTML"; Charset="utf-8" />
<Title>DIV 嵌套结构网页示例</Title>
  <Style Type="Text/Css">
    * {Margin:0px;Padding:0px;}    /* 将所有元素的内边距和外边距清零 */
    Body{Font-Size:30px;}
    .Outer{Margin:10px;Background-Color:#FFC;Border:2px solid blue;
           Padding:20px;Width:700px;}
    .Inner{Margin:20px Auto;Background-Color:#FCC;Width:500px;
           Border:1px solid black;Padding:30px 50px;Height:50px;}
  </Style></Head>
<Body><Div Class="Outer">外部 DIV
       <Div Class="Inner">内部 DIV</Div></Div>
</Body></Html>
```

2.8.3　CSS 的定位机制

标准的 HTML 布局是通过文档流机制进行显示的。浏览器按照文档中 HTML 元素的书写顺序，根据元素的显示模式在窗口中将元素从上到下，从左到右依次呈现到页面上。CSS 提供了一些更改元素显示位置的属性，利用这些属性可以使元素脱离文档流的默认限制。

CSS 有 3 种基本的定位机制：普通流（标准流）、浮动和定位。

（1）普通流（标准流）。普通流实际上就是将一个网页内元素正常从上到下、从左到右顺序排列。块元素独占一行，行内元素按顺序依次同行排列，可以通过 CSS 的 Display 属性将元素设置为块元素、行内元素及行内块元素。

（2）浮动。元素在水平方向向浏览器窗口边缘浮动，周围的其他元素会重新排列，可以通过设置 CSS 的 Float 属性实现。

（3）定位。让元素相对其文档流位置、网页页面甚至浏览器窗口确定显示位置，CSS 通过 Position 属性设置定位方式，并借助 Left、Right、Top 和 Bottom 属性确定位置。

1. Display 转换元素类型

HTML 规范中将 HTML 元素分成块元素（Block Element）和行内元素（Inline Element）两种显示模式。

每个块元素独自占据一整行或多个整行，可以设置块元素的宽度（默认宽度是容器的 100%）、高度、边距等属性，常用于网页布局和搭建网页结构。常见的块元素有标题<H1>～<H6>、<P>、<ul>、<ol>、<li>及<DIV>元素。

行内元素不占有独立的区域，和相邻行内元素在同一行内，不可以设置宽度（默认宽度就是本身内容的宽度）、高度等属性，常用于控制网页内的文本样式。常见的行内元素有<A>、<Em>、<Strong>、<U>、<S>及<Span>元素。

可以使用 Display 属性实现块元素与行内元素的转换，如表 2-11 所示。

表 2-11 Display 属性说明

属　性	DW 类别	属性值	说　　明	例　　子
Display	区块	Block	转换为块元素	{Display：Block}
		Inline	转换为行内元素	
		Inline-Block	转换为行内块元素,可以设置其宽度和高度等属性,但该元素不独占一行	

例如,A{Width：200px；Height：150px；Display：Block；Text-Decoration：None；},表示将超链接 A 元素转换为块元素,设置宽度 200px 和高度 150px 并消除下画线。

【例 2-14】 使用盒子模型设计图 2-39 所示的照片墙效果的网页。

图 2-39 使用盒子模型制作的照片墙页面

代码如下：

```
<HTML><Head>
<Meta Http-equiv="Content-Type" Content="Text/HTML"; Charset="utf-8" />
<Title>盒子模型制作照片墙</Title>
  <Style Type="Text/Css">
    * {Margin:0px; Padding:0px;}
    Body{Background-color:#FFFFE6; Margin:30px 0px;}
    Img{Width:300px; Height:200px;}
    .Outer{Width:67% ; Background-color: #CCC;
        Margin:0px Auto;}
    .Inner{Background-color:White; Border:10px Solid #666;
        Padding:20px; Margin:30px; Width:300px;
        Display:Inline-block;}                    /* 将其转换为行内块元素 */
  </Style></Head>
<Body><Div Class="Outer">
<Div Class="Inner" ><Img Src="Image/p1.jpg" /></Div>
<Div Class="Inner"><Img Src="Image/p2.jpg" /></Div>
<Div Class="Inner"><Img Src="Image/p3.jpg" /></Div></Div>
<Div Class="Outer">
<Div Class="Inner" ><Img Src="Image/p4.jpg" /></Div>
<Div Class="Inner"><Img Src="Image/p5.jpg" /></Div>
<Div Class="Inner"><Img Src="Image/p6.jpg" /></Div></Div>
</Body></Html>
```

2. Float 定位 Div 元素设计

在页面中添加多个<Div>元素时,按照文档流从上到下(纵向)依次排列。通过 CSS 设置 Float 的属性值(如 Left 或 right),可以使<Div>元素脱离文档流,当浏览器足够宽时,相邻元素可以并排(横向)显示。Float 属性说明如表 2-12 所示。

表 2-12 Float 属性说明

属　　性	DW 类别	属　性　值	说　　明	例　　子
Float	方框	None	默认值,不浮动	｛Float：Right｝
		Left	元素向左浮动	
		Right	元素向右浮动	

当<Div>元素设置为浮动时,将脱离文档流原来位置,向左或向右浮动,直到碰到父级元素边缘或其他浮动元素。通过设定浮动定位<Div>元素的宽度和高度,可以调整相邻元素位置。也可使用 Clear 属性清除浮动元素的位置影响。

【例 2-15】 使用浮动定位实现设计效果如图 2-40 所示的网页布局。

图 2-40　三栏网页布局

代码如下。

```html
<HTML><Head>
<Meta Http-equiv="Content-Type" Content="Text/HTML"; Charset="utf-8" />
<Title>Float 实现三栏布局</Title>
  <Style Type="Text/Css">
    * {Margin:0px;Padding:0px}
    .Header{Width:100%;Text-align:center;Background-Color:#FFC; }
    .Outer{Width:100%; }
    .Side{Background-Color:#F0F0F0;Height:200px; }
    .Left{Float:left;Width:300px; }
    .Right{Float:right;Width:200px; }
    .Mid{Float:left;Width:Calc(100% -500px);Height:200px;Background-Color:#CEE; }
    /* Calc()函数用于动态计算长度值,运算符前后都需要保留一个空格 */
  </Style></Head>
<Body><Div Class="Header"><H1>三栏布局</H1></Div>
    <Div Class="Outer"><Div Class="Side Left">布局靠左浮动</Div>
      <Div Class="Side Right">布局靠右浮动</Div>
      <Div Class="Mid">布局居中</Div></Div>
  </Body></Html>
```

3. Position 定位 Div 元素设计

浮动布局虽然灵活,但是无法对元素的位置进行精确设置。在 CSS 中,可以使用 Position 属性实现网页元素的精确定位,即通过定义元素相对于文档流中的位置或相对于父元素的位置进行定位。Position 属性说明如表 2-13 所示。

表 2-13　Position 属性说明

属性	DW 类别	属性值	说　　明	例　　子
Position	定位	Static	默认值,静态定位,表示元素保持在原本应该在的位置上	{Position:Relative;Left:20px;}元素在原始位置左侧偏移 20 像素显示
		Relative	相对定位,相对于其文档流的位置进行定位	
		Absolute	绝对定位,相对于其上一个已经定位的父元素进行定位	
		Fixed	固定定位,相对于浏览器窗口进行定位	

Position 属性仅仅用于定义元素的定位方式,还需要配合偏移属性 Top、Bottom、Left 和 Right 才能精确定位元素的位置。

当 Position 属性值为 Relative 时,通过偏移属性改变元素的位置,它在文档流中的位置仍然保留。当 Position 属性值为 Absolute 时,元素将根据最近已经定位的父元素,通过偏移属性进行定位,它在文档流中的位置不再保留。当 Position 属性值为 Fixed 时,元素将完全脱离标准流,根据浏览器窗口通过偏移属性进行定位,它在文档流中的位置不再保留,无论浏览器窗口大小或位置如何变化,元素始终在浏览器窗口的固定位置显示,也不随滚动条滚动。

【例 2-16】 使用 Position 定位实现设计效果如图 2-40 所示的网页布局。

代码如下。

```
<HTML><Head>
<Meta Http-equiv="Content-Type" Content="Text/HTML"; Charset="utf-8" />
<Title>Position 实现三栏布局</Title>
  <Style Type="Text/Css">
    * {Margin:0px;Padding:0px}
    .Header{Width:100%;Text-Align:Center;Background-Color:#FFC;}
    .Outer{Position:Relative;}
    .Inner{Position:Absolute;Top:0;Height:200px;Background-Color:#F0F0F0;}
    .Left{Left:0;Width:300px;}
    .Right{Right:0;Width:200px;}
    .Mid{Left:300px;Right:200px;Background-Color:#CEE;}
    </Style></Head>
<Body><Div Class="Header"><H1>三栏布局</H1></Div>
    <Div Class="Outer"><Div Class="Inner Left">布局靠左浮动</Div>
      <Div Class="Inner Mid">布局居中</Div>
      <Div Class="Inner Right">布局靠右浮动</Div></Div>
  </Body></Html>
```

4. AP Div 元素设计

Div 元素受相邻元素限制,如果要在网页指定位置显示某些信息,甚至重叠显示,可以使用 AP Div 元素。AP Div 是一个带样式的绝对定位层,可以自由改变位置及大小而不影响网页布局,其中可以放置文本、图像以及其他 AP Div 元素等。AP Div 使网页技术从二维空间拓展到三维空间,使页面元素能够实现相互重叠,完成更复杂的网页布局。

多个 AP Div 之间可以相互重叠,通过设置 Z-index 属性调整堆叠顺序,属性值越大,越在上层。可以通过 Visibility 属性设置 AP Div 元素显示或隐藏,具体属性说明如表 2-14 所示。

表 2-14　AP Div 元素相关属性说明

属　性	DW 名称	属 性 说 明	例　子
Position	Position	定位类型	{Position：Absolute}
Left	左	AP Div 左上角相对于外部容器边缘的左边距和上边距	{Left：200px}
Top	上		{Top：100px}
Width	宽	AP Div 的宽度和高度	{Width：30%}
Height	高		{Height：300px}
Z-index	Z 轴	AP Div 的堆叠顺序	{Z-index：1}
Visibility	可见性	AP Div 的显示状态	{Visibility：Hidden}

在 Dreamweaver 中 AP Div 元素是允许嵌套的。嵌套的 AP Div 元素会随着父 AP 元素的移动而移动,同时继承父 AP 元素的可见性。将光标置于 AP Div 元素内,再次添加 AP Div 元素,后添加的 AP Div 元素就会自动嵌套。

【例 2-17】　用 Dreamweaver 操作通过绝对定位为图片添加说明文字,如图 2-41 所示。

图 2-41　图文叠加效果

步骤如下。

(1) 启动 Dreamweaver 新建一个无布局的网页,在文档工具栏"标题"文本框中输入网页标题"更换图像"。

(2) 切换到设计视图,单击"插入"菜单→"布局对象"→"AP Div"选项,在"属性"面板中设置宽为"200px",高为"200px"。拖动该 AP Div 元素边框将其放置到网页的合适位置。

(3) 单击"插入"菜单→"保存",在"另存为"对话框中将网页保存到站点根目录,文件名为"APDiv 示例.html"。

(4) 光标置于 AP Div 内,单击"插入"菜单→"图像",选择站点根目录下 Image 文件夹中的"头像.gif"文件,单击"确定"按钮。选中新添加的图片,在图像的"属性"面板中设置宽为"200px",高为"200px"。

(5) 选中图片,单击"插入"菜单→"布局对象"→"AP Div"选项,输入文字"请更换图像"。在 AP Div"属性"面板中设置 Z 轴为"2"。拖动该 AP Div 元素边框将其放置到第一个 AP Div 元素内。

(6) 保存网页,按 F12 键预览网页。

对应代码如下:

```
<HTML><Head>
   <Meta Http-equiv="Content-Type" Content="Text/HTML; Charset=utf-8" />
 <Title>更换图像</Title>
    <Style Type="text/css">
```

```
      #apDiv1{ Position: Absolute;Width: 200px;Height: 200px;
          Z-Index: 1;Left: 830px;Top: 32px;}
      #apDiv2{ Position: Absolute;Width: 100px;Height: 40px;
          Z-Index: 2;Left: 60px;Top: 120px;}
    </Style></Head>
<Body><Div ID=" apDiv1">
      <Img Src="Image/头像.gif" Width="200" Height="200"/>
      <Div ID=" apDiv2">请更换图像</Div>
    </Div>
</Body></HTML>
```

5. 使用 Dreamweaver 设计 Div 元素

在 Dreamweaver 的设计视图下,光标定位到插入点,单击"插入"菜单→"布局对象"→"Div 标签"选项。在"插入 Div 标签"对话框中,为类或 ID 命名,单击"新建 CSS 规则"按钮。在"新建 CSS 规则"对话框中,选择类名或 ID,单击"确定"按钮。在"CSS 规则定义"对话框中,可以设置 CSS 样式。

添加浮动定位 Div 元素时,可以在"方框"类别中设置 Float 和 Clear 等属性,如图 2-42 所示。添加 AP Div 元素时可以在"定位"类别中设置 Position 等相关属性。AP Div 元素允许重叠显示,Dreamweaver 提供两种方法选择元素:一是在设计视图中通过单击选中,二是通过 id 属性值在"AP 元素"面板中选中。

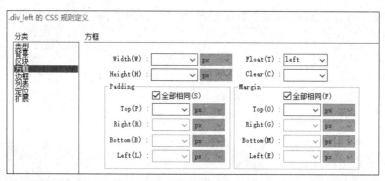

图 2-42　CSS 规则定义窗口

【例 2-18】　使用 CSS 布局设计招聘网页。

网页通常包含标题、侧栏、正文和脚注等区域,这些区域可以用不同样式的 Div 元素实现。使用 CSS 布局设计如图 2-43 所示的网页结构。

招聘信息

推荐企业:		最新职位:			
名称	地址	公司名称	岗位名称	聘任要求	人数
食府快餐店a	长春经济开发区	工商前进支行	会计	笔试经济学+金融	3
食府快餐店	长春经济开发区	工商前进支行	岗前培训师	笔试经济学+金融	2
腾讯总公司	北京市中关村	腾讯总公司	理财师	笔试:经济法+财务管理	12
工商前进支行	长春市高新区	腾讯总公司	经理助理	笔试:经济学+人力资源	3
医大一院	长春市朝阳区	工商前进支行	银行柜员	计算机二级,笔试:金融+会计学	5

首页 | 关于我们 | 服务协议 | 合作伙伴 | 联系我们
Copyright

图 2-43　Div+CSS 布局实例

步骤如下。

(1) 启动 Dreamweaver 新建一个无布局的网页。

(2) 切换到设计视图,单击空白处,单击"插入"菜单→"布局对象"→"Div 标签"选项,打开"插入 Div 标签"对话框。命名类名为 Header,单击"新建 CSS 规则"按钮,在"新建 CSS 规则"对话框中,设置选择器名称为".Header",单击"确定"按钮,在"CSS 规则定义"对话框中定义 Div 元素样式。

(3) 用同样的方式依次创建类名为 Container、Left、Right 和 Footer 的 Div 元素,并为其设定样式,其中 Left 和 Right 类元素嵌套定义在 Container 类内部且 Float 属性值都为 Left。

(4) 在设计视图中为每个区分别添加文本内容,实现网页布局。

(5) 在"代码"视图下,优化后的代码如下。

```
<HTML><Head>
   <Meta Http-equiv="Content-Type" Content="Text/HTML"; Charset="utf-8" />
   <Title> CSS 布局实例</Title>
   <Style Type="Text/CSS">
     .Header { Font-Size:50px;Background-Color:#060; Width:800px;
               Text-align:center; Font-weight:Bold; }
     .Container{Width:800px; Height:160px;Font-size:20px}
     .Left {Float:Left; Width:30%; }                /* 设置为向左浮动 */
     .Right {Float:Left; Width:70%; Background-Color: #FF9;}
     .Footer{Clear:Left; Width:800px; Background: #EEE; Text-Align: Center;}
     /* 清除左侧浮动元素对位置的影响 */
   </Style></Head>
<Body>
   <Div Class="Header">招聘信息</Div>
   <Div Class="Container">
     <Div Class="Left"><B>推荐企业:</B>…具体内容省略…</Div>
     <Div Class="Right"><B>最新职位: </B>…具体内容省略…</Div>
   </Div>
<Div Class="Footer">首页┊关于我们┊服务协议┊合作伙伴┊联系我们
<Br>CopyRight</Div></Body></HTML>
```

习题

一、填空题

1. HTML 的中文称为_____,用于描述超文本中内容的显示方式。

2. 网页是由文字、图片、动画、声音和视频等多种媒体信息以及链接组成的,其中____①____、____②____及____③____是构成一个网页的三种基本元素,通过____④____可以实现与其他网页或网站的关联和跳转。

3. 单击"编辑"菜单→_____选项,在弹出的对话框中可以配置系统环境,以满足个性化的要求。

4. Dreamweaver CS5 的工作界面由____①____、____②____、____③____、____④____、____⑤____、____⑥____和____⑦____等部分组成。

5. 在 Dreamweaver 中,____①____是一个管理各种网页文件的场所,由一系列文件组合而成,这些文件拥有相似的属性或实现相同的目的,可以设置____②____和____③____两种文件夹。

6. HTML 标签分为____①____和____②____,其中对标签由____③____和____④____组成。

7. HTML 单标签只有_____标签。

8. 一个 HTML 文档中____①____是 HTML 文档的头部标签,____②____标签用于定义页面的标题,____③____标签用于指明文档的主体区域。

9. 设置网页文档内容的可见部分开始标签是____①____,结束标签是____②____。

10. 大多数浏览器默认的背景颜色为白色,使用<Body>标签的____①____属性可以为整个网页定义背景颜色;____②____属性将图像作为网页的背景;____③____属性为网页设置文本的颜色。

11. 在网页中插入背景图像,文件的路径及名称为/image/bg.jpg,HTML 语句是_____。

12. 在文档窗口中输入一段文字后按____①____键,这段文字就形成一个段落,内容包含在____②____标签中。

13. 使用文本格式化标签可以对 HTML 中的文字进行格式化,____①____标签使文字加粗、____②____标签使文字倾斜、____③____标签使文字加下画线、____④____标签使文字加删除线。

14. 图像是网页构成的重要元素之一,HTML 中插入图像的标签是_____。

15. _____就是单击网页中某一幅图像后,浏览器将链接到另一幅图像或另一个页面。

16. 外部样式表是将样式规则独立存储于扩展名为_____的文件中。

17. CSS 选择器包含类型说明和名称,其中类型说明主要有____①____、____②____和____③____。

18. 定义类选择器时,在类名称前面加一个____①____;定义 Id 选择器时,在类名称前面加一个____②____。

19. 使用 link 元素调用 CSS 外部样式表中,_____属性是用来指定 CSS 文件的路径。

20. CSS 盒子模型中表示内容与边框间的距离的属性为____①____,表示盒子与其他盒子之间的距离的属性为____②____。

21. 建立 AP Div 元素的 HTML 标签是_____。

二、单选题

1. (   )的中文称为超文本标记语言。

    A. HTTP   B. DIV   C. HTML   D. CSS

2. 在 Dreamweaver 中,下面(   ),可以打开"插入"面板。

    A. "文件"菜单→"新建"选项   B. "窗口"菜单→"插入"选项

    C. "插入"菜单→"布局对象"选项   D. "插入"菜单→"创建面板"选项

3. HTML 文件标题标签是(   )。

    A. <HTML>   B. <Head>   C. <Title>   D. <Body>

4. 标签是 HTML 文档的主要组成部分,都包含在一对(   )中。

    A. 圆括号   B. 双引号   C. 方括号   D. 尖括号

5. HTML 的配对标签由起始标签和结束标签组成,起始标签一般使用"<标签名称>"来表示,而结束标签在起始标签前多了一个(   )。

A. 竖线(|)　　　　　　B. 星号(＊)　　　　　C. 小于号(<)　　　　D. 斜杠(/)

6. 下列关于 HTML 属性说法错误的是(　　　)。

A. HTML 属性包括属性名和属性值

B. HTML 元素可以有多个属性,它们之间没有前后顺序之分

C. HTML 属性值最好包含在英文半角的双引号中

D. HTML 属性可以在元素的结束标签中规定

7. Dreamweaver 中,默认按下(　　　)键可以将网页置于浏览器中进行测试预览。

A. F11　　　　　　　B. F12　　　　　　　C. F3　　　　　　　D. F6

8. 下列关于 HTML 定义链接文本颜色说法错误的是(　　　)。

A. Link 属性是未访问的链接颜色　　　　B. Alink 属性是活动链接的颜色

C. Vlink 属性是访问过的链接颜色　　　　D. 网页中未访问的链接颜色默认为红色

9. 用属性面板设置图像链接时,"目标"列表的(　　①　　)选项将链接的对象在该链接所在的同一框架或窗口中打开;(　　②　　)选项是将链接的对象在整个浏览器窗口中打开;(　　③　　)选项是将链接的对象在含有该链接的框架的父框架集或父窗口中打开。

A. _Blank　　　　　　B. _Parent　　　　　C. _Self　　　　　　D. _Top

10. 要在新窗口中显示链接页面,应在<a>标签中设置(　　　)属性。

A. Target　　　　　　B. Href　　　　　　C. Alink　　　　　　D. Vlink

11. 在 HTML 中,下面(　　　)标签在标记的位置强制换行。

A. <H1>　　　　　　B. <P>　　　　　　C.
　　　　　　D. <Hr>

12. 关于网页中的换行,说法错误的是(　　　)。

A. 在 HTML 代码中按下 Enter 键,网页中的内容也会换行

B. 使用
标签可以换行

C. 使用<P>标签可以换行

D. 用
标签换行,行间没有间隔;使用<P>标签换行,行间有间隔

13. 在 HTML 中,可以使用(　　　)标签向网页中插入 GIF 动画文件。

A. <IMG>　　　　　　B. <Body>　　　　　C. <Table>　　　　　D. <Form>

14. 在 HTML 中,可以通过设置<Font>标签的(　　　)属性值设置文本的字体类型。

A. Style　　　　　　B. Size　　　　　　C. Color　　　　　　D. Face

15. 在 HTML 文件中,将<Img>标签放在(　　　)标签之间,这幅图像就变为一幅可单击的图像链接。

A. <Link>…</Link>　　　　　　　　　B. <A>…</A>

C. <Font>…</Font>　　　　　　　　D. <P>…</P>

16. 在 HTML 中,下列选项关于<IMG>的 src 属性说法正确的是(　　　)。

A. 用来设置图片文件的格式

B. 用来设置图片文件所在的位置

C. 用来设置鼠标指向图片时显示的文字

D. 用来设置图片周围显示的文字

17. 关于下列两行 HTML 代码,<Img Src＝"image.gif" Alt＝"picture">和<A Href＝"image.gif">Picture</A>,说法正确的是(　　　)。

A. 两者都链接到图片

B. 前者链接到图片,后者在网页中直接显示图片

C. 两者都在网页中直接显示图片

D. 前者在网页中直接显示图片,后者链接到图片

18. 关于<IMG Border="15" Src="\Image\bg.jpg" Alt="正在加载图像" Width="458" Height="336" />代码片段的说法中,错误的是(　　)。

A. Border 是图像边框宽度　　　　　　B. Height 是图像显示时的高度

C. Src 是图像的 Url 路径　　　　　　D. Alt 是鼠标移动到图像上时的提示文字

19. 在 HTML 中,用文本格式化标签可以对 HTML 中的文字进行格式化,(　①　)标签使文字显示为上标、(　②　)标签使文字显示为下标、(　③　)标签使文字显示为大字体。

A. <Sub>　　　　　B. <Small>　　　　　C. <Big>　　　　　D. <Sup>

20. HTML 文件段落标签是(　　)。

A. <P>　　　　　B. <B>　　　　　C. <H1>　　　　　D. <Font>

21. 单击网页中(　　)会跳转到当前页面某个位置。

A. 空链接　　　　B. 文本链接　　　　C. 锚记链接　　　　D. E-mail 链接

22. 跳转到当前页面的"bn"锚点的代码是(　　)。

A. <A Href="&bn">…</A>　　　　　B. <A Href="bn">… </A>

C. <A Href="#bn">…</A>　　　　　D. <A Href="%bn">…</A>

23. 下列选项中(　　)可以打开邮件客户端程序。

A. <A Href="mailto:lx@163.com">联系我们</A>

B. <A Href="http://lx@163.com">联系我们</A>

C. <A Name="lx@163.com">联系我们</A>

D. <A Href="#lx@163.com">联系我们</A>

24. 下列选项中(　　)是绝对路径。

A. http://www.sohu.com/index.html

B. information/temp.html

C. temp.html

D. ../information/temp.html

25. 执行下列(　　)命令,可以打开"CSS 样式"面板。

A. "编辑"菜单→"CSS 样式"　　　　B. "查看"菜单→"CSS 样式"

C. "插入"菜单→"CSS 样式"　　　　D. "窗口"菜单→"CSS 样式"

26. HTML 中(　　)可以定义内嵌样式表。

A. Style 标签　B. Style 属性　　C. Styles 标签　D. Class 属性

27. HTML 中(　　)标签用来定义内部样式表。

A. <Style>　　　B. <CSS>　　　　C. <Script>　　　D. <CSSStyle>

28. 下列选项中定义外部样式表正确的是(　　)。

A. <Stylesheet>mystyle.css</Stylesheet>

B. <Link Rel="stylesheet" Type="text/css" Src ="mystyle.css">

C. <Link Rel="stylesheet" Type="text/css" Href="mystyle.css">

D. <Stylesheet Href="mystyle.css">

29. 定义了下面（　　）样式规则后,可以使用<P Id="fp">这是一个段落</P>,将该样式应用于网页上的某个段落。

A. <Style Type="Text/Css">P{Color：Blue} </Style>

B. <Style Type="Text/Css">#fp{Color：Blue} </Style>

C. <Style Type="Text/Css">.fp{Color：Blue} </Style>

D. <Style Type="Text/Css">P.fp{Color：Blue} </Style>

30. 下面（　　）几乎可以控制所有网页中文字的属性,也可以应用到整个网站的所有网页上。

A. CSS 样式　　　　B. HTML 样式　　　　C. 页面属性　　　　D. 文本属性面板

31. 在 HTML 文档中（　　）适合引用外部样式表。

A. 在<Head>部分　　　　　　　　B. 文档结尾

C. 文档开始　　　　　　　　　　D. 在<Body>中

32. 定义 CSS,下列选项中（　　）将所有 H1 的背景颜色定义为白色。

A. All.H1{Background-Color：#FFFFFF}

B. H1{Background-Color：#FFFFFF}

C. H1.All{Background-Color：#FFFFFF}

D. H1#All{Background-Color：#FFFFFF}

33. 定义 CSS,下列选项中（　　）将所有 P 的字体定义为 bold。

A. <P Style="text-size：bold">　　　　B. <P Style="font-size：bold">

C. P{Text-Size：bold}　　　　　　　D. P{Font-Weight：bold}

34. 定义 CSS,下列选项中（　　）用来设置字体大小。

A. Font-Weight：bold　　　　　　B. Style：bold

C. Font-Size：12px　　　　　　　D. Font：bold

35. 关于 #Menu{Font-Size：14px;}的描述正确的是（　　）。

A. Menu 是标签选择器　　　　　　B. Menu 是元素选择器

C. Menu 是类选择器　　　　　　　D. Menu 是 ID 选择器

36. CSS 中定位 Position：Absolute;实现的是（　　）。

A. 浮动　　　　B. 相对定位　　　　C. 绝对定位　　　　D. 没有定位

37. CSS 中用来清除浮动的属性是（　　）。

A. Float　　　　B. Relative　　　　C. Position　　　　D. Clear

38. CSS 中 Margin 属性用来设置（　　）。

A. 内边距　　　　B. 外边距　　　　C. 内边框　　　　D. 外边框

39. 通过下列（　　）可以实现对网页内容的精确定位。

A. 超链接　　　　B. 图像　　　　C. 锚记　　　　D. AP Div 元素

三、多选题

1. Dreamweaver 中,编辑文档时有（　　）视图方式。

A. 代码　　　　　　　　B. 页面　　　　　　　　C. 混合

    D. 设计   E. 拆分

2. Dreamweaver 中,浮动面板组中包含的面板有(   )。

    A. CSS 样式面板   B. 应用程序面板   C. 插入面板

    D. 文件面板   E. 资源面板   F. 代码检查器面板

3. Dreamweaver 中,站点分为(   )。

    A. 局域文件夹   B. 广域文件夹   C. 本地文件夹

    D. 测试文件夹   E. 远程文件夹

4. 关于 HTML 语言下列说法正确的是(   )。

    A. HTML 是 HyperText Markup Language 的首字母缩写

    B. HTML 文件中可以插入图形、声音、视频等多媒体信息

    C. HTML 文件中可以建立链接

    D. HTML 是纯文本类型的语言,可以使用任何文本编辑器打开、查看、编辑

    E. HTML 文件中可以只能创建文字、图形和链接

5. HTML 文件是由(   )构成。

    A. HTML 标题   B. HTML 标签   C. HTML 元素

    D. HTML 属性   E. HTML 值

6. 下列关于 HTML 文档说法错误的是(   )。

    A. 一个网页对应一个文档,超文本标签语言文档的扩展名为 HTML 或 HTM

    B. HTML 文档不是纯文本文件

    C. HTML 文档只能由 Dreamweaver 生成,不能用"记事本"程序编辑

    D. HTML 文档中的尖括号、标签、属性项等必须使用半角的西文字符

    E. HTML 文档的列宽不受限制,多个标签可写成一行

7. 下面选项中说法正确的是(   )。

    A. <!DOCTYPE>必须写在 HTML 文档的第一行,位于<Html>标签之前

    B. <meta>标签可提供搜索引擎的关键

    C. <meta>标签位于<head>…</head>内

    D. <meta>有对应的结束标签

    E. <!DOCTYPE>用于声明文档类型,不是 HTML 标签

8. 使用 Dreamweaver 创建网站的叙述,正确的是(   )。

    A. 站点的命名最好用英文或英文和数字组合

    B. 网页文件应按照分类分别存入不同文件夹

    C. 必须首先创建站点,网页文件才能够创建

    D. 静态文件的默认扩展名为 htm 或 html

    E. 首页的文件名必须是 index.html

9. 下列选项中(   )一般作为网站首页的名称。

    A. index   B. default   C. about

    D. news   E. first

10. 使用(   )属性可以设置网页中链接文本的相关颜色。

    A. LinkColor   B. Link   C. BgColor

D. BLink　　　　　　　　E. ALink　　　　　　　　F. VLink

11. 在 HTML 中,下面(　　　)属于 HTML 文档的基本组成部分。
　　　A. <Style></Style>　　　　　B. <Body></Body>　　　　　C. <HTML></HTML>
　　　D. <Head></Head>　　　　　E. <File></File>

12. 以下说法正确的是(　　　)。
　　　A. <HTML>标签应该以</HTML>标签结束
　　　B.
标签应该以</BR>标签结束
　　　C. <Title>标签应该以</Title>标签结束
　　　D. <H1>标签应该以</H1>标签结束
　　　E. <Font>标签应该以</Font>标签结束

13. 要在网页中显示"欢迎访问我的主页!"文本,要求字体类型为隶书、字体大小为 6,则下列 HTML 代码正确的是(　　　)。
　　　A. <P><Font Size＝6 Type="隶书">欢迎访问我的主页!</Font></P>
　　　B. <P><Font Size＝＋6 Face="隶书">欢迎访问我的主页!</Font></P>
　　　C. <P><Font Size＝6 Face="隶书">欢迎访问我的主页!</Font></P>
　　　D. <P><Font Size＝＋3 Style="隶书">欢迎访问我的主页!</Font></P>
　　　E. <P><Font Size＝＋3 Face="隶书">欢迎访问我的主页!</Font></P>

14. 使用 Dreamweaver 的属性面板设置图像链接时,"目标"列表的(　　　)选项功能相同。
　　　A. _Blank　　　　　　　　　B. _Parent　　　　　　　　　C. _Self
　　　D. _Top　　　　　　　　　　E. _New

15. 关于链接,下列选项中(　　　)是正确的。
　　　A. 链接可以应用在文本上也可以应用在图像上
　　　B. 链接使网页之间具有跳转的能力,使浏览者可以不需要顺序阅读
　　　C. 链接只能用来链接到本页面的其他位置
　　　D. <A>标签的 Src 属性用于指定要链接的地址
　　　E. 链接只能在不同的网页之间进行跳转

16. 创建到锚记的链接的过程分为(　　　)两步。
　　　A. 创建锚记向导　　　　　　B. 设置链接类型　　　　　　C. 创建命名锚记
　　　D. 设置链接状态　　　　　　E. 创建到命名锚记的链接

17. 关于绝对路径的使用,以下说法错误的是(　　　)。
　　　A. 使用绝对路径的链接不能链接本站点的文件,要链接本站点文件只能使用相对路径
　　　B. 绝对路径是指包括服务器规范在内的完全路径,通常用 http://来表示
　　　C. 绝对路径不管源文件在什么位置都可以非常精确地找到
　　　D. 当引用当前站点以外的文件时通常使用绝对路径
　　　E. 应当尽量使用绝对路径,避免使用相对路径

18. 关于路径说法正确的是(　　　)。
　　　A. 直接写文件名或文件名前加"./"表示当前目录

  B. 直接写子目录名＋"/"表示当前目录下的子目录

  C. "../"表示前级目录

  D. "/"开始的路径表示从站点根目录开始

  E. 创建设计链接前,应该保存当前网页文件,以便确定相对路径的起始位置

19. 在 CSS 层叠样式表中有(　　　)选择器。

  A. 标记选择器　 B. 层选择器　 C. 样式选择器

  D. ID 选择器　 E. 类选择器

20. 下列 CSS 语法规则错误的是(　　　)。

  A. Body：Color＝black　 B. {Body；Color；black}　 C. Body{Color：black}

  D. {Body：Color＝black}　 E. Body{Color；black}

21. 下列选项中(　　　)不属于 CSS 文本属性。

  A. Font-Size　 B. Text-Decoration　 C. Text-Align

  D. Line-Height　 E. Font-Family　 F. Font-Color

22. 有一个样式表规则：H3{Color：blue；Font-Size：10pt},下列说法正确的是(　　　)。

  A. H3 是选择器

  B. blue 是属性

  C. 样式表中的冒号(：)可以用＝替代

  D. Color 是属性值

  E. Font-Size 是属性

23. 关于 CSS 的 CLASS 和 ID 说法,正确的是(　　　)。

  A. 定义 Class 选择器的格式为 #类名{样式}

  B. 应用 Id 选择器的格式为<指定标签 Id＝"Id 名">

  C. 应用 Class 选择器的格式为<指定标签 Class＝"类名">

  D. 定义 Id 选择器的格式为 .类名{样式}

  E. Id 选择器和 Class 选择器没有任何区别

24. 下列关于外部样式表的说法(　　　)是正确的。

  A. 文件扩展名为.CSS

  B. 外部样式表内容不需要使用<Style>标签

  C. 用<Link>标签引入外部样式

  D. 用外部样式表可以使网站更加简洁,风格保持统一

  E. 用外部样式表可以实现网页 HTML 与 CSS 代码的分离

25. 关于 CSS 基本语法说法正确的是(　　　)。

  A. 声明要包含在{}号之中

  B. 属性和属性值之间用等号连接

  C. 每条声明是由属性和值组成

  D. 选择器包含类型说明和名称

  E. 属性和属性值之间用冒号连接

26. 下列关于 AP Div 说法不正确的是(　　　)。

  A. AP Div 可以随意拖动

B. 多个 AP Div 之间可以相互重叠

C. AP Div 内不能再嵌套另一个 AP Div

D. AP Div 不能设置为隐藏

E. AP Div 默认的背景颜色为白色

27. 计算一个盒子模型的总宽度,应该将该盒子的下列( )选项全部求和。

A. Width 属性值　　　　　B. 左右内边距之和　　　　　　C. 左右外边距之和

D. 左右边框宽度之和　　　E. Height 属性值

四、思考题

1. 什么是 HTML?

2. 站点的功能是什么? 本地文件夹与远程文件夹有什么区别?

3. 链接的功能有哪些?

4. 如何创建 CSS?

5. Div 与 AP Div 各自的功能是什么?

第 3 章 网页的布局和应用

随着互联网技术的发展,网页已经发生了较大变化。由文字和图片简单地堆叠出来的网页通常页面元素风格单调,结构混乱,难以吸引用户的关注。因此,设计网页时需要规划网页的布局、内容和样式,再充分利用模板提高网页的设计效率。这些都属于静态网页设计的内容。

设计专业的静态网页需要解决下列问题。

(1) 网页常见的布局类型有哪些?各自有什么特点?

(2) 实现网页布局的方式有哪些?具体设计流程是什么?

(3) 如何使用表单设计交互性网页?

(4) 如何使用模板实现网页的快速设计和更新?

3.1 网页布局设计

网页布局就是对页面中的文字、图片、多媒体对象和表格进行统一的样式和位置设计。在设计网页内容之前,根据网站的类型定位,按多数访问者的浏览习惯或约定俗成的标准,明确网页包含的网站标志、导航栏、菜单和正文信息等内容的摆放位置,对页面进行整体规划,使得网站中的所有页面风格统一,重点突出。

3.1.1 常见网页版面布局类型

网页通常由标题、脚注、侧栏和正文等页面区域组成。在不同布局模式下其位置和大小可能不同,一般来说,重要元素应该摆放在突出位置。此外,充分利用 Flash 动画技术,会使网页内容更丰富多彩。网页布局大致可以分为"国"字形、"厂"字形、"三"字形、标题正文型、框架型、封面型和 Flash 型几个类别。

在设计具体网页之前,首先要根据网站类型和当前网页的作用选择网页的布局。下面以设计一个中小型人才招聘网站为例,说明不同布局类型的特点和适用的业务范围。

1. "国"字形布局

"国"字形布局分标题区、左侧栏、中间内容区、右侧栏和脚注区,类似"国"字,也称"同"字形布局。页头是网站的标志和广告条等,中间内容区是网页主体内容,左右栏用于放置图片或文字链接的导航和工具栏等,页脚是网站的基本信息和版权声明等内容,如图 3-1 所示。

"国"字形布局能够充分利用版面,信息量大,链接多,适合信息分类繁多的大型商业门户网站,但是页面拥挤。如果组织不好,会对用户造成视觉混乱。

图 3-1　"国"字型布局

2．"厂"字形布局

"厂"字形布局分标题区、左侧栏、中间内容区和脚注区，也称"拐角型"布局。与"国"字形布局不同的是：去掉了"国"字型布局的右侧栏，左侧栏主要提供网站导航功能，为中间正文内容区提供了更大的版面空间。"厂"字形布局是一种常见的网页布局，页面结构清晰、主次分明，比较适合机构、企事业单位的公司网站，例如人才招聘网站。

3．"三"字形布局

"三"字形布局只含标题区、内容区和脚注区，是一种简洁明快的网页布局。主要特点是页头与页脚由两条横向色条组成，将网页整体分割为 3 部分。上下色条中大多放置网站信息、广告和版权提示等。"三"字形布局页面精简，突出显示网站中的主体内容，适合用做人才招聘网站中具体岗位信息页面的布局。

4．标题正文型布局

标题正文型布局最上面是通用的标题、网站标志和导航条，下面是网页正文部分。标题正文型布局由于页面简单明了，重点突出，访问速度快，所以适合搜索引擎类网站，也可以用作人才招聘网站中论坛页面或注册页面的布局。

5．框架型布局

框架型布局将网页分为多个子页面，每个子页面拥有独立的显示内容和滚动条。框架布局分为左右框架型和上下框架型，一个框架是导航链接，另一个框架是正文信息。浏览网页时，导航条子页面内容通常不变，通过导航条的链接刷新正文内容，如图 3-2 所示。常用于具有多个导航的网页，例如论坛网站。

6．封面型布局

封面型布局在页面中使用大幅图片，配合简洁的文字进行排版，页面中文字很少，往往是图片加上简单的"进入"或"登录"链接，简单明了，整洁漂亮。

图 3-2　框架型布局

封面型布局需要精心设计,才能突出主题,吸引用户,多用于企业展示型网站的首页或个性类网站的登录页面。

7. Flash 型布局

Flash 型布局通过嵌入 Flash 动画实现页面导航和页面展示,布局灵活,表现形式多样。由于 Flash 功能完整且适合网络应用,可以为用户提供更好的视听享受,所以相对于封面型布局,Flash 型布局的页面更绚丽有趣,具有交互性,更能吸引用户的关注。但是,如果整个网页都用 Flash 制作,则可能有兼容性问题,下载时间会长,不适合包含大量文本内容的网站。

设计网页时,可以根据实际情况选择网页布局。例如,页面内容多,就用"国"字形或"厂"字形;页面内容是一些简单的说明性文本,就用标题正文型;希望浏览方便,速度快,无须结构变化,就用框架型;要展示企业或个人形象,封面型是首选;Flash 型页面动态感强,更具交互性,但不宜表达过多的文字信息。

3.1.2　使用 Dreamweaver 预设布局

制作网页时有很多影响网页布局的因素,导致从零开始创建会比较烦琐。Dreamweaver 提供了一些预设网页布局,合理地使用这些布局会简化网页设计的流程。

依据预设网页布局创建网页文档的方法是:单击"文件"菜单→"新建"选项,打开"新建文档"对话框,如图 3-3 所示。从"页面类型"列表中选择"HTML","布局"列表中选择一种预设布局(右窗格显示布局说明和预览图),单击"创建"按钮。

单击"获取更多内容"链接,可以在官方网站上下载更多的布局类型。在预设布局中,侧栏和正文宽度分为"列固定"和"列液态"两种类型。"列液态"类型表示以浏览器宽度的百分比定义区域列宽,当改变浏览器尺寸时,会自动调整区域的列宽。"列固定"类型以像素数量定义区域列宽,区域宽度不会随浏览器的尺寸而变化。

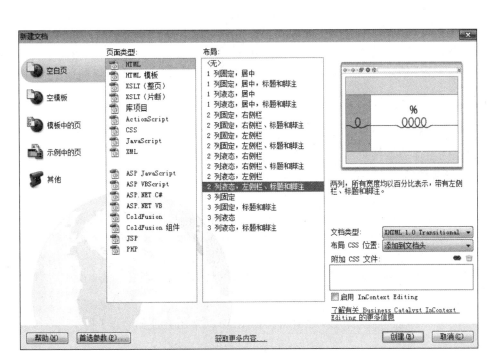

图 3-3 Dreamweaver 中预设布局选项

3.2 表格设计

表格的基本作用是在网页中显示结构化数据。由于文本和图像插入页面后,会随浏览器尺寸变化而改变位置,将页面内容放入表格内可保持其位置,所以表格也可用于页面布局。

3.2.1 表格的基本结构

表格由一行或多行组成,每行又由一个或多个单元格组成列,行、列及单元格有效地描述了二维信息的组织方式。

为了更好地实现布局效果,一个完整的表格结构还包括标题、边框、填充和单元格边距等概念,如图 3-4 所示。这些表格结构的概念说明如下。

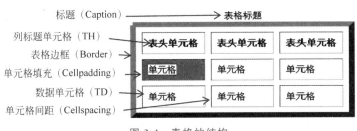

图 3-4 表格的结构

(1) 标题(Caption):表格上方居中显示的文字内容,可以省略。

(2) 列标题单元格(TH):表格中第一行,也称表格列标题,默认以粗体居中显示。

(3) 表格边框(Border):整个表格的外部边框线或单元格的边框线。

（4）单元格填充(Cellpadding)：在单元格内部，内容与边框之间的空白区域。

（5）数据单元格(TD)：装载数据，包括文字、图像和链接等内容，可以多行。

（6）单元格间距(Cellspacing)：两个相邻单元格边框之间的空白区域。

3.2.2　设计表格

表格是页面中较为复杂的结构，需要多个标签和属性的配合才能创建出符合需求的格式，可以作为整体添加到页面任意位置。

1. 设计表格结构

标签格式：

```
<Table Cellpadding=单元格边距 Cellspacing=单元格间距
       Align=表格对齐方式 Width=表格宽度 Border=表格边框线宽度>
  <Caption>表格标题</Caption>
  <Tr><Th>列标题 1</Th><Th>列标题 2</Th>…<Th>列标题 n</Th></Tr>
  <Tr><Td>单元格 1</Td><Td>单元格 2</Td>…<Td>单元格 n</Td></Tr>
  …</Table>
```

（1）Table 标签：通过属性描述表格整体结构，其常用属性如表 3-1 所示。

表 3-1　Table 标签属性说明

属　　性	DW 名称	属　性　说　明	例　　子
Cellpadding	填充	单元格填充	Cellpadding＝10
Cellspacing	单元格间距	单元格间距值	Cellspacing＝10
Align	对齐	单元格内容的对齐方式：Left(左对齐)、Center(居中)或 Right(右对齐)	Align＝Center
Width	表格宽度	表格的宽度，可为像素或百分比	Width＝200px
Border	边框粗细	表格边框线宽度	Border＝5px
Bgcolor	背景颜色	表格所有单元格背景颜色	Bgcolor＝#00CC99

（2）<Caption>…</Caption>标签：定义表格的标题，默认居中显示在表体上方。

（3）<Tr>…</Tr>标签：用于定义表格的一行，<Tr>元素的个数与表行数一致，在元素内部通过<Th>或<Td>标签定义当前行包含的列单元格。有时为了简化代码，相邻的两个<Tr>开始标签中可以省略结束标签</Tr>。

（4）<Th>…</Th>标签：用于定义表头单元格，单元格内容默认以粗体居中显示。

（5）<Td>…</Td>标签：用于定义普通单元格。相邻的两个<Th>或<Td>开始标签中可以省略结束标签。

【例 3-1】　生成图 3-4 所示的表格。

HTML 代码如下：

```
<Table Border="2" Cellpadding="3" Cellspacing="1">
  <Caption>表格标题</Caption>
  <Tr><Th>表头单元格<Th>表头单元格<Th>表头单元格
  <Tr><Td>单元格<Td>单元格<Td>单元格
  <Tr><Td>单元格<Td>单元格<Td>单元格</Td></Tr>
</Table>
```

2. 单元格属性

标签格式：

```
<Td Align=水平对齐方式 Valign=垂直对齐方式 Bgcolor=背景颜色
    Rowspan=合并行数 Colspan=合并列数 Width=宽度 Height=高度 …>
    单元格内容 </Td>
<Th Align=水平对齐方式 Valign=垂直对齐方式 Bgcolor=背景颜色
    Rowspan=合并行数 Colspan=合并列数 Width=宽度 Height=高度 …>
    单元格内容 </Th>
```

不论是单元格标签<Td>，还是表头单元格标签<Th>，都可以设置各自的属性值，实现自定义效果，如表 3-2 所示。如果不设置单元格的属性值，则其值按表格属性值或系统默认值处理。

表 3-2　表行及单元格属性

属　　性	DW 名称	属性说明	例　　子
Align	水平	单元格内容水平对齐方式：Left、Center 或 Right	Align＝Left
Valign	垂直	单元格内容垂直对齐方式：Top(顶端)、Middle(居中)、Bottom(底部)或 BaseLine(基线)	Valign＝Bottom
Bgcolor	背景颜色	单元格内背景颜色	Bgcolor＝#00CC99
Rowspan	Rowspan	合并单元格的行数	Rowspan＝3
Colspan	Colspan	合并单元格的列数	Colspan＝2

表格能够作为容器，在单元格内添加文本内容和其他标签，如图像、链接等。为了适应不同应用场合，可以在单元格标签内增加"Rowspan＝行数"或"Colspan＝列数"，使单元格跨越几行或几列，实现多个单元格合并。

【例 3-2】　输出图 3-5 所示的通讯录网页。

通讯录

姓名	电话	E-mail
李丽丽	13804318893	lilili@sina.com
刘德厚	13988699912	ldh@jlu.edu.cn
王丽敏	15888990157	wlm@sina.com

图 3-5　表格网页示例——通讯录

通讯录网页的代码如下：

```
<HTML><Head>
  <Meta Http-equiv="Content-Type" Content="Text/HTML; Charset=utf-8" />
    <Title>联系人</Title></Head>
<Body>
    <Table Width=400 Border=2 Cellpadding=3 Cellspacing=4>
      <Caption> 通讯录</Caption>
      <Tr><Th Width=76> 姓名<Th Width=111>电话<Th Width=169> E-mail
      <Tr><Td>李丽丽<td>13804318893
          <Td><A Href=mailto:liuli@ sina.com>lilili@ sina.com</A>
      <Tr><Td>刘德厚</td><td>13988699912
```

```
        <Td><A Href=mailto:ldh@ jlu.edu.cn>ldh@ jlu.edu.cn</A>
    <Tr><Td>王丽敏<Td>15888990157
        <Td><A Href=mailto:wlm@ sina.com>wlm@ sina.com</A></Td></Tr>
</Table></Body></HTML>
```

3.2.3　表格设计向导

1. 插入表格

在 Dreamweaver 的设计视图中定位插入点,单击"插入"面板的"常用"类别中"表格"按

图 3-6　"表格"对话框

钮,在"表格"对话框中设置表格整体参数,包括行数、列数、表格宽度、边框粗细、边距、填充、标题和表格列(行)标题版式等内容,如图 3-6 所示,最后单击"确定"按钮,实现表格设计。

2. 添加单元格内容

在设计视图中,单击目标单元格设置插入点,可以在单元格内添加内容。单元格内容包括文本和图像等,也可以再添加表格形成表格嵌套,组成更复杂的表格结构。

也可以从其他文件导入表格数据,方法是单击"插入"菜单→"表格对象"→"导入表格式数据"选项,选择文件名,单击"确定"按钮。文件类型可为 Excel 和 TXT 等。

3. 设置表格属性

在"属性"面板中可以进一步做如下操作以调整表格。

(1) 表格设置:单击表格边框选中表格,在"属性"面板可对表格整体进行设置。

(2) 单元格设置:单击、拖动或按住 Ctrl 键再单击单元格等可以选定单元格,再单击"属性"面板右下角的箭头,显示"单元格"扩展栏,实现单元格设置。

(3) 表格行或列设置:将鼠标移动到行首或列顶部,光标变为箭头,单击选中行或列,"属性"面板显示"单元格"扩展栏,可以设置行(列)单元格。

3.2.4　利用表格进行布局

表格布局曾经是页面布局的常用方式,优点是操作简单,功能强大;缺点是不便于样式和内容分开,代码冗余大,逐渐被 CSS 布局所取代。现在表格布局经常出现在单个 Div 区域内部,当元素数量较多时,例如有多幅图片,通过表格能够实现精确排版。

Dreamweaver 专门为表格布局提供了扩展模式,在该模式下,表格的边框和填充都加宽显示,方便用鼠标调整,显示与标准模式一致。

【例 3-3】　插入展示图片的 Div 区域,用表格为其布局,如图 3-7 所示。

(1) 在"设计"视图下,选择"插入"面板的"布局"分类,单击"扩展"→"插入 Div 标签"→"确定"按钮,添加 Div

图 3-7　用表格布局的图片展示区

元素。

（2）删除 Div 元素内自动生成的文本，单击"插入"面板的"表格"按钮，在"表格"对话框中设置"行数"值为 4，"列数"值为 3，"表格宽度"值为 700，"边框粗细"值为 1，"单元格边距"值为 5，单击"确定"按钮后，在 Div 元素内添加表格。

（3）选中表格第一行的 3 个单元格，单击"属性"面板中的"合并所选单元格"按钮，合并这 3 个单元格。修改"背景颜色"为浅绿色，添加单元格内容，如"明星企业"。

（4）选中表格后 3 行所有单元格，在"属性"面板中，设置"水平"对齐为"居中对齐"，设置"垂直"对齐为"居中"。

（5）单击"文件"菜单→"保存"选项，为网页文件命名（如 Table.html），选择保存位置（如 rczp）。

（6）光标分别置于后 3 行的每个单元格，单击"插入"菜单→"图像"选项，选择对应文件名，如 image/Logo1.png、image/Logo2.png、……、image/Logo9.png。

（7）在"代码"视图下，生成的局部 HTML 代码如下。

```
<Body><Div>
<Table Width="700" Border="1" Cellpadding="5" Cellspacing="0">
    <Tr><Th Height="76" Colspan="3" Bgcolor="#66FF66" Scope="Col">
            <H1>明星企业</H1>
    <Tr Align="Center" Valign="Middle">
        <Td><Img Src="Image/Logo1.png" ><Td><Img Src="image/Logo2.png">
        <Td><Img Src="Iimage/Logo3.png">
    <Tr Align="Center" Valign="Middle">
        <Td><Img Src="Image/Logo4.png"><Td><Img Src="Image/Logo5.png">
        <Td><Img Src="Image/Logo6.png">
    <Tr Align="Center" Valign="Middle">
        <Td><Img Src="Image/Logo3.png"><Td><Img Src=" image/Logo8.png">
        <Td><Img Src="Image/Logo9.png"></Td></Tr>
</Table></Div></Body>
```

3.3 表单及其控件设计

表单是网站服务器和客户端浏览器进行数据交互的桥梁，常用于收集用户信息。当用户在表单控件中输入信息并提交后，由服务器端的脚本程序接收和处理，再将处理结果生成新的页面返回给用户浏览器。

3.3.1 表单概述

浏览网页时，经常会遇到账号注册、账户登录和搜索信息等要求，都需要填写文本内容，选择选项，单击菜单选项或按钮等操作，如图 3-8 所示。在设计网页时，可以通过表单（窗口）及其控件实现这些交互性的操作。

表单是网页中的一种特殊容器标签，由表单标签定义容器边界，在容器内添加文本框、列表、按钮等表单控件以获取用户信息。表单提交后，表单数据可以被 PHP、ASP、JSP 或 CGI 等多种服务器脚本程序处理。

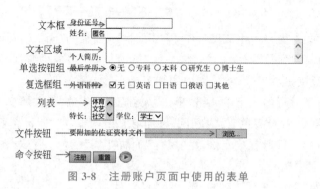

图 3-8 注册账户页面中使用的表单

3.3.2 设计表单

标签格式:

<Form Action=接收数据的程序文件名 Target=接收数据程序的打开位置
Enctype=编码类型 Method=发送表单数据的方法名 Name=表单名> …</Form>

常用的表单属性如表 3-3 所示。

1. 编码类型

编码类型 Enctype 属性用于定义表单数据的编码方式,属性值有如下三种。

(1) Application/X-www-Form-urlencoded:为默认值,指定表单数据发送到服务器之前对所有字符编码,即空格转换为"+",特殊符号转换为 ASCII 码。

(2) Text/Plain:指定表单数据以纯文本方式发送,不对特殊字符编码。

表 3-3 表单主要属性说明

属 性	DW 名称	属 性 说 明	例 子
Target	目标	接收数据程序的打开位置,属性值同链接标签	Target=_Blank
Action	操作或动作	接收表单数据的程序文件名,#表示程序代码在当前文件中	Action="YPRYZC.PHP" Action="#"
Enctype	编码类型	表单数据发送前如何编码	Enctype=Text/Plain
Method	方法	表单向服务器发送数据的方法名	Method="Post"
Name	名称	表单名称	Name=fm1

(3) Multipart/Form-data:指定表单数据以二进制形式发送,不对字符编码,当在表单中传递文件时,必须使用该值。

2. 方法

Method 属性用于定义提交表单的方法,属性值为 Get 和 Post。

(1) Get 方法:发送表单控件数据时,通常附加在资源名后作为参数发送给 Web 服务器,通过"?"与资源名连接,参数之间用 "&"相连。例如,LocalHost/Login.PHP ? Name=ywy & Password=ywy211,表示向 Login.PHP 传递两个参数,Name(用户名)为 ywy,Password(密码)为 ywy211。在 PHP 程序中用数组$\_$GET 接收数据。

（2）Post 方法：表单数据经过编码以数据块的形式发送给 Web 服务器，不会出现在资源名中。在 PHP 程序中用数组 ＄_POST 接收数据。

Get 方法和 Post 方法的主要区别在于：Get 是默认的表单控件数据传递方法，一般通过资源名传输数据，执行效率高，但安全性较差，也受资源名的长度限制，常用于从服务器获取和测试数据，如通过表单控件实现查询或搜索。Post 方法通常将表单控件数据放在 PHP 程序中进行处理，也可以加密，安全性更高且没有长度限制，常用于向服务器提交数据，如通过表单修改用户资料等。

【例 3-4】 设计图 3-8 所示的表单。

设计表单代码如下。

```
<HTML><Head>
<Meta http-equiv="Content-Type" Content="text/html; CharSet=utf-8" />
<Title>应聘人员注册</Title></Head>
<Body><Form Action="YPRYZC.PHP" Method="Post" Name="fm1" Target="_new">
    身份证号：<Input Type="Text" Name="SFZH"  Size="18" Maxlength="18" /><br>
    姓  名：<Input Type="Text" Name="XM" Value="匿名" Size="5"><br>
    ……
    <P><Input Type="Submit" Name="ZC"  Value="注册" />
        <Input Type="Reset"  Name="CZ"  Value="重置" /></P>
</Form></Body></HTML>
```

本例使用的方法是 Post，单击表单中的"注册"按钮时，执行程序 YPRYZC.PHP 接收表单控件上的数据。

3. 添加表单的操作

在 Dreamweaver 中，光标置于要添加表单的位置，进行下列操作添加表单。

（1）从"插入"面板中选择"表单"类型，单击"表单"按钮。

（2）单击"插入"菜单→"表单"→"表单"选项。

这两种操作都将打开"标签编辑器——Form"对话框，可以设置操作、方法、目标和名称等信息，最后单击"确定"按钮可以添加表单。在"属性"面板中还可以进一步设置表单的相关属性值。

3.3.3 设计表单控件

表单只是其控件的框架，用于规划表单区域。用户实际操作的是表单控件，主要用 Input 和 Select 等标签实现，通过 Type 属性值标识控件的类型，表单控件如表 3-4 所示。

表 3-4 Input 标签类型

Type 属性值	控 件 类 型	Type 属性值	控 件 类 型
Text	文本、文本字段或文本域	Button	普通按钮
Password	密码框	Reset	重置按钮
Checkbox	复选框	Submit	提交按钮
Radio	单选按钮	Image	图像域提交按钮
File	文件上传按钮		

与添加表单类似，在"插入"面板中，选择"表单"类别，单击对应的控件类型按钮，或者单

击"插入"菜单→"表单"→对应的控件类型选项,在相关对话框中设计控件,如图 3-9 所示。可以选择或输入控件的更细分类、名称和值等信息,最后单击"确定"按钮,向表单中添加控件。在"属性"面板中也可以设置表单控件的相关属性值。

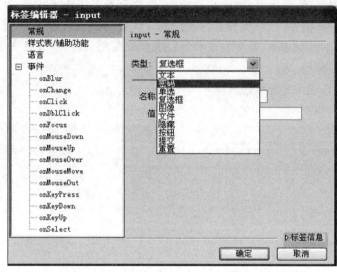

图 3-9　表单控件标签编辑器

要处理表单控件上输入或选择的数据,还要进一步设计 PHP 程序(脚本)。

1. 文本(Text)

文本也称文本字段或文本域,俗称文本框,用于输入一行数据,属性如表 3-5 所示。

表 3-5　文本框和密码框主要属性说明

属　　性	DW 名称	属性说明	例　　子
Name	文本域、文本字段	文本名称	Name＝Textfield
Size	字符宽度	输入域的显示宽度	Size＝20
Maxlength	最多字符数	可输入字符串的最大长度	Maxlength＝200
Value	初值	设置初值和存储输入的数据	Value＝UserName

标签格式:

```
<Input Type=Text Name=文本名 Size=宽度 Maxlength=最多字符数
    Value-数据 … />
```

2. 密码框(Password)

密码框简称密码,用于输入一行数据(密码),用户输入数据时,系统显示星号(＊)或圆点(·)。

标签格式:

```
<Input Type=Password Name=密码框名 Size=宽度 Maxlength=最多字符数
    Value=密码 …/>
```

相关属性及其含义与文本框相同,如表 3-5 所示。

【例 3-5】　设计用户登录表单。

部分代码如下：

```
<Form Name="Form1" Method="Post" Action="#">
    用户名：<Input Type="Text" Name="Name" />
    密码：<Input Type="Password" Name="Pw" />
</Form>
```

3. 文本区域（编辑框）

文本区域控件是文本框控件的扩展，用于输入并显示多行文本，通过 TextArea 标签实现，常见于输入个人简历和内容提要等信息。

标签格式：

```
<TextArea Name=文本区域名 Cols=列数 Rows=行数>
        文本内容
</TextArea>
```

主要属性的含义如下。

（1）Cols 属性：规定文本区域框中每行能显示的字符个数（列数），当输入数据超过此列数时，超出的数据自动到下一行显示。

（2）Rows 属性：规定文本框的高度，即同时能显示的数据行数。当数据超出此行数时，将隐藏多余的数据行，可以通过光标控制键或垂直滚动条滚动显示数据行。

【例 3-6】　设计图 3-8 中的个人简历控件。

设计代码如下。

```
个人简历：<TextArea Name="JL" Cols="50" Rows="3"/></TextArea>
```

4. 单选按钮（Radio）

多个单选按钮（也简称单选）组成一个单选按钮组，单选按钮组是表单中的选择性控件，每个单选按钮以圆形⊙或○呈现在表单上。一个表单中可以放置多个单选按钮组，同组的多个单选按钮设置相同的 Name 属性值，但用不同的 Value 值区分选中哪项，即具有相同名称的多个单选按钮构成一组，用不同的 Value 值区分彼此。在浏览器的表单中，每个单选按钮组中只能选中一项。其主要属性如表 3-6 所示。

表 3-6　单选按钮的主要属性说明

属　　性	DW 名称	属 性 说 明	例　　子
Name	名称	单选按钮组名称	Name＝XL
Value	选定值	设置选中对象时所取的值	Value＝1
Checked	初始为选中状态	每组中只能选中一项	Checked＝"Checked" 或 Checked

标签格式：

```
<Input Type=Radio Name=单选按钮组名 Value=选项值 [Checked]… />
```

【例 3-7】　设计图 3-8 中选取学历的单选按钮组。

部分代码如下：

```
最后学历:
<Input Type="Radio" Name="XL" Value=1 Checked/>无
<Input Type="Radio" Name="XL" Value=2 />专科
<Input Type="Radio" Name="XL" Value=3 />本科
<Input Type="Radio" Name="XL" Value=4 />研究生
<Input Type="Radio" Name="XL" Value=5 />博士生
```

5. 复选框(CheckBox)

多个复选框组成一个复选框组,复选框组也是表单中的选择性控件,每个复选框以□或√呈现在表单上。一个表单中可以有多个复选框组,相同数组名(Name 属性值)的多个复选框为一组,各个复选框具有不同的 Value 值,以便区分选中哪项。在浏览器的表单中,每个复选框组中可以选中多项。

标签格式:

```
<Input Type=CheckBox Name=复选框组名[] Value=选项值 [Checked]… />
```

从浏览器表单的每个复选框组中,可以同时选中多项,为了保存多个被选中项的值(Value),复选框组名后加中括号([ ])表示数组。其主要属性如表 3-7 所示。

表 3-7 复选框的主要属性说明

属 性	DW 名称	属 性 说 明	例 子
Name	名称	复选框组名称	Name＝WY[]
Value	选定值	设置选中对象时所取的值	Value＝1
Checked	初始为选中状态	每组中可以选中多项	Checked＝"Checked"或 Checked

【例 3-8】 设计图 3-8 中选取外语语种的复选框组。

部分代码如下。

```
外语语种:
<Input Type="Checkbox" Name="WY[]"  Value=0 Checked />无
<Input Type="Checkbox" Name="WY[]"  Value=1/>英语
<Input Type="Checkbox" Name="WY[]"  Value=2/>日语
<Input Type="Checkbox" Name="WY[]"  Value=3/>俄语
<Input Type="Checkbox" Name="WY[]"  Value=4/>其他
```

6. 命令按钮

命令按钮是用户与网页交互的通用触发器控件,可细划分为按钮(Button)、重置(Reset)和提交(Submit)三种类型。主要属性如表 3-8 所示。

表 3-8 命令按钮主要属性说明

属 性	DW 名称	属 性 说 明	例 子
Name	名称	按钮名称	Name＝Cmd
Value	值	按钮上显示的文本内容	Value＝Submit

标签格式:

```
<Input Type=Button|Reset|Submit Name=按钮名 Value=显示的文字… />
```

单击浏览器表单上的不同类型的按钮,系统响应的行为有所不同,各类命令按钮的具体行为如下。

（1）Reset(重置)：清除表单控件上的输入或选择信息,还原到各控件的初始值。

（2）Submit(提交)：将各个控件的值存储到超全局数组$_POST 或$_GET 中,同时触发(执行)Action 属性指定的 PHP 网页程序文件。当 Action 属性值为#时,执行当前网页文件中的 PHP 程序代码。

（3）Button(按钮)：通常与客户端脚本配合使用,实现网页的特殊效果。设计按钮时,可以在标签内添加 OnClick 事件,通过“OnClick＝函数名”的形式,指定单击按钮后执行哪个脚本函数。

【例 3-9】　设计图 3-8 中的注册和重置按钮。

部分代码如下。

```
<Input Type="Submit" Name="ZC"  Value="注册" />
<Input Type="Reset"  Name="CZ"  Value="重置" />
```

7. 图像域

图像域简称图像,实际是一种图像按钮。有时为了达到比较好的视觉效果,可以在表单中设计图像按钮,其行为与提交(Submit)按钮相同。图像按钮还可以配合客户端脚本实现表单重置等更加复杂的功能,如验证码按钮等。其主要属性如表 3-9 所示。

表 3-9　图像域按钮主要属性说明

属　　性	DW 名称	属 性 说 明	例　　子
Name	名称	按钮名称	Name＝Imgcmd
Src	源文件	资源名,图像文件及所在路径	Src＝"Image/1.gif"
Align	对齐	图像对齐方式	Align＝Left
Alt	替换	图像无法显示时的替代文本	Alt＝"图像无法显示"

标签格式：

```
<Input Type=Image Name=按钮名 Src=图像文件路径 Align=对齐方式
    Alt=替代文本…/>
```

【例 3-10】　设计图 3-8 中的图像按钮。

部分代码如下。

```
<Input Type="Image"  Name="TXAN" Src="Image/Ht.GIF" />
```

8. 选择列表

选择列表以选项域的方式提供一组选项,用<Select>标签定义选项域,<Option>标签定义选项,俗称列表框。

标签格式：

```
<Select Name=列表框名[] Size=显示列表行数 [Multiple]>
    <Option Value=选项值 1[Selected]>选项的显示文本</Option>
        ……
    <Option Value=选项值 n[Selected]>选项的显示文本</Option>
</Select>
```

可以从浏览器表单的每个列表框中同时选中多项(加 Multiple 选项),列表框名后要加中括号对([]),表示用该数组存储被选中的多个值(Value)。列表框的主要属性如表 3-10 所示。

表 3-10　列表与菜单控件属性说明

属　性	DW 名称	属　性　说　明	例　子
Name	选择	列表框名称	Name＝TC[]
Size	高度	列表框中同时显示行数	Size＝3
Multiple	允许多选	允许选中多项,省略此属性,只能选中一项	Multiple＝Multiple 或 Multiple
Value	值	设置选中对象时所取的值	Value＝1
Selected	初始选中项	初始时处于选中状态	Selected＝Selected 或 Selected

9. 选择菜单

选择菜单也俗称下拉列表框,由下拉按钮和下拉列表组成。和选择列表一样使用<Select>和<Option>标签实现。

标签格式:

```
<Select Name=下拉列表框名>
    <Option Value=选项值 1 [Selected]>选项的显示文本</Option>
        ……
    <Option Value=选项值 n [Selected]>选项的显示文本</Option>
</Select>
```

下拉列表框通常仅显示一个选项(一行),仅当单击下拉按钮时才显示列表;从下拉列表框中只能选中一项。下拉列表框与列表框相比,除没有 Size 和 Multiple 属性外,其他属性及其含义都相同。

【例 3-11】　设计图 3-8 中选取多个特长的列表框(TC[])和选取一个学位(XW)的下拉列表框。

部分代码如下:

```
特长:<Select Name="TC[]" Size=3 Multiple>
  <Option Value=1 体育 Selected>体育</Option><Option Value=2 文艺>文艺</option>
  <Option Value=3 社交>社交</Option><Option Value=4 其他 Selected>其他</Option>
</Select>
学位:<select Name="XW">
  <Option Value=1>无</Option><Option Value=2 Selected>学士</Option>
  <Option Value=3>双学士</Option><Option Value=4>硕士</Option>
  <Option Value=5>博士</Option></Select>
```

10. 文件域(文件上传按钮)

文件域是一种特殊的表单控件,由文本框和"浏览"按钮组成。用户在浏览器中单击"浏览"按钮,将打开文件选择对话框,允许选择或输入文件名,表单提交后将文件上传到 Web 服务器。要使文件域能传输文件,表单的传输方式必须为 Post,数据编码类型为 Multipart/Form-data,并确保服务器允许上传文件。其主要属性如表 3-11 所示。

表 3-11 文件域主要属性说明

属 性	DW 名称	属 性 说 明	例 子
Name	文本域名称	文件域名称	Name＝"FJ"
Size	字符宽度	输入域的显示宽度	Size＝20
Maxlength	最多字符数	输入字符的最大长度	Maxlength＝100
Accept	文件类型	可接收的文件类型,多种类型之间用逗号分隔	Accept＝"Image/Gif,Image/Jpeg"

标签格式:

```
<Input Type=File Name=文件域名 Size=输入域宽度 Maxlength=最大字符数
        Accept=文件类型 …/>
```

【例 3-12】 设计图 3-8 中的资料提交按钮。

部分代码如下。

```
要附加的佐证资料文件:
<Input Type="File" Name="FJ" Size=20 Maxlength=200 Accept="Image/Gif"/>
```

3.4 模板设计与引用

一个网站由大量网页组成,为了使这些网页风格统一,通常将网页中和布局相关的页面元素,如网站 Logo、标题、导航栏、页脚等设计为相同内容,只改变网页中的正文部分。为了避免重复劳动,网页设计前可以先使用 Dreamweaver 制作模板,再基于模板实现布局相同网页的快速创建。

此外,当网站信息、风格和布局等内容发生变化时,如果所有网页都需要修改将十分麻烦。使用模板生成的网页,可以通过在 Dreamweaver 中修改模板,使多个网页同时更新,极大地减轻网站后期的维护工作。

1. 创建模板

模板是一种特殊的文档,用于设计网站中页面布局相对固定的网页。Dreamweaver 专门使用 DWT 格式,将模板文件保存在网站根目录的 Templates 文件夹中。创建模板有两种方法:建立新的空白模板和将已有网页另存为模板。

(1)创建空白模板:单击"文件"菜单→"新建"选项,打开"新建文档"对话框。在"空模板"选项卡中选择"HTML 模板"选项,并指定一种页面布局,单击"创建"按钮即可创建一个具有选中布局的空模板。

(2)将现有网页保存为模板:要想将现有的网页保存为模板,首先要打开已有的网页文档。执行"文件"菜单→"另存为模板"命令,选择保存路径并设置模板名称,将已有网页保存为模板文档。

2. 编辑模板

为了确保页面风格统一,模板将页面中不变的部分锁定,其他变化的部分,如正文等内容定义为可编辑区。实际上 Dreamweaver 为模板指定了 4 种区域:可编辑区域、重复区域、可选区域和可编辑的可选区域。

（1）定义可编辑区域：新创建的模板文档，默认所有区域都被锁定，而为了设计不同的网页内容，模板至少应该包含一个可编辑区域。选中目标位置或目标对象，执行"插入"菜单→"模板对象"→"可编辑区域"选项，打开"新建可编辑区域"对话框。为新建区域设置调用名称，单击"确定"按钮，完成可编辑区域的创建。

（2）定义重复区域：重复区域是模板的一部分，通常和网页元素搭配，用于在基于模板的网页中重复显示。定义时，选中网页中的某个元素，执行"插入"菜单→"模板对象"→"重复区域"选项即可。

（3）定义可选区域：使用模板生成网页后，可选区域是模板中可根据条件选择被显示或被隐藏的部分。定义时，也需要选中一个网页元素，通过"插入"菜单→"模板对象"→"可选区域"选项生成。可选区域默认是无法编辑的，选中后，通过"插入"菜单→"模板对象"→"可编辑区域"选项可以将其变为可编辑的可选区域，同时拥有两种特性。

3. 用模板设计网页

创建模板并定义编辑区域后，就可以基于该模板设计布局相同、内容不同的网页，并保存成独立的网页文件。

执行"文件"菜单→"新建"选项，打开"新建文档"对话框。在"模板中的页"选项卡中单击模板所在的站点，选择模板名称，单击"创建"按钮，创建一个基于模板的文档。在文档中找到以蓝色标签和边框显示的可编辑区域，插入需要编辑的内容，并保存为相应的网页文件格式即可。

通过模板，网站可以创建出一批布局和风格一致的网页。如果将来需要修改网页布局，可以通过修改模板内容，批量更新所有使用该模板生成的网页。

3.5　人才招聘网站的页面实现

本节将使用 HTML 和 CSS 语言，实现人才招聘网站的客户端页面设计。网站主要页面均使用统一的 Logo、联系方式、导航栏及页脚信息。为了简化网页设计和提高代码的可重用性，将使用 Dreamweaver 创建模板页，并通过模板页生成其他页面，实现网站整体布局的规划，使代码风格统一，易于维护。

人才招聘网站是基于 PHP 脚本语言的动态网站。由于 PHP 页面兼容 HTML 语言，可以在 PHP 页面中直接书写 HTML 代码实现网页界面，所以网站的所有网页都被创建为.php 结尾的动态网页。

站点配置和模板页创建

使用 Dreamweaver 设计动态网站，首先需要建立站点，再创建模板页或其他页面，若页面需要数据支持还要添加数据库连接。人才招聘网站的初始设置如下。

（1）启动 Dreamweaver，单击"站点"菜单→"新建站点"选项，在"站点设置对象"对话框中，设置站点名称为"人才招聘"，指定本地的网站根目录"D:\人才招聘"。

（2）在"服务器"设置项中，设置 XAMPP 服务器目录的访问方式，如图 3-10 所示。

（3）单击"文件"菜单→"新建"选项，创建一个没有布局的 PHP 模板，命名为SiteTemplate.php，默认保存在网站 Templates 目录下。

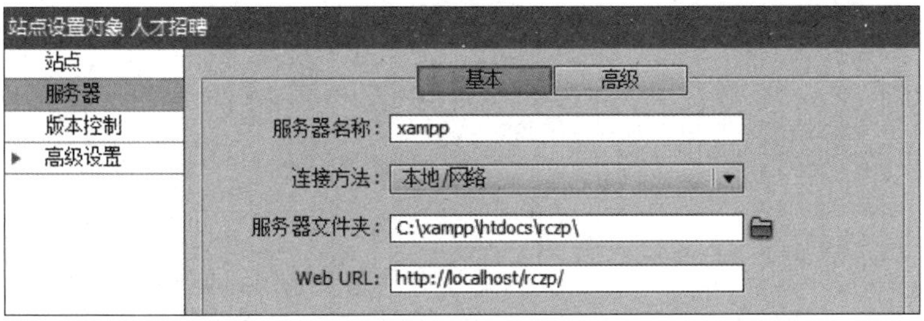

图 3-10 服务器设置项

（4）在网站根目录下，新建 Images、Action 和 CSS 文件夹用于存放相关的文件。

3.5.1 模板页设计

人才招聘网站的页面结构主要采用"三"字形布局，由标题区、导航栏、内容区和页脚四个区域组成，如图 3-11 所示。其中内容区的布局和内容根据不同页面的功能单独定义，其他 3 个区域在多个页面中内容相同，通过模板页实现。

图 3-11 人才招聘网站首页布局

1. 模板页的代码实现

（1）HTML 代码。

模板页使用 Div 元素和 Id 属性定义页面的主要结构：标题区 Header、导航栏 Navarea、内容区 Contentarea 和页脚 Footer。其中内容区为可编辑区域，通过注释中的 TemplateBeginEditable 和 TemplateEndEditable 指定，没有元素内容，当使用模板生成新页面时，可重新编辑该区域的具体内容。

在 SiteTemplate.php 的 Body 元素内添加 HTML 代码，部分代码如下。

```
<Div Id="Header">                   <!-标题区 -->
  <Div Id="Top_logo">               <!-标题区左边网站 Logo,点击可返回首页 -->
    <A Href="../Index.php"><Img Src="../Images/人才招聘.png" Width="400"
```

```
            Height="120" Alt="人才招聘" /></A></Div>
  <Div Id="Top_Info">             <!-标题区右边信息栏 -->
    … …                         <!-PHP 代码提供的欢迎信息和注册接口 -->
    <Div Id="Top_tel">000-00000000</Div>
</Div></Div><Hr/>
<Div Id="Navarea">             <!-导航栏 -->
  <Div Id="Nav">
    <Ul>                        <!-导航栏条目,所使用的 PHP 网页后续创建 -->
        <Li><A Href="Index.php" Target="_self" Class="Select">
        <Em><B>首页</B></Em></A></Li>
        <Li><A Href="Zpxx.php" Target="_self" >
        <Em><B>招聘信息</B></Em></A></Li>
        <Li><A Href="Qzxx.php" Target="_self" >
        <Em><B>求职信息</B></Em></A></Li>
        <Li><A Href="Cjgl.php" Target="_self" >
        <Em><B>成绩管理</B></Em></A></Li>
        <Li><A Href="Qjlt.php" Target="_self" >
        <Em><B>求职论坛</B></Em></A></Li></Ul></Div>
    <Div Id="Nav_Bottom"></Div>
</Div>
<Div Id="Contentarea">          <!--主要内容区-->
<!-- TemplateBeginEdiTable Name="contentarea" -->
<!-- TemplateEndEdiTable -->
</Div>
<Div Id="Footer">               <!-脚注区-->
  <Div Class="Ft-Info">
    <A Href="index.html">首页</A> ┆ <A Href="#">关于我们</A> ┆ <A Href="#">
    服务协议</A> ┆ <A Href="#">合作伙伴</A> ┆ <A Href="#">联系我们</A></Div>
    <P Class="Ft-copy">CopyRight &copy; CCFEOrganization, All Rights
    Reserved</P>
</Div>
```

·(2) CSS 代码。

Div 元素通过 CSS 代码定义每个区域的具体显示样式。单击"文件"菜单→"新建"选项,新建一个 CSS 页面,命名为 Content.css 保存在 CSS 目录下,部分代码如下。

```
#Header {                       /* 标题区样式 */
    Height: 120px; Width:1000px;Position: Relative;Margin: 10px Auto;}
#Top_logo {                     /* 标题区左边网站 Logo 样式 */
  Float: Left; Margin-Left:30px;}
#Top_Info {                     /* 标题区信息栏样式 */
  Float: Right;Font-Variant: Small-caps;}
#Top_tel{
    Background:Url(../Images/Phone.gif) No-Repeat 20px 20px;
    Padding-Left:130px; Padding-Top:20px; Margin-Top:10px; Font-Size:18px;
    Color:#FFFFFF;Width:240px;Height:50px;Background-Color:#2A53A8;}
#Nav{                           /* 导航栏样式 */
  Display:Block;Width: 1000px;Height: 34px;Margin: 0px Auto;}
#Nav Ul li {                    /* 导航栏选项以内联元素方式显示 */
  Display:inline;}
```

```
#Nav A{                                    /* 导航链接样式 */
    Float:Left;Height:24px;Width:Auto;Background:Url(../Images/Navbox.gif) No
-Repeat;Margin-Right:5px;Padding:10px 15px 0px;Font-Size:14px;
    Font-weight:bold;Text-Decoration:None;Color:#666666}
#Nav A.Select{                             /* 导航链接选中时样式 */
  Background:Url(../Images/Navbox_Select.gif) No-Repeat;Color: #FFF;}
#Nav_Bottom{                               /* 导航底部样式 */
  Width:1000px;Height:5px;Margin:0 Auto; Background-Color:#3266CC}
#Contentarea {                             /* 主要内容区样式 */
  Width:1000px;Margin:0px Auto; }
#Footer {                                  /* 脚注区样式 */
  Clear: Both;Text-Align:Center;Width: 1000px;Margin: 10px Auto; }
```

为了在页面中应用定义的样式,需要在 SiteTemplate.php 的 Head 元素中添加代码引入 CSS 文件。

```
<Link Rel="Stylesheet" Type="Text/CSS" Href="CSS/Content.css"/>
```

2. 用模板生成页面

生成模板文件后,可以在 Dreamweaver 中引用模板创建网站中的页面。单击"文件"菜单→"新建"→"模板中的页"选项,选择"人才招聘"站点中的 SiteTemplate 模板文件,使用该模板在网站根目录下创建首页 Index.php、注册页 Zc.php、岗位信息页 Gwxx.php、求职信息页 Qzxx.php 和成绩管理页 Cjgl.php。

用模板生成的网页,自动包含模板中的布局、内容和引用文件。这些网页只需要修改可编辑的模板区域,保证了网站风格的统一。

3.5.2　首页设计

网站首页通常是用户看到的第一个页面,是网站的入口。人才招聘网站是一个内容管理系统,其首页不仅要提供指向其他相关页面的导航链接,也要为用户快速找到资源提供服务,为用户登录和注册提供接口。

用模板生成的首页 Index.php,自动包含模板中的基本模块:导航栏可以链接到其他页面;标题区的信息栏,为新用户提供注册页链接并为已登录用户提供退出接口。此外,在首页的内容区增加搜索栏、用户登录区和广告栏作为正文。

1. 搜索栏设计

搜索栏使用表单实现,在文本框中输入搜索关键字,单击"搜索"按钮后开始检索,如图 3-12 所示。为了满足用户对不同数据源的需求,添加"职位""简历"两个单选按钮设定检索范围,表单数据提交给 Action 目录下的搜索程序 Search.php,根据用户选择,分别在岗位信息页和求职信息页中查询并显示结果。

图 3-12　首页中的搜索栏模块

（1）HTML 代码。

在 Index.php 文件的内容区 Contentarea 中,使用 HTML 代码定义搜索栏。搜索栏主要通过表单添加文本框、单选按钮和提交按钮,部分代码如下。

```
<Div Class="Search">                <!-搜索栏表单-->
  <Div Class="Center">
    <Form Class="SearchForm"Name="SearchForm"Method="Get"
      Action="Action/Search.php">
    <Input Name="key" Class="keyinput" Type="Text" Value=""
      Size="50" Maxlength="25"/>
      <Label><Input Name="keyType" Type="Radio" Value="job" Checked=
        "Checked"/>职位</Label> 
      <Label><Input Name="keyType" Type="Radio" Value="Res"/>简历</Label>
    <Input Name="Sub" Class="Sh_btn" Type="Submit" Value="搜索"/>
</Form></Div></Div>
```

(2) CSS 代码。

在 Content.css 文件中使用 CSS 代码为搜索栏设定显示样式,部分代码如下。

```
.Search {                           /* 标题区域样式 */
  Font-Size:18px;Width: 1000px; Background-Color: #3266CC;}
.Search .Center{                    /* 表单控件区域样式 */
  Margin-Left:20px;Margin-Top:20px;Height:60px;Float: Left;}
.Search .Center .sh_btn{            /* 按钮样式 */
  Background-Color: #45B549; Margin-Left: 30px; Text-Align: Center;
    Width: 80px;Height: 36px; Line-Height: 36px; Border: 0px;
    Color: #FFFFFF; Cursor: Pointer;}
```

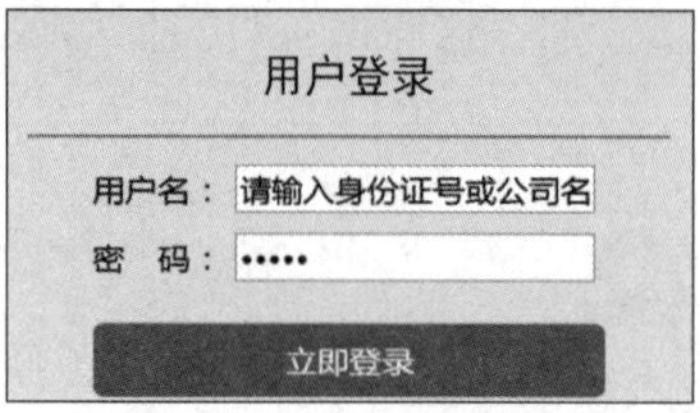

2. 用户登录与注册区设计

用户在登录区的表单中输入注册信息进行登录,个人用户使用身份证号和密码,公司用户使用公司名称和密码,如图 3-13 所示。表单数据提交给 Action 目录下的登录处理程序 Login.php,用户退出则通过 Logout.php 实现。

图 3-13　用户登录区

(1) HTML 代码。

在 Index.php 文件中使用 HTML 代码定义用户登录表单,部分代码如下。

```
<Div Class="Login_area">
  <Div Class="Capital">用户登录</Div><hr/>
  <div>
    <Form Name="Login" Method="Post" Action="Action/Login.php">
    <Li>用户名:<Input Type="Text" Name="UserId" Value="请输入身份证号或公司名">
      </Li>
    <Li>密　码:<Input Type="password" Name="password" Value="请输入密码">
      </Li>
    <li Class="Login-sub"><Input Type="Submit" Name="Submit" Value="立即登录" />
      </Li>
    </Form></Div></Div>
```

(2) CSS 代码。

在 Content.css 文件中使用 CSS 代码为登录区设定显示样式,部分代码如下。

```
.Login_area{                        /* 登录区域样式 */
  Text-Align: Center; Margin-Top:10px; Padding: 10px 10px;
```

```
    Background: #F3F3F3;Overflow: Hidden;Border:1px Solid #ddd;}
.Login_area .Capital{                    /* 登录区标题样式 */
    Width:100%;Height:44px; Line-Height: 44px; Font-Size: 20px;}
.Login_area .Login-sub input{        /* 登录按钮样式 */
    Margin-Top:15px; Background: #45B549; Line-Height: 35px;
    Width: 80%; Color: #FFFFFF; Border: None; Border-Radius: 5px;}
```

新用户可以通过首页的注册链接访问注册页面 Zc.php。注册页面中为个人用户和公司用户提供两种注册方式,如图 3-14 所示。表单数据提交给 Action 目录下的注册处理程序 Zctj.php,分别插入公司表和应聘人员表中,可以使用 Mysql_affected_rows()函数判断数据表是否修改成功。

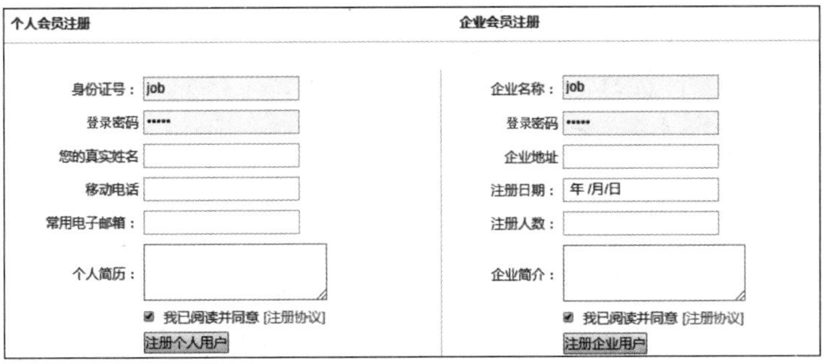

图 3-14　用户登录区

(1) HTML 代码。

在 Zc.php 文件中,通过两个表单实现用户信息的输入,部分 HTML 代码如下。

```
<Div Class="Reg_box">
<Div Class="Reg_tit">
<Div Class="Left"><Strong>个人会员注册</Strong></Div>
<Div Class="Right"><Strong>公司会员注册</Strong></Div></Div>
<Table Style="Margin-Bottom:50px; Margin-Top:30px;">
<Tr><Td Width="50%" Style=" Border-Right:1px #DDDDDD solid">
<Form Name="Rpry" Method="Post" Action="Action/Zctj.php?Role=Rpry">
    ……           <!-个人会员注册的表单控件列表-->
</Form></Td>
<Td Width="50%">
<Form Name="gs" Method="Post" Action="Action/Zctj.php?Role=gs">
    ……           <!-公司会员注册的表单控件列表-->
</Form></Td></Tr></Div>
```

(2) CSS 代码。

在 Content.css 文件中使用 CSS 代码为注册区设定显示样式,部分代码如下。

```
.Reg_box{                              /* 注册区窗口 */
  Width:1000px;  Margin:0 Auto; Border:1px #DDDDDD solid; Color:#666666}
.Reg_tit{                              /* 注册区标题 */
  Height:50px; Border-Bottom:1px #DDDDDD solid; Line-Height:50px;
  Padding-Left:30px; Font-Size:14px;}
.Reg_tit .Left{ Float:Left;  Width:50%;  Height:100%;}
.Reg_tit .Right{ Float:Left;  Width:50%;  Height:100%;}
```

习题

一、填空题

1. 网页布局有多种类型,其中"厂"字形布局将整个页面分为标题区、___①___、中间内容区和___②___几个区域,其中___③___主要提供导航功能。

2. HTML 表格中可以使用___①___和___②___标签定义行内的单元格,当设置单元格宽度时,通常采用百分比和___③___两种单位。

3. 通过在表格<td>标签内添加___①___属性,可以让单元格占有三列,添加___②___属性可以让单元格占有两行。

4. HTML 表格,通过_____属性设置是否显示边框。

5. 在一个表单中,表单标签的 method 属性有___①___、___②___两个属性值,如果要求提交的数据内容不受长度的限制,其值必须是___③___。

6. 要在网页中实现一个用于输入密码的文本框控件,且文本框的显示宽度为 20 个字符,需要使用 HTML 语句<___①___ Type=___②___ ___③___=20>。

7. 在表单中使用_____标签可以让用户在页面中输入多行文本。

8. 在 HTML 中可以使用 Input 标签为表单添加命令按钮,通过 Type 属性定义按钮功能,其中属性值为___①___时,单击后会提交表单数据,若要修改按钮上显示的文字,需要修改___②___属性。

9. 在网页设计技术中,___①___可以实现由一个文件的修改控制一大批网页的更新,Dreamweaver 专门将其存储为扩展名为___②___的文件。

10. 创建模板文件后,Dreamweaver CS5 默认将其中的所有区域标记为锁定,因此,在应用文档前,需要在模板文档中创建___①___区域。如果需要某网页元素在基于模板的网页中重复显示需要在模板文档中创建___②___区域,如果需要某网页元素在特定条件下被显示或被隐藏,则使用___③___区域。

二、单选题

1. 使用 Dreamweaver 可以创建包含预设布局的网页,下面关于预设布局的描述错误的是( )。

A. Dreamweaver 可以为 PHP 页面生成预设布局

B. Dreamweaver 可以生成"厂"字形布局的页面

C. 预设布局的侧栏为"列液态"时该区域的宽度会随浏览器尺寸变化

D. 预设布局的侧栏为"列固定"时是以百分比定义列宽

2. 下列表格标签中,不能设置背景颜色属性的标签是( )。

A. Table   B. Caption   C. Th   D. Td

3. 在 Dreamweaver 中可以向网页中插入表格并通过属性面板进行设置。下面关于表格的操作中,( )是无法直接通过属性面板实现的。

A. 合并单元格   B. 设置单元格背景颜色

C. 设置表格背景颜色   D. 修改表格的行、列数

4. 分析下面的 HTML 代码,选项中说法错误的是( )。

```
<table cellspacing="30">
  <tr><td colspan="2" align="center">姓名</td></tr>
  <tr><td rowspan="2" align="center">成绩</td>
  <td align="center">语文</td></tr>
  <tr><td colspan="2" align="center">数学</td></tr>
</table>
```

A. 该表格共有三行两列　　　　　　B. 该表格边框宽度为 30 像素

C. 该表格中的文字均居中显示　　　D. "姓名"单元格跨 2 列

5. 创建人才招聘网站时,可以在网页中添加表单控件,让应聘人员自行选择多个感兴趣领域,此时应该在<Input>标签中将 Type 属性的值设为(　　　)。

A. Checkbox　　　B. text　　　　C. Radio　　　　D. submit

6. 要一次选择表格的整个行,在标签检查器中选择(　　　)。

A. <Table>　　　B. <Tr>　　　　C. <Td>　　　　D. <Th>

7. 网页通过表单控件获取用户信息。下列标签中(　　　)不是表单控件标签。

A. <Form>　　　B. <Input>　　　C. <Select>　　　D. <TextArea>

8. 下面关于 HTML 中单选按钮的叙述错误的是(　　　)。

A. 单选按钮通过 Checked 属性指定是否选中

B. 多个单选按钮通过 Name 属性值分组

C. 网页中的单选按钮只允许有一个被选中

D. 同组的单选按钮应该有不同的 Value 值

9. HTML 代码可以写在(　　　)文件中,当运行后输出网页页面。

A. PHP　　　　B. CSS　　　　C. JavaScript　　　D. 表单

10. Dreamweaver CS5 创建的模板文件默认保存在(　　　)文件夹中。

A. Templates　　B. Image　　　C. Website　　　D. Web

三、多选题

1. 在下列网页设计技术中,(　　　)可以直接用于实现网页布局。

A. 表格　　　　B. Div+CSS　　　C. 模板　　　　D. 表单构件

E. 表单

2. HTML 中可以使用<Input>属性定义表单输入控件,并通过 Type 属性设置控件类型。其中 Type 属性值为(　　　)时,可以实现按钮的功能。

A. Submit　　　B. Input　　　　C. Button　　　　D. Text

E. Password　　F. Reset

3. 下列关于使用 Dreamweaver 创建网站的说法中错误的是(　　　)。

A. 创建网站首页之前应该先创建站点

B. 创建站点时服务器名称应该设置为 localhost

C. 创建网站时必须先设计模板页

D. 使用模板页生成的页面不能修改

E. 首页应该包含导航区

4. 关于下面代码的显示结果,选项中错误的是(　　　)。

```
<style type="text/css">.Login-sub {Margin-Top:15px; Background: green;
Color: #FFFFFF; Border-Radius: 5px;} </style>
<Form Name="Login" Method="Post" Action="Action/Login.php">
  <Li>用户名: <Input Type="Text" Name="UserId" ></Li>
  <Li>密  码: <Input Type="password" Name="password"></Li>
  <li Class="Login-sub"><Input Type="Submit" Name="Submit" Value="立即登录" />
  </Li>
</Form>
```

A. 登录框的背景颜色是绿色　　　　　B. "立即登录"的文字颜色是白色

C. 可以在密码框中看到输入内容　　　D. 表单数据提交后会显示在地址栏中

E. 用户名和密码输入框在同一行　　　F. 只有登录按钮应用了 CSS 样式

5. 下面关于表单控件的描述中正确的是(　　　)。

A. 每组单选按钮只能选中一个

B. 复选框和列表框都使用 Checked 短语表示被选中

C. 使用键盘输入的表单控件都通过 Input 标签实现

D. 使用密码框输入文本时看不到输入内容

E. 选择列表中 Option 元素的个数等同于选项的个数

F. 复选框通过 Value 属性实现分组

6. 下面关于 HTML 表格的描述中错误的是(　　　)。

A. 表格中<Tr>元素的个数等同于表格的行数

B. 表格使用 Cellpadding 属性定义单元格之间的距离

C. 表格的 Border 属性值为 0 时,浏览器不显示边框

D. 单元格可以使用 Rowspan 属性占满一行

E. 表格宽度为像素值时,表格不会随浏览器尺寸改变

7. 下面选项中,对于表单标签的描述错误的是(　　　)。

A. Action 属性值为#表示由当前页面处理表单数据

B. 当表单数据包括图片时,应该将 Enctype 属性设置为 Text/Plain

C. 当 Method 属性值为 Post 时,表单数据通过资源名参数传递

D. 表单提交后,接收文件只能通过$_POST 变量获取表单数据

E. 表单通过 Target 属性指定数据接收文件

8. 在创建网站模板时,下面关于可编辑区的说法错误的有(　　　)。

A. 只有定义了可编辑区才能将它应用到网页上

B. 在编辑模板时,可编辑区是可以编辑的,锁定区是不可以编辑的

C. 一般将共同特征的标题和标签设置为可编辑区

D. 基于模板的网页通过可编辑区才能修改

E. 以上说法都错

9. 下述概念解释正确的是(　　　)。

A. URL:统一资源定位器,用来访问其他资源

B. HTML:超级链接,用来链接其他资源

C. IP:网际协议,或称为 Internet 协议,用来访问其他主机

D. 表单,用于搜集用户输入并提交结果的区域,包含表单控件

E. 模板:用来给其他网页做设计样例的标准网页

四、程序填空题

1. 本题中通过 HTML 表单标签实现一个简单的登录界面。表单采用 post 提交方式,包括一个文本框、一个密码框和提交按钮。请用适当的内容填空实现该页面。

```
<HTML><Head><Title>登录界面</Title></Head>
<Body>
    <FormAction="#"  ①  ="Post">
        用户名:<Input Type="text" Name="userName"  Size="15" Maxlength="15">
        <Br>
        密码:<Input Type="  ②  "Name="passwords"Size="15" Maxlength="15">
        <Br>
        <Input Type="  ③  " Value="提交" />
    </Form>
</Body></HTML>
```

2. 本题设计一个模拟的在线答题页面,使用 CSS 布局将页面分成标题区 Header,题干区 Questions 和答题区 Answer,其中标题区位于页面上方,题干区和答题区并排显示在下方。请用适当的内容填空实现该页面。

```
<HTML><Head><Title>答题</Title>
<Style Type="Text/CSS">
    ①  Header { text-align: center;font-size: 24px;}
    .Questions {  ②  :  ③  ;width: 70%; height:100px;}
    .Answer {height:100px;}
</Style></Head>
<Body>
    <Div Id="Header">在线答题</Div>
    <Div Class="Questions">网页设计简单吗? </Div>
        <Div Class="Answer">
        <Form Action="#"Method="Get">
        <p><Input Type="Radio" Name="answer" Value=1 />是</p>
        <p><Input Type="Radio" Name="  ④  " Value=0 />否</p>
    </Form>
    </Div>
</Body></HTML>
```

五、程序结果题填空题

本题中使用表格标签实现了一个学生选课信息表,表格的 HTML 代码如下,请根据该段代码,回答以下问题。

```
<Table Border=3px>
    <Caption><Font Face=隶书 Size=4>选课信息 </Font></Caption>
    <Tr><Td>课程<Td>计算机<Td Rowspan=3 Width=50>照片
    <Tr><Td>专业<Td>Web 程序设计
    <Tr><Td>年级<Td>2015
    <Tr><Td>学校名称<Td Colspan=2>吉林大学</Td></Tr>
</Table>
```

(1) 本题中定义的表格,是一个____①____行、____②____列的表格。

(2) 表格外边框宽度是____③____。

(3) 第二行第二列单元格的内容是____④____。

六、程序设计题

1. 请使用 Div+CSS 布局方式,用 HTML 代码实现一个"厂"字形布局的页面。

2. 请使用表格布局,用 HTML 代码实现一个"三"字形布局的页面。

七、思考题

1. "属性"面板针对不同对象,有不同的参数设置,有无共同点?

2. Div 布局对象和表格布局对象有什么区别,各自有什么优势?

3. 如何将论坛页面加入人才招聘网站中?

第4章 数据库逻辑设计及数据库系统结构

"加快发展数字经济,促进数字经济和实体经济深度融合,打造具有国际竞争力的数字产业集群"是中国共产党二十大的重大战略部署之一,这意味着国家要把实体经济作为数字经济的主攻方向和关键突破口。数字经济是构建现代化经济体系的重要引擎,具有高创新性、强渗透性和广覆盖性。

发展数字经济需要以互联网、人工智能和大数据等技术为依托,数字技术是这些技术的内核和基础。数据库技术是计算机科学中一个较新的方向,从理论到技术,逐渐走向成熟,它是数字技术的基础和重要组成部分,也是数字经济实施落地的有效工具。

在计算机中进行各种业务处理,主要是针对客观事物的特征和业务流程进行处理,因此,在对各种业务进行计算机处理之前,需要对客观事物的特征进行规范化、抽象化和数字化处理,以便将客观事物的特征以数据的形式存储于计算机中。对各种业务流程进行智能化和自动化模拟处理,依靠运行计算机程序进行驱动。

数据库(DataBase,DB)是有组织、结构化的相关联数据的集合,是存储事物特征最有效的软件工具,主要内容是数据表、主键和表之间的关联等信息。特别是大数据和智能时代,计算机网络中的绝大部分数据都存储于数据库中。

设计数据库主要包括针对具体业务的需求分析、概念设计、逻辑设计和物理设计(在数据库管理系统中建立数据库)4个环节。数据库逻辑设计的主要任务是研究如何将客观事物及其特征抽象成数据库中的数据,即研究把客观事物的特征转换为数据库中数据的规范化过程、理论依据和技术方法,并不是在计算机上实际设计数据库(物理设计)。主要回答如下问题。

(1) 针对某种具体业务需求,如何为设计数据库做准备工作?

(2) 如何抽象与规范相关业务流程和事物,使相关信息能存储到数据库中?

(3) 数据库的常见术语有哪些? 主键和外键对数据库有什么作用?

(4) 如何将表格规范化成数据表? 为什么要对数据表进行规范化? 规范化的理论依据、原则和技术方法是什么? 非规范化的数据表对实际应用会产生哪些影响?

(5) 数据编码的意义和作用是什么? 通常哪类数据适合于编码? 数据编码对关系模式有哪些影响? 对信息数字化进程有哪些影响?

(6) 数据库系统是如何构成的,各层之间是如何协调运行的?

从实际业务需求及应用出发,竭力厘清这些问题,引导读者学会设计实用数据库是本章的主旨。

4.1 数据库逻辑设计的前期准备工作

一个数据库中往往存储着与某种业务密切相关的事物对象、对象之间的关联及其特征。因此,在逻辑设计数据库之前,要对具体业务进行需求分析和概念设计,以便根据具体业务流程和任务要求合理有效地组织和设计数据库。

4.1.1 需求分析

需求分析主要对要建立数据库的业务流程和任务要求进行分析。在此阶段,数据库设计人员应该与业务人员反复交流,熟悉业务范围、流程、处理细节、法律法规和数据库存储环境等,以便全面而细致地规范和分析业务流程,收集、归纳、分析和总结业务资料,最终形成需求分析文档。

1. 分析业务流程

业务流程分析主要对人们处理实际业务的过程进行归纳和总结,以便数据库设计人员全面掌握业务处理的总体流程和思想。通常以流程图的方式进行描述,例如,描述网上人才招聘业务流程如图 4-1 所示。

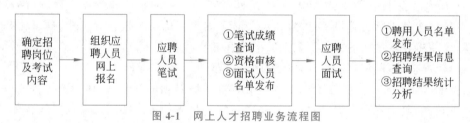

图 4-1 网上人才招聘业务流程图

在业务流程分析过程中,要反复与业务人员交流洽谈,深入了解和规范业务流程,对业务中各个环节了解和总结得越细致、越透彻,设计和规划数据库就越容易、越高效。

2. 搜集和整理相关业务资料

根据业务流程,搜集和整理各个环节的相关资料,如法律法规、业务规范以及各种表格。例如,网上人才招聘业务的相关表格如表 4-1 和表 4-2 所示。

4.1.2 概念设计

概念设计主要分离出相关业务中的客观事物(如岗位和应聘人员),提取各种事物的特征(如岗位编号、岗位名称、人数和姓名等),分析出各类事物之间的关联(如聘任和应聘),用概念模型描述事物及其关联,分析每个数据项的数据语义。

1. 概念模型

概念模型是描述现实世界的事物及其关联的数据模型,与具体的数据库管理系统(DBMS)无关。将事物抽象成概念模型,通过概念模型的逼真性、直观性、通俗性和通用性,使事物及其关联更加清晰易懂,便于数据库设计人员与业务人员交流和沟通,设计出更实用的数据库。

表 4-1　用人岗位表

岗位编号	岗位名称	最低学历	最低学位	人数	年龄上限	年薪/万元	笔试成绩比例	笔试日期	聘任要求	公司名称	公司地址	邮政编码
A0001	行长助理	本科	学士	1	24	8	70	2024.1.14	有驾照，笔试：经济学+金融	工商前进支行	长春市高新区	130012
A0002	银行柜员	专科		5	24	7	70	2024.1.15	计算机二级，笔试：金融+会计学	工商前进支行	长春市高新区	130012
B0001	经理助理	博士	博士	1	30	12	50	2024.1.14	笔试：经济学+人力资源	腾飞总公司	北京市中关村	100201
B0002	理财师	本科	学士	10	35	9	70	2024.1.15	笔试：经济法+财务管理	腾飞总公司	北京市中关村	100201
B0003	企业策划	研究生	硕士	8	30	10	70	2024.1.15	英语六级，笔试：企业管理+经济学+传媒学	腾飞总公司	北京市中关村	100201
C0001	护理	专科		3	22	5	60	2024.1.15	笔试：护理学+计算机应用	医大一院	长春市朝阳区	
…	…	…	…	…	…	…	…	…	…	…	…	…

表 4-2　应聘人员基本情况表

基本信息												考核成绩				
身份证号	姓名	婚否	最后学历	最后学位	所学专业	地址及邮政编码	E-mail账号	QQ账号	固定电话	移动电话	个人简历	岗位编号	资格审核	笔试成绩	面试成绩	总分
229901199503121538	刘德厚	否	本科	学士	会计学	长春前进大街2699号130012	ldh@jlu.edu.cn	2408522733	0431-85166032	13988699912	2013年9月高中……2015年通过全国计算机考试二级	A0002	通过	80	85	82
												B0002	通过	90	85	89
119801199210011321	王丽敏	否	研究生	硕士	金融学	北京西城区德外大街4号100120	wlm@sina.com	1908530753	010-58581603	15888990157	2010年9月高中……2013年通过全国计算机考试三级	A0001	通过	75	90	80
												A0002	通过	95	80	91
…	…	…	…	…	…	…	…	…	…	…	…	…	…	…	…	…

最典型的概念模型是 E-R(Entity-Relationship,实体关系)模型。例如,人才招聘业务的 E-R 模型如图 4-2 所示。

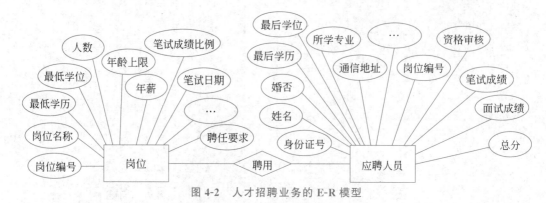

图 4-2   人才招聘业务的 E-R 模型

在 E-R 模型中,用矩形框注明文字表示实体(事物,例如岗位、应聘人员);用椭圆形框注明文字表示属性(特征,例如岗位名称、人数、所学专业等),连线表示隶属关系;用菱形框表示实体之间的关联,框内文字注明关联方式(例如聘用)。

2. 分析数据语义

数据语义是人们对数据含义的规定与解释。在数据库规范化过程中,不能仅从数据表面分析其语义,要依据数据的内涵、现实意义和作用分析与理解数据语义。例如,根据收集和整理的相关资料以及业务规范,网上人才招聘业务中用人岗位表和应聘人员基本情况表的相关数据项的语义如表 4-3 和表 4-4 所示。

表 4-3   用人岗位表中数据项的语义

数 据 项 名	语 义
岗位编号	招聘岗位的唯一标识,可以是大小写英文字母或数字,最多 5 个字符
岗位名称	可以是汉字或英文,最多 30 个字符(15 个汉字)
最低学历	岗位对学历的要求,分大专、本科、研究生或博士,最多 3 个汉字或 1 位编码
最低学位	岗位对学位的要求,分无学位(或空)、学士、硕士或博士,最多 3 个汉字或 1 位编码
人数	范围为 1~999 的整数
年龄上限	招聘对象的最大年龄,范围为 18~60 的整数
年薪	范围为 1~10 000 000 的整数
笔试成绩比例	笔试成绩占总成绩的百分比(%),0 表示不要求笔试
笔试日期	笔试考试日期
聘任要求	对聘任人员的其他要求,如相关技能、外语语种、性别、婚姻、所学专业、特长、笔试科目内容要求等,最多可以 100 个汉字
公司名称	单位名称,汉字、英文均可,最多 40 个字符(20 个汉字)
公司地址	预计工作所在的城市或区域,最多 15 个汉字
邮政编码	6 位数字国家标准代码

表 4-4　应聘人员基本情况表中数据项的语义

数 据 项 名	语 义
身份证号	应聘人员的唯一标识,可由身份证号中获取户籍所在地、出生日期和性别等信息,18 个字符,由英文字母和数字组成
姓名	应聘人员姓名,最多 5 个汉字
婚否	婚姻状态,分已婚、未婚
最后学历	所学专业的最高学历,分无学历(或空)、大专、本科、研究生或博士,最多 3 个汉字或 1 位编码
最后学位	所学专业的最高学位,分无学位(或空)、学士、硕士或博士,最多 3 个汉字或 1 位编码
所学专业	所学专业名称,最多 15 个汉字
地址及邮政编码	地址为通信地址,最多 25 个汉字;另加 6 位邮政编码
E-mail 账号	电子邮箱地址,最多 30 个字符
QQ 账号	最多 30 个字符
固定电话	包含区号的办公或住宅电话号码,最多 20 个字符
移动电话	最多 15 位数码
个人简历	应聘人员的主要学习和工作经历,可长达 64KB
岗位编号	与用人岗位表中设置的岗位一致,每个应聘人员可以申报多个岗位
资格审核	资格审核是否通过,分通过和未通过
笔试成绩	百分制笔试成绩,取整数
面试成绩	百分制面试成绩,取整数
总分	总分=笔试成绩×笔试成绩比例/100＋面试成绩×(100－笔试成绩比例)/100

在设计数据库时,根据数据的语义确定表的关键字、数据项性质(数据类型)和数据范围(数据项宽度)。例如,依据表 4-3 中的语义分析,"岗位编号"是"用人岗位表"中的关键字,数据项性质为字符型,宽度为 5 位。按照表 4-4 中的语义分析,"身份证号"为字符型 18 位。另外,由于一个应聘人员可以同时申报多个岗位,所以"身份证号"不能单独作为"应聘人员基本情况表"的关键字,它必须与"岗位编号"共同组成关键字。

总之,在进行数据库逻辑设计之前,对计算机要处理的具体业务进行需求分析和概念设计,为优化数据表,降低数据冗余(重复存储),减少数据操作(更新、插入和删除)异常,建立事物之间的关联等积累扎实的资料,为进一步的数据库逻辑设计做好充分的准备工作。

4.2　数据表及其常见术语

数据库管理系统(DBMS)是用于建立、维护和管理数据库的系统软件。根据所支持的数据模型不同,DBMS 可分为层次模型、网状模型、面向对象模型和关系模型 4 种类型,其中关系模型是目前应用最广泛的数据模型。在 DBMS 的控制下,可以创建、维护和使用数据库,虽然不同的 DBMS 管理数据库的机制有些差异,但是,关系数据库中都是以数据表(简称表)的形式存储数据的。在设计和应用关系数据库的过程中,经常要用到下列一些概念。

1. 实体

实体是客观事物的真实反映,可以是实际存在的对象,也可能是某种抽象的概念或事件。例如,一个学生、一本教材和一台计算机等都是实体,一个岗位、一门课程、一个专业和一次借阅图书等也都是实体。

2. 实体型

实体型是实体类型的简称,用于表示一类实体,通过实体型可以区分不同类型的事物。例如,"应聘人员"是实体型,"刘德厚"和"王丽敏"分别是应聘人员中的两个实体;"岗位"是另一个实体型,"行长助理"和"银行柜员"等都是其中的实体。

3. 关系

关系是无重复数据行的二维表,也称数据表或简称表。所谓二维表就是任何行和列的交汇处都有且仅有一个单元格的表。从定义中可以看出,数据表中不允许套表,每个单元格中只允许存储一个值。例如,表 4-1 可以直接转换成数据表。

但是,并不是每张表格都可以直接作为数据表。例如,从表 4-2 的纵向列的构成分析来看,它由应聘人员的"基本信息"和"考核成绩"两个子表构成;从横向数据行的分析来看,一个应聘人员的"基本信息"占一行,由于可申报多个岗位,而其"考核成绩"可能占多行,因此,表 4-2 不是二维表。要使其成为数据表,必须改造成二维表,如表 4-5 所示。

从表 4-5 可以看出,在改造后的二维表中,申报多个岗位的应聘人员的基本信息(如身份证号、姓名和最后学历等)需要多次重复存储。

一个数据库主要由若干个关联的表构成。一个表由实体型的属性信息(名称、类型和宽度等,也称表结构)和属性值(数据行)两部分构成。一个表存储一个实体型或实体型之间的关联,一行数据存储一个实体或实体之间的关联。

4. 属性

表中的每一列都是属性,也称为列、字段或数据项。每个属性都有属性名,常称为列名或字段名。

一个表中至少包含一个属性,但不允许包含重名属性。通常划分属性的基本原则是由一个数据语义定义成一个属性,即属性具有原子性。在表 4-5 中,各列的标题(如身份证号、姓名和婚否等)均为属性名。属性及其相关信息(名称、类型和宽度等)作为表结构中的主要内容存储于表中。

5. 记录

表中各个属性的每组值都构成了一行数据,数据行也称为元组、数据记录(或简称记录)。一个记录表示一个实体或实体间的关联,表中数据就是由这样的诸多记录构成的。但是,一个表中不允许重复存储记录,即任何两个记录中,至少有一个属性的值不同。通常将只有表结构而没有存储记录的表称为空表。

例如,表 4-5 中的(229901199503121538,刘德厚,否,本科,…,A0002,通过,80,85,82)和(119801199210011321,王丽敏,否,研究生,…,A0001,通过,75,90,80)均是数据记录。

6. 关键字

关键字是表中能唯一标识记录的最少的属性集合,通常也将关键字称为键、候选键或候选码。

表 4-5　应聘人员基本情况二维表(第一范式)

身份证号	姓名	婚否	最后学历	最后学位	所学专业	通信地址	邮政编码	E-mail账号	QQ账号	固定电话	移动电话	个人简历	岗位编号	资格审核	笔试成绩	面试成绩	总分
229901199503121538	刘德厚	否	本科	学士	会计学	长春前进大街2699号	130012	ldh@jlu.edu.cn	2408522733	0431-85166032	13988699912	2013年9月高中……2015年全国计算机考试二级通过	A0002	通过	80	85	82
229901199503121538	刘德厚	否	本科	学士	会计学	长春前进大街2699号	130012	ldh@jlu.edu.cn	2408522733	0431-85166032	13988699912	2013年9月高中……2015年全国计算机考试二级通过	B0002	通过	90	85	89
119801199210011321	王丽敏	否	研究生	硕士	金融学	北京西城区德外大街4号	100120	wlm@sina.com	1908530753	010-58581603	15888990157	2010年9月高中……2013年全国计算机考试三级通过	A0001	通过	75	90	80
…	…	…	…	…	…	…	…	…	…	…	…	…	…	…	…	…	…

关键字主要用于检查和控制表中记录的唯一性(任意两个记录的关键字的值都不相同),实现表之间的关联等,因此,每个表都至少有一个关键字。

多数表用一个属性就可以确定关键字,例如,表 4-1 中的岗位编号属性。某些表需要多个属性才能构建关键字,例如,表 4-5 中需要(身份证号,岗位编号)两个属性共同组成关键字。而在个别表中,通过已有的属性很难确定关键字,通常要增设记录自动编号(记录系列号)属性,确保表有关键字。

7. 主属性

一个表由多个属性构成,通常将包含在关键字中的属性称为主属性,将不在任何关键字中的属性称为非主属性。例如,"身份证号"和"岗位编号"分别是表 4-5 的两个主属性,而"姓名"和"笔试成绩"等均是非主属性。

为了确保关键字的值能唯一地确定数据记录,输入或修改数据记录时,DBMS 要求表的主属性值不能空(Null),即主属性都要有确定的值。

8. 主关键字

虽然一个表中可能有多个关键字,但在某一阶段只用一个关键字控制表中数据记录的顺序。通常将目前选用的关键字称为主关键字,也简称为主键、主码。主关键字是关键字之一,每个表可以有多个关键字,但只能有一个主关键字。主关键字除控制记录唯一性外,还用于控制表中数据记录的顺序(按主关键字的值升序或降序排列)以及与其他表建立关联。

例如,岗位编号可选为表 4-1 的主关键字,(身份证号,岗位编号)可以选为表 4-5 的主关键字。

9. 外键

对于表 R 中的一组属性 F,如果 F 不是 R 的关键字,而恰与另一个表 S 的主键相对应(数据语义相同),则 F 是表 R 的外码或者外键。

外键通常用于表 R 与表 S 建立关联。例如,在表 4-5 中,"岗位编号"不是关键字(只是主属性),而与表 4-1 中的"岗位编号"数据语义相同,因此,"岗位编号"是表 4-5 的外键。在表 4-5 与表 4-1 建立关联时,"岗位编号"将作为关联的关键字。

10. 关系模式

关系模式是对关系(表)的描述,是关系名(表名)及其所有属性的集合,表示格式为:关系名(全部属性名表)。

【例 4-1】　用关系模式分别描述用人岗位表和应聘人员基本情况表。

用人岗位表(岗位编号,岗位名称,最低学历,最低学位,人数,年龄上限,年薪,笔试成绩比例,笔试日期,聘任要求,公司名称,公司地址,邮政编码)

应聘人员基本情况表(身份证号,姓名,婚否,最后学历,最后学位,所学专业,通信地址,邮政编码,E-mail 账号,QQ 账号,固定电话,移动电话,个人简历,岗位编号,资格审核,笔试成绩,面试成绩,总分)

关系模式实际是表结构的形式化表示,用下画线标记主属性。关系模式可以抽象地表示为 $R(U)$,其中 R 表示关系名,例用人岗位表;U 表示属性集合,例如,(岗位编号,岗位名称,…,邮政编码)。

11. 关系子模式

关系子模式是对用户所操作数据的结构描述。关系子模式与具体的应用有关,针对不同的需求,用户所选择的属性可能不同,属性也可能来自多个关系模式。

关系子模式的描述格式为:子模式名(所需属性名列表),属性名必须是某个关系模式中的属性或运算项。

【例 4-2】　写出每个岗位拟聘人数和应聘人数两个子模式。

拟聘人数(岗位编号,岗位名称,人数)
应聘人数(岗位编号,岗位名称,Count(身份证号))

子模式"拟聘人数"由用人岗位表中的部分属性构成,而子模式"应聘人数"中的属性来自用人岗位表和应聘人员基本情况表(身份证号属性)两个关系模式。其中 Count 是统计记录个数的函数运算。

12. 数据操作异常

数据操作异常是指对表中的数据进行操作时可能出现下列 3 种情况之一。

(1) 更新异常。指修改某个实体的数据时,可能需要同时修改涉及该实体的多个记录中的数据,否则,可能造成数据不一致。例如,在表 4-5 中,当某个应聘人员获得新的学历时,必须保证修改该应聘人员所涉及记录的最后学历属性值,否则,将产生矛盾的数据。

(2) 插入异常。指由于缺少主属性的值,使新记录无法添到表中。例如,由于岗位编号是表 4-5 中的主属性(不能为空),因此,在应聘人员填写个人基本资料(如身份证号、姓名和婚否等)时,同时需要确定申报的岗位编号,否则,无法在表中添加和保存个人基本信息。带来的问题是:在确定申报岗位之前,应聘人员无法注册个人信息。

(3) 删除异常。指删除某些记录时,可能导致有保留价值的数据丢失。例如,如果某应聘人员暂时放弃申报任何岗位,则应该从表 4-5 中删除该应聘人员的所有记录,但这将导致丢失该应聘人员的基本信息(如身份证号、姓名和婚否等)和申报痕迹。

4.3　属性的函数依赖关系

一个关系由多个属性构成,各个属性之间往往存在一定的函数依赖关系。属性之间的某些函数依赖关系可能导致数据库中的数据重复存储(冗余)或操作异常。在数据库逻辑设计过程中,主要工作是分析出属性之间的函数依赖关系,以便规范化和优化数据库中的关系模式。

1. 函数依赖

设有关系模式 $R(U)$,假设 X 和 Y 都是 U 的子集(部分属性),对于 R 中的任意两个元组(记录),如果对 X 的投影值(即对应的属性值)相等,则对 Y 的投影值就相等。将 X 和 Y 的这种关系称为 Y 函数依赖于 X,或称 X 函数决定 Y,记为 $X \rightarrow Y$。

如果 Y 不函数依赖 X,则记为 $X \nrightarrow Y$。

所谓函数依赖是指一组属性 X 的值可以决定另一组属性 Y 的值。例如,在表 4-1 中,岗位编号能决定岗位名称和最低学历,分别记为"岗位编号→岗位名称"和"岗位编号→最低学历"。在表 4-5 中,身份证号能决定姓名,记为"身份证号→姓名"。但是,某些属性需要多个属性才能唯一确定其值。例如,表 4-5 中的笔试成绩和面试成绩都需要身份证号与岗位编号共同确定其值,即"(身份证号,岗位编号)→笔试成绩"和"(身份证号,岗位编号)→面试成绩"。

正像数学中函数 $y = f(x)$ 一样,给定 x 值后,y 的值也就唯一确定了。属性之间是否存在函数依赖关系,完全由数据的语义决定。例如,如果规定每个应聘人员只能开设一个 QQ 账号,那么"身份证号→QQ 账号";若允许一个应聘人员使用多个 QQ 账号,则"身份证号↛QQ 账号"。

【例 4-3】 根据表 4-4 的数据语义,从应聘人员基本情况表(表 4-5)中分析出多个函数依赖关系,9 个函数依赖关系如下。

> ① 身份证号→姓名
> ② 身份证号→最后学历
> ③ (身份证号,岗位编号)→笔试成绩
> ④ (身份证号,岗位编号)→面试成绩
> ⑤ (身份证号,岗位编号)→(笔试成绩,面试成绩,笔试成绩比例)
> ⑥ (身份证号,岗位编号)→总分
> ⑦ (笔试成绩,面试成绩,笔试成绩比例)→总分
> ⑧ (身份证号,岗位编号)→姓名
> ⑨ (身份证号,岗位编号)→最后学位

在表 4-5 中,一个应聘人员可以申报多个岗位,故可有多个面试成绩和笔试成绩,因此有"身份证号↛面试成绩"且"身份证号↛笔试成绩"。同样,一个岗位也可能有多个应聘人员申报,即对应多个面试成绩和笔试成绩,故有"岗位编号↛面试成绩"且"岗位编号↛笔试成绩"。

2. 完全函数依赖

在关系模式 $R(U)$ 中,设 X 和 Y 是两个不同的属性子集合,有 $X→Y$,对于 X 的任意真子集 X',都有 $X' ↛ Y$,则称 Y 完全函数依赖于 X,记为 $X \xrightarrow{F} Y$。

在例 4-3 中,前 7 个函数依赖关系都是完全函数依赖,而后两个不是完全函数依赖关系。

属性之间的完全函数依赖关系表示关系模式中属性之间的依存程度。一般地讲,如果一个关系模式中的每个非主属性都完全函数依赖于关键字,则表示该关系模式设计得比较规范、合理。

3. 部分函数依赖

在关系模式 $R(U)$ 中,设 X 和 Y 是两个不同的属性子集合,有 $X→Y$,但 Y 不完全函数依赖于 X,则称 Y 部分函数依赖于 X,记为 $X \xrightarrow{P} Y$。

例 4-3 分析出来的函数依赖关系中,由于"身份证号→姓名","身份证号→最后学历",故有"(身份证号,岗位编号) $\xrightarrow{P}$ 姓名"和"(身份证号,岗位编号) $\xrightarrow{P}$ 最后学历"。

4. 传递函数依赖

在关系模式 $R(U)$ 中,设 X、Y 和 Z 是不同的属性子集合,如果 $X→Y$,$Y→Z$,但 $Y ↛ X$ 且 Y 不是 X 的子集,则称 Z 传递函数依赖于 X。

在例 4-1 的用人岗位表的关系模式中,"岗位编号→公司名称","公司名称→公司地址",而"公司名称↛岗位编号",因此,公司地址传递函数依赖于岗位编号。

在例 4-3 的函数依赖关系中,由于有"(身份证号,岗位编号)→(笔试成绩,面试成绩,笔试成绩比例)"和"(笔试成绩,面试成绩,笔试成绩比例)→总分",并且"(笔试成绩,面试成绩,笔试成绩比例)↛(身份证号,岗位编号)",因此总分传递函数依赖于(身份证号,岗位编号)。

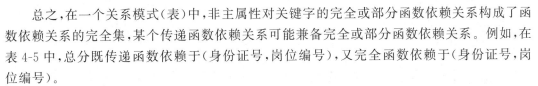

总之,在一个关系模式(表)中,非主属性对关键字的完全或部分函数依赖关系构成了函数依赖关系的完全集,某个传递函数依赖关系可能兼备完全或部分函数依赖关系。例如,在表 4-5 中,总分既传递函数依赖于(身份证号,岗位编号),又完全函数依赖于(身份证号,岗位编号)。

如果表中存在某些非主属性部分或传递函数依赖于关键字,则该表中一定存在可优化的冗余数据项或异常操作。

4.4　关系模式的规范化

某些属性的函数依赖关系可能会引发数据冗余和操作异常等问题。关系模式规范化是关系数据库逻辑设计的主要内涵,实质是对数据表进行优化。其主要目标是减少数据冗余,便于数据操作,提高系统时空效率,满足实际应用要求。

设计关系模式(表)的基本原则是实体型一表化,即一个实体型或关联对应一个关系模式。关系模式的规范化方法是:对不符合要求的关系模式进行投影分解,去掉冗余属性,由此可能得到更多的、比较理想的关系模式。关系模式的分解必须是无损的,即对规范化后的关系模式进行自然连接后可以还原到原有的关系模式。

关系模式规范化的理论就是研究关系模式中属性之间的函数依赖关系对关系模式性能的影响,探讨关系模式应该具备的性质,为关系模式规范化提供基本准则。

范式(normal form)是满足某种特定要求的关系模式的集合,也是衡量关系模式规范化的标准。范式表示关系模式的规范化程度。目前主要有第一范式(1NF)、第二范式(2NF)、第三范式(3NF)、BCNF(Boyce-Codd Normal Form)、第四范式(4NF)和第五范式(5NF),由第一范式(1NF)到第五范式(5NF)要求条件逐渐增强。

4.4.1　第一范式

在关系数据库中,将每个属性都具有原子性(即一个属性仅表示一个数据语义)的关系模式集合称为第一范式(简记为 1NF)。将第一范式中的每个成员 R 都称为规范化的关系模式,也称 R 为第一范式的关系模式。

关系数据库中的每个表必须符合某级范式的要求。第一范式是对表的最基本要求,也就是说,一个数据表最起码应该满足以下要求:是二维表,有主关键字,每个属性都具有原子性。

一个属性是否具有原子性,与地域文化和人们的应用习惯都有关系,没有严格的定义。如"姓名"这个属性,中国人一般习惯不再分割成多个属性,而西方人认为还要分割成 First name 和 Last name 两个属性。再如,日期,从严格意义上讲,应该再分割成年、月和日 3 个原子性属性,但人们习惯将日期作为一个属性,如建国日期、出生日期、笔试日期和申报日期等。

1. 表的规范化

由于普通表格的格式种类繁多,很难找到一种通用的方法将其转换成规范化的表。常规的做法是拆分多维表(如表 4-2 所示),使其成为二维表(如表 4-5 所示),必要时可以将一个普通表格分解成多个二维表。在表格转换过程中,还要考虑关系中属性的原子性、主属性的非空性等因素。

表 4-2 显然不是二维表,因此它不是第一范式。将其整理成二维表的方法是:去掉"基本信息"和"考核成绩"两个子表标题行,并将子表中各列标题(如身份证号和笔试成绩等)升级为主表的列标题;将应聘人员的数据行纵向展开,每个岗位占一行。如果某个应聘人员同时申报多个岗位,则其基本信息在多行中重复存储。

在二维表的基础上,还要将具有多重数据语义的列(如地址及邮政编码)分割成多个独立数据语义的列(如通信地址和邮政编码两列),最后将普通表格整理成符合第一范式条件要求的关系模式,如表 4-5 所示。

【例 4-4】 写出表 4-5 对应的第一范式关系模式。

> 应聘人员基本情况表(身份证号,姓名,婚否,最后学历,最后学位,所学专业,通信地址,邮政编码,
> 　　　　　　　　E-mail 账号,QQ 账号,固定电话,移动电话,个人简历,岗位编号,资格审核,
> 　　　　　　　　笔试成绩,面试成绩,总分)

2. 第一范式可能存在的问题

往往仅满足第一范式要求的关系模式并不理想,可能存在数据冗余、操作异常等问题。例如,在表 4-5 中仍然存在下列问题。

(1) 数据冗余。当某个应聘人员申报多个岗位时,基本信息(如身份证号、姓名和个人简历等)需要多次重复存储,即产生大量的冗余数据。

(2) 插入异常。在应聘人员申报岗位之前,无法将其基本信息添加到表中。

(3) 更新异常。当应聘人员的婚姻状态、最后学位、通信地址、E-mail 账号、QQ 账号、固定电话、移动电话或个人简历之一发生变化时,需要修改该应聘人员的多个记录,否则,将造成数据的不一致性。

(4) 删除异常。当应聘人员暂时取消或放弃申报时,无法保留其基本信息。

3. 问题存在的主要原因

在表 4-5 中,(身份证号,岗位编号)是关键字,由于有"身份证号 $\xrightarrow{F}$ 姓名""身份证号 $\xrightarrow{F}$ 个人简历"等函数依赖关系,使得"(身份证号,岗位编号) $\xrightarrow{P}$ 姓名","(身份证号,岗位编号) $\xrightarrow{P}$ 个人简历"等函数依赖关系存在,即存在非主属性(姓名、个人简历等)部分函数依赖于关键字(身份证号,岗位编号)。这样的一些部分函数依赖关系导致表中存在大量的数据冗余和操作异常。

4.4.2　第二范式

关系模式 R 属于第一范式,如果 R 中的任何非主属性都完全函数依赖于关键字,则称关系模式 R 属于第二范式(简记为 2NF)。

对第二范式关系模式的另一种解释是:在第一范式的基础上(即属性具有原子性),如果再消除非主属性对关键字的部分函数依赖关系,则规范化成了第二范式。

1. 第二范式的关系模式规范化

根据设计关系模式的基本原则"实体型—表化",按实体型进行投影分解第一范式,消除非主属性对关键字的部分函数依赖关系,使其分解成多个第二范式。

【例 4-5】 将表 4-5 规范化成第二范式。

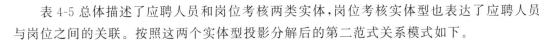

表 4-5 总体描述了应聘人员和岗位考核两类实体,岗位考核实体型也表达了应聘人员与岗位之间的关联。按照这两个实体型投影分解后的第二范式关系模式如下。

> **应聘人员表**(身份证号,姓名,婚否,最后学历,最后学位,所学专业,通信地址,邮政编码,E-mail 账号,QQ 账号,固定电话,移动电话,个人简历)
> **岗位成绩表**(身份证号,岗位编号,资格审核,笔试成绩,面试成绩,总分)

表 4-5 分解后的结果如表 4-6 和表 4-7 所示。

2. 验证第二范式的关系模式

依据表 4-3 中的语义分析,身份证号是表 4-6 的关键字;(身份证号,岗位编号)是表 4-7 的关键字。并且两个表中的任何非主属性与关键字都是完全函数依赖关系,因此,这两个关系模式都属于第二范式,并且在应聘人员基本情况表中(如表 4-5 所示)存在的一些问题一定程度上得到了解决。

例如,一个应聘人员即使申报多个岗位,在表 4-6 中也只保存其一个数据记录,减少了数据冗余;当修改应聘人员的基本信息(如姓名、移动电话号码或个人简历等)时,只需要修改一个数据记录即可;应聘人员申报前,可以先输入其基本信息(如身份证号、姓名等);应聘人员暂时放弃申报时,可以保留其基本信息。因此,在表 4-6 和表 4-7 中,减少了数据冗余和操作异常现象。

【例 4-6】　写出以身份证号为关键字,自然连接表 4-6 和表 4-7 的 SQL(Structured Query Language,结构化查询语言)语句。

> Select 应聘人员表.身份证号,姓名,婚否,最后学历,最后学位,所学专业,通信地址,邮政编码,E-mail 账号,QQ 账号,固定电话,移动电话,个人简历,岗位编号,资格审核,笔试成绩,面试成绩,总分 From 应聘人员表,岗位成绩表 Where 应聘人员表.身份证号=岗位成绩表.身份证号

通过此例可以看出,表 4-6 和表 4-7 的自然连接可以生成应聘人员基本情况表(如表 4-5 所示),由此可以验证投影分解后的两个关系模式——应聘人员表和岗位成绩表是对应聘人员基本情况表的无损分解。

从上述分析的结果总体来看,第二范式与第一范式的关系模式比较,降低了数据冗余度,减少了一些数据操作异常。但这并不意味着第二范式的关系模式就完全消除了数据冗余和操作异常,其实这些问题可能仍然存在,只是程度有所降低。例如,在岗位成绩表中(如表 4-7 所示),依据表 4-4 中的数据语义分析,其中总分是由笔试成绩、面试成绩和笔试成绩比例(在表 4-1 用人岗位表中)3 个属性的值计算所得到的结果,故总分属于重复存储(冗余)的属性,因此,关系模式还有进一步规范化的余地。

4.4.3　第三范式

关系模式 R 属于第二范式(也属于第一范式),如果其中所有非主属性对任何关键字都不存在传递函数依赖关系,则称关系模式 R 属于第三范式(简记为 3NF)。

第三范式实际是从第一范式消除非主属性对关键字的部分函数依赖和传递函数依赖关系而得到的关系模式。

表 4-6 应聘人员表(第三范式)

身份证号	姓名	婚否	最后学历	最后学位	所学专业	通信地址	邮政编码	E-mail 账号	QQ 账号	固定电话	移动电话	个人简历
22990119950312538	刘德厚	否	本科	学士	会计学	长春前进大街 2699 号	130012	ldh@ jlu.edu.cn	2408522733	0431-85166032	13988699912	2013 年 9 月高中……2015 年通过全国计算机考试二级
11980119921001321	王丽敏	否	研究生	硕士	金融学	北京西城区德外大街 4 号	100120	wlm@ sina.com	1908530753	010-58581603	15888990157	2010 年 9 月高中……2013 年通过全国计算机考试三级
…	…	…	…	…	…	…	…	…	…	…	…	…

表 4-7 岗位成绩表(第二范式)

身份证号	岗位编号	资格审核	笔试成绩	面试成绩	总分
22990119950312538	A0002	通过	80	85	82
22990119950312538	B0002	通过	90	85	89
11980119921001321	A0001	通过	75	90	80
…	…	…	…	…	…

在用人岗位表中,由于公司地址传递函数依赖于岗位编号,因此,"用人岗位表(<u>岗位编号</u>,岗位名称,最低学历,最低学位,人数,年龄上限,年薪,笔试成绩比例,笔试日期,聘任要求,公司名称,公司地址,邮政编码)"不属于第三范式。

同样,在"岗位成绩表(<u>身份证号</u>,<u>岗位编号</u>,资格审核,笔试成绩,面试成绩,总分)"关系模式中,由于总分属性传递函数依赖于关键字(身份证号,岗位编号),因此该关系模式也不属于第三范式。

将关系模式由第二范式规范到第三范式的方法仍然是对关系模式进行投影分解成多个关系模式,或直接消除非主属性对关键字的传递函数依赖关系。

【例 4-7】　用投影分解的方法将用人岗位表(如表 4-1 所示)规范化成第三范式。

根据设计关系模式"实体型—表化"的规范化原则,将岗位和公司两个实体型分解成如下两个关系模式,如表 4-8 和表 4-9 所示。

> **岗位表**(<u>岗位编号</u>,岗位名称,最低学历,最低学位,人数,年龄上限,年薪,笔试成绩比例,笔试日期,聘任要求,公司名称)
> **公司表**(<u>公司名称</u>,地址,注册日期,注册人数,邮政编码,简介)

表 4-8　岗位表(第三范式)

岗位编号	岗位名称	最低学历	最低学位	人数	年龄上限	年薪	笔试成绩比例	笔试日期	聘任要求	公司名称
A0001	行长助理	本科	学士	1	24	8	70	2024.1.14	有驾照,笔试:经济学＋金融	工商前进支行
A0002	银行柜员	专科		5	24	7	70	2024.1.15	计算机二级,笔试:金融＋会计学	工商前进支行
B0001	经理助理	博士	博士	1	30	12	50	2024.1.14	笔试:经济学＋人力资源	腾飞总公司
⋮	⋮	⋮	⋮	⋮	⋮	⋮	⋮	⋮	⋮	⋮

表 4-9　公司表(第三范式)

公司名称	地址	注册日期	注册人数	邮政编码
工商前进支行	长春市高新区	1991 年 10 月 1 日	20	130012
腾飞总公司	北京市中关村	2001 年 7 月 1 日	2000	100201
医大一院	长春市朝阳区	1948 年 1 月 1 日	5000	130012
⋮	⋮	⋮	⋮	⋮

用下列 SQL 语句可以还原回原来的关系模式(如表 4-1 所示):

> Select 岗位编号,岗位名称,最低学历,最低学位,人数,年龄上限,年薪,笔试成绩比例,笔试日期,聘任要求,名称,地址,邮政编码 From 用人岗位表,公司表 Where 岗位表.公司名称=公司表.公司名称

【例 4-8】　去掉岗位成绩表(如表 4-7 所示)中的冗余属性总分,规范化成第三范式的关系模式,如表 4-10 所示。

岗位成绩表(身份证号,岗位编号,资格审核,笔试成绩,面试成绩)

表 4-10　岗位成绩表(第三范式)

身 份 证 号	岗 位 编 号	资 格 审 核	笔 试 成 绩	面 试 成 绩
229901199503121538	A0002	通过	80	85
229901199503121538	B0002	通过	90	85
119801199210011321	A0001	通过	75	90
…	…	…	…	…

通过下列 SQL 语句可以生成原来的关系模式:

```
Select 身份证号,岗位编号,资格审核,笔试成绩,面试成绩,笔试成绩 * 笔试成绩比例/100+面
试成绩 * (100-笔试成绩比例)/100 As 总分 From 岗位成绩表,岗位表 Where 岗位成绩表.岗位
编号=岗位表.岗位编号
```

在关系数据库的逻辑设计过程中,前三级范式主要研究非主属性与关键字的函数依赖关系对关系模式规范化程度的影响。一般来讲,关系模式规范化到第三范式就比较理想。

如果还需要进一步解决第三范式关系模式中的数据冗余和操作异常问题,则需要深入研究主属性与关键字的某些函数依赖关系对关系模式规范化的影响,继续学习 BCNF、第四和第五范式。从实际应用的角度出发,本书不再讲述后 3 种范式。

总之,关系数据库中的关系模式(表)必须满足某级范式的要求,关系模式的范式级别越高,关系数据库中的数据冗余度越小,数据操作异常率越低,随之产生的关系模式(表)的数量也就越多。这就意味着在实现数据查询、统计时增加了表之间的连接操作次数,也加大了系统的时间开销。

【例 4-9】　查询每个应聘人员的身份证号、姓名、岗位名称和总分。

通过第一范式的关系模式(如表 4-1 和表 4-5 所示),用下列两个表连接的 SQL 语句实现查询:

```
Select 身份证号,姓名,岗位名称,总分 From 应聘人员基本情况表,岗位表 Where 应聘人员基本
情况表.岗位编号=岗位表.岗位编号
```

而通过第三范式的关系模式,要用下列 3 个表连接的 SQL 语句才能实现查询:

```
Select 应聘人员表.身份证号,姓名,岗位名称,笔试成绩 * 笔试成绩比例/100+面试成绩 *
(100-笔试成绩比例)/100 As 总分 From 应聘人员表,岗位成绩表,岗位表 Where 应聘人员.身
份证号=岗位成绩表.身份证号 And 岗位成绩表.岗位编号=岗位表.岗位编号
```

显然,用第三范式的关系模式实现数据查询,表之间的连接条件比较复杂,系统检索数据所需要的时间也较长。

由本例可以看出,关系模式的级别不一定越高越好,每级范式各有利弊。因此,关系模式规范化的基本要求是由低到高,逐步规范,权衡利弊,适可而止。通常以满足第三范式为基本要求。

4.5　数据编码对关系模式的作用

20 世纪 70 年代末至 80 年代初,随着电子计算机科学与技术的发展,计算机技术在各行各业开始得到运用,信息数字化逐渐成为大势所趋,但中华汉字不能在计算机键盘上直接输入,因此汉字信息数字化面临着难题。西方某些预言家竞相预言"汉字行将灭亡",甚至国内许多人也具有悲观失望的情绪,担心中华汉字全盘西化。

图 4-3　国家改革先锋王永民

此时,我国发明家王永民坚守爱国、文化自信、文字自信、务实和创新的初心使命,励精图治,攻坚克难,历经 5 年(1978 至 1983 年)成功研究出汉字五笔字型编码输入法,简称王码或五笔汉字输入法,使汉字在计算机上的输入速度可以达到每分钟 112 个,远远超过英文的输入速度。当时,这一成果轰动了国内外,不仅使西方"汉字行将灭亡"的预言彻底破产,还使我国快速地跟上了国际信息数字化的步伐,特别是近 10 年来,更走在了世界的前列。

2018 年 12 月 18 日,在庆祝改革开放 40 周年大会上,发明家王永民受到党中央、国务院的表彰,被授予"国家改革先锋"称号,荣获"改革先锋"奖章,成为"实现中华民族伟大复兴的中国梦"先驱者之一。由此可以看出编码在信息数字化过程中的重要性。

在人们的各项事务处理中,编码信息无处不在。身份证号、学号、文件号(有关部门颁发的文件)、图书号、汽车牌照号、列车车次、商品条形码、信用卡号和股票代码等都是编码信息,它在人类的各种活动和计算机数据处理过程中起着重要作用。

4.5.1　数据编码

数据编码是表示事物对象的一种符号,是对象在某一范围内的唯一标识。多数数据编码中仅包含数字、英文字母、减号或/(如身份证号、图书号);有些编码中也包含汉字(如汽车牌照号、文件号)。总体来看,数据编码要短于对应的名称。按复杂程度来分,数据编码大体可分为单体编码和复合编码两种。

1. 单体编码

单体编码通常只起标识对象的作用,编码中各位没有特定含义,通常这类编码有国家统一标准。例如,在性别码中,1 表示男,2 表示女;在民族码中,01 表示汉族,11 表示满族,56 表示基诺族等;在省市码中,11 表示北京,22 表示吉林,37 表示山东等。在实际应用中,通常对可穷举的数据域进行编码。在编码时,尽量采用国家或相关部门的统一标准,以便数据在较大范围内具有通用性和兼容性。

2. 复合编码

复合编码也起标识对象的作用,但编码由若干段组成,每段都表示不同的含义。常见的分段方法有按位分段(如身份证号)和通过分隔符(如—或/)分段(如图书或期刊号)。数据编码按位分段更适合计算机数据处理,而计算机处理其他分段法的数据编码要相对复杂一些。因此,在设计数据库时,如果需要对数据进行复合编码,尽量采用按位分段法。

4.5.2　数据编码的作用

在设计数据库时,充分利用数据的单体编码可以节省存储空间;充分利用数据的复合编码能进一步规范关系模式,减少数据冗余。

【例 4-10】　对人才招聘数据库中的学历和学位进行编码。

> 学历:用1位编码。1表示高中及以下;2表示大专;3表示本科;4表示研究生;5表示博士。
> 学位:用1位编码。1表示无学位;2表示学士;3表示双学士;4表示硕士;5表示博士。

【例 4-11】　用 MySQL 系统函数从我国第二代身份证号中获取户口所在地的省市编码、地区编码、县编码、出生日期和性别。

> 省市编码=Left(身份证号,2)
> 地区编码=Left(身份证号,4)
> 县编码=Left(身份证号,6)
> 出生日期=Mid(身份证号,7,8)
> 性别=If(mid(身份证号,17,1)%2=0,'女','男')

我国第二代身份证号由 18 位组成,其中第 17 位为性别位,奇数为男;偶数为女。由此可以看出,在含有身份证号的关系模式中可以去掉户口所在地、出生日期和性别属性,需要这些属性值时可以从身份证号的相关位置上获取。

从例 4-11 可以看出,数据复合编码实际上是多个属性的组合,从理论上讲,在表中使用数据复合编码将破坏属性的原子性。但在实际应用中,从操作方便和节省存储空间等实用方面综合考虑,在许多数据库设计中,宁可突破理论规则,也引用数据复合编码技术。

从总体来看,在计算机事务处理过程中,对数据库中的数据进行编码主要有如下 3 个作用。

(1)易于信息标准化,提高数据的准确率。例如,在输入性别信息时,根据个人习惯不同,可能输入男、男士或先生,但计算机难以将其作为相同的性别处理,为数据统计分析带来较大的困难。采用数据编码(1表示男,2表示女)便不会发生类似的问题。

(2)充分利用数据采集技术。手涂卡、条形码、磁卡和 IC 卡都是目前信息数字化的主要手段。对数据编码后,可以充分采取这些手段有效地提高计算机数据采集的速度和准确率。

(3)利于提高系统的时空效率。例如,对性别、学历、学位、专业和公司名等进行编码均可以减少数据量,节省存储空间,同时能提高数据处理、检索和传输的速度。

4.6　数据库的设计

研究关系模式规范化和数据编码的主要目的是探讨设计数据库的基本方法,寻求衡量数据库质量的标准,为设计和优化数据库提供理论依据。

在设计实际数据库的过程中,要综合权衡相关理论、数据语义、可行性、操作方便性和系统时空效率等方面的问题,往往在某方面可能要做出一些牺牲,以求得比较理想的设计方案。

由于数据库的应用目的以及侧重面不同,对数据库中关系模式(表)规范化的结果并不唯一。以表 4-1 和表 4-2 为基础,经历第一范式(表 4-5)、第二范式(表 4-7)和第三范式(表 4-6、表 4-8、表 4-9、表 4-10)规范化后,再对某些数据项进行编码,最后在数据库管理系统中进行数据库及其表的设计。

4.6.1　"人才招聘"数据库的设计

通过整理和优化后,RCZP 数据库包含 GWB(岗位表)、YPRYB(应聘人员表)、GWCJB(岗位成绩表)和公司表 4 个基本表。

1. 岗位表(GWB)

岗位表的关系模式如下。

GWB (岗位编号,岗位名称,最低学历,最低学位,人数,年龄上限,年薪,笔试成绩比例,笔试日期,聘任要求,公司名称)

对应的表结构设计说明如表 4-11 所示。

表 4-11　GWB 表结构设计说明

字段名	类　　　型	长度	默认值	说　　　明
岗位编号	Char	5		主属性,也是主键
岗位名称	VarChar	30		最多存储 15 个汉字
最低学历	ENum ('1','2','3','4','5')		定义:'3'	学历编码:1 无要求,2 专科,3 本科,4 研究生,5 博士
最低学位	ENum ('1','2','3','4','5')		定义:'2'	学位编码:1 无,2 学士,3 双学士,4 硕士,5 博士
人数	TinyInt	3	定义:1	
年龄上限	TinyInt	2	定义:60	
年薪	MediumInt	8	定义:36000	年工资总额,单位为人民币元
笔试成绩比例	TinyInt	3	定义:0	笔试占总分的百分比。默认值 0,表示不需要笔试;100 表示百分之一百
笔试日期	Date			
聘任要求	TinyText			如专业、特长、笔试内容等要求
公司名称	VarChar	40		最多存储 20 个汉字

在 GWB 中,"岗位编号"属性为主键,"公司名称"属性为外码,与公司表实施关联。

2. 应聘人员表(YPRYB)

应聘人员表的关系模式如下。

YPRYB (身份证号,姓名,婚否,最后学历,最后学位,所学专业,通信地址,邮政编码,E-mail 账号,QQ 账号,固定电话,移动电话,密码,个人简历)

对应的表结构设计说明如表 4-12 所示。

表 4-12　YPRYB 表结构设计说明

字段名	类　型	长度	默认值	说　　明
身份证号	Char	18		主属性,也是主键。由身份证号可得性别和出生日期
姓名	VarChar	10		最多存储 5 个汉字
婚否	Boolean 或 TinyInt	1	定义:0	0 表示未婚,非 0 表示已婚
最后学历	ENum ('1','2','3','4','5')		定义:'3'	学历编码:1 无,2 专科,3 本科,4 研究生,5 博士
最后学位	ENum ('1','2','3','4','5')		定义:'2'	学位编码:1 无,2 学士,3 双学士,4 硕士,5 博士
所学专业	VarChar	30		最多存储 15 个汉字
通信地址	VarChar	50		最多存储 25 个汉字
邮政编码	Char	6		
E-mail 账号	VarChar	30		
QQ 账号	VarChar	30		
固定电话	VarChar	20		
移动电话	VarChar	15		
密码	VarChar	10		
个人简历	Text			存储字符数比 Char 和 VarChar 更多,一般可达 64KB

其中,“身份证号”属性为 YPRYB 表的主键,也是主属性。

3. 岗位成绩表(GWCJB)

岗位成绩表的关系模式是

GWCJB(身份证号,岗位编号,资格审核,笔试成绩,面试成绩)

对应的表结构设计说明如表 4-13 所示。

表 4-13　GWCJB 表结构设计说明

字段名	类　型	长度	默认值	说　　明
身份证号	Char	18		主属性,也是与应聘人员表(YPRYB)建立关联的外键
岗位编号	Char	5		主属性,也是与岗位表(GWB)建立关联的外键
资格审核	Boolean 或 TinyInt	1	定义:0	0 表示未通过,非 0 表示通过
笔试成绩	TinyInt	3	定义:0	0 表示缺考或 0 分
面试成绩	TinyInt	3	定义:0	0 表示缺考或 0 分

在 GWCJB 表中,通过表达式:笔试成绩×GWB.笔试成绩比例/100＋面试成绩×(1－GWB.笔试成绩比例/100)可以得到总分,故可以不存储“总分”属性。

其中,(岗位编号,身份证号)属性组合为 GWCJB 表的主键,其中“岗位编号”是一个主属性,也是 GWCJB 表的外码,与 GWB 表实施关联;“身份证号”是另一个主属性和外码,与

YPRYB 表实施关联。

4. 公司表

公司表的关系模式如下。

公司表(<u>公司名称</u>,地址,注册日期,注册人数,邮政编码)

对应的表结构设计说明如表 4-14 所示。

表 4-14 公司表结构设计说明

字段名	类型	长度	默认值	说明
公司名称	VarChar	40		主属性,也是关键字,最多可存储 20 个汉字
地址	VarChar	50		通讯地址,最多可存储 25 个汉字
注册日期	Date			官方登记日期
注册人数	SmallInt	5	定义:100	无符号整数,最多 65 535 人
邮政编码	Char	6		

"公司名称"属性是公司表的主键和主属性,通过它与 GWB 表实施关联。

在公司表中,可以对公司名称进行编码,也可以扩充一些字段,如公司简介、注销(记载是否注销)和宣传片(存储视频)等。

总之,上述岗位表(GWB)、应聘人员表(YPRYB)、岗位成绩表(GWCJB)和公司表 4 个关系模式共同构成了人才招聘(RCZP)数据库模式。岗位编号和身份证号是 GWCJB 的两个主属性,共同组成主键;岗位编号是 GWB 的主键;身份证号是 YPRYB 的主键。因此,岗位编号和身份证号也是 GWCJB 的两个外键。公司名称是公司表的主键,也是岗位表(GWB)的外键。设计物理数据库时,用身份证号实现 YPRYB 和 GWCJB 之间的关联;通过岗位编号实现 GWB 和 GWCJB 之间的关联;用公司名称实现公司表与岗位表(GWB)之间的关联。

4.6.2 "历史事件"数据库的设计

在实际应用中,有许多人工表的结构比较清晰,本身就是二维表,并没有非主属性对关键字的部分或传递函数依赖关系,往往对这些表不再需要烦琐的优化处理过程,可以将其直接转为数据表。例如,"代表性事件"和"国民经济状况"两个表都是如此。

1. "代表性事件"表

人们通常用二维表(如表 4-15 所示)记载历史代表性事件,在表中事件名称唯一。

表 4-15 "代表性事件"表

事件名称	时间节点	摘要
二十大	2022-10-16	主题是高举中国特色社会主义伟大旗帜,全面贯彻新时代中国特色社会主义思想,弘扬伟大建党精神,自信自强、守正创新,踔厉奋发、勇毅前行,为全面建设社会主义现代化国家、全面推进中华民族伟大复兴而团结奋斗。 选举习近平为中共中央总书记,于 10 月 22 日闭幕

续表

事件名称	时间节点	摘　要
十九大	2017-10-18	主题是不忘初心,牢记使命,高举中国特色社会主义伟大旗帜,决胜全面建成小康社会,夺取新时代中国特色社会主义伟大胜利,为实现中华民族伟大复兴的中国梦不懈奋斗。 选举习近平为中共中央总书记,10 月 24 日闭幕
十八大	2012-11-08	主题是高举中国特色社会主义伟大旗帜,以邓小平理论、“三个代表”重要思想、科学发展观为指导,解放思想,改革开放,凝聚力量,攻坚克难,坚定不移沿着中国特色社会主义道路前进,为全面建成小康社会而奋斗。 选举习近平为中共中央总书记,11 月 14 日闭幕
改革开放	1978-12-18	党的十一届三中全会冲破长期“左”的错误的严重束缚,肯定必须完整、准确地掌握毛泽东思想的科学体系,重新确立马克思主义的思想路线、政治路线、组织路线。 从此我国以邓小平为总设计师拉开了改革开放的大幕。实现新中国成立以来党的历史上具有深远意义的伟大转折,开启改革开放和社会主义现代化的伟大征程
新中国建国	1949-10-01	1949 年 10 月 1 日,随着毛泽东主席在天安门城楼上庄严宣告“中华人民共和国中央人民政府今天成立了!”。中国开辟了历史新纪元,结束了国民党统治和一百多年来被侵略、被奴役的屈辱历史,真正成为独立自主的国家,中国人民从此站起来了,成为国家的主人。壮大了世界和平、民主和社会主义的力量,鼓舞了世界被压迫人民争取解放的斗争
日本宣布投降	1945-08-15	1945 年 8 月 15 日日本宣布无条件投降,结束了长达 14 年之久的侵华战争,仅南京大屠杀的遇难人数就超过 30 万。每年 9 月 3 日为中国人民的抗日战争胜利纪念日
七七事变	1937-07-07	七七事变又称卢沟桥事变,从此日本展开全面大规模侵华战争,1937 年 12 月 13 日南京沦陷
九一八事变	1931-09-18	1931 年 9 月 18 日夜,日军炮轰中国东北军北大营,次日侵占沈阳;随后陆续侵占了东北三省。中国人民将这一天作为国耻日之一。 每年 9 月 18 日上午,全国各地以拉响防空警报的形式,警示国人勿忘国耻
中国共产党建党	1921-07-01	中国共产党第一次全国代表大会于 1921 年 7 月 23 日至 8 月初在上海法租界望志路 106 号(现兴业路 76 号)和浙江嘉兴(游船上)召开。李达、李汉俊、刘仁静、董必武、陈潭秋、毛泽东、何叔衡、王尽美、邓恩铭等 13 名党员代表全国 50 多名党员出席会议,共产国际代表马林和尼克尔斯基列席会议

要将此表转换成数据库中的表,可以直接写出其关系模式,不再需要优化过程。

代表性事件(**事件名称**,时间节点,摘要)

对应的表结构及设计说明如表 4-16 所示。

表 4-16 "代表性事件"表结构的设计说明

字 段 名	类 型	长 度	说 明
事件名称	Char	30	主属性,也是主键
时间节点	Date	默认	
摘要	TinyText	默认	

"事件名称"是"代表性事件"表的主键,也是主属性。

2. 国民经济状况

记载"国民经济状况"的人工表如表 4-17 所示。

表 4-17 近 20 年"国民经济状况"表

事件名称	年份	GDP/亿元	排名	人均 GDP/元	人均排名	居民人均可支配收入/元
十八大前	2003	137422.0	6	10666	129	5007
十八大前	2004	161840.2	6	12487	129	5661
十八大前	2005	187318.9	5	14368	134	6385
十八大前	2006	219438.5	4	16738	136	7229
十八大前	2007	270092.3	3	20494	131	8584
十八大前	2008	319244.6	3	24100	128	9957
十八大前	2009	348517.7	2	26180	121	10977
十八大前	2010	412119.3	2	30808	115	12520
十八大前	2011	487940.2	2	36277	113	14551
十八大前	2012	538580.0	2	39771	110	16510
十八大	2013	592963.2	2	43497	105	18311
十八大	2014	643563.1	2	46912	101	20167
十八大	2015	688858.2	2	49922	91	21966
十八大	2016	746395.1	2	53783	91	23821
十八大	2017	832035.9	2	59592	90	25974
十九大	2018	919281.1	2	65534	85	28228
十九大	2019	986515.2	2	70078	83	30733
十九大	2020	1013567.0	2	71828	75	32189
十九大	2021	1143670.0	2	80976	69	35128
十九大	2022	1210207.0	2	85698	63	36883

注:数据主要来源于国家统计局官方网站 https://data.stats.gov.cn/easyquery.htm?cn=C01

将此表转换成数据库中的数据表时,也不需要优化,直接写出其关系模式即可。

国民经济状况(事件名称,年份,GDP 亿元,排名,人均 GDP,人均排名,居民人均可支配收入)

对应的表结构设计说明如表 4-18 所示。

表 4-18 "国民经济状况"表结构的设计说明

字 段 名	类型	长 度	说 明
事件名称	Char	30	
年份	smallint	Unsigned(无符号)	主属性,与"事件名称"共同组成主键
GDP 亿元	double		
排名	smallint		
人均 GDP	int		
人均排名	smallint		
居民人均可支配收入	int		

"年份"属性是"国民经济状况"表的主键,也是主属性。"事件名称"是"国民经济状况"表的外码,与"代表性事件"表建立关联。

4.7 数据库系统结构

数据库系统(DataBase System,DBS)是指存储数据库的计算机系统,它由计算机硬件、软件和相关人员组成。计算机硬件搭建了系统运行和存储数据库的环境;计算机软件用于管理、控制和分配计算机资源,建立、管理、维护和操作数据库,主要包括操作系统(OS)、数据库管理系统(DBMS)和数据库(DB)。

DBS 的核心内容是 DB。依据数据库逻辑设计中的关系模式,在 DBMS 控制下创建DB、表、主键以及表之间的关联,称为数据库的物理设计。物理设计的主要成果便是 DB。

4.7.1 数据库系统的三层模式

由于使用 DB 的各类人员(如应用程序用户、数据库管理及设计人员和 DBMS 研发人员等)要完成的任务性质、权限和目的不同,他们以不同的视角看待和操作 DB。因此,目前所使用的 DBS 都具有外模式(external schema)、模式(schema)和内模式(internal schema)3层结构的特征,如图 4-4 所示。

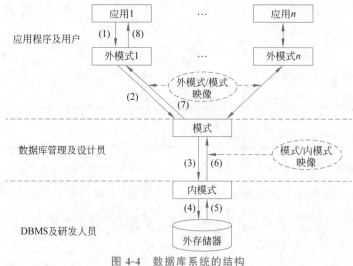

图 4-4 数据库系统的结构

1. 外模式

外模式也称用户模式或子模式,是数据库的局部逻辑结构(某个应用的内部数据结构),也是某类用户或应用程序使用的局部数据视图(即展示数据的形式)。一个数据库中可以有多个外模式,通常一类应用对应一个外模式,外模式与数据库的每类应用目的及用户权限有关。一般由应用程序设计人员构造外模式,用户通过运行应用程序中的外模式操作数据库中的数据。

在关系数据库中,关系子模式的集合便构成了外模式。在例 4-2 中,拟聘人数和应聘人数两个关系子模式可以构成一个外模式。

2. 模式

模式也称逻辑模式或概念模式,以数据模型为基础,是数据库中全局逻辑结构和所有用户的公共数据视图。一个数据库中只有一个模式,通常由数据库设计员通过数据定义语言(data definition language,DDL)设计,由数据库管理员进行管理。

在关系数据库中,模式与数据库所存储的事物对象、关系模式规范化的程度密切相关,是关系模式在 DBS 中的具体实现,通过全部关系模式创建的表集合构成了模式,因此,通常将数据库与模式视为一个概念。例如,岗位表(GWB)、应聘人员表(YPRYB)、岗位成绩表(GWCJB)和公司表 4 个表构成了人才招聘的模式(数据库)。

3. 内模式

内模式也称存储模式或物理模式,用于描述实体在物理设备上的存储方式和组织形式,它是数据库在外存储器(如磁盘、光盘、U 盘等)上的物理存储结构,如顺序结构、链式结构和索引结构等存储方式。物理存储结构不仅取决于模式,也取决于 OS(如 Windows、Linux 等)和 DBMS(如 Access、MySQL 等)的类型,在设计 DBMS 时,由研发人员依据 OS 定义存储方式和组织形式。

一个数据库中只有一个内模式。在关系数据库中,通过二维表存储实体型及其关联,表的组织形式是记录。在 DBS 运行过程中,内模式由 DBMS 和 OS 的文件系统自动管理,对用户来说是隐藏的,因此,用户不必多考虑内模式。

4.7.2　数据库系统的二级映像

所谓映像就是各层模式之间数据转换的规则。数据库系统是一个整体,且内部 3 层模式结构之间还存在着某种依存关系,为了确保 3 层模式结构既能相互独立,又能协调一致地工作,数据库系统采用两级映像实现各层模式结构之间的数据转换和联系。

1. 外模式/模式映像

外模式/模式映像实现数据的局部逻辑结构(外模式)与数据的全局逻辑结构(模式)的转换,通常定义在外模式内。例如,用 SQL 语句进行描述。由于一个模式可以产生多个外模式,因此,一个数据库中可能有多个外模式/模式映像,如图 4-4 所示。

当数据库的模式发生变化时,如增加新关系模式(表)、增加新属性、修改属性宽度和数据类型,只需要调整外模式/模式映像,无须修改外模式及应用程序,因此,保持了外模式与模式之间的逻辑独立性,由此保证了应用程序与数据库的逻辑独立性。

2. 模式/内模式映像

如图 4-4 所示,一个数据库中只有一个模式和内模式,因此只有一个模式/内模式映像,它定义了模式和内模式之间数据转换的规则,以便实现数据的全局逻辑结构与存储结构的转换。

通常在模式内定义模式/内模式映像,当数据库的存储结构发生变化时(如 Access 数据库转换成 MySQL 数据库),使用具体的 DBMS 提供的相关视图或 SQL 的 DDL 语句,由数据库管理员对模式/内模式映像做对应的调整,不需要改变模式,使得模式不受内模式变化的影响,即模式和内模式保持相对独立。

4.7.3 数据库系统的运行过程

当用户或应用程序发出读取数据的请求时,DBMS 利用三层模式和二级映像的运行过程大致如图 4-4 所示。

(1) 用户或应用程序通过外模式向 DBMS 发出读取数据的请求,请求命令中包含表名、数据项名(投影)和提取记录的条件(筛选)。

(2) DBMS 依据外模式/模式映像规则,检查外模式正确性及用户权限,如果通过检查,则确定模式上的相关信息(如表名、数据项等),否则拒绝请求。

(3) DBMS 依据模式/内模式映像规则,确认内模式上的相关信息(如物理位置、数据项等)。

(4) DBMS 向操作系统发出读物理记录的请求。

(5) OS 从外存储器读出物理记录,传给 DBMS(内模式)。

(6) DBMS 再依据模式/内模式映像规则,将数据转换成模式能识别的逻辑记录。

(7) DBMS 再依据外模式/模式映像规则,按外模式格式转换数据。

(8) DBMS 将数据发给用户或应用程序。

这些仅仅是应用程序读取数据库中数据的一般步骤,并没有涉及有关细节。例如,当某个环节操作不成功时,终止读数据操作,系统将逐层反馈消息等。写入、修改和删除数据等操作与上述操作过程类似。

总之,数据库逻辑设计的主要任务是为物理设计建立一种理论模型,进一步的工作还需要选择一种数据库管理系统,将逻辑设计的成果在具体的数据库管理系统中实施——物理设计数据库。

习题

一、填空题

1. 在对各种业务进行计算机处理之前,需要对事物的特征进行 ___①___ 、___②___ 和 ___③___ 处理,以便将客观事物的 ___④___ 以数据的形式存储。

2. 数据库是 ___①___ 、___②___ 的 ___③___ 数据的集合,是存储 ___④___ 的软件工具。主要内容是 ___⑤___ 、___⑥___ 以及表之间的 ___⑦___ 。

3. 设计数据库通常包括需求分析、概念设计、___①___ 和 ___②___ 4 个环节。规范化数据表属于 ___①___ ;建立数据表间关联属于 ___②___ ;分析业务流程,收集、归纳和分析业务资料属于 ___③___ ;建立 E-R 模型属于 ___④___ 。

4. 学生信息数据库中有学生和专业两个表。学生表存储学号、姓名和专业码,如 22159901、张明宇和 020101 等学生信息,学号不能重复;专业表存储专业码和专业名称,如 020101 和经济学等专业信息,不允许专业码重复。在此数据库中,___①___ 是实体型,___②___ 是实体名，　③　是实体属性，　④　是属性值，　⑤　是学生表的主键，　⑥　是专业表的主键，　⑦　是　⑧　表的外键。

5. 一个表由　①　和　②　两部分构成。表用于存储　③　，一行数据表示一个　④　。

6. 在关系模式 XY(学院码,学院名,学院地址)中,假设所有学院都不重名,　①　可以作为关键字,通常将　②　作为主关键字,　③　是主属性。

7. 有关系模式 XS(学号,姓名,民族码)和 MZ(民族码,民族名),通常学号是　①　的主关键字;民族码是　②　的主关键字,是　③　的外键。

8. 在关系模式 XS(学号,姓名,民族码,民族名)中,学号是主关键字。　①　与主关键字存在传递函数依赖,相关函数依赖是:学号→　②　和　②　→　①　。

9. 在关系模式 GZ(月份,职工号,姓名,基本工资,奖金,个人所得税)中,每月发放一次工资,个人所得税是基本工资和奖金的计算值。主关键字是　①　;　②　部分函数依赖于关键字,　③　完全函数依赖于关键字,　④　传递函数依赖于关键字。

10. 要将第一范式的关系模式规范成第二范式,应该消除　①　对关键字的　②　;要将一个第二范式的关系模式规范成第三范式,应该消除　①　对关键字的　③　。

11. 根据实体型一表化的数据库逻辑设计基本原则,关系模式"学生(学号,姓名,出生日期,民族名,专业名)"应该分解成　①　个关系模式,分别是　②　。

12. 通常说第一范式的关系模式不理想,理由是关系模式中可能存在　①　和　②　。这些问题主要是由非主属性对关键字的　③　和　④　引起的。

13. 在第一范式的基础上,需要消除关系模式中　①　对关键字的　②　函数依赖关系,才能规划成　③　范式的关系模式。

14. 在第二范式的基础上,需要消除关系模式中　①　对关键字的　②　函数依赖关系,才能规划成　③　范式的关系模式。

15. 在设计数据库时,用数据的单体编码可以　①　;用数据的复合编码能进一步规范关系模式,能减少数据　②　,但将破坏属性的　③　。

16. 在关系模式 XS(学号,姓名,性别码,身份证号,专业码,民族码)中,性别码、专业码和民族码均为国家标准代码。　①　是单体编码,　②　是复合编码。

17. 在关系模式 ZG(职工号,姓名,性别,政治面貌,职称,工资)中,　①　可作为关键字,　②　适合数据编码。

18. 数据库系统结构中分　①　层模式,有　②　级映像,一个数据库中有　③　个内模式、　④　个模式和　⑤　个外模式。

二、单选题

1.（　　）是有组织、结构化的相关联数据的集合,是存储事物特征数据的软件工具。
　　A. 数据库管理系统　　　　　　　　B. 数据库
　　C. 概念模型　　　　　　　　　　　D. 关系模式

2. 在设计数据库过程中,分析业务流程,搜集和整理相关业务资料属于（　①　）阶段,建立概念模型和分析数据语义属于（　②　）阶段,关系模式规范化和数据编码属于（　③　）阶段。
　　A. 需求分析　　　B. 概念设计　　　C. 逻辑设计　　　D. 物理设计

3. (　①　)是建立、管理和维护(　②　)的系统软件。

    A. OS   B. DB   C. DBMS   D. E-R

4. 空表是指(　　　)。

    A. 不含任何信息的表   B. 只有记录没有结构的表

    C. 只有结构没有记录的表   D. 没有主键和外键的表

5. 通过(　　　)可以控制表中记录的唯一性。

    A. 内码   B. 外键   C. 主码   D. 非主属性

6. 数据库逻辑设计主要解决的问题是(　　　)。

    A. 消除数据冗余,避免发生数据异常操作

    B. 增加表的数量,减少表的连接次数

    C. 缩小每个表的体积,充分利用磁盘碎片

    D. 降低数据冗余,减少操作异常

7. 在关系模式 GP(股东代码,股东名,股票代码,持有数量,均价)中,股东允许重名,一个股东可持有多种股票,(　　　)可作为关键字。

    A. 股东代码   B. 股票代码

    C. (姓名,股票代码)   D. (股东代码,股票代码)

8. 在关系模式 CJ(学号,课程号,成绩)中,一个学生可能选多门课程,(　　　)是主关键字。

    A. 学号   B. 课程号

    C. (学号,课程号)   D. (课程号,成绩)

9. 关系模式 KS(学号,姓名,课程名,成绩)的最高范式是(　　　)。

    A. 第一范式   B. 第二范式   C. 第三范式   D. 第四范式

10. 在某些关系模式中存在数据更新异常问题,这里的更新异常是(　　　)。

    A. 修改数据后无法存盘

    B. 对数据进行了保护,用户无法修改

    C. 修改一个属性值时可能要修改多个属性的值

    D. 修改一个记录时可能要修改多个记录

11. 在某些关系模式中存在数据插入异常问题,这里的插入异常是指(　　　)。

    A. 缺少非主属性的值,不能增加记录

    B. 缺少主属性的值,不能增加记录

    C. 数据库太小,无法执行插入操作

    D. 磁盘已满,无法执行插入操作

12. 在某些关系模式中存在数据删除异常问题,这里的删除异常是指(　　　)。

    A. 删除记录可能丢失某实体信息   B. 删除记录将导致丢失某实体型

    C. 删除元组后无法存盘   D. 删除元组将删除其他表

13. 在表 4-2 中,(　①　)完全函数依赖于(身份证号,岗位编号),(　②　)传递函数依赖于(身份证号,岗位编号)。

    A. 姓名   B. 最后学历   C. 总分   D. QQ 账号

14. 在第二范式的关系模式中,一定不存在(　　　)。

    A. 主属性对关键字的部分函数依赖

B. 非主属性对关键字的部分函数依赖

C. 主属性对关键字的传递函数依赖

D. 非主属性对关键字的传递函数依赖

15. 在关系模式规范化过程中,要求对关系模式必须无损分解,所谓无损分解是指( )。

　　A. 分解前后所需存储空间一致　　　　B. 分解前后属性名称及个数一致

　　C. 通过自然连接可以还原　　　　　　D. 通过等值连接可以还原

16. 在关系模式 GZ(职工号,姓名,性别,基本工资,奖金,应发工资)中,应发工资等于基本工资与奖金之和。( )将保留原功能而降低数据冗余度。

　　A. 增加月份属性　　　　　　　　　　B. 基本工资与奖金合并成一个属性

　　C. 去掉职工号属性　　　　　　　　　D. 去掉应发工资属性

17. 将关系模式 XS(学号,姓名,专业)规范成 XSA(学号,姓名,专业码)和 ZY(专业码,专业名)两个关系模式,主要目的是( )。

　　A. 消除数据冗余　　　　　　　　　　B. 节省存储空间

　　C. 消除插入异常　　　　　　　　　　D. 消除更新异常

18. 依据数据库逻辑设计的结果——关系模式,在 DBS 中创建表,其实质是设计 DBS 的( )。

　　A. 内模式　　　　　　　　　　　　　B. 模式

　　C. 外模式　　　　　　　　　　　　　D. 外模式/模式映像

三、多选题

1. 数据库逻辑设计的主要任务是( )。

　　A. 通过 DBMS 创建数据库　　　　　　B. 用 E-R 模型描述事物

　　C. 用范式规范化关系　　　　　　　　D. 定义数据语义

　　E. 数据编码　　　　　　　　　　　　F. 管理和维护数据库中的数据

2. 数据语义的主要作用有( )。

　　A. 确定字段名称　　　　　　　　　　B. 确定字段数据范围

　　C. 确定表中记录个数　　　　　　　　D. 确定主键

　　E. 确定主属性

3. 在考试数据库中,关系模式"考生(考号,姓名)"的考号唯一确定考生;关系模式"科目(科目号,科目名)"的科目号唯一确定科目;关系模式"成绩(考号,科目号,分数)"中,一个考生可以选考多科。在该数据库中,(①)是实体型,(②)是实体属性,(③)是主键,(④)是成绩模式的外键,(⑤)是成绩模式的主属性。

　　A. 考生　　　　　B. 考号　　　　　C. 姓名　　　　　D. 科目

　　E. 科目号　　　　F. 科目名　　　　G. 成绩　　　　　H. 分数

　　I. (考号,科目号)

4. 关于数据表,正确的叙述是( )。

　　A. 表中至少包含一个字段　　　　　　B. 表中至少包含一个记录

　　C. 表中字段可以重名　　　　　　　　D. 表中记录可以重复

　　E. 表中必须有主键　　　　　　　　　F. 表中必须有外键

5. 表中主关键字的作用是(　　)。

A. 控制字段名唯一性　　　　　　　　B. 控制记录唯一性

C. 控制表中字段顺序　　　　　　　　D. 控制表中记录的顺序

E. 控制主属性非空　　　　　　　　　F. 控制表非空

6. 关于候选码、主键、外键和主属性,正确的叙述是(　　)。

A. 外键是所在表的主键　　　　　　　B. 外键是关联表的主键

C. 外键是所在表的主属性　　　　　　D. 主属性是候选码中的属性

E. 主属性是主键中的属性　　　　　　F. 主属性不能空

7. 数据表是无重复数据记录的二维表,意味着(　　)。

A. 数据表中不允许套表　　　　　　　B. 数据表必须有外键

C. 数据表必须有主键　　　　　　　　D. 每个单元格最多存储一个值

E. 主属性的值可以空　　　　　　　　F. 数据库中必须含两个及更多表

8. 关于数据表和二维表,(　　)正确。

A. 二维表均可作为数据表　　　　　　B. 数据表都是二维表

C. 一个二维表可分解成多个数据表　　D. 数据表是无冗余的二维表

E. 数据表可没有关键字

F. 数据表的某列中可以包含不同类型的数据

9. 在关系模式 MZ(民族码,民族名,人数)中,民族码和民族名均无重复值,(　　)可以作为关键字。

A. 民族码　　　　　　　　　　　　　B. 民族名

C. 人数　　　　　　　　　　　　　　D. (民族码,民族名)

E. (民族码,人数)　　　　　　　　　　F. (民族名,人数)

10. 下列叙述中,正确的有(　　)。

A. 一个表只能有一个主属性　　　　　B. 一个表只能有一个关键字

C. 一个表只能有一个主关键字　　　　D. 关键字与主属性一一对应

E. 一个表可能含多个主属性　　　　　F. 只有主关键字中的属性是主属性

11. 在关系模式 GP(股东代码,股东名,股票代码,持有数量,均价)中,允许股东重名,一个股东可能持有多种股票,(　　)是主属性。

A. 股东代码　　　　　　　　　　　　B. 股东名

C. 股票代码　　　　　　　　　　　　D. (股东代码,股东名)

E. (股东名,股票代码)

12. 对范式级别较低的数据表进行操作时,可能出现数据操作异常。这里的操作异常主要指(　　)。

A. 查询异常　　　B. 更新异常　　　C. 插入异常　　　D. 导出异常

E. 删除异常

13. 对关系模式 XS(学号,姓名,专业名)进行操作时,可能发生(　　)操作异常。

A. 插入记录　　　B. 删除记录　　　C. 查询统计　　　D. 更新数据

E. 修改表结构

14. 规范化关系模式的主要目的是(　　)。

　　A. 减少关系模式个数　　　　　　　　B. 降低数据冗余

　　C. 减少表的连接次数　　　　　　　　D. 减少数据操作异常

　　E. 减少表中记录个数

15. 在表 4-2 中,(　①　)完全函数依赖于(身份证号,岗位编号),(　②　)部分函数依赖于(身份证号,岗位编号)。

　　A. 姓名　　　　　　B. 最后学历　　　　C. 所学专业　　　　D. QQ 账号

　　E. 笔试成绩　　　　F. 面试成绩　　　　G. 总分

16. 在关系模式 GP(<u>身份证号</u>,姓名,<u>股票代码</u>,持有数量)中,允许股东重名,一个股东可以持有多种股票,(　　)成立。

　　A. 身份证号→姓名　　　　　　　　　　B. (姓名,股票代码)→持有数量

　　C. 股票代码→持有数量　　　　　　　　D. (身份证号,股票代码)→持有数量

　　E. 身份证号→股票代码　　　　　　　　F. (身份证号,股票代码)→姓名

17. 在关系模式 GP(<u>身份证号</u>,姓名,<u>股票代码</u>,持有数量)中,允许股东重名,一个股东可持有多种股票,(　　)成立。

　　A. (身份证号,股票代码)$\xrightarrow{F}$姓名　　　B. (身份证号,股票代码)$\xrightarrow{P}$姓名

　　C. (身份证号,股票代码)$\xrightarrow{F}$持有数量　　D. (身份证号,股票代码)$\xrightarrow{P}$持有数量

　　E. 身份证号$\nrightarrow$姓名　　　　　　　　　F. (姓名,股票代码)→身份证号

18. 在表 4-1 中,(　①　)完全函数依赖于岗位编号,(　②　)传递函数依赖于岗位编号。

　　A. 岗位名称　　　　B. 最低学历　　　　C. 聘任要求　　　　D. 公司名称

　　E. 公司地址　　　　F. 邮政编码

19. 在某个关系模式中,如果每个非主属性都完全函数依赖于关键字,并且不存在传递函数依赖关系,则该关系模式一定属于(　　)。

　　A. 第一范式　　　　B. 第二范式　　　　C. 第三范式　　　　D. BCNF

　　E. 第四范式

20. 在普通表格规范化成数据表的过程中,应该进行(　　)工作。

　　A. 二维表合并成多维表　　　　　　　　B. 多维表分解成二维表

　　C. 确定主关键字　　　　　　　　　　　D. 分割属性使其具有原子性

　　E. 输入数据记录使其非空

21. 对第一范式的关系模式要求条件是(　　)。

　　A. 二维表　　　　　B. 有外键　　　　　C. 有主键　　　　　D. 属性原子性

　　E. 主属性非空　　　F. 表非空

22. 关系模式从第一范式规范化到第三范式,需要消除(　　)。

　　A. 主属性对关键字的部分函数依赖

　　B. 非主属性对关键字的部分函数依赖

　　C. 主属性对关键字的传递函数依赖

　　D. 非主属性对关键字的传递函数依赖

　　E. 属性之间的函数依赖

23. 在第三范式的关系模式中,一定不存在( )。

    A. 主属性部分函数依赖于关键字　　　　B. 非主属性部分函数依赖于关键字

    C. 主属性传递函数依赖于关键字　　　　D. 非主属性传递函数依赖于关键字

    E. 主属性完全函数依赖于关键字　　　　F. 非主属性完全函数依赖于关键字

24. 一个学生只能属于一个专业,可以选考多门课程。下列关系模式中(①)是第一范式,(②)是第二范式,(③)是第三范式。由(④)构成学生考试数据库模式比较理想。

    A. 学生(学号,姓名,专业代码,专业名称)

    B. 课程(课程码,课程名称,学分)

    C. 成绩(学号,课程码,成绩)

    D. 专业(专业代码,专业名称)

    E. 学生(学号,姓名,专业代码)

    F. 成绩(学号,课程码,课程名称,学分,成绩)

25. 对数据进行编码的主要作用有( )。

    A. 易于信息标准化　　　　　　　　　　B. 降低数据冗余度

    C. 减少数据操作异常　　　　　　　　　D. 充分利用数据采集技术

    E. 节省数据存储空间　　　　　　　　　F. 提高数据处理、传输速度

26. 在 DBS 的三层模式结构中,通常(①)涉及内模式,(②)涉及模式,(③)构建或使用外模式。

    A. DBMS 研发人员　　B. DBMS　　　　C. 数据库设计员　　D. 应用程序

    E. 普通用户　　　　　F. 数据库管理员

四、数据库设计题

1. 在表 4-19 中,每人每月发放一次工资。职称分正高、副高、中级和初级 4 级,每月都要保存所得税和社会保险数据;合计=职务工资+岗位津贴+奖金,实发工资=合计-所得税-社会保险。根据表 4-19,设计符合第三范式要求的职工工资数据库。

表 4-19　职工信息表

月份	职工号	姓名	工作时间	职称	性别	应发工资				扣　款		实发工资
						职务工资	岗位津贴	奖金	合计	所得税	社会保险	
0701	000101	李晓伟	1982/07/01	正高	男	1370	1200	1650	4220	253	300	3667
0701	100219	王春丽	1986/07/01	副高	女	925	800	1350	3075	102	245	2728
0701	400309	马霄汉	1999/07/01	中级	男	710	500	900	2110	25	50	2035
0701	601012	赵雪丹	2004/01/01	初级	女	600	350	700	1650	2	30	1618
⋮	⋮	⋮	⋮	⋮	⋮	⋮	⋮	⋮	⋮	⋮	⋮	⋮

2. 在表 4-20 中,每人可能有多个股东账号,每个股东账号可以有多只股票,但仅在第一只股票记录上记载资金余额。根据表 4-20,请设计符合第三范式要求的股东信息数据库。

表 4-20　股东信息表

身份证号	姓名	开户时间	股东账号	联系电话	资金余额	股票代码	股票名称	持有数量	均价	现价
880101196503210130	王晓光	2002/07/01	A01010321	85666453	20010	600000	浦发银行	700	10.21	11.50
880101196503210130	王晓光	2002/07/01	A01010321	85666453		600008	首创股份	15000	5.43	7.22
880101196503210130	王晓光	2002/07/01	B06120323	85666453	40000	600019	宝钢股份	13200	7.25	6.01
880101195509122180	赵雪丹	2004/01/01	A09010201	13843037563	150000	600003	东北高速	500	5.62	4.98
⋮	⋮	⋮	⋮	⋮	⋮	⋮	⋮	⋮	⋮	⋮

3. 表 4-21 是登记学生考试信息的表格。学号唯一标识学生；一个学生可以选多门课程,对任何一门课程只能选一次,考试没通过者可以重修;总分＝考试成绩＋课堂成绩＋实验成绩。根据实体型一表化的设计原则,将表 4-21 规划成满足第三范式要求的学生考试数据库。

表 4-21　学生考试信息登记表

学号	姓名	性别	出生日期	民族	课程	成绩				学分	重修
						考试成绩	课堂成绩	实验成绩	总分		
22060101	马伟立	男	2006/10/12	汉族	大学计算机基础 英语 高等数学 C ⋮	65 56 45	9 19 13	10	84 85 58	4 5 4	√
11050102	赵晓敏	女	2006/05/01	朝鲜族	大学计算机基础 英语 ⋮	50 55	5 6	7	62 61	4 5	√
12060201	孙武	男	2006/03/02	满族	大学计算机基 高等数学 B 数据库及程序设计 ⋮	75 79 50	10 20 5	10 7	95 99 62	4 4 4	
⋮	⋮	⋮	⋮	⋮	⋮	⋮	⋮	⋮	⋮	⋮	⋮

五、思考题

1. 数据表是二维表,是否所有二维表都可以作为数据表? 为什么?

2. 如果一个关系模式中不存在传递函数依赖关系,那么此关系模式是否一定属于第三范式?

3. 在关系模式 GWCJB(身份证号,岗位编号,资格审核,笔试成绩,面试成绩)中(如表 4-7 所示),显然有"(身份证号,岗位编号) $\xrightarrow{P}$ 身份证号"和"(身份证号,岗位编号) $\xrightarrow{P}$

岗位编号",能否由此判定 GWCJB 不是第二范式的关系模式? 为什么?

4. 在 YPRYB(身份证号,姓名,婚否,最后学历,最后学位,所学专业,通信地址,邮政编码,E-mail 账号,QQ 账号,固定电话,移动电话,密码,个人简历)关系模式中,除最后学历和最后学位外,还可以对哪些属性进行编码? 通过数据编码能消除一些冗余数据吗? 为什么?

5. 在关系模式规范化过程中,必须保证关系模式无损性分解。这里"无损"的含义是什么?

6. 在数据库系统的三层模式中,哪些模式存储在客户端或服务器?

第 5 章　MySQL 数据库管理与维护

　　数据库逻辑设计的成果——关系模式,仅是一种理论模型,也是创建物理数据库的理论基础和依据。要使关系模式付诸实施,能投入实际应用,还需要借助一种数据库管理系统(DBMS)在计算机上进行创建、管理和维护——物理设计数据库。

　　MySQL 是广受欢迎的关系型数据库管理系统,同时也是开源的,可以免费下载使用。"My ess-cue-el"是 MySQL 的"官方"发音方式,但发音为"my sequel"也很常见。MySQL 的 SQL 部分代表"结构化查询语言",结构化查询语言是用于数据库访问的最常用的标准化语言。MySQL 由于高性能、可靠性和易用性,一直深受开发者喜爱,同时由于其安全性,非常适合用于互联网应用程序。通过 MySQL 客户端管理工具可以连接和管理 MySQL 服务器,常用的 MySQL 客户端管理工具有 MySQL 命令行客户端和 phpMyAdmin 等。

　　MySQL 命令行客户端是 MySQL 自带的管理工具,通过该工具可以连接到 MySQL 数据库服务器并执行各种操作,例如创建和删除数据库,创建和删除表,插入、更新和删除数据等。MySQL 命令行客户端是一个基于文本的交互式界面,可以通过输入命令和参数来完成各种操作。使用 MySQL 命令行客户端需要学习一些基本的命令行操作方法和语法知识。

　　phpMyAdmin 是用 PHP 语言编写的免费软件,是一款基于 Web 的第三方 MySQL 客户端管理工具。它可以通过浏览器访问 MySQL 数据库,并提供了直观且易于操作的用户界面。phpMyAdmin 支持 MySQL 的各种常用操作,例如数据库、表、关系、索引、账户、权限等的管理都可以通过基于网页的用户界面操作完成,同时支持编写和执行 SQL语句。

　　此外,还可以用编程语言(如 PHP)编写程序连接 MySQL 数据库服务器,访问数据库。

　　要使一个网站能持续有效地运转,吸引更多的客户,必须保障数据库及时更新和维护,因此,数据库管理与维护是网站高效平稳运行的重要环节。在建设、管理和维护 MySQL 数据库过程中,有必要弄清下列问题。

　　(1) MySQL 客户端管理工具有哪些?功能有何不同?如何使用一款 MySQL 客户端管理工具物理设计数据库?

　　(2) 如何管理账户及其操作权限?怎样划分账户的权限?

　　(3) 如何创建、维护数据库及其数据表,关键字对数据表的作用是什么?

　　(4) 如何操纵(输入、修改和删除)和查看数据库中的数据?

　　(5) 为了数据库备份或移植到其他服务器上,如何导入或导出数据库?

5.1　MySQL 客户端管理工具

　　MySQL 客户端管理工具是用于连接 MySQL 数据库服务器和管理 MySQL 数据库的软件。除了 MySQL 命令行客户端外,还有具有图形化用户界面的第三方客户端管理工具(如 phpMyAdmin),这些客户端管理工具都各有优缺点,可以根据应用场景和个人喜好进行选择。

　　根据应用场景和个人喜好选择工具软件,体现了"因地制宜"处理问题的思想。在实际工作中,我们应该根据不同地区、不同人群和不同工作的具体情况,选择适当的方法和手段来解决问题或实现目标。这种处理问题的方式非常灵活和高效,因为它能够充分考虑各种具体因素,并基于实际情况做出相应的调整和优化,以更好地满足不同场景的需求和要求。在计算机领域,"因地制宜"的思想应用非常广泛,体现在软件和工具、编程语言和框架、开发方法和流程的选择等方面。例如,在不同的操作系统、服务器和数据库环境下,需要选择不同的软件和工具来完成开发和管理任务;在不同的应用场景下,需要选择不同的编程语言和框架来实现功能;在不同的团队和项目中,需要选择不同的开发方法和流程来提高效率和质量。"因地制宜"的思想可以帮助开发人员和系统管理员更好地适应不同的环境和需求,提高工作效率和生产力。同时,它也反映了计算机学科注重实用性、灵活性和适应性的发展趋势。总之,"因地制宜"是指在解决问题和开展工作时,要实事求是,遵循客观规律,结合各种实际条件采取最佳方式以达成目标。

5.1.1　MySQL 命令行客户端

　　在 XAMPP 控制面板启动 MySQL 服务后,单击 Shell 按钮,启动 Windows 命令行窗口,默认提示符为井号(#)。Windows 命令行窗口是一个终端窗口,可以以文本形式输入命令完成运行 PHP、连接 MySQL 数据库服务器等操作。

1. 登录数据库服务器

　　在 Windows 命令行窗口中执行 SQL 语句前,需要先登录数据库服务器。登录数据库服务器使用 mysql 命令,登录后即启动了 MySQL 命令行客户端。

　　语句格式:

```
MySQL  -u<用户名>  [-h<数据库服务器 IP 地址>][-p[<密码>]]
```

其中 u、h 和 p 必须是小写字母,相关选项的含义如下。

　　(1) -u<用户名>:系统对登录用户名中的英文字母区分大小写,如 Root 与 root、YPRY 与 ypry 均是不同的用户名,因此,创建与登录时用户名必须一致。

　　MySQL 系统(或 XAMPP)成功安装后,预留账户为 root@localhost,没有密码,此账户只能在服务器本地登录,具有所有权限,可以执行任何操作,用于系统管理。

　　(2) -h<连接的数据库服务器主机名或 IP 地址>:省略此项时,系统默认地址是 127.0.0.1(localhost),表示本地数据库服务器。登录其他数据库服务器时,要写真实的服务器地址或主机名,如-h202.198.122.1。

　　(3) -p[<密码>]:登录的账户无密码时,可省略此项。如果只写 p 而不写密码,按

Enter 键后,则系统将要求输入密码(Enter Password),并以占位符(＊)显示输入的密码。

【例 5-1】　以用户名 gly(密码为 gly985)登录 IP 地址为 202.198.122.1 的数据库服务器。

```
MySQL -ugly -h202.198.122.1 -pgly985
```

语句中的每个选项由半角减号(-)开始,减号前至少一个空格。登录数据库服务器成功后,进入 MySQL 命令方式,在提示符"mysql->"下,可以输入和执行 MySQL 语句。

【例 5-2】　以用户名 root 登录本地数据库服务器。

MySQL -uroot

由于以账户 root@localhost(无密码)登录本地数据库服务器,因此,语句中省略了数据库服务器 IP 地址及账户密码。登录过程及 MySQL 命令窗口如图 5-1 所示。

图 5-1　MySQL 命令窗口

2. 输入和执行 MySQL 语句

在 MySQL 命令行客户端的提示符"mysql>"下,输入 MySQL 语句时,按 Enter 键另起一行继续输入当前语句的剩余部分;按半角分号(;)并按 Enter 键开始执行语句;按光标方向控制键(↑、↓、←或→)可以改变光标位置,也可以找回执行过的语句,再次修改后按 Enter 键重新执行。

MySQL 命令行客户端可以与 Windows 中其他软件(如记事本和 phpMyAdmin 等)通过"复制"和"粘贴"的办法,进行信息(语句、短语、字段名及处理结果等)交换。

(1) MySQL 命令行客户端的内容送入剪贴板:单击 MySQL 命令窗口的控制菜单→"编辑"→"标记"选项,在窗口中拖动鼠标选定相关内容,再单击控制菜单→"编辑"→"复制"选项。利用这种方法,也可以将语句及其输出结果送入剪贴板,以便粘贴到其他软件(如 Word、Excel 等)中进行进一步的数据处理。

(2) 剪贴板中的内容粘贴到 MySQL 命令行:单击 MySQL 命令行客户端的控制菜单→"编辑"→"粘贴"选项,可以将系统剪贴板中的内容粘贴到光标当前位置。

特别是语句中含有汉字时,不便于在 MySQL 命令行客户端中输入,借助记事本或 phpMyAdmin 软件先进行输入,然后再复制、粘贴到语句行光标位置,使操作更方便灵活。

3. 退出 MySQL 命令行客户端

在 MySQL 命令行客户端中,用 exit 或 quit 命令退出命令行客户端并断开与 MySQL 服务器的连接。这两个命令是等价的,都会使 MySQL 会话结束并返回到 Windows 命令行窗口。

5.1.2　phpMyAdmin

对于不习惯 MySQL 命令操作的用户,可以使用 phpMyAdmin 作为 MySQL 客户端管理工具,phpMyAdmin 提供了一个基于网页的图形用户界面(GUI),可以在浏览器中进行交互式操作,如创建、修改和删除数据库、表,执行 SQL 语句、导入和导出数据等。使用phpMyAdmin,能够更快速、方便和有效地完成数据库管理任务,并且减少出错率。

phpMyAdmin 可视化窗口采用混合式操作模式,既可以通过键盘或鼠标操作选项、对话框和按钮等对象,也可以输入和执行 MySQL 语句。对某些简单任务要求,通过键盘和鼠标的基本操作,而无须键盘输入 MySQL 语句,即可完成任务。

1. phpMyAdmin 主页

在 XAMPP 控制面板启动 MySQL 服务后,单击 MySQL 行的 Admin 按钮,默认情况下系统用 root@localhost 账户自动登录,或者会打开 phpMyAdmin 登录窗口,输入用户名和密码后,单击"执行"按钮,登录数据库服务器并进入 phpMyAdmin 主页,如图 5-2 所示。

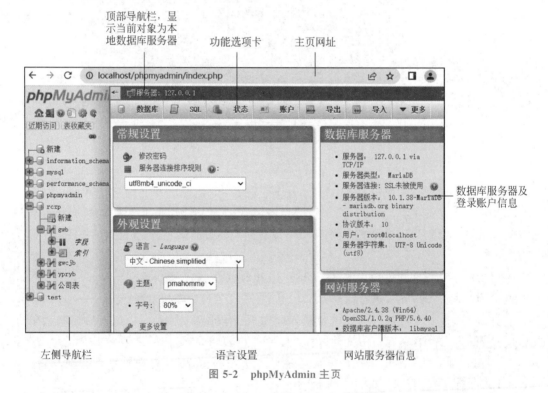

图 5-2　phpMyAdmin 主页

phpMyAdmin 主页各部分内容及作用如下。

(1) 主页网址。phpMyAdmin 主页是一个网页,可以在浏览器中输入网址打开(需登录)。

(2) 顶部导航栏。是网页中的超链接,通过单击链接可以在服务器和数据库等对象间快速切换,同时也可以通过顶部导航栏查看当前对象,图 5-2 的当前对象是本地数据库服务器。

(3) 功能选项卡。项目及个数不仅与当前登录账户的权限有关,也与当前对象(如数据库或数据表)有关。单击某个选项卡,进入对应的窗口,可以实现各种对象的相关操作。常用选项卡如下。

- 数据库：用于创建、删除 MySQL 数据库，检查数据库权限等。
- SQL：用于输入、执行 MySQL 语句。
- 账户：用于添加、修改和删除账户，为账户授权等。
- 更多：当前窗口较窄，用一行不能显示全部选项卡时，系统将末尾的一些选项卡汇集到"更多"选项卡中。单击该选项卡，将弹出这些选项卡列表，如字符集（字符集和排序规则详细说明）、设置（导航面板、主面板、导入、导出）等。

（4）左侧导航栏。包含快捷工具按钮和数据库导航面板等。快捷工具按钮有刷新和返回主页等常用按钮。数据库导航面板以树状显示当前服务器中的全部数据库。单击某个数据库名（如 MySQL、Test 等）即可将其设为当前数据库（当前对象），展开节点，可以快速切换到表对象。

（5）语言设置。设置网页显示使用语言。

（6）数据库服务器及登录账户信息。显示数据库服务器及登录账户信息。

（7）网站服务器信息。显示 Web 服务器及支持的编程语言信息。

工欲善其事，必先利其器。熟练掌握 phpMyAdmin 可视化窗口操作非常重要。事实上，无论是开发应用程序、管理数据库、编写代码还是进行其他计算机工作，使用可视化窗口工具可以省去很多复杂的命令行操作，从而提高效率和降低错误率。要想计算机工作完成得更出色、更高效，无论从个人还是团队的角度来看，都需要选择并掌握可视化窗口工具。当然，工具本身只是辅助，真正重要的是经验和技能的积累。只有将工具与技能结合起来，才能更好地为工作服务，提高生产效率和质量，达到事半功倍的效果。

2. 输入和执行 MySQL 语句

单击 phpMyAdmin 主页的 SQL 选项卡，进入 MySQL 语句输入及执行窗口，如图 5-3 所示。

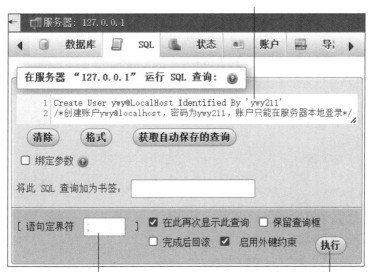

图 5-3　MySQL 语句输入及执行窗口

在 MySQL 语句编辑框中,输入 MySQL 语句(如 Create User …)后,单击"执行"按钮,完成语句的功能,例如,创建账户 ywy@localhost。

5.2 MySQL 语句的语法规则

MySQL 作为数据库管理及应用程序的开发工具,用户可以对其进行可视化或命令(语句)操作,以完成相关的任务。MySQL 语句作为一种人与计算机进行交流的语言,它有自身的语法规则和设计要求,在编辑 MySQL 语句时应该遵循这些规则。

1. 半角圆点的作用

半角圆点(.)除作为数值型数据中的小数点和日期型数据中的年月日之间分隔符外,还用作数据库名与数据源名(数据表或视图)、数据源名与字段名之间的分隔符,即用"."表示隶属关系。

【例 5-3】 写出能输出申报人员的身份证号、姓名、岗位名称和笔试成绩的 SQL 语句。

```
Select YPRYB.身份证号,姓名,岗位名称,笔试成绩
    From RCZP.YPRYB,RCZP.GWCJB,RCZP.GWB Where YPRYB.身份证号=GWCJB.身份证号
    And GWCJB.岗位编号=GWB.岗位编号;          /* SQL 的多表查询语句 */
```

本例中 RCZP.YPRYB、RCZP.GWCJB 和 RCZP.GWB 表示 YPRYB、GWCJB 和 GWB 均为数据库 RCZP 中的数据表。在 RCZP 是当前数据库的情况下,语句中的"RCZP."可以省略。

如果某字段名出现在 SQL 语句两个或更多数据源中,则该字段名前面的数据源名和圆点通常不能省略。例如,本例 SQL 语句的数据源是 YPRYB、GWCJB 和 GWB 三个数据表,其中 YPRYB 和 GWCJB 中都含身份证号字段,GWCJB 和 GWB 中均有岗位编号字段,因此,身份证号和岗位编号前面的数据表名和圆点都不能省略。但只在一个数据源中出现的字段名(如姓名、岗位名称和笔试成绩等)都可以省略数据源名和圆点。

2. 引号的作用

(1) 右单引号(',俗称单引号)或双引号("):字符串型(如 Char、VarChar 和 Text 等)或日期时间型(如 Date 和 DateTime 等)常数需要用单引号或双引号引起来。

(2) 左单引号(`):是与~同一个键钮的下挡符号。包含标点符号和运算符等专用符号的数据库名、数据表名或字段名必须用左单引号引起来,表示一个完整的名称;对于常规符号(如汉字、英文字母)组成的数据库名、数据表名或字段名是否引起来,效果不受影响。

【例 5-4】 设计一条 SQL 语句,输出 2024 年 1 月 15 日进行笔试的岗位情况,包括岗位编号和岗位名称。

```
Select `GWB`.`岗位编号`,岗位名称 From `GWB`
                    --左单引号将 GWB、岗位编号分别引起来,左单引号可省略
   Where 笔试日期='2024.1.15'                 #单引号将日期型常数引起来
```

语句中的日期型常数 2024.1.15 用单引号引起来,字段名"岗位编号"和数据表名 GWB 都分别用左单引号引了起来,切记不要写成 GWB、岗位编号`,而字段名"岗位名称"和"笔试日期"并没有引起来,这不影响语句的功能。

3. 英文字母的大小写

除系统保留字(系统专用词,如 Create、User、Select、As、From、Where 及 And 等)和内

置函数名(如 Sum 和 Left 等)必须是英文外,在数据库名和数据表名等用户自定义的名称中也可以使用英文字母,系统对这些英文字母都不区分大小写。哪些字母用大写或小写,由用户个人习惯而定。为便于读者阅读,本书按英语书写惯例,英文单词首字母(或缩写词)用大写,其余部分用小写。但字符串型数据中的英文字母往往有大小写之分。

在例 5-3 的 SQL 语句中,Select、RCZP 和 YPRYB 等写成 SelecT、Rczp 和 ypryb 等大小写混合形式,均不会影响语句的功能。

4. 空格的作用

空格是语句名(语句中的第一个英语单词,如 Create、Select 和 Update 等)、短语名(语句中的其他保留字,如 User、As、From 和 Where 等)和逻辑运算符(如 And、Or 和 Not 等)与其他项之间的分隔符号。这种分隔至少用一个空格,多用空格不影响语句的功能。但是,有些运算符(如+、-、*、/、=、>等)左右不需要空格。

在例 5-3 的 SQL 语句中,Select 后有一个空格,From、Where 和 And 左右侧均有空格。

5. 半角方式符号

语句中的英文字母、数字(0~9)、运算符号(如+、-、*、/、%、&、|、^、~、=、<、>和!)、各种标点符号(如逗号、左单引号、单引号、双引号、圆点、圆括号和空格)一律以半角方式输入。字符串型数据中的符号输入方式不限,半角和全角字符均可,但同一个字符(如 A、X 和 5 等)的半角和全角输入方式属于两个不同字符。

6. 语句分行

每行以回车符结束,如图 5-1 和图 5-3 中的语句所示。一条语句可以编辑成多行,但语句中一个完整项(如语句名、短语名、数据库名、数据源名、字段名、函数调用和一个数据等)不能分行。可以从表达式的运算符处分行,但不要将多个符号构成的运算符(如!=、<=、<>和<=>等)分成两行。

7. 注释信息

注释信息是为人们方便阅读程序或语句时所编写的信息,不影响程序和语句的执行功能。在编辑 MySQL 语句时,注释信息用"/*"和"*/"括起来,可以写在语句中的任何位置。例如,图 5-1 和图 5-3 中都有注释信息;例 5-3 中的"/* SQL 的多表查询语句 */"是注释信息。在输入语句时,可以不输入这些信息,并不会影响语句功能。--和#也可以写在一行的末尾作为注释信息的开始,如例 5-4 所示。

在编辑 MySQL 语句时,如果违背上述规则,则执行语句时系统将指出错误,需要修改正确后,方能正常执行下去,完成语句的功能。

8. 语句定界符

MySQL 默认语句定界符(语句结束符)为半角分号,如果需要一次执行多条语句,每条语句后都需要加定界符。

5.3 账户管理

在 MySQL 数据库管理系统中,要访问数据库,必须先用一个账户连接数据库服务器。账户(在 MySQL 中称为 Accounts,在 phpMyAdmin 中称为 User accounts)由用户名和连接数据库服务器使用的客户端主机名组成,在 MySQL 中表示为'user_name'@'host_name'

的形式。若两个账户用户名和主机名都相同,则为重名账户,在 MySQL 中不能创建重名账户;若用户名相同,主机名不同,则为不同账户。为便于读者阅读,本书中用户指操作计算机的人,用户名指账户中的用户名,是账户的组成部分。

不同的账户类似不同的角色,可以为不同账户分配不同权限。账户所能进行的操作与所授予的权限有关。从数据保密和信息安全的角度考虑,安装 MySQL 系统之后,以账户 root@localhost 登录数据库服务器,要添加新账户(如管理员 gly@localhost、业务员 ywy@localhost 和应聘人员 ypry@'%'等)并授予相应的权限。

用户进行数据库访问时,MySQL 访问控制分为连接验证和请求验证两个阶段。连接验证时需要检验账户用户名、连接数据库服务器使用的客户端主机和密码,通过验证后服务器接受连接。随后用户通过连接发出请求,服务器确定要执行的操作,并检查该账户的权限是否足够,即请求验证。

重视网络安全对个人、社会和国家都有重大意义。网络安全是维护国家安全、社会稳定和人民幸福的重要保障。随着数字化进程加速,信息化发展不断深入,网络安全问题日益突出。对于一个国家而言,如果不能建立起健全的网络安全体系,国家安全受到的威胁就会逐渐增加,民生、经济也将受到极大影响。重视网络安全是道德观念、法治精神和社会责任感的体现。在数字时代,个人信息得到了前所未有的传播,但同时也意味着信息泄露和网络攻击的风险更高。作为一个公民,不仅要遵守网络安全相关的法律法规,还应当从道德层面上自觉维护良好的网络安全习惯,切实履行自己的社会责任。在信息化时代推动网络安全建设是一项系统工程。尤其是在新技术、新模式大量涌现的时代,面对越来越复杂的网络攻击和安全隐患,个人必须拥有社会责任感,积极做出自己的贡献。只有当每个人都能够重视网络安全,承担起自己的责任和义务,积极参与网络安全建设,才能真正实现网络空间安全和和谐发展。

5.3.1 新增账户

1. 新增账户的操作

通过 phpMyAdmin 可视化操作新增账户,实际是创建了 MySQL 账户,需要当前操作账户具有 Create User 和 Select 权限。在 phpMyAdmin 主页上,单击"账户"选项卡→"新增用户账户"按钮,在"登录信息"信息框中输入用户名、主机名及密码等,如图 5-4 所示,最后再单击"执行"按钮即完成新增账户的操作。

(1) 用户名:可以包含汉字、英文字母或数字,其中英文字母区分大小写,登录服务器时要与此名一致。

(2) 主机名:在"主机名"下拉框中,可以选择"本地"(LocalHost,字母不区分大小写),表示匹配来自本地主机(即在服务器本地登录)的连接;选择"任意主机"(%)表示匹配来自任何主机(含本地主机)的连接。

(3) 密码:在其下拉框中可以选择"无密码";选择"使用文本域"时,需要为账户设置密码,其中英文字母区分大小写。

需要注意的是,如果存在用户名为"任意"的账户(即是 MySQL 中的匿名用户账户),则表示可以用任意用户名(任意合法字符串)连接(仍需要验证主机和密码)。当存在用户名或主机有具体值的账户,同时存在有"任意"用户名或"任意主机"的账户时,数据库服务器对账

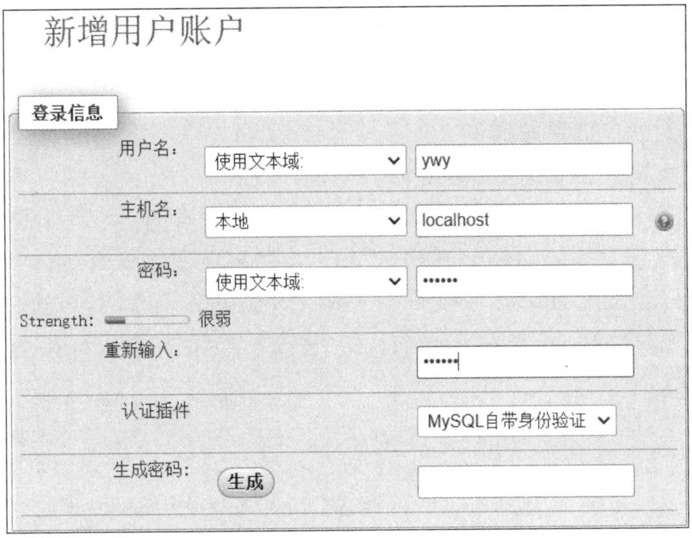

图 5-4　"新增用户账户"窗口

户的验证顺序为优先匹配有具体值的账户,且先匹配主机,再匹配用户名。

2. 新增账户的 MySQL 语句

对执行 Create User 语句的账户(如 root@localhost)要求有 Create User 权限。

语句格式:

```
Create User <用户名 1>[@主机名][Identified By <密码 1>]…
            [,<用户名 n>[@主机名][Identified By <密码 n>]
```

此语句执行一次,可以添加多个账户。语句中各项含义如下。

(1) 主机名:说明用户连接数据库服务器所用主机,可以是主机名或 IP 地址,也可以是通配符'%'(任意主机)或 LocalHost(服务器本地),若省略"@主机名"选项,则系统默认是@'%'。

(2) Identified By<密码>:用于指定账户密码的字符串,省略此项表示无密码。

对用户名、主机名,如果其中无特殊字符,不需要加引号。如果用户名字符串包含特殊字符(如空格),主机名字符串包含特殊字符或通配符(如%),则必须分别加引号。例如,'ywy-1'@'%'账户中的两个引号都不能省略,ywy@'%'用户名的引号可以省略,主机名引号不能省略。

【例 5-5】　添加当前服务器上的业务员账户 ywy@LocalHost,密码为 ywy211;管理员账户 gly@LocalHost,密码为 gly985。任意主机上的应聘人员账户 ypry@'%'和临时账户 TM@'%',二者均无密码。

```
Create User ywy@LocalHost Identified By 'ywy211',
            gly@LocalHost Identified By 'gly985',
            ypry@'%',TM       /* @'%'可以省略 */
```

密码和%都要用引号引起来,而用户名和 LocalHost 不需要。执行此语句除添加了图 5-4中的账户 ywy@LocalHost 外,还添加了当前服务器上的账户 gly@LocalHost 以及任意主机上的两个账户 ypry@'%'和 TM@'%',二者均没设密码。

5.3.2 修改账户信息

修改账户信息是指修改用户名、主机名和密码等。

1. 修改与复制账户信息的操作

如果要复制账户权限,要求当前账户除具有 Create User 和 Select 权限外,还应该有 Grant 权限。

在 phpMyAdmin 主页上,单击"账户"选项卡,在"用户账户概况"信息表中(如图 5-5 所示),可以查看用户名及全局权限。ALL PRIVILEGES 表示有所有全局权限,USAGE 表示没有权限。单击账户(如 ywy@localhost)行的"修改权限"按钮可以修改用户账户信息及其权限。

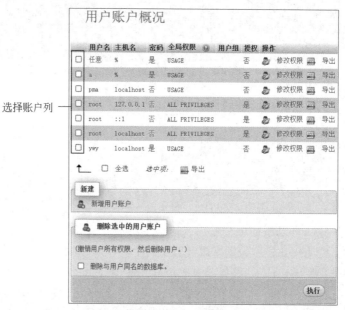

图 5-5 "用户账户概况"信息框

在打开的"修改权限"页面中,单击"登录信息"按钮,在"修改登录信息/复制用户账户"信息框中(如图 5-6 所示),修改用户名、主机名和密码,选择相关选项,最后单击对应的"执行"按钮。

常用相关选项的作用如下。

(1) 保留旧用户:依据旧账户信息(如用户名、主机名、权限)修改用户名或主机名后添加新账户,同时保留原账户信息。通常用此操作复制新账户或修改旧账户的密码。

(2) 从用户表中删除旧用户:依据旧账户信息修改用户名或主机名,使之成为新账户,同时删除原账户。通常选中此项实现用户更名或更换主机。

2. 修改账户信息的 MySQL 语句

要求执行 Rename User 语句的账户有 Create User 权限。

语句格式:

```
Rename User<旧用户名 1>[@旧主机名 1] To <新用户名 1>[@新主机名 1],…
[,<旧用户名 n>[@旧主机名 n] To <新用户名 n>[@新主机名 n]]
```

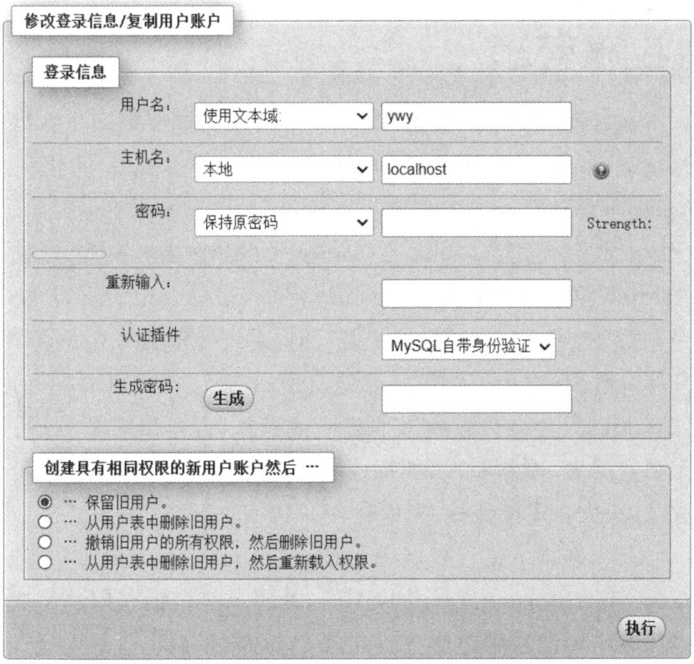

图 5-6　"修改登录信息/复制用户账户"信息框

该语句主要用于更改用户名或主机名。

【例 5-6】　将任意主机可连接服务器的账户 TM@'%'改为当前服务器上的账户。

```
Rename User TM@ '%' To TM@ LocalHost;
```

执行此语句后,账户 TM@'%'的主机由任意主机换为当前服务器,只能在服务器本地登录。如果执行此语句前已经授予账户 TM@'%'某些权限,则更换主机后将继承这些权限。

5.3.3　删除账户

1. 删除账户的操作

要进行删除账户的操作,当前账户必须有 Create User 和 Select 权限。在 phpMyAdmin 主页上,单击"账户"选项卡,在"用户账户概况"信息表的选择账户列(如图 5-5 所示),选中(打√)账户,单击"删除选中的用户账户"信息框中的"执行"按钮。在删除账户信息时,也可以选择"删除与用户同名的数据库"。

2. 删除账户的 MySQL 语句

执行 Drop User 语句的账户要求有 Create User 权限。

语句格式:

```
Drop User <用户名 1>[@主机名 1]···[,<用户名 n>[@主机名 n]]
```

此语句仅删除账户信息,并不删除与其同名的数据库。

【例 5-7】　删除账户 TM@localhost。

```
Drop User TM@ LocalHost;
```

5.4　账户权限管理

用 phpMyAdmin 管理 MySQL 数据库,要使每个账户按权限操作数据库,各司其职,在安装 XAMPP 后,启动 Apache 服务之前,必须修改 phpMyAdmin 的相关参数,否则,默认以账户 root@localhost 自动登录服务器。

在 XAMPP 控制面板,单击 Apache 的 Config→phpMyAdmin (config.inc.php)选项,在 config.inc.php 文件中找到['auth_type']='config'配置项,将'config'改为'cookie',存盘并重新启动 Apache 服务,以后打开 phpMyAdmin 主页前,系统要求输入用户名及密码登录。

安装 MySQL 后,系统会自动创建一个具有所有权限并且可以执行任何操作的账户 root@localhost。该账户只允许在服务器本地连接服务器,可以对数据库进行任何操作,如创建账户、数据库和数据表,删除账户、数据库和数据表,账户授权、数据表结构维护和数据维护等,权限范围相当大,很容易被黑客利用。因此,安装 MySQL 后应立即为 root@localhost 账户设置密码,在 MySQL 数据库管理系统正式启用之前,应添加必要的账户(如 gly@localhost、ywy@localhost 和 ypry@'%'等),并授予一定的权限。不同应用以不同账户连接数据库服务器,在不同的权限范围内进行操作,有利于系统信息安全。

连接到数据库服务器的账户,可以通过连接发出请求,服务器在执行请求的操作前,需要检查该账户是否具有相应操作权限。因此需要根据实际应用要求,为每个账户授予必要的访问数据库权限。账户权限的对象范围分全局、数据库和数据表(视图)等,通过 phpMyAdmin 可视化窗口操作和执行 MySQL 语句均可以管理账户权限。实施授权操作或执行授权语句的账户,需要具有几乎全部权限。

5.4.1　账户授权操作

授予 MySQL 账户的权限决定了账户可以执行的操作,MySQL 的账户权限及其说明如表 5-1 所示。

表 5-1　常用 MySQL 账户的权限表

权限类型	权限名称	权限说明	数据库	表
数据	Select	查看数据库,查询数据表、视图中的数据以及账户信息及权限等	⊙	⊙
	Insert	向数据表中增加数据记录	⊙	⊙
	Update	修改数据表中的数据	⊙	⊙
	Delete	删除数据表中的数据记录	⊙	⊙
	File	数据导入/导出到文件		
结构	Create	创建数据库及数据表	⊙	⊙
	Alter	修改数据库及数据表的结构	⊙	⊙
	Index	创建和删除索引	⊙	⊙
	Drop	删除数据库、数据表和视图	⊙	⊙

续表

权限类型	权限名称	权限说明	数据库	表
结构	Create Temporary Tables	创建临时表	⊙	
	Show View	查看视图名称	⊙	⊙
	Create Routine	创建存储过程及函数	⊙	
	Alter Routine	修改存储过程及函数	⊙	
	Execute	执行存储过程及函数	⊙	
	Create View	创建视图	⊙	⊙
	Event	设置事件	⊙	
	Trigger	创建和删除触发器	⊙	⊙
管理	Grant	新增账户和为账户授权	⊙	⊙
	Shutdown	关闭数据库服务器		
	Show DataBases	查看数据库列表		
	Lock Tables	锁定数据表	⊙	
	References	创建数据表的外键及关联	⊙	⊙
	Create User	创建账户		

在"用户账户概况"信息框中(如图 5-5 所示),单击待授权账户信息(如 gly@LocalHost)行的"修改权限"按钮,进入"修改权限"窗口的"全局权限"信息框,如图 5-7 所示。

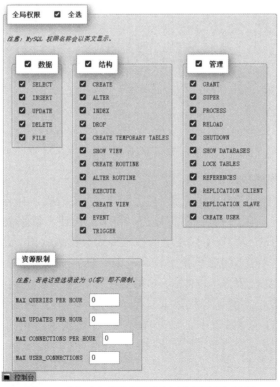

图 5-7　"修改权限"窗口的"全局权限"信息框

1. 授予全局权限

一个服务器中可能有多个数据库,全局权限是指能操作当前服务器中所有数据库及其各类对象(数据表、视图、关联、存储过程和存储函数等)的相关权限。表 5-1 中的权限都是全局权限。

给账户(如 gly@LocalHost)授予全局权限,能使该账户对服务器中的所有数据库具有相同的操作权限。在"修改权限"窗口的"全局权限"信息框中(如图 5-7 所示),选中相关权限名称(如 Select、Create 和 Grant 等),最后单击"执行"按钮,即完成账户的全局权限的授权。若选项被全选,则查看全局权限时显示 ALL PRIVILEGES;若选项全不选,则查看全局权限时显示 USAGE。

2. 授予数据库权限

数据库权限是指操作某个数据库及其所有对象的相关权限,要比全局权限少一些,表 5-1中的"数据库"列中标注⊙的权限都是数据库权限。在"用户账户概况"信息框中(如图 5-5 所示),单击要授权账户(如 ywy@LocalHost)行的"修改权限"按钮,单击"修改权限"窗口的"数据库"按钮,在"按数据库指定权限"信息框中,选择已经存在的数据库名或输入目前还不存在的数据库名,如图 5-8 所示,单击"执行"按钮,页面将刷新。在"按数据库指定权限"信息框中,与图 5-7 类似,选中相关权限名,最后再次单击"执行"按钮,便授予了指定账户(如 ywy@LocalHost)对所选数据库(如 RCZP)的相关操作权限。

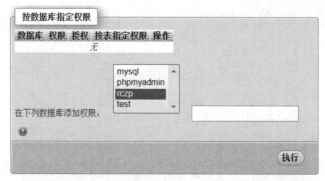

图 5-8　"修改权限"窗口的"按数据库指定权限"信息框

3. 授予数据表或视图权限

先按"授予数据库权限"的操作步骤,在页面显示"按数据库指定权限"信息框后,单击"表"按钮,在"按表指定权限"信息框中可以进一步为账户授予数据表权限,操作方法与数据库权限类似。表 5-1 中的"表"列中标注⊙的权限即为数据表权限。

给账户授予权限过程中,为账户授予较大范围对象的权限后,就不再授予其较小范围的相同权限。例如,将全局权限 Select、Create 和 Grant 等授予账户 gly@LocalHost 后,不需要再将某个数据库或数据表的这些权限重复授予该账户;同样,将数据库 RCZP 的某些权限授予账户 ywy@LocalHost 后,也没必要再将 RCZP 中数据表的相同权限授予该账户。

5.4.2　账户授权语句

在 MySQL 中,执行 SQL 的数据访问控制语言的 Grant(授权)语句也能授予账户权限。语句格式:

```
Grant <权限名称表 1>On <对象范围>
  To <用户名 1>[Identified By <密码 1>][@<主机名 1>]
     [,……,<用户名 n>[Identified By <密码 n>][@<主机名 n>]]
```

1. 权限名称

权限名称(如表 5-1 所示)用于说明要授予账户的权限,此外,还可以用 All[Privileges]短语表示全部权限。

【例 5-8】 为账户 ypry@'%'仅授予数据库 RCZP 的查询(Select)、增加(Insert)和修改(Update)记录的权限;为账户 gly@LocalHost 授予所有全局权限。

```
Grant Select, Insert, Update On RCZP.* To ypry;        /* 省略主机名表示@'%' */
Grant All On *.* To gly@LocalHost;
```

2. 对象范围

对象范围用于说明允许账户操作哪些对象,有下列 4 种常用选项。

(1) *:表示当前数据库中的所有对象(包括数据表、视图、存储过程和函数等)。

(2) *.*:表示当前服务器中所有数据库中的各种对象,即全局权限。

(3) <数据库名>.*:表示指定数据库中的所有对象,即数据库权限。可以指定尚不存在的数据库名。

(4) <数据库名>.<数据表或视图名>:表示给定数据库中的某个数据表或视图,即数据表权限。可以指定尚不存在的数据库、数据表或视图。

【例 5-9】 授予账户 ypry@'%'对数据库 RCZP 中的视图 GWPJF 有查询权(Select);授予账户 ywy@LocalHost 全权操作数据库 RCZP。

```
Grant Select On RCZP.GWPJF To ypry;
Grant All On RCZP.* To ywy@LocalHost;
```

3. 主机名

说明同新增账户的 MySQL 语句。

4. 账户

若授权账户存在,省略 Identified By 短语,则授权该账户且不修改原密码;使用 Identified By 短语,则授权该账户且修改原密码。

若授权账户(如 YK@LocalHost)不存在,则不能省略 Identified By 短语,执行授权语句会创建账户并设置密码。

【例 5-10】 添加游客账户 YK@LocalHost,只允许在服务器本地连接服务器,密码为'123',对数据库 RCZP 中的所有对象只有查询数据的权限。

```
Grant Select On RCZP.* To YK@LocalHost Identified By '123';
```

5.4.3　检查权限

在 MySQL 数据库管理系统中,可以从账户和数据库两个不同的角度检查授权情况,只要有 Select 权限,就可以检查账户的权限。

1. 检查账户权限的操作

在 phpMyAdmin 主页上,单击"账户"选项卡,在"用户账户概况"信息表中(如图 5-5 所示),通过"全局权限"列可以查看授予各个账户的全局权限情况,其中 Usage 表示目前还没有授权;All Privileges 表示全部全局权限。单击账户(如 ywy)行的"修改权限"按钮,在"修改权限"窗口中可以进一步查看该账户的数据库及数据表权限。

2. 检查账户权限的语句

语句格式:

```
Show Grants For <用户名>[@<主机名>]
```

【例 5-11】 查看账户 ywy@LocalHost 的权限。

```
Show Grants For ywy@LocalHost;
```

输出结果如表 5-2 所示。如果结果显示不全,可以单击"+ 选项",选中"完整内容"选项,再次执行语句。

表 5-2　账户 ywy@LocalHost 的权限表

ywy@localhost 的权限	说　　明
GRANT USAGE ON *.* TO 'ywy'@'localhost'	没有全局权限
GRANT ALL PRIVILEGES ON `rczp`.* TO 'ywy'@'localhost'	数据库 rczp 的全部操作权限
GRANT SELECT,SHOW VIEW ON `mysql`.* TO 'ywy'@'localhost'	数据库 mysql 的查询数据和视图权限

3. 检查数据库权限的操作

在 phpMyAdmin 主页上,单击"数据库"选项卡→数据库(如 rczp)行的"检查权限"按钮,显示可以访问当前数据库的用户名、权限范围和权限名称,如图 5-9 所示。

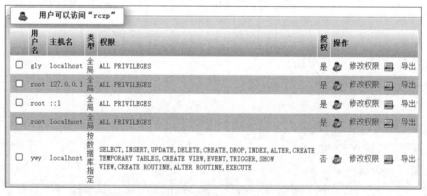

图 5-9　账户可以访问数据库的权限信息框

5.4.4　撤销账户的权限

撤销权限是授予权限的逆操作,实施撤销权限的账户也要有授权账户的权限。

1. 撤销权限的操作

在"编辑权限"窗口的相关信息框中(如图 5-7 所示),不选(去掉√)相关权限名称,单击"执行"按钮,即可撤销指定账户的相关权限。

2. 撤销权限的语句

执行 SQL 中数据访问控制语言的 Revoke(撤销权限)语句也能撤销账户的相关权限。

语句格式：

```
Revoke <权限名称>[<字段名表>] On <对象范围> From <用户名>[@主机名]
```

语句的主要功能是撤销账户的权限，是 Grant 语句功能的逆操作。权限名称同样可以用 All [Privileges]短语撤销全部权限。

【例 5-12】　撤销图 5-9 中最后一行的 Show View 权限。

```
Revoke Show View On rczp.* From ywy@LocalHost;
```

数据库中的每个账户都应该具有一定的权限，在数据库管理系统运行过程中，可能经常需要通过 Grant 和 Revoke 语句进行账户权限管理。从数据保密和信息安全的角度出发，对一些暂时不需要的账户，特别是一些公开的、容易泄密的账户（如 root@localhost），尽量不要授予对数据容易造成破坏的权限，如 Grant、Create、Alter、Drop、Insert、Update 和 Delete 等权限，必要时可以撤销这类账户的一切权限，经常修改密码，或者从系统中删除这类账户。

5.5　数据库管理

数据库是包含数据表、视图、关联和存储过程（函数）等对象的容器。数据库管理包括创建、查看和删除数据库以及选择当前数据库等操作。数据库中的对象通常以文件方式存储，文件的数量和类型与使用的存储引擎有关。

5.5.1　存储引擎

MySQL 服务器支持多种不同的存储引擎（storage engine），每种存储引擎都有自己的特点和优势，在性能、功能和可靠性等方面有所区别，可以根据不同的需求选择不同的存储引擎。常见的有 InnoDB 存储引擎、MyISAM 存储引擎和 Memory 存储引擎等。

- InnoDB 存储引擎：是 MySQL 的默认存储引擎，支持事务处理和行级锁定，具有高并发性和高可靠性，适用于大规模的 OLTP（online transaction processing，联机事务处理）应用。
- MyISAM 存储引擎：是 MySQL 历史上的默认存储引擎，不支持事务处理和行级锁定，但具有快速的读取速度和压缩功能，适用于读取频繁的应用。
- Memory 存储引擎：将数据存储在内存中，读取和写入速度非常快，但数据不具有持久性，适用于缓存和临时存储数据。

在创建表时可以指定存储引擎，或修改已有表的存储引擎。创建表时默认使用 InnoDB 存储引擎。对于新表，MySQL 将创建一个文件来保存表结构，表的索引和数据可能存储在一个或多个文件中，具体情况取决于所使用的存储引擎。以使用 InnoDB 存储引擎的数据库为例，frm 文件为表结构定义文件，ibd 文件为数据文件，此外还有日志文件等。在关闭MySQL 服务器的前提下，以复制文件的方式备份数据库称为冷备份。对于初学者，备份数据库建议使用 phpMyAdmin 的导出功能。

5.5.2　创建数据库

创建数据库的账户要有 Create 权限。创建数据库（如 RCZP）时，系统自动创建数据库文件夹（如…XAMPP\MysSQL\Data\rczp），在 MySQL 中，每个数据库都有一个对应的文件夹（如图 5-10 所示），但该文件夹中并不一定包含该数据库中所有数据文件及其相关文件，文件数量和类型取决于所使用的存储引擎。

在 MySQL 数据库服务器中，一些数据库是系统数据库，用于存储账户及其他数据库的相关信息，不要人工修改或删除，否则可能造成系统运行失常。图 5-11 中的 information_schema、mysql、performance_schema 都是系统数据库。

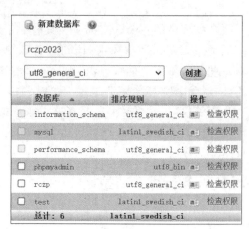

图 5-10   数据库文件夹   图 5-11   "数据库"信息窗口

1. 创建数据库的操作

在 phpMyAdmin 主页上，单击"数据库"选项卡，在"数据库"信息窗口中输入数据库名（如 RCZP2023），选择字符集和排序规则（如 utf8_general_ci），如图 5-11 所示。最后单击"创建"按钮，即可创建一个空数据库。数据库名一般要遵循文件夹的命名规则。

utf8_general_ci 是 MySQL 数据库的一种字符集和排序规则，同时也是默认的字符集和排序规则，适用于大多数的应用场景。utf8_general_ci 中的 utf8 表示使用 UTF-8 编码。UTF-8 是一种变长的字符编码，能够表示 Unicode 字符集中的所有字符。使用 UTF-8 编码，一个汉字字符的长度为 3 字节，一个半角英文字符或数字字符的长度为 1 字节。字符的长度值与使用字符集有关。ci 表示 case insensitive，即不区分大小写。在该排序规则下，相同的字符会被视为相等，而不考虑字母的大小写。'A'和'a'在 utf8_general_ci 排序规则下被视为相等，如图 5-12 所示。

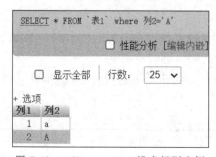

图 5-12   utf8_general_ci 排序规则实例

如果需要区分大小写，可以将字符集和排序规则设置为 utf8_bin。创建数据库后，可以在"操作"选项卡中修改字符集和排序规则，也可以为数据表、数据表中的字段单独指定字符集和排序规则。

2. 创建数据库的语句

语句格式：

```
Create DataBase|Schema [If Not Exists] <数据库名>
            [Character Set [=]<字符集名>]
```

各个短语的含义如下。

（1）DataBase|Schema：Create DataBase（数据库）或 Create Schema（模式）含义相同，都表示创建数据库。

（2）If Not Exists：当所要创建的数据库已存在时，如果再执行不含 If Not Exists 短语的 Create DataBase|Schema 语句，则系统提示出错信息；如果执行含 If Not Exists 短语的 Create DataBase|Schema 语句，则系统放弃执行该语句，系统并不提示出错信息。

（3）字符集名：数据库所使用的字符集名称，如 UTF-8、gb2312 或 GBK，需要用单引号或双引号引起来。

【例 5-13】　创建人才招聘数据库 RCZP，数据库中的数据采用字符集 UTF-8。

```
Create DataBase  RCZP Character Set='UTF-8' /* 可以省略"="和单引号 */;
```

执行此语句时，若数据库 RCZP 已经存在，则系统将提示出错信息。在语句中加 If Not Exists 短语可以避免产生这种现象。

5.5.3　选择当前数据库

一个服务器中可能有多个数据库，但是，在处理某个任务的信息时，往往只需要同一个数据库中的数据。为简化操作，对一个数据库（如 RCZP）中的对象（数据表、视图和存储过程等）进行操作之前，通常要使其成为当前数据库（当前对象）。在写 MySQL 语句时，所涉及的当前数据库中的对象名前可以省略数据库名和圆点。

1. 选择当前数据库的操作

有 Select 权限的账户，在 phpMyAdmin 主页的左侧导航栏（如图 5-2 所示）或当前数据库服务器的"数据库"选项卡（如图 5-11 所示），单击数据库名（如 RCZP）均可设置当前数据库（当前对象），进入数据库"结构"选项卡窗口，如图 5-13 所示。

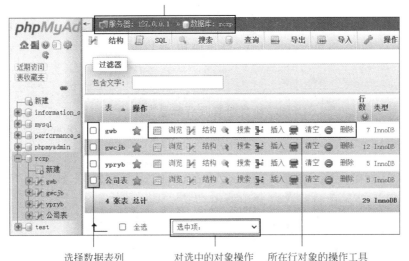

图 5-13　当前数据库"结构"选项卡窗口

对于有更多权限的账户，对当前数据库可以进行修改数据库，新建、修改数据表结构，浏览(输入和查看)、删除或清空数据表等操作。

2. 选择当前数据库的语句

语句格式：

```
Use <数据库名>
```

数据库名必须是已经存在的数据库。执行此语句后,使指定的数据库成为当前数据库。

【例 5-14】 选择 RCZP 为当前数据库。

```
Use RCZP;
```

5.5.4 修改数据库

通过修改数据库可以实现数据库更名和重新调整数据库的字符集和排序规则,默认情况是新的字符集和排序规则只对以后创建的数据表起作用。调整数据库字符集和排序规则的账户必须有 Alter 权限;对数据库进行更名的账户必须有 Create 和 Drop 权限。

1. 修改数据库的操作

当前对象为数据库(如图 5-13 所示),单击"操作"选项卡,在"重命名数据库为"信息框中输入数据库新名,或者在"排序规则"信息框中选择调整后的字符集和排序规则名称,最后单击对应信息框中的"执行"按钮。若选中"更改所有表排序规则""更改所有表列的排序规则",则对数据库中已有的表和列的字符集和排序规则进行修改,如图 5-14 所示。

图 5-14 "排序规则"信息框

2. 修改数据库字符集的语句

语句格式：

```
Alter DataBase|Schema [<数据库名>] Character Set [=]<字符集名>
```

此语句主要用于调整数据库使用的字符集,若调整当前数据库的字符集,则数据库名可以省略。常用字符集及默认排序规则如图 5-15 所示。

```
+----------+-------------------------------+----------------------+
| 字符集   | 描述                          | 默认排序规则          |
+----------+-------------------------------+----------------------+
| big5     | Big5 Traditional Chinese      | big5_chinese_ci      |
| dec8     | DEC West European             | dec8_swedish_ci      |
| cp850    | DOS West European             | cp850_general_ci     |
| hp8      | HP West European              | hp8_english_ci       |
| koi8r    | KOI8-R Relcom Russian         | koi8r_general_ci     |
| latin1   | cp1252 West European          | latin1_swedish_ci    |
| latin2   | ISO 8859-2 Central European   | latin2_general_ci    |
| swe7     | 7bit Swedish                  | swe7_swedish_ci      |
| ascii    | US ASCII                      | ascii_general_ci     |
| ujis     | EUC-JP Japanese               | ujis_japanese_ci     |
| sjis     | Shift-JIS Japanese            | sjis_japanese_ci     |
| hebrew   | ISO 8859-8 Hebrew             | hebrew_general_ci    |
| tis620   | TIS620 Thai                   | tis620_thai_ci       |
| euckr    | EUC-KR Korean                 | euckr_korean_ci      |
| koi8u    | KOI8-U Ukrainian              | koi8u_general_ci     |
| gb2312   | GB2312 Simplified Chinese     | gb2312_chinese_ci    |
| greek    | ISO 8859-7 Greek              | greek_general_ci     |
| cp1250   | Windows Central European      | cp1250_general_ci    |
| gbk      | GBK Simplified Chinese        | gbk_chinese_ci       |
| latin5   | ISO 8859-9 Turkish            | latin5_turkish_ci    |
| armscii8 | ARMSCII-8 Armenian            | armscii8_general_ci  |
| utf8     | UTF-8 Unicode                 | utf8_general_ci      |
```

图 5-15 常用字符集及默认排序规则

【例 5-15】　将数据库 RCZP 的字符集排序规则调整为 gbk_chinese_ci。

```
Use RCZP;
Alter DataBase Character Set GBK;
/* 设置字符集为 GBK 时,默认字符集排序规则为 gbk_chinese_ci */
```

5.5.5　删除数据库

删除用户账户时,可以选择删除与用户名同名的数据库,此外,还可以通过专门的操作或 MySQL 语句删除数据库。无论采用哪种方式删除数据库,都将删除数据库文件夹、数据表等与数据库相关的信息。

1. 删除数据库的操作

执行删除数据库操作的账户,必须具有 Select 和 Drop 权限。

(1) 删除当前数据库的操作:当前对象为数据库(如图 5-13 所示),单击"操作"选项卡→"删除数据库"选项→"确定"按钮。

(2) 删除多个数据库的操作:在"数据库"信息窗口的数据库选择列(如图 5-11 所示)中选中数据库名(如 rczp 和 test 等),单击"删除"→"确定"按钮。

2. 删除数据库的语句

执行删除数据库语句的账户,必须具有 Drop 权限。

语句格式:

```
Drop DataBase|Schema [If Exists] <数据库名>
```

使用 If Exists 短语,可以避免由于被删除的数据库不存在而引发系统出错。

5.6　创建数据表

一个数据库中可以包含多个数据表(也简称表),每个数据表中都包含若干个字段和记录,即,每个数据表都由数据表结构和数据记录两部分内容构成,以文件的形式存储于数据库文件夹中(文件数量和类型与使用的存储引擎有关)。

创建数据表是对关系模式实施物理设计,主要包括创建数据表结构、设置关键字及主键等操作。在向数据表中输入数据记录之前,要先创建数据表。创建数据表的账户需要有 Create 权限。

5.6.1　创建数据表结构的操作

当前对象为数据库(如图 5-13 所示),在"结构"选项卡窗口的"新建数据表"信息框中输入数据表名字及字段数(如 4),在"新建数据表结构"窗口(如图 5-16 所示)中,系统给出 4 个空白行,即可以设计 4 个字段。当设计包含更多字段的数据表时,可以在窗口上方输入添加的列(字段)数,再单击"执行"按钮。

在图 5-16 中输入公司表的各字段"名字"、数据"类型"和"长度/值"等信息。可以单击"预览 SQL 语句"按钮,预览创建表的 SQL 语句。最后单击"保存"按钮,即可创建数据表。

1. 数据表名

数据表名(如公司表、GWB 和 YPRYB 等)指出要创建的数据表,数据表的命名规则必

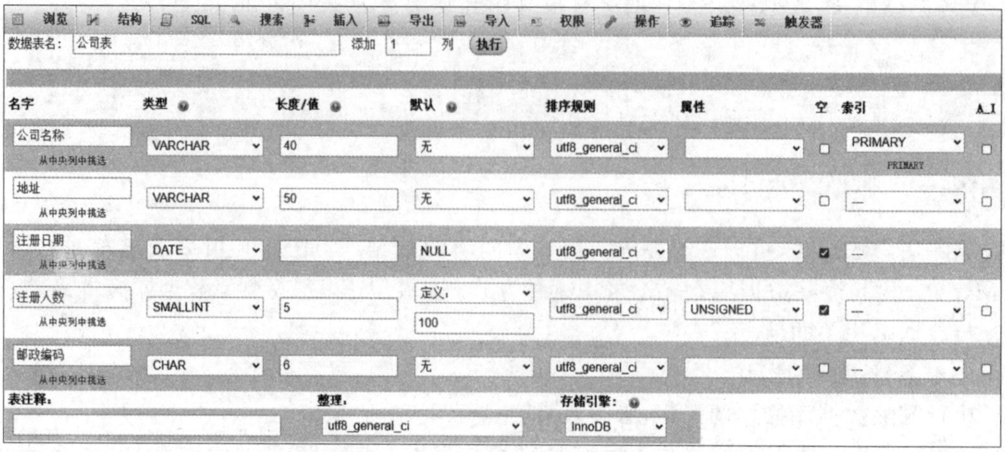

图 5-16　"新建数据表结构"窗口

须符合 Windows 中文件名的规定,但是,数据表名中包含某些特殊符号会给应用带来许多不便。例如,分隔符(如空格、圆点、逗号、分号、冒号、单双引号等)和运算符(如＋、－、＊、\/等)都是特殊符号。如果数据表名中一定要使用这些特殊符号,在使用数据表时必须用左单引号(`)将其引起来。

要创建的数据表在当前数据库中已经存在时,单击"保存"按钮系统将提示出错信息,但并不覆盖原有数据表。

2. 名字

名字是指数据表中的字段或列名称(如公司名称和地址等),字段名中的符号通常由英文字母、汉字、数字或下画线组成,首字符一般不为数字。如果字段名中使用某些特殊符号,处理方法则与上述数据表名中特殊符号的处理方法相同,也用左单引号引起来。

一个数据表中至少包含 1 个字段(列),但是,不能出现两个同名字段。另外,字段个数太多也可能导致系统速度显著变慢。

3. 长度/值

长度/值是指对应字段能存储数据的最大长度(宽度),最小值为 1。有些数据类型(如 Date 和 Text 等)的字段不需要用户定义长度,由系统规定长度;另一些数据类型(如 ENum 和 Set)需要输入具体值,例如,对最低学历字段,需要输入"'1','2','3','4','5'"。

5.6.2　字段的数据类型

数据表中每列(字段)都有各自的数据类型,用于统一说明该列各行(记录)数据的性质和最大长度。常用的数据类型可以归纳为数值型、字符串(文本)型和日期时间型。在"新建数据表结构"窗口(如图 5-16 所示)的"类型"下拉列表中,可以选择当前字段的数据类型(如 TinyInt、Double、Date 或 Char 等)。

1. 数值型

数值型(如 TinyInt 和 Double 等)常数由 0～9、小数点(整数无小数点)和正负号(无符号数除外)组成,也可以用科学记数法 rEm 的形式表示,其中 r 为实数,m 为整数。如 2015、3.14、2.5E3(表示 2.5×10^3)等都是数值型常数。

数值型数据是能用于算术运算的数据,可以是正数或负数。根据数据是否带小数点,又可以分为实数型和整数型两种。对数值型数据还可以进一步说明为无符号数据(Unsigned,即大于或等于 0 的数)。

(1) 实数型是带有小数的数据,如 3.14、2.5 和 9.18 等。根据表示的数据范围大小,又可以细分为 Decimal、Double 和 Float 等,如表 5-3 所示。

表 5-3　实数型

类 型 描 述	说 明	数 据 范 围	举 例
Decimal[(M,D)]	可变实数,占 8B	范围由 M 和 D 动态决定。默认长度(M)为 10 位,最大长度为 65 位;默认小数(D)为 0 位,小数最多 30 位	重量 Decimal(20,5)
Real[(M,D)] Double[(M,D)]	双精度浮点数,占 8B	省略 D 和 M,整数和小数位数由实际存储的数据确定。最大长度(M)255 位;小数最多(D)30 位。精度为 15 位小数,即小数超过 15 位时可能出现误差	单价 Real(10,2)
Float[(M,D)]	单精度浮点数,占 4B	除小数精度比 Double 位数少外,其余与 Double 相同	所得税 Float(8,2)

表中 M 表述数据总位数,D 为小数位数,符号和小数点均不占位数。在实际应用中,实数型也可以是无符号(Unsigned)数据,存储大于或等于 0 的数据。对某个字段(如所得税)选择实数型(如 Float)后,长度应该输入一对数(如"8,2")。

(2) 整数型是不含小数的数据,如 100 和 3 等。根据表示的数据范围大小,又分为 TinyInt、Boolean 和 Int 等,如表 5-4 所示。其中 Boolean 也称逻辑型,用于存储逻辑型数据,与 TinyInt(1)等效。

表 5-4　整数型

类 型 描 述	说 明	有符号数据范围	无符号(Unsigned)数据范围	举 例
TinyInt[(M)]	微小整数,占 1B	默认长度 4 位(含符号 1 位,以下相同),取值范围为 −128～127。可存储气象温度、风力等	默认长度 3 位,取值范围为 0～255。可存储年龄、考试成绩等	年龄上限 TinyInt(2),人数 TinyInt Unsigned
Boolean	布尔或逻辑型,占 1B。自动转换为 TinyInt(1)	0 表示假,非 0 表示真		注销 Boolean,资格审核 Boolean
SmallInt[(M)]	较小的整数,占 2B	默认长度 6 位,取值范围为 −32 768～32 767。可存储日销售商品件数、营业额等	默认长度 5 位,取值范围为 0～65 535。可存储公司人数等	注册人数 SmallInt Unsigned,件数 SmallInt Unsigned

续表

类 型 描 述	说 明	有符号数据范围	无符号(Unsigned)数据范围	举 例
MediumInt[(M)]	中等整数,占3B	默认长度8位,取值范围为-8 388 608~8 388 607。可存储中等借贷金额、年净利润等	默认长度8位,取值范围为0~16 777 215。可存储城市人口数、图书印数等	年薪 MediumInt Unsigned,借贷金额 MediumInt
Int[(M)]	标准整数,占4B	默认长度11位,取值范围为-2 147 483 648~2 147 483 647。可存储较大借贷金额、年净利润等	默认长度10位,取值范围为0~4 294 967 295。可存储国家人口数等	年净利润 Int(10)
BigInt[(M)]	大整数,占8B	默认长度20位,取值范围为-9 223 372 036 854 775 808~9 223 372 036 854 775 807	默认长度20位,取值范围为0~18 446 744 073 709 551 615	国民经济总产值 BigInt(15)

表中描述类型的(M)可以省略,M表示长度。如 TinyInt(4),M 为4,由于 M 的默认长度为4,因此,可以简写成 TinyInt,即可以不输入长度;同样,SmallInt(5) Unsigned 与 SmallInt Unsigned 含义相同。

2. 日期时间型

日期时间型(如 Date、Time 和 TimeStamp 等)常数需要用单引号或双引号引起来,年、月和日之间常用连字符减号(-)、圆点(.)或斜杠(/)分隔;时、分和秒之间用连字符冒号(:)分隔,日期与时间之间用逗号或空格分隔。如'1949-10-1'表示1949年10月1日;"2025.9.3,20:10:30"表示2025年9月3日20点10分30秒。

日期时间型又分日期型(格式为 YYYY-MM-DD,表示年-月-日)、时间型(格式为 HH:MM-SS,表示时:分:秒)和日期时间型(格式为 YYYY-MM-DD HH:MM-SS)3种类型。对某个字段(如出生时间、笔试日期)选择日期时间型(如 DateTime 或 Date)后,不需要输入长度,由系统规定其长度。其常用类型如表5-5所示。

表5-5 日期时间型

类型描述	说 明	数 据 范 围	举 例
Date	日期型,格式为 YYYY-MM-DD(年-月-日)	0000-0-0—9999-12-31	笔试日期 Date
Time	时间型,格式为 HH:MM:SS(时:分:秒)	-838:59:59—838:59:59 常用范围为 0:0:0—23:59:59	午餐时间 Time
DateTime	日期时间型,格式为 YYYY-MM-DD HH:MM:SS	0001-0-0 0:0:0—9999-12-31 23:59:59	出生时间 DateTime
TimeStamp	日期时间型,也称时间戳型,格式为 YYYY-MM-DD HH:MM:SS。在对应字段不设置默认值(Default)的情况下,当增加或修改数据记录时,如果不添加或修改时间戳字段的值,则系统日期和时间自动修改该类字段的值,即自动记载对应数据记录的更新日期和时间	1970-1-1 0:0:0—2037-12-31 23:59:59	更新时间 TimeStamp

3. 字符串型

字符串型(如 Char、VarChar 和 ENum 等)用于存储一段文字信息。根据存储文字的多少,又分出多种数据类型,如表 5-6 所示。字符串型常数需要用单引号或双引号引起来,如'李明'、"男"和"大数据时代"等都是字符串型常数。

表 5-6　字符串型

类型描述	说　　明	举　　例
Char(M)	字符串型,M 表示最大字符长度,$0 \leqslant M \leqslant 255$,即最多可存储 255 个汉字或字符,存储一个汉字也占一个长度。通常用于存储固定长度的数据。例如,邮政编码、性别、学历编码、民族编码、身份证号和学号等	邮政编码 Char(6)
VarChar(M)	可变字符串型,$0 \leqslant M \leqslant 32766$,当 $M>32766$ 时,自动变为其他类型(如 MediumText)。与 Char 的区别不仅是长度范围不同,还在于占用的存储空间。在数据表的每个记录中,Char 类型字段值占用的存储空间由 M 确定(固定长度),而 VarChar 类型字段值占用的存储空间由该字段中最长字符串的长度决定。例如,地址 Char(100),无论地址字段实际存储数据多长,占用空间都是 100B;地址 VarChar(100),与地址字段实际存储的最长字符串有关,实际占用的空间可能少于 100B。通常用于存储不定长的数据,如公司名称和地址等	公司名称 VarChar(40) 地址 VarChar(50)
ENum	字符串枚举型,最多可枚举 65535 项(字符串)。在输入数据时,可以从枚举项中选择一项	最低学历 ENum,长度/值输入'1','2','3','4','5'
Set	集合型,最多可有 64 个枚举项(字符串)。在输入数据时同 Enum	性别 Set,长度/值输入:"男","女"

4. 文本型

文本型(如 TinyText 和 Text 等)用于存储较长的文字信息,常数也需要用单引号或双引号引起来。对某个字段选择文本型后,也不需要输入长度,如表 5-7 所示。文本型数据存储一个汉字所占用的存储空间与使用的字符编码有关,例如使用 UTF-8 编码,一个汉字字符长度为 3,TinyText 最多可以存储 85 个汉字字符。保存超出最大长度的文本,文本可能会被截短。

表 5-7　文本型

类型描述	说　　明	举　　例
TinyText	微小文本型,最多可存储 255 个字符	聘任要求 TinyTex
Text	文本型,最多可存储 65 535 个字符	个人简历 Text
MediumText	中等文本型,最多可存储 16 777 215 个字符	图书摘要 MediumText
LongText	长文本型,最多可存储 4 294 967 295 个字符	公司简介 LongText

5. 二进制大对象型

二进制大对象型(Binary Large Object,BLOB)以二进制形式存储数据,可以存储任何类型的数据。通常用于存储图像、音频或视频等多媒体信息。对某个字段选择二进制大对象型后,并不需要输入长度。二进制多媒体型如表 5-8 所示。

表 5-8　二进制多媒体型

类型描述	说　明	举　例
TinyBLOB	最多可存储 255 字节	徽标 TinyBLOB
BLOB	最多可存储 65 535 字节	照片 BLOB
MediumBLOB	最多可存储 16 777 215 字节	校歌 MediumBLOB
LongBLOB	最多可存储 4 294 967 295 字节	宣传片 LongBLOB

5.6.3　设置字段的附加属性

在"新建数据表结构"窗口(如图 5-16 所示),除输入数据表的字段名和选择数据类型外,还可以设置字段是否为空、前导 0、默认值、自增值以及数据表的主键和关键字等属性。

1. 空值(Null)

选中图 5-16 中的"空"列(如地址和注册日期等字段),表示在输入数据记录时对应字段的值可以空(Null 或不输入)。对于数据表的主属性字段(如公司名称),不能选中"空"列,即增加数据记录时主属性的值不能空。

2. 无符号数(Unsigned)

无符号数是指大于或等于 0 的数。在图 5-16 的"属性"列中,对某个数值型字段(如注册人数)选择 Unsigned,表示输入数据记录时对应字段的值只能是大于或等于 0 的数。

3. 前导 0(ZeroFill)

在图 5-16 中的"属性"列中,对某个字段选择 Unsigned ZeroFill,表示在输入数据记录时对应字段的值达不到规定的长度时,自动在左侧补 0 占位。例如,班内序号 TinyInt Unsigned ZeroFill,由于无符号的 TinyInt 类型默认长度为 3,因此,在输入班内序号值时,如果输入 1,则填写 001;如果输入 15,则填写 015 等。

4. 默认值(Default)

默认值也称初值,即在增加数据记录时,由系统自动填写到字段的值。对二进制大对象型(BLOB)和文本型(Text)字段不能设置默认值;对数值、字符串、日期及时间型字段均可在图 5-16 中的"默认"列中选择"定义"并设置默认值(如 100)。例如,在公司表中增加数据记录时,系统自动将 100 填写到注册人数字段,作为初始值。

5. 自增值(Auto_Increment)

数据表中的自增值字段是向数据表中增加数据记录时,如果不添加该类字段的值,则系统用本数据表中自增值字段曾经最大值(建数据表后的初值为 0)加 1 后填写新记录的该字段。一个数据表可以有一个自增值字段,也可以没有自增值字段,自增值字段必须是数值型,并且必须作为主索引、唯一索引或普通索引中的字段。一般在难于确定主属性的数据表中增加一个记载记录序号的字段,以便设置主键。

选中图 5-16 中的 A_I(Auto_Increment 的缩写)列,将当前字段设为自增值字段,并自动设置为主键。一个数据表中的 A_I 列,最多只能选中一个字段。

所谓自增值字段曾经最大值是指自创建数据表以来,到增加记录时为止,历史上数据表中自增值字段存储过的最高值。伴随着数据记录的删除或修改,在新增加记录时,自增值字段曾经最大值的数据记录可能已经不存在,但其最大值仍然有效。

【例 5-16】　创建论坛表,包含 4 个字段:文章序号 Int(选中图 5-16 中的 A_I 列),作者 VarChar(20),文章内容 Text 和更新时间 TimeStamp(时间戳)。

随后向数据表中增加 3 个记录,人工填写作者和文章内容,而不填文章序号和更新时间,则系统填写这 3 个记录的文章序号分别为 1、2 和 3,更新时间为增加记录当时的系统日期和时间。将第 3 个记录删除后,再用同样的方法新增加 1 个记录(此时文章序号曾经最大值仍然为 3),系统填写文章序号为 4(并不是 3)。

6. 数据表的主键

在 MySQL 数据库中,某些数据表可以不设主键,但为了避免重复存储数据记录,大多数数据表都设置主键(Primary,也称主索引)。数据表最多可有一个主键,主键可能由一个或多个主属性(字段)构成,系统定义键名(即索引名称)为 Primary。除确保不重复存储数据记录外,主键还能控制输出数据记录的初始顺序(按主键值排序)。

在图 5-16 中,由"索引"列选为 Primary 的各个字段(主属性行)构成了主索引关键字。单击"保存"按钮后便设置了数据表的主键。例如,创建公司表时,选择公司名称行的"索引"列为 Primary;在创建 GWCJB 时,选择岗位编号和身份证号两行的"索引"列均为 Primary,即主键为(岗位编号,身份证号)。

7. 数据表的关键字

当一个数据表中有两个或更多关键字时,可以将一个关键字设置为主索引(Primary),其他关键字设置为唯一索引(Unique),即关键字索引。唯一索引同样起着避免数据记录重复存储的作用。在图 5-16 中,"索引"列选为 Unique,当设置多个字段为 Unique 时,在弹出的"添加索引"窗口可以选择"创建单列索引"或"创建复合索引"。选择"创建复合索引",则还需要选择共同构成唯一索引的其他字段,如图 5-17 所示。复合索引名称可以在"添加索引"窗口的进一步设置中定义,默认为所选的第一个字段名。

图 5-17　"新建数据表结构"窗口

8. 数据表的普通索引

数据表的普通索引关键字的值可以重复,主要用于与其他数据表创建关联及参照完整性。在图 5-16 中,"索引"列选为 Index 的各个字段构成了一个普通索引的关键字,当设置多个字段为 Index 时,操作和唯一索引类似,系统默认定义键名为所选的第一个字段名。例如,创建岗位表(GWB)时,一般将"公司名称"字段的"索引"列选为 Index。

5.7　维护数据表

维护数据表主要包括修改数据表结构、设置主键及相关索引、删除数据表、重命名数据表、移动数据表、复制数据表和设置数据表间的关联等操作。

5.7.1　维护数据表结构及相关索引

当前对象为数据库(如图 5-13 所示),在"结构"选项卡窗口单击数据表名(如 GWB)所在行的"结构"按钮,或者,当前对象为数据表,打开"结构"选项卡,在图 5-18 中对数据表结构及其相关索引可以进行维护。操作数据表结构的账户必须具有 Select 和 Alter 两种权限。

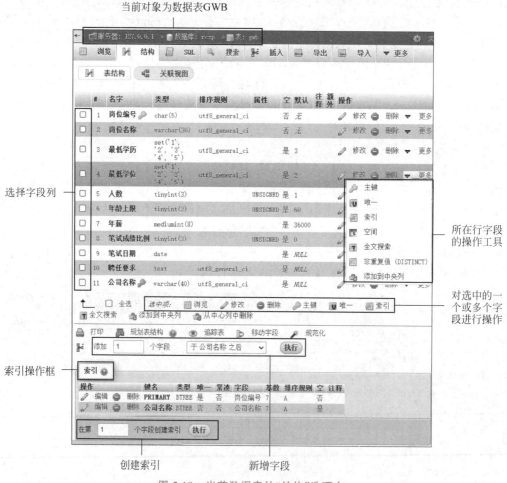

图 5-18　当前数据表的"结构"选项卡

1. 增加新字段

在图 5-18 中的"添加"框输入新增字段的个数,选择新增字段的位置(于表开头或于某字段之后),单击"执行"按钮,在"数据表结构"窗口中(与图 5-16 类似)输入新字段名称和数据类型等信息。

2. 修改字段信息

字段信息包括字段名、数据类型和长度等内容。进行如下操作可以修改字段信息。

（1）修改一个字段信息：单击字段名所在行的“修改”按钮。

（2）修改多个字段信息：在“选择字段列”中选中字段或单击“全选”按钮，单击“选中项”栏中的“修改”按钮。

在上述操作中，单击“修改”按钮后在“数据表结构”窗口中（与图 5-16 类似）修改字段名称和数据类型等信息。

3. 删除字段

在删除字段时，一个数据表中至少要保留一个字段。

（1）删除一个字段：单击字段名所在行的“删除”选项，然后再单击“确定”按钮。

（2）删除多个字段：在“选择字段列”中选中欲删除的字段或单击“全选”按钮，单击“选中项”栏中的“删除”选项，然后单击“是”按钮。

4. 设置主键及相关索引

在选择字段列中，选中相关字段（如 GWCJB 中的岗位编号和身份证号），单击“选中项”栏中的“主键”按钮，用选中的字段创建主键（主关键字）索引，键名为 Primary；单击“选中项”栏中的“唯一”按钮，用选中的字段创建唯一（关键字）索引，键名为选中的第一个字段名；单击“选中项”栏中的“索引”按钮，用选中的字段创建普通索引（Index），键名为选中的第一个字段名。

5. 管理索引

在当前数据表的“结构”选项卡的“索引”操作框中（如图 5-18 所示），可以单击索引行的“编辑”按钮，修改键名（索引名称）和索引类型；单击“删除”按钮，将删除对应的索引。

5.7.2　数据表操作

数据表操作是对数据表结构和数据记录同时进行的操作，即对数据表整体进行操作，如删除、复制、移动和更名数据表等操作。

当前对象为数据库（如图 5-13 所示），在“结构”选项卡窗口中，可以删除数据表；当前对象为数据表（如图 5-18 所示），打开“操作”选项卡，可以对当前数据表进行复制、移动和更名等操作。

1. 删除数据表

如图 5-13 所示，有 Drop 权限的账户在当前数据库的“结构”选项卡中单击数据表名所在行的“删除”选项，然后再单击“确定”按钮，可以删除数据表。

2. 复制数据表

复制数据表的账户必须有 Select 和 Create 权限，如果复制数据记录，还需要有 Insert 权限。

当前对象为数据表 GWB（如图 5-13 所示），在“操作”选项卡的“将数据表复制到”信息框（如图 5-19 所示）中，选择目标数据库名（如 RCZP2023）和目标数据表名（如 GWB），再选中相关选项，最后单击“执行”按钮。目标数据表与源数据表可以在不同的数据库中，也可以是不同的数据表名，执行结果对源数据库及数据表没有任何影响，在目标表中仍然保留各类

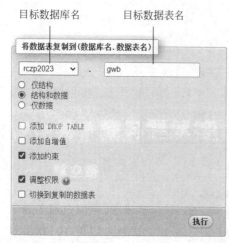

目标数据库名　　　　目标数据表名

图 5-19　"将数据表复制到"信息框

索引。常用选项的含义如下。

（1）仅结构：复制数据表结构信息（包括主键），但不包含数据记录，即，仅产生空目标数据表。

（2）结构和数据：目标数据表与原数据表内容完全一致，即包括数据表中完整的结构信息和数据记录。

3. 移动数据表

移动数据表的账户必须有 Select、Insert、Create、Drop 和 Alter 权限。在"操作"选项卡的"将数据表移动到"信息框（与图 5-19 相似）中，操作方法也与复制数据表基本相同，不同的只是从源数据库中删除了数据表。

4. 数据表更名

数据表更名与数据表移动的账户权限要求相同，在"操作"选项卡的"表选项"信息框中，输入修改后的数据表名，单击"执行"按钮即可实现数据表更名。数据表更名只能在同一个数据库中进行，因此，不需要选择数据库。

5.7.3　数据表间关联及参照完整性

一个数据库中，大多数数据表之间都有直接或间接的关系，通常将这种关系称为关联。在 MySQL 数据库中，将数据表之间没有约束条件的关联称为内关联（简称内联），将有约束条件的关联称为外键约束关联。

1. 创建数据表间关联及参照完整性的操作

GWB 中的公司名称字段与公司表的关键字公司名称含义相同，因此，公司名称字段是 GWB 的外键。同样，身份证号是 YPRYB 的关键字，岗位编号是 GWB 的关键字，即身份证号和岗位编号是 GWCJB 的两个外键。创建数据表间关联操作的账户必须有 Select 和 Alter 权限。

数据表（子表）的外键主要用于与父表建立关联。因此，创建数据表间关联前，父表应该已经存在并创建了相关索引（主索引、唯一索引或普通索引）。通常以具有外键的数据表（也称子表，如 GWB 或 GWCJB）为当前数据表（当前对象），单击其"结构"选项卡中（如图 5-18 所示）的"关联视图"按钮，在图 5-20 中创建数据表间内联和外键约束关联。

（1）创建内联的操作：在图 5-20 中，从子表外键行（如身份证号或岗位编号）依次选择数据库（如 rczp）、父表（如 ypryb）、父表的字段（该字段必须为索引中的字段，可以是主索引、唯一索引或普通索引），最后单击"保存"按钮即创建内联。

（2）创建外键约束关联的操作：在图 5-20 中，输入外键名，依次选择子表中字段（必须为索引中的字段，否则系统将自动以该字段创建普通索引）、数据库（如 rczp）、父表（如 ypryb）、父表的字段（该字段必须为索引中的字段且必须是该索引的第一个字段，可以是主索引、唯一索引或普通索引）。由于外键约束关联对关联数据表的操作有约束条件，因此，还要进一步选择外键约束（参照完整性）规则，系统默认约束规则均为 Restrict（限制）。最后

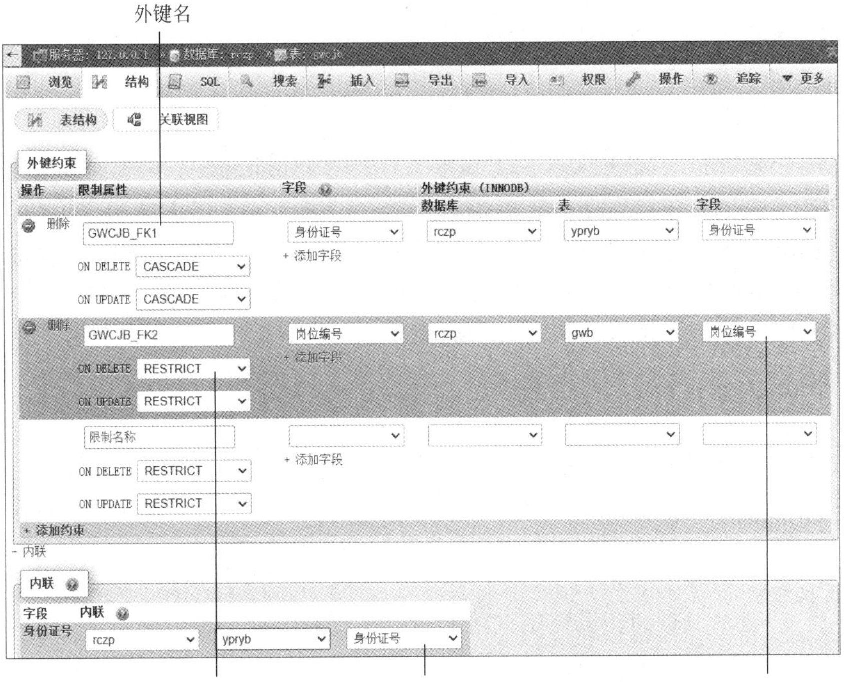

外键名

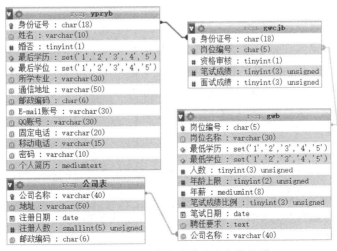

图 5-20　创建 GWCJB 与其父表之间关联的信息框

单击"保存"按钮。

　　由于内联对关联数据表的操作没有任何限制,仅仅表示数据表之间的关系,因此,实际应用中很少用这种关联,而外键约束关联比较常用。

　　创建数据表之间的关联后,切换当前对象为数据库,单击"设计器"选项,将显示当前数据库中数据表之间的关联如图 5-21 所示,连线较粗的一端表示子表及其外键,也表示子表与父表中的数据记录是多对一的关系。

图 5-21　RCZP 数据库中表之间的关联

2. 删除数据记录的约束规则

外键约束关联对增加、更新和删除数据记录以及删除数据表的操作都有某种制约作用。删除数据记录的约束规则(On Delete)是指删除父表中的数据记录时应该遵循的规则,其中有如下规则。

(1) Cascade(级联):删除父表(如 YPRYB)中的数据记录时,系统自动删除子表(如 GWCJB)中相关联的记录。所谓关联记录就是子表外键与父表中关联字段值相等的记录。例如,在 YPRYB 表中删除身份证号为 229901199503121538 的记录时,系统自动删除 GWCJB 表中身份证号为 229901199503121538 的全部记录。

(2) No Action 或 Restrict(限制):不能删除与子表中记录存在关联的父表中记录。也就是说,删除父表中记录的条件是子表中一定没有与之相关联的记录。例如,如果子表 GWCJB 中有岗位编号为 A0001 的记录,则父表 GWB 中不能删除岗位编号 A0001 的记录,在实际应用中,这样可以保证已经有人应聘的岗位,其岗位信息不会被误删除。

(3) Set Null(置空):删除父表中记录时,系统自动将子表中关联记录外键字段的值填成 Null。这就要求设计子表时,外键字段必须允许 Null(空,选中图 5-16 中的"空"列)。

3. 更新(修改)数据记录的约束规则

更新(修改)数据记录的约束规则(On Update)是指修改父表中的数据记录时,系统应该遵循的规则。其中有如下规则。

(1) Cascade(级联):修改父表(如 YPRYB)中关联字段(如身份证号)的值时,系统自动更新子表中(如 GWCJB)关联记录外键字段的值(如身份证号),以便保证数据的一致性。例如,在 YPRYB 表中,将身份证号由 229901199503121538 改为 22990119950312153X 时,系统自动将 GWCJB 表中与其关联的所有记录身份证号均改为 22990119950312153X。

(2) No Action 或 Restrict(限制):对子表中存在关联记录的父表记录,不能修改其关联字段的值。例如,如果子表 GWCJB 中有岗位编号(外键)为 A0001 的记录,则不能将父表 GWB 中岗位编号(关联字段)A0001 改成其他值。

(3) Set Null(置空):修改父表中关联字段的值时,自动将子表中关联记录的外键字段值填成 Null(此字段必须允许 Null)。

设计数据库时,可以选择数据表之间不创建关联、创建内联或创建外键约束关联。创建外键约束关联时,一定要设置约束规则,系统默认的约束规则是 Restrict(限制)。

在 MySQL 中,定义删除和更新记录的约束规则,从表面上看,只规定了删除和更新父表中记录时的限制或连锁反应,实质上对子表中增加、修改记录也有约束作用。例如,不允许在子表中增加与父表无关联的记录,也不许将子表中的记录修改成与父表无关联的记录。

对设置外键约束关联的数据表进行操作时,操作顺序有些限制。例如,要先创建父表,再以子表为当前数据表设计关联;删除数据表时,先删除子表,后删除父表;在向数据表中输入数据记录时,先输入父表中的记录,后输入子表中的关联记录。

当约束规则为限制(No Action 或 Restrict)时,应该先删除子表中的记录,才能删除父表中的关联记录;修改关联字段值时,将变得更复杂。因此,数据表之间的约束规则多采用级联(Cascade)规则。

5.8　维护数据表中的数据

创建数据表的主要目的是在数据表中存储数据,因此,数据记录是数据表中的核心内容,通常将不含任何数据记录的数据表称为空数据表。维护数据表中的数据主要包括输入(也称插入或增加)、修改(也称更新)和删除数据记录等操作。

1. 插入数据记录

向数据表中插入数据记录操作的账户必须有 Select 和 Insert 权限。当前对象为数据表(如 GWCJB),在"插入"选项卡窗口中(如图 5-22 所示)的"值"列中,选择(如身份证号、岗位编号字段)或输入对应字段的值。

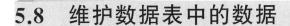

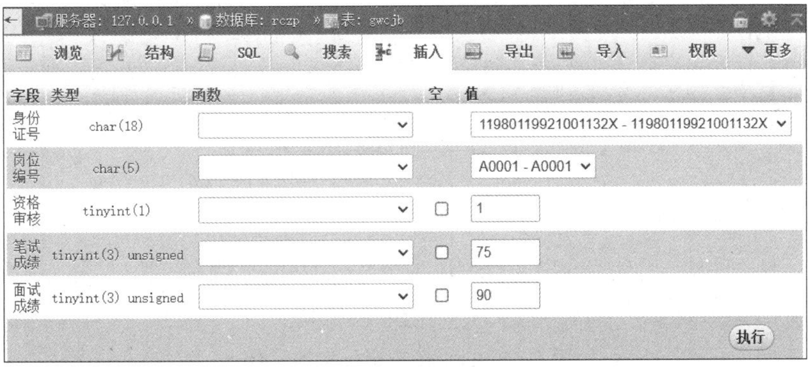

图 5-22　"插入"数据记录选项卡

在输入二进制大对象(BLOB)型的字段(如公司表中的宣传片)数据时,应该单击对应行的"选择文件"按钮,以便选择相关的文件,将文件内容转存到数据表中。

每输入一个记录,单击对应的"执行"按钮将保存一条数据,或者一次输入多个记录,单击下方"执行"按钮批量保存。在输入关联数据表中的数据记录时,要先在父表中输入记录(如 YPRYB 中的身份证号 11980119921001132X 和 GWB 中的岗位编号 A0001),子表中对应字段只能选择父表中已存在的值。

2. 浏览与编辑数据记录

编辑(修改)数据记录操作的账户必须有 Select 和 Update 权限。当前对象为数据库(如图 5-13 所示),单击数据表名(如 GWCJB)切换当前对象为数据表,打开"浏览"选项卡窗口,如图 5-23 所示。

(1) 数据记录排序:浏览数据时,系统初始按主关键字(如按岗位编号排序)的值排列记录,单击某列标题(如人数)可以重新升序或降序排列记录。

(2) 编辑(修改)数据记录:单击记录所在行的"编辑"按钮,可以修改当前数据记录;选中若干行后再单击"选中项"栏中的"编辑"按钮,可以修改多个数据记录。修改数据记录的窗口及操作方法与图 5-22 的"插入"数据记录选项卡窗口类似。在多数情况下,双击单元格可以直接编辑数据。

(3) 打开二进制大对象(BLOB)型字段的数据:单击数据项,可以以文件形式下载。

(4) 显示图表:将查询结果以条状图、柱状图、折线图、曲线图等可视化图表形式显示。

选择记录列　　所在行记录的操作工具

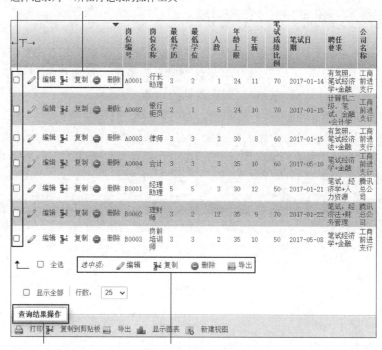

查询结果操作　　　　对选中的一个或多个记录操作

图 5-23　"浏览"数据记录选项卡

如图 5-24 所示,以柱状图显示了岗位表的部分信息。

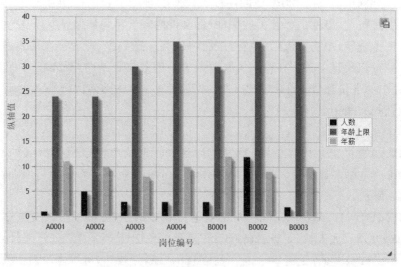

图 5-24　"显示图表"信息栏

3. 删除数据记录

执行删除数据记录操作的账户必须有 Select 和 Delete 权限。当前对象为数据表,在"浏览"数据记录选项卡(如图 5-23 所示),单击记录所在行的"删除"按钮,可以删除当前记录;选中若干行后再单击"选中项"栏中的"删除"按钮,可以删除多个数据记录。

5.9　复制及导入导出数据库

计算机软硬件的故障、病毒或人为操作等因素可能导致丢失或破坏数据库中的数据,另外,也经常需要将数据库由一台服务器中移植到另一台服务器中。要完成这些任务,都要求对数据库进行复制、导入和导出操作。

1. 复制当前数据库的操作

复制数据库将当前数据库中的全部信息(包括数据表、主键和关联等)复制到当前服务器上的另一个数据库中。执行复制数据库操作的账户必须有 Select、Insert、Create 和 Alter 权限。

当前对象为数据库(如图 5-13 所示),单击"操作"选项卡标签,在"复制数据库到"信息框中,输入复制(备份)后的数据库名称(如 RCZP2023),选择必要的选项,如图 5-25 所示,最后单击"执行"按钮。

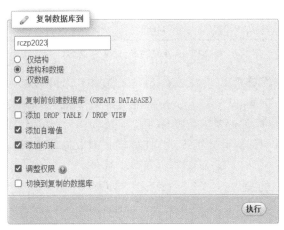

图 5-25　"复制数据库到"信息框

除选中"复制前创建数据库"项以外,其他相关选项与复制数据表(如图 5-19 所示)的选项含义相同。

2. 导出当前数据库的操作

导出数据库可以将数据库中的信息转存到其他类型(如 SQL、PDF、CSV 等)的文件中,导出为 CSV 文件,可以直接用 WPS 等软件打开编辑,如图 5-26 所示。

	A	B	C	D	E	F	G	H	I	J	K
1	A0001	行长助理	3	2	1	24	11	70	2017/1/14	有驾照, 笔试	工商前进支行
2	A0002	银行柜员	2	1	5	24	10	70	2017/1/15	计算机二级,	工商前进支行
3	A0003	律师	3	3	3	30	8	60	2017/1/15	有驾照, 笔试	工商前进支行
4	A0004	会计	3	3	3	35	10	60	2017/5/10	笔试经济学+	工商前进支行
5	B0001	经理助理	5	5	3	30	12	50	2017/1/21	笔试: 经济学	腾讯总公司
6	B0002	理财师	3	2	12	35	9	70	2017/1/22	笔试: 经济注	腾讯总公司
7	B0003	岗前培训师	3	3	2	35	10	50	2017/5/8	笔试经济学+	工商前进支行

图 5-26　导出的 CSV 文件内容

备份或恢复数据库通常导出为 SQL 文件，SQL 文件中保存的是创建表、新增数据记录等操作对应的 SQL 语句，如图 5-27 所示。

```
--
-- 表的结构 `gwcjb`
--

CREATE TABLE `gwcjb` (
  `身份证号` char(18) NOT NULL,
  `岗位编号` char(5) NOT NULL,
  `资格审核` tinyint(1) DEFAULT '0',
  `笔试成绩` tinyint(3) UNSIGNED DEFAULT '0',
  `面试成绩` tinyint(3) UNSIGNED DEFAULT '0'
) ENGINE=InnoDB DEFAULT CHARSET=utf8;

--
-- 转存表中的数据 `gwcjb`
--

INSERT INTO `gwcjb` (`身份证号`, `岗位编号`, `资格审核`,
`笔试成绩`, `面试成绩`) VALUES
('11980119921001132X', 'A0001', 1, 75, 90),
('11980119921001132X', 'B0001', 1, 85, 80),
('11980119921001132X', 'B0002', 1, 90, 85),
('2199011990010111351', 'A0002', 0, 70, 70),
('2199011990010111351', 'B0001', 0, 75, 60),
('2199011990010111351', 'B0002', 1, 89, 88),
```

图 5-27　导出的 SQL 文件内容

执行导出数据库操作的账户只要求有 Select 权限。当前对象为数据库（如图 5-13 所示），单击“导出”选项卡标签，从“格式”下拉框中选择文件类型（如 SQL、PDF、CSV 等）。单击“执行”按钮后，按导出向导的要求选择保存位置及文件名（如 RCZP.SQL）。

要导出当前服务器中的所有数据库，当前对象应为数据库服务器，单击“导出”选项卡，其他操作与上述相同。

3. 导入当前数据库的操作

执行导入当前数据库操作的账户必须有 Insert、Create 和 Alter 权限。将其他数据库导出的结果文件（如 RCZP.SQL）导入另一个数据库中，一般要经历下列步骤。

（1）当前对象为数据库服务器（如图 5-11 所示），创建数据库（可以与原数据库不同名称，如 ZP），单击数据库名，将其设为当前数据库；

（2）当前对象为数据库（如图 5-13 所示），单击“导入”选项卡按钮；

（3）在“导入”选项卡中，单击“选择文件”按钮，选择要导入的文件名（如 RCZP.SQL）、文件的字符集（如 UTF-8）和格式（如 SQL），最后单击“执行”按钮。

如果要将数据库从一台服务器移植到另一台服务器上，则要在目标服务器上创建数据库（通常与原数据库同名，如 RCZP），并设为当前数据库后，再将源服务器上导出的文件（如 RCZP.SQL）导入当前数据库中即可。

本章重点讲述了 MySQL 客户端管理工具 MySQL 命令行客户端和 phpMyAdmin 的基本操作，以及创建与管理账户及数据库的基本过程和常见方法。事实上，MySQL 客户端管理工具还有很多，它们功能类似，目标一致，只是操作方法及灵活性方面有些差异，各有千秋。在实际应用过程中，多数用户更习惯借助可视化平台（如 phpMyAdmin）结合 SQL 语句完成数据库管理和数据统计分析任务。

习题

一、填空题

1. 在 XAMPP 控制面板,单击____①____按钮,启动 Windows 命令行窗口;在命令行窗口用____②____语句登录 MySQL 数据库服务器;安装 MySQL 系统后,系统预留账户为____③____,它具有 MySQL 数据库的全局权限。执行语句 MySQL 登录数据库服务器时,系统默认 IP 地址是____④____。

2. 在 Windows 命令行窗口的____①____提示符下能执行语句:MySQL -u<用户名>[-h<数据库服务器 IP 地址>] [-p[<密码>]],语句中____②____的英文字母不区分大小写,____③____的英文字母区分大小写。连接数据库服务器成功后,在____④____提示符下执行 MySQL 语句,断开与数据库服务器的连接应该执行____⑤____语句。

3. 要将 MySQL 命令行客户端的内容送入剪贴板,应该单击窗口控制菜单→"编辑"→____①____选项,____②____鼠标选定内容,再单击控制菜单→"编辑"→____③____选项。

4. 创建账户时需要指出用户连接数据库服务器所使用的主机,用____①____表示本地服务器;用____②____表示任意主机。

5. 执行 Create User ST 语句后,ST 的主机为____①____,密码为____②____。要设置为当前服务器的账户,应该在 ST 后加____③____项;设置密码为 st918 应该在语句中加____④____短语。

6. 已连接的账户需要有某些权限才能操作数据库。填写执行下列操作的账户应该具有的权限:建立数据表____①____,修改数据表结构____②____,删除数据表____③____,创建数据表之间的参照完整性____④____,增加(插入)数据记录____⑤____,修改(编辑)数据记录____⑥____,删除数据记录____⑦____,执行 Create User 语句____⑧____,通过 phpMyAdmin 操作创建账户____⑨____。

7. 执行 Grant …… On <对象范围>To <用户名>语句时,对当前数据库中所有对象授权,对象范围应该写____①____;授予全局权限,对象范围应该写____②____;对数据库 RCZP 中所有对象授权,对象范围应该写____③____;对数据库 RCZP 中的表 YPRYB 授权,对象范围应该写____④____。

8. 安装 XAMPP 后,系统默认数据库文件夹是____①____,创建数据库 RCZP 时,创建的文件夹是____②____。为了系统能正常处理汉字信息,创建数据库时,通常选择的字符集(整理)有____③____。

9. 数据类型为 TinyInt 的字段,占用____①____B 存储空间,系统默认能存储有符号数的范围是____②____,无符号数的范围是____③____。

10. 2017 年 9 月 18 日 9 点 18 分 30 秒创建销售表,其中字段有:时间 TimeStamp;数量 Int,默认值为 10。9 点 28 分 6 秒又修改数据表中其他字段,9 点 30 分 10 秒向数据表中添加一条记录,9 点 48 分 20 秒将此记录的"数量"字段值改为 15。在输入或修改记录时,用户都没有修改数量和时间值。输入记录后,时间字段的值为____①____,数量字段的值为____②____;修改记录后,时间字段的值为____③____,数量字段的值为____④____。

11. 销售表中含自增值字段序号(Int Auto_Increment),创建数据表后立即输入一条记录,该记录的序号值为____①____;清空销售表中数据记录,再添加一条记录,新记录的序号值为____②____。

12. 在 MySQL 数据库中,数据表之间没有约束条件的关联称为_____①_____,有约束条件的关联称为_____②_____,要设计数据表之间的参照完整性,应该创建_____③_____关联。

二、单选题

1. 安装 MySQL 系统后,系统初始超级管理员用户名为( )。

    A. Root   B. root   C. Admin   D. Administrator

2. 在命令提示符#下,执行( )语句能以 root 身份登录本地数据库服务器。

    A. MySQL -Uroot -h127.0.0.1   B. MySQL -uRoot -h127.0.0.1

    C. MySQL -uroot -h127.0.0.1   D. MySQL -uroot -H127.0.0.1

3. 将记事本或 phpMyAdmin 软件中的内容送入剪贴板后,要插入 MySQL 命令行客户端光标位置,应该进行( )操作。

    A. 按 Ctrl+C 键

    B. 按 Ctrl+V 键

    C. 单击 MySQL 命令行客户端控制菜单→"编辑"→"粘贴"选项

    D. 单击 MySQL 命令行客户端控制菜单→"编辑"→"复制"选项

4. 与 MySQL 命令行客户端比较,phpMyAdmin 可视化窗口的主要优点在于( )。

    A. 输入编辑 MySQL 语句   B. 执行 MySQL 语句

    C. 生成 MySQL 语句   D. 查看 MySQL 语句

5. 在 MySQL 中,用( )符号表示一条语句结束。

    A. 逗号(,)   B. 分号(;)   C. 圆点(.)   D. 句号(。)

6. 在图 5-4 中添加用户时,( )中的英文字母不区分大小写。

    A. 用户名   B. 主机名(LocalHost)

    C. 密码   D. 重新输入

7. 下列叙述中,正确的是( )。

    A. 只能对已存在的数据库授权

    B. 对不存在的数据库授权会自动创建数据库

    C. 对不存在的数据库不能授权

    D. 对已存在或不存在的数据库均可授权

8. 账户权限的对象范围分全局、数据库和数据表等,正确的是( )。

    A. 为某账户授予全局权限,还必须授予其某数据库的相同权限

    B. 为某账户授予全局权限,不必再授予其某数据库的相同权限

    C. 为某账户授予某些全局权限,不能再为其授予数据库的其他权限

    D. 数据库权限只能操作数据库,不能操作其他对象

9. 一个 MySQL 数据库对应一个( )。

    A. 网站   B. 客户机   C. 文件夹   D. 文件

10. 数据表中字段为( )数据类型,增加或修改数据记录时,系统时间能自动填入对应字段。

    A. Date   B. Time   C. DateTime   D. TimeStamp

11. 从节省空间的角度考虑,在设计存储不定长数据的字段时(如专业名称、公司名称等),应该选择( )数据类型。

A. Char　　　　　　B. VarChar　　　　　C. TinyText　　　　D. Text

12. 对数据表中字段默认值的正确叙述是(　　　)。

　　A. 一个数据表中只能为一个字段设默认值

　　B. 创建数据表时为记录填写默认值

　　C. 修改记录时为字段填写值

　　D. 增加记录时系统自动填字段的默认值

13. 删除父表中记录的同时删除子表中相关记录,删除记录的约束规则应该为(　①　);
不许删除与子表中记录有关联的父表中记录,删除记录的约束规则应该为(　②　);子表
中关联记录外键字段值随父表中关联字段值而变化,更新记录的约束规则应该为(　③　);
不允许修改与子表有关联的父表中记录的关联字段值,更新记录的约束规则应该为(　④　)。

　　A. Cascade(级联)　B. Restrict(限制)　　C. Set Null(置空)　　D. 内联

14. (　　　)是空数据表。

　　A. 无结构的数据表　　　　　　　　B. 无记录的数据表

　　C. 无关键字的数据表　　　　　　　D. 无索引的数据表

15. 在"浏览"选项卡窗口中,单击(　　　)能对数据记录进行排序。

　　A. "编辑"按钮　　　B. "复制"按钮　　　C. "修改"按钮　　　D. 表的列标题

16. 要将数据库从一台服务器移植到另一台服务器,最好选择(　　　)操作。

　　A. 复制数据库　　　B. 复制数据表　　　C. 导出数据库　　　D. 导出数据表

三、多选题

1. 在命令提示符为#下,执行(　　　)语句能以 root 身份登录本地数据库服务器。

　　A. MySQL -Uroot -h127.0.0.1　　　　　B. MySQL -uRoot -h127.0.0.1

　　C. MySQL -uroot　　　　　　　　　　D. MySQL -uroot -h127.0.0.1

　　E. MySQL -uroot -H127.0.0.1

2. 在 MySQL 命令行客户端,执行(　　　)语句能断开数据库服务器的连接。

　　A. Quit　　　　　B. Bye　　　　　C. Disconnect　　　D. Exit　　E. Close

3. 半角圆点(.)除作为数值型数据中的小数点外,还可作为(　　　)之间的分隔符号。

　　A. 日期型数据中年月日　　　　　　B. 时间型时分秒

　　C. 数据库名与数据源名　　　　　　D. 数据源名与字段名

　　E. 用户名与密码

4. 通常将(　　　)常数用单引号(')或双引号(")引起来。

　　A. 日期型　　　　B. 日期时间型　　　C. 数值型　　　　D. 逻辑型

　　E. 字符串型

5. 下列字段名中,(　　　)需要用左单引号(`)引起来。

　　A. 姓名　　　　　B. 姓＋名　　　　　C. 姓_名　　　　　D. 姓'名

　　E. 姓.名

6. (　　　)中的英文字母区分大小写。

　　A. 系统保留字　　B. 系统函数名　　　C. 用户名　　　　D. 用户密码

　　E. 字符串常数　　F. 数据库名　　　　G. 数据表名

7. 通常在(　　　)中能执行 SQL 语句。

A. 记事本软件　　　　　　　　　B. MySQL 命令行客户端

C. Word　　　　　　　　　　　　D. phpMyAdmin 可视化窗口

E. Excel

8. 在图 5-6 的"修改登录信息/复制用户账户"信息框中,能够实现(　　　)功能。

A. 复制一个新账户　　　　　　　B. 仅删除原账户

C. 修改用户名、密码或主机　　　D. 为原账户授权

E. 删除数据库服务器中所有账户

9. 通过 phpMyAdmin 进行下列相关操作,选择用户应该具有的权限：修改数据表结构
(　①　),创建数据表之间的参照完整性(　②　),增加(插入)数据记录(　③　),修改(编
辑)数据记录(　④　),删除数据记录(　⑤　),创建账户(　⑥　),复制账户及其权限
(　⑦　)。

A. Select　　　　　B. Alter　　　　　C. Insert　　　　　D. Update

E. Delete　　　　　F. Create User　　　G. Grant

10. 执行(　　　)语句可以创建新账户。

A. Create User　　B. Rename User　　C. Drop User　　　D. Grant

E. Show Grants For <用户名>

11. 账户权限的对象范围分全局、数据库和表等,(　　　)是这 3 个层次的公共权限。

A. Select　　　　　B. Insert　　　　　C. Update　　　　　D. Delete

E. File　　　　　　F. Create User

12. 有关全局和数据库权限,正确的叙述是(　　　)。

A. 全局权限能操作当前服务器中所有数据库及相关对象

B. 全局权限仅能操作某数据库及其全部对象

C. 数据库权限能操作当前服务器中某数据库及相关对象

D. 数据库权限能操作当前服务器中所有数据库,但不能操作数据表

E. 全局和数据库权限都能操作当前服务器中某数据库及相关对象

13. 下列叙述中,正确的有(　　　)。

A. 先创建账户后授权　　　　　　B. 先授权后创建账户

C. 创建账户和授权同时进行　　　D. 先创建数据库后授权

E. 先授权后创建数据库

14. 在系统中没有用户名 TU 的情况下,执行 Grant All On ＊.＊ To TU Identified By
'123'语句,正确的叙述是(　　　)。

A. 创建了当前服务器用户 TU

B. 创建了任意主机用户 TU

C. 由于用户 TU 还不存在,因此语句执行失败

D. 为用户 TU 授予了全部全局权限

E. 只为用户 TU 授予了当前数据库中的所有对象权限

15. 数据库中主要包含(　　　)对象。

A. 数据表　　　B. Excel 表　　　C. 关联　　　　D. 存储函数

E. 图像文件　　　F. 视图

16. 执行 Create（　　　）RCZP Character Set＝'UTF8'能创建数据库 RCZP。

    A. DataBase   B. Table   C. View   D. RCZP

    E. Schema

17. 数据表主要由（　　　）两部分构成。

    A. 关键字   B. 外码   C. 数据表结构   D. 视图

    E. 数据记录

18. 在（　　　）中出现减号（-）时，要用左单引号（'）将其引起来。

    A. 表达式   B. 数值常数   C. 日期型常数   D. 数据表名

    E. 字段名

19. 数据表中字段为（　　　）数据类型时，必须说明长度。

    A. Int   B. Real   C. VarChar   D. DateTime

    E. Text   F. Char

20. 在设计存储可枚举数据的字段时（如政治面貌和职称等），应该选择（　　　）数据类型。

    A. Char   B. TinyInt   C. VarChar   D. ENum

    E. Set

21. 有关数据表中自增值字段的正确叙述有（　　　）。

    A. 一个数据表中最多有一个自增值字段

    B. 一个数据表中自增值字段个数不限

    C. 一个数据表中可以没有自增值字段

    D. 自增值字段必须是数值型

    E. 新增记录自增值字段值为数据表中当前所有记录的最大值加 1

22. 关于 MySQL 数据表的主键和关键字的正确叙述有（　　　）。

    A. 一个数据表最多有一个主键   B. 一个数据表主键个数不限

    C. 一个数据表可以没有主键   D. 用主索引定义主键

    E. 用唯一索引定义关键字   F. 用唯一索引定义非主键的关键字

23. 关于 MySQL 索引的作用，正确叙述有（　　　）。

    A. 主索引能控制记录避免重复   B. 唯一索引能控制记录避免重复

    C. 普通索引能控制记录避免重复   D. 主键能控制输出记录的初始顺序

    E. 普通索引用于与其他数据表创建关联及参照完整性

24. 有关设计数据表间关联及参照完整性，正确的叙述是（　　　）。

    A. 以子表为当前数据表创建关联

    B. 创建关联时，子表和父表都必须存在

    C. 内联的父表字段必须为索引中的字段

    D. 内联的子表字段必须为索引中的字段

    E. 外键约束关联的子表字段必须为索引中的字段

25. 有关数据表间内联与外键约束关联，正确的叙述是（　　　）。

    A. 内联没有约束规则

    B. 系统默认内联的约束规则为限制

C. 外键约束关联没有约束规则

D. 系统默认外键约束关联的规则为限制

E. 系统默认外键约束关联的规则为级联

F. 系统默认内联的约束规则为级联

G. 外键约束关联必须有约束规则

26. 数据表间设置更新和删除数据记录的约束规则,无论是级联还是限制,都能执行的操作有(　①　),无法进行的操作有(　②　)。

A. 先删除父表后删除子表　　　　　B. 先删除子表后删除父表

C. 输入父表中与子表无关联的记录　D. 输入子表中与父表无关联的记录

E. 删除父表中与子表无关联的记录　F. 删除父表中与子表有关联的记录

G. 删除子表中与父表有关联的记录　H. 修改子表中记录,使其与父表无关联

I. 修改父表中与子表有关联记录的关联字段值

27. 在"浏览"数据记录选项卡中,对选中的多个记录能进行(　　　)操作。

A. 编辑　　　　　B. 复制　　　　　C. 删除　　　　　D. 导入

E. 导出

四、思考题

1. 什么是数据库的物理设计? 数据库物理设计与数据库逻辑设计的关系是什么? 应该在什么软件中实施数据库的物理设计?

2. MySQL 命令行客户端和 phpMyAdmin 各自的特点是什么?

3. 在 MySQL 命令行客户端不便于修改语句或输入汉字,通常采用什么方法解决这类问题? phpMyAdmin 可视化窗口和 MySQL 命令行客户端都不便于保存相关命令(语句),通常采用什么途径保存这些语句?

4. 在一个数据库管理系统中不改变系统预留账户 root@localhost 的密码和权限,可能会给系统带来哪些问题?

5. 在输入一条命令或语句时,哪些位置需要写半角圆点(.)? 哪些内容要用引号引起来? 什么情况下的数据库、数据表或字段名必须用左单引号引起来?

6. 哪些内容中的英文字母要区分大小写? 什么内容之间至少用一个空格分隔?

7. 要使账户能在服务器本地进行操作,应该如何定义账户? 为什么要创建任意主机(%)账户?

8. 全局权限和数据库权限有哪些异同? 为什么有时要给某账户只授予数据库权限?

9. 数据库中包含哪些对象? MySQL 数据库以什么形式存储? 数据表以什么形式存储? 创建数据库时为何要选择字符集和排序规则?

10. 数据表间关联及参照完整性是数据库的一项重要技术,它给实际应用带来哪些利弊? 对于没有设置关联及参照完整性的数据库,在实际应用中有哪些不便? 对于设置了关联及参照完整性的数据库,在创建和删除数据表,输入、修改和删除数据记录方面有哪些限制?

11. 为什么要进行数据导出? 何时需要数据导入? 将一个数据库从一台计算机移植到另一台计算机上,应该如何操作?

第6章　数据库访问及结构化查询语言

数据库访问是指操纵（存储）和读取数据库中的数据。操纵数据包括增加、修改和删除数据记录，读取数据有数据提取、查询和统计分析等操作。

结构化查询语言（Structured Query Language，SQL）是访问关系型数据库最有效的通用工具，语句并不多，但每条语句的功能都非常强大，通常一条语句相当于一个子程序（模块）的功能。某些 SQL 语句的结构比较复杂，仅掌握 SQL 语句的常用格式及其功能，即可满足一般应用的要求。SQL 是应用程序与数据库进行数据交换的实用工具，是大数据和人工智能技术中数据提取、归并、统计分析的核心技术，是实施二十大的"加快发展数字经济"战略部署中不可或缺的内容和技术。

MySQL 是一种关系型数据库管理系统（DBMS），如何利用 MySQL 中的 SQL 语句访问数据库解决实际应用问题是本章要研究的主题，主要探讨下列问题。

（1）SQL 由哪些子语言构成？SQL 的语法规则是什么？在什么环境中可以编辑和运行 SQL 语句？

（2）何为数据定义语言？由哪些语句构成？如何使用这些语句创建、修改和删除数据表、关键字和表间参照完整性？

（3）什么是数据操纵语言？如何使用数据操纵语言维护数据库中的数据？

（4）什么是数据查询语言？如何使用数据查询语言进行数据查询、统计和分析？

（5）如何利用 SQL 语句解决较复杂的应用问题？有哪些解决问题的途径？

（6）如何解决数据库与其他软件的数据交换问题，利用多种渠道处理数据？

6.1　SQL 语句的编辑及运行环境

标准的 SQL 分为数据定义、数据操纵、数据查询和数据库访问控制 4 种子语言，每种子语言完成一类数据库操作任务。

目前，关系数据库管理系统都支持标准 SQL。在各种 DBMS 环境中，对标准 SQL 支持的程度有些差异，可能有些取舍或扩充，特别是某些 DBMS 的内部函数名、格式和功能可能差异较大，即使函数名相同，其功能也可能不尽相同。因此，在设计 SQL 语句引用内部函数时，需要查阅相关 DBMS（如 MySQL）的资料，以便正确使用内部函数。

在不同的 DBMS 环境中，编辑和运行 SQL 语句的环境也有些差异。在 MySQL 数据库管理系统中，除了在命令窗口可以编辑和运行 SQL 语句外，还可以在 phpMyAdmin 可视化窗口中编辑和运行 SQL 语句。在动态网页设计中，为使网页程序能处理数据库中的数据，也需要在 PHP 程序代码中嵌入 SQL 语句。

1. phpMyAdmin 可视化窗口

对于不习惯 MySQL 命令窗口操作的用户,可以通过 phpMyAdmin 可视化窗口(界面)的方式编辑、生成和运行 SQL 语句。

在成功登录 phpMyAdmin 后,单击数据库名(如 RCZP)→数据源名(如 GWCJB),进入数据"浏览"窗口,如图 6-1 所示。

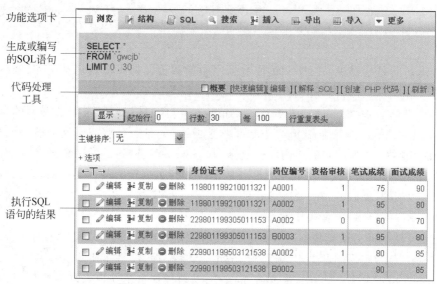

图 6-1　phpMyAdmin 的数据"浏览"窗口

在数据浏览窗口,可以查看 SQL 语句和浏览查询的结果,单击"编辑"代码处理工具按钮,进入 SQL 语句生成、编辑与执行窗口,如图 6-2 所示。

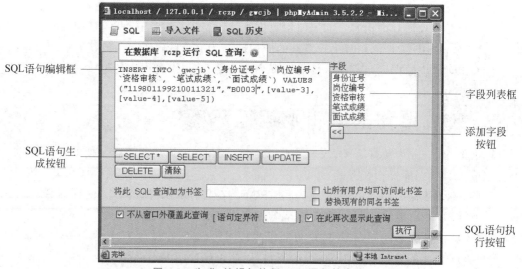

图 6-2　生成、编辑与执行 SQL 语句的窗口

在 SQL 语句生成、编辑与执行窗口中,可以进行如下操作。

(1) 生成与编辑 SQL 语句。单击 SQL 语句的生成按钮(如 Insert 和 Delete 等),在

SQL 语句编辑框中生成对应语句的模板,在此基础上进行编辑修改,使之成为实现具体功能的语句。可以同时编辑和执行多条语句,语句之间用半角分号(;)和回车符分隔。

(2)向语句中添加字段。在字段列表框中,单击某字段名,选定该字段;先单击某字段名,再按住 Shift 键并单击另一个字段名,选定这两个字段之间连续的所有字段名;按住 Ctrl 键再单击某字段名,可以选定该字段。最后单击添加字段按钮"<<",将选定的字段名添加到语句编辑框中的插入点位置。也可以直接双击字段列表框中的字段名,在语句编辑框的插入点位置添加字段名。

(3)执行语句。单击"执行"按钮,开始执行语句,随后可以查看运行效果。如果运行有错误,则需要单击"编辑"代码处理工具按钮,修改语句后再重新执行。

2. 在 PHP 程序中嵌入 SQL 语句

在 PHP 程序代码中嵌入 SQL 语句,是通过网页访问数据库的一种重要技术手段。PHP 允许以字符串的形式将 SQL 语句嵌入在程序中。当用户浏览网页时,系统通过调用函数提交 SQL 语句,从网络数据库读取数据,并将处理结果显示在网页上。

【例 6-1】　在"记事本"软件中,编写能查询岗位申报人次的网页程序 CXGWSB.PHP。

```
<Html>
<Head><Meta charSet="utf-8"/><Title>查询岗位申报人次</Title></Head>
<Body><H1>
<?PHP
    $FWQ=MySQL_Connect("LocalHost:3306","YPRY","") Or
        Die("数据库服务器连接失败!<Br>");      //连接数据库服务器"LocalHost:3306"
    MySQL_Select_DB("RCZP",$FWQ) Or
        Die("选择当前数据库失败!<Br>");        //选择当前数据库为 RCZP
    $YJ="Select Count(*) From GWCJB";         //将 SQL 语句以字符数据形式存于变量$YJ
    $JG=MySQL_Query($YJ,$FWQ);                //执行 SQL 语句
    If($JG)
    {
        $AR=MySQL_Fetch_Array($JG,MYSQL_NUM);  //查询结果存于数组$AR
        If($AR)
            Echo "岗位申报:",$AR[0],"人次<br>";  //输出统计结果
        Else
            Echo "无人岗位申报!<br>";
    }
    Else
        Echo "查询岗位申报人次失败!<br>";
    ?>
</H1></Body>
</Html>
```

在编辑 CXGWSB.PHP 程序时,SQL 语句 Select Count(*) From GWCJB 以字符串数据的形式赋给变量$YJ,并将其作为函数 MySQL_Query 的参数。在执行 CXGWSB.PHP 时,系统调用函数 MySQL_Query 提交 SQL 语句,并获得操作数据库的结果。

函数 MySQL_Query 不仅能提交查询语句,也能提交其他语句(如 Insert、Delete 和 Update 等),并获取操作结果。

将网页程序 CXGWSB.PHP 文件存储在 XAMPP 软件安装目录下的文件夹 \HTDOCS 中(默认网站发布目录),在网页浏览器的地址栏中输入 Http://LocalHost/ CXGWSB.PHP,即可将 SQL 语句处理的结果显示在网页上,如图 6-3 所示。

SQL语句统计的结果

图 6-3　网络浏览器中显示数据的统计结果

在实际应用中,编辑和运行 SQL 语句的环境还有许多。例如,在 MySQL 程序(存储过程或函数)中,可以直接编写语句;在运行 MySQL 程序时,执行 SQL 语句,并进行数据库操作。另外,还有一些其他软件(如 Navicat 和 MySQL Workbench 等)都可以编辑和运行 SQL 语句。用户可根据个人的操作习惯和应用开发环境,掌握其中一两种工具即可熟练操作 MySQL 数据库。

6.2　创建表

数据表设计与维护主要是将数据库逻辑设计阶段的关系模式在 DBMS 控制下实施,完成数据库中表的物理设计。具体实施手段包括创建与修改表结构,设计主关键字(主键)和数据参照完整性等操作。

SQL 的数据定义语言(data definition language,DDL)是实现表设计与维护的专用语言,由建立表结构(Create Table)、修改表结构(Alter Table)和删除表(Drop Table)语句组成。

创建表除了设计表结构中的信息(字段名、数据类型、宽度和默认值等)以外,还可以同时设计其他相关内容,如主键和参照完整性等。

6.2.1　创建表的语句格式

执行创建表语句的用户(也称账户,本章统一使用用户这一称谓),应该具有 Create 权限。

语句格式:

```
Create Table [If Not Exists] <表名>
(<字段名 1> <数据类型> [Unsigned] [[Not] Null] [ZeroFill]
 [Default <常数>] [Auto_Increment]  [Primary Key | Unique]
……
   [,<字段名 n> <数据类型> [[Not] Null] ……]
   [,Primary Key | Unique [<键名>] | Index [<键名>] (<字段名表>)]
   [,[Constraint <外键名 1>] Foreign Key(<外键字段名 1>)
     References <关联表名 1> (<关联字段名 1>)
     [On Delete <约束规则>] [On Update <约束规则>]
          ……
   [,[Constraint <外键名 m>] Foreign Key(<外键字段名 m>)
     References <关联表名 1> (<关联字段名 m>)
     [On Delete <约束规则>] [On Update <约束规则>]]]
)
```

语句中有关表名、字段名、数据类型、Unsigned、Null、ZeroFill、Default、Auto_Increment、Primary Key 和 Unique 等选项的含义及说明，请参考第 5 章的 5.6 节及表 5-3～表 5-8；有关 References 短语（表间关联及参照完整性）请参考 5.7.3 节。

【例 6-2】　参照第 4 章中的表 4-14，在 RCZP 数据库中创建公司表。

```
Create Table
  公司表(公司名称 VarChar(40)  Primary Key, 地址 VarChar(50),
     注册日期 Date, 注册人数 SmallInt  Unsigned  Default  100,
     邮政编码   Char(6)
  );
```

在新创建的"公司表"表中，"公司名称"字段为主键（Primary Key，非空），键名为 Primary。在输入"公司表"表中的数据记录时，"公司名称"字段值可输入 40 个字符或汉字（用 VarChar 数据类型，一个汉字占一个长度），且"公司名称"字段值不能空（至少输入 1 个字符）；"地址"字段值可输入 50 个字符或汉字；"注册日期"字段值可以输入日期，格式为 YYYY-MM-DD（年-月-日）；"注册人数"字段输入无符号（Unsigned）5 位整数（SmallInt 类型无符号数据的默认长度为 5 位），范围为 0～65535，新增加数据记录时，"注册人数"字段的初始值（Default）为 100；"邮政编码"字段可以输入 6 个字符或数字。

在"公司表"表中，除"公司名称"字段的值不能空外，其他字段的值均可以不输入任何数据，即可以空。

【例 6-3】　在 RCZP 数据库中创建论坛表，包含文章序号、作者、文章内容和更新时间 4 个字段。

```
Create Table
  论坛表(文章序号 Int Auto_Increment  Primary Key,
     作者 VarChar(20), 文章内容 Text, 更新时间 TimeStamp
  );
```

其中，整型的文章序号字段附加自增值（Auto_Increment）属性，并设置为主键，输入数据记录时由系统自动编号；更新时间字段为时间戳数据类型（TimeStamp），当输入或修改表中数据记录的其他字段值时，DBMS 会自动用系统时间填写"更新时间"字段的值，格式为年-月-日 时:分:秒。

6.2.2　创建表的关键字及索引

在 MySQL 数据库中，表可以没有关键字，但为了避免重复输入数据记录，大多数表都设关键字，并且，关键字可能由一个或多个主属性构成。创建和维护表时，通过 Primary Key 短语创建主索引来定义主键（键名为 Primary）；用 Unique 短语创建唯一索引来确定其他关键字。

1. 一个主属性的关键字索引

当表的关键字由一个主属性构成时，可以在主属性字段名及数据类型说明之后加 Primary Key 短语创建主索引（主键，键名为 Primary）；当表有多个关键字时，在其他主属性字段后加 Unique 短语创建唯一索引（字段名即为键名）。例如，公司名称 VarChar(40) Primary Key（见例 6-2），文章序号 Int Auto_Increment Primary Key（见例 6-3）。

【例 6-4】　在 RCZP 数据库中创建岗位表 GWB（设计说明参考第 4 章的表 4-11）和应聘

人员表 YPRYB(设计说明参考第 4 章的表 4-12)。

```
Create Table
  GWB ( 岗位编号 Char(5) Primary Key, 岗位名称 VarChar(30) Not Null,
        最低学历 ENum('1','2','3','4','5') Default "3",
        最低学位 ENum("1","2","3","4","5") Default "2",
        人数      TinyInt Unsigned Default 1,
        年龄上限 TinyInt(2) Unsigned Default 60,
        年薪      MediumInt(8) Default 36000,
        笔试成绩比例 TinyInt Unsigned Default 0,
        笔试日期 Date, 聘任要求 TinyText, 公司名称 VarChar(40),
        Index GS(公司名称)
      );
```

在创建 GWB 表的同时,设置以公司名称字段为索引关键字的普通索引,键名为 GS,为 GWB 与公司表建立关联做准备。

```
Create Table
  YPRYB(身份证号 Char(18) Primary Key,
        姓名 VarChar(10), 婚否 Boolean Default 0,
        最后学历 ENum('1', '2','3', '4','5') Default '3',
        最后学位 ENum('1', '2','3', '4','5') Default '2',
        所学专业 VarChar(30), 通信地址 VarChar(50),
        邮政编码 Char(6), E-mail 账号 VarChar(30),
        QQ 账号  VarChar(30), 固定电话 VarChar(20),
        移动电话 VarChar(15), 密码 VarChar(10), 个人简历 Text
      );
```

由于岗位编号单独构成 GWB 的主键,身份证号也单独构成 YPRYB 的主键,因此,在 Create Table 语句中对应字段之后直接加 Primary Key 短语,即可创建对应表的主键。

2. 多个主属性的关键字及索引

当表的关键字由多个字段(主属性)构成时,需要在所有字段描述之后加 Primary Key (<字段名表>)短语定义主键,键名(即索引名称)仍然是 Primary;用 Unique [<键名>] (<字段名表>)短语定义其他关键字,省略键名时,字段名表中的第一个字段名即为键名。其中字段名表由关键字中的主属性构成,每个字段名后可以加 ASC(默认,升序排序)或 DESC(降序排序)短语,以控制数据的排序方式。字段名之间用半角逗号(,)分隔,当然,仅由一个字段构成关键字时不需要逗号。

一个表中可以没有主键或者有一个主键,因此,在一条 Create Table 语句中,Primary Key 短语不能出现两次及以上。当多个字段构成主键时,不要在描述每个字段时都加 Primary Key 短语,只写一次"Primary Key(<字段名表>)"短语定义组合主键即可。但是,可以多次使用 Unique 短语定义多个关键字。

在 Create Table 语句中,所有字段描述之后,也可以多次用 Index [<键名>](<字段名表>)短语创建普通索引,字段名表可包含一个或多个索引字段,每个字段名后也可以加 ASC 或 DESC 短语。当省略键名时,字段名表中的第一个字段名即为键名。例 6-4 中的 Index GS(公司名称)短语,用于创建公司名称字段索引,公司名称的排序方式为升序,键名(索引名称)为 GS。

6.2.3　表的外键、关联及参照完整性

表的外键不是本表的关键字(但可能是主属性,如 GWCJB 中的身份证号和岗位编号),而与其他表的关键字对应(字段名可以不同,但含义必须相同),例如,身份证号是 YPRYB 的主键,岗位编号是 GWB 的主键。外键通常用于本表与其他表创建关联,通过关联除实现表之间的联系外,还可以设置表之间的参照完整性约束规则,即外键约束关联。

在 Create Table 语句中,用［Constraint ＜外键名＞］Foreign Key(＜字段名＞)References ＜关联表名＞(＜关联字段名＞)短语创建表之间的关联,同时用 On ……＜约束规则＞短语设置表之间的参照完整性。使用 Constraint ＜外键名＞短语为外键命名,以便在其他语句中引用外键。

【例 6-5】　在 RCZP 数据库中创建岗位成绩表 GWCJB(设计说明参考第 4 章表 4-13)。

```
Create Table
  GWCJB(身份证号 Char(18)  Not Null, 岗位编号 Char(5)  Not Null,
        资格审核 Boolean  Default 0, 笔试成绩 TinyInt Unsigned Default 0,
        面试成绩 TinyInt Unsigned Default 0, Primary Key(身份证号,岗位编号),
        Constraint GWCJB_FK1 Foreign Key(身份证号) References YPRYB(身份证号)
              On Delete Cascade On Update Cascade,
        Constraint GWCJB_FK2 Foreign Key(岗位编号) References GWB(岗位编号)
              On Delete Restrict On Update Restrict
  );
```

在新创建的 GWCJB 表中,(身份证号,岗位编号)是主键,身份证号和岗位编号分别是两个主属性,也是两个外键。GWCJB(子表)通过外键身份证号与 YPRYB(父表)建立关联;用外键岗位编号与 GWB(父表)建立关联,同时与两个父表分别设置(On…短语)参照完整性。所谓参照完整性就是删除或修改表中数据记录时表之间的约束规则。

在执行 Create Table 语句时,可以选择创建或不创建表之间的关联。而创建外键约束关联(加 Foreign Key…References 短语)的同时一定要设置表间的参照完整性,如果不加 On Update 或 On Delete 短语,则系统自动将删除和更新记录的约束规则都设置为 Restrict(限制)。

6.3　表及其结构维护

运行 MySQL 中的语句可以查看、删除和更名数据库中的表,也可以进一步调整和修改表的结构信息。

6.3.1　表结构维护

当数据库中表的结构局部还不符合要求时,可以运行修改表结构的语句(Alter Table)进一步进行调整。在原表结构基础上,调整内容包括增加、删除和修改相关信息。执行表结构维护语句的用户必须具有 Alter 权限。

语句格式:

```
Alter Table <表名>
        [[,] Add <字段名> <数据类型> [<附加属性>]]
        [[,] Add Primary Key <主属性名表>]
        [[,] Add Unique <键名> <主属性名表>]
        [[,] Add Index <键名> <字段名表>]
        [[,] Add [Constraint <外键名>] Foreign Key(<字段名>)
            References <关联表名> (<关联字段名>)
            [On Delete <约束规则>] [On Update <约束规则>]]
        [[,] Drop <字段名>]
        [[,] Drop Primary Key]
        [[,] Drop Index <键名>]
        [[,] Drop Foreign Key <外键名>
        [[,] Rename <新表名>]
        [[,] Change <原字段名> <新字段名> <数据类型> [<附加属性>]]
        [[,] Modify <字段名> <数据类型> [<附加属性>]]
        [[,] Alter <字段名> Set Default <常数> | Drop Default]
                        ……
```

在一条 Alter Table <表名> 语句之后,可以加多个短语(Add…、Drop…和 Modify…等),各个短语之间用半角逗号(,)分隔。

1. 增加表结构信息

Add 短语用于向表结构中添加信息,与 Create Table 语句中相关短语的功能和用法基本相同。

【例 6-6】 向公司表中增加简介 Text、备注 Text、注销 Tinyint(1) Default 0、密码 VarChar(10)和宣传片 LongBLOB 5 个字段,以地址和注册日期为关键字创建唯一索引 DZRQ;将 GWB 与公司表通过公司名称建立关联。

```
Alter Table  公司表  Add 简介 Text, Add  备注 Text,
        Add 注销 Tinyint(1)  Default 0, Add 宣传片 LongBLOB,
        Add 密码 VarChar(10),
        Add Unique DZRQ(地址, 注册日期);

Alter Table GWB add Constraint FK Foreign Key(公司名称)
        References 公司表(公司名称) On Delete Cascade On Update Cascade;
```

2. 删除表结构信息

使用 Drop 短语可以删除表结构中的相关信息。

【例 6-7】 删除公司表中的备注字段和唯一索引 DZRQ。

```
Alter Table 公司表 Drop 备注, Drop Index DZRQ;
```

值得注意的是,要删除表的唯一索引,也用 Drop Index 短语,而不用 Drop Unique。

3. 修改表结构信息

在 Alter Table<表名> 语句中,加 Rename 短语可以实现表更名,加 Change 短语进行字段改名,加 Modify 短语修改字段的数据类型,加 Alter 短语设置或删除字段的默认值。

【例 6-8】 将例 6-3 创建的表"论坛表"改名为"论坛";增加"文章主题"VarChar(100)字段;将原有"作者"字段的默认值设为"匿名人士";"文章内容"字段名改为"内容"。

```
Alter Table 论坛表  Rename 论坛, Add 文章主题 VarChar(100),
     Alter 作者 Set Default '匿名人士', Change 文章内容  内容 Text;
```

在使用 Change 短语实现字段改名时,一定要写出改名后的数据类型,即便数据类型保持不变也要如此。

6.3.2　有关表及结构的其他操作

在 MySQL 中,还有一些用于操作表及其结构的语句。

1. 查看表的结构信息

语句格式:

```
Show Columns {From|In} [<数据库名>.]<表名>
```

查看当前数据库中的表结构时,可以不写数据库名和"."。

【例 6-9】　输出 RCZP 数据库中 GWB 的表结构。

```
Show Columns From RCZP.GWB;
```

输出结果如表 6-1 所示。

表 6-1　GWB 的表结构

字　段	数　据　类　型	可否为空	主键	默认值
岗位编号	Char(5)	否	PRI	Null
岗位名称	VarChar(30)	否		Null
最低学历	ENum('1','2','3','4','5')	是		3
最低学位	ENum('1','2','3','4','5')	是		2
人数	TinyInt(3) Unsigned	是		1
年龄上限	TinyInt(2) Unsigned	是		60
年薪	MediumInt(8)	是		36000
笔试成绩比例	TinyInt(3) Unsigned	是		0
笔试日期	Date	是		Null
聘任要求	TinyText	是		Null
公司名称	VarChar(40)	是	Null	Null

2. 更改表名

虽然在 Alter Table 语句中加 Rename 短语可以实现表更名,但 MySQL 还有专门用于更改表名称的语句。

语句格式:

```
Rename Table <表原名> To <表新名>
```

3. 删除表

删除表是指删除表结构及其表中的数据记录。要删除有参照完整性的父表,应该先删除子表中的外键(Drop Foreign Key)或删除子表。

语句格式:

```
Drop Table[If Exists]<表名表>
```

执行 Drop Table 语句的用户应该有 Drop 权限;执行一条 Drop Table 语句可以同时删除多个表,表名之间用逗号分隔。在语句中加 If Exists 短语,可以避免因删除不存在的表而引发系统出错。

4. 查看数据库中的表名

语句格式:

```
Show Tables [{From|In}<数据库名>]
```

如果查看当前数据库中的表名,则可以不写 From|In<数据库名>短语。

5. 复制表结构

语句格式:

```
Create Table [If Not Exists]<新表名> Like <源表名>
```

按源表的结构(包括索引、数据类型和默认值等)创建新表,但不填写数据记录,即创建空表。

6.4 MySQL 的表达式

表达式主要用于实现语句的运算功能,以便完成较复杂的计算和逻辑判断任务。常数、变量(字段)和函数是基本的表达式,通过运算符号连接表达式构成较复杂的表达式,运算符号与数据的类型有关。

在一个表达式中可以通过函数名、圆括号和参数(有些函数没有参数)调用函数,获得处理(运算)后的结果(称为返回值),作为表达式中的一个运算项。例如,2 * Sqrt(25),系统先调用算术平方根函数 Sqrt(函数名),对 25(参数)进行开平方运算,返回函数值 5,再进行 2 * 5 运算,最后得到结果 10。

在 MySQL 中,可用 Select <表达式>语句在命令行方式下测试和输出表达式的值。

【例 6-10】 在 MySQL 的命令窗口,输出表达式 2 * Sqrt(25)的值。

```
mysql>Select 2 * Sqrt(25);
+--------------+
| 2 * Sqrt(25) |
+--------------+
|           10 |
+--------------+
1 row in set(0.12 sec)
mysql>
```

函数的参数也是表达式,甚至可以是另一个函数调用,即函数的嵌套调用。例如,Sqrt(ABS(−19 % 10))调用 Sqrt 时,先调用绝对值函数 ABS(−19 % 10),继而最先计算 −19 % 10 得到−9,再对−9 求绝对值得到 9,最后对 9 进行开平方运算得结果为 3。

函数分内置函数和用户自定义函数两种。内置函数是系统定义的函数,也称系统函数、标准函数,简称函数。内置函数的用法与运算符类似,用户可以直接调用,完成相关的计算任务。

6.4.1　算术运算符及常用的数学函数

算术运算符和数学函数主要用于数值型数据的统计分析及科学计算,运算结果仍然是数值型。

1. 算术运算符

算术运算符有＋(加法)、－(减法或取负运算)、＊(乘法)、/(除法)、Div(整数商,如 13 Div 4 的值为 3)和％(求模,即余数运算,如 13 ％ 4 的值为 1)。

算术运算的优先级别遵循数学中的规定,可以加圆括号"()"改变运算的优先级别,并且圆括号可以多层嵌套,内层圆括号中的算式优先于外层圆括号。例如,7＊5％2 的值为 1,而 7＊(5％2)的值为 7。

2. 数学函数

数学函数是以数值型数据为参数,返回值也是数值型数据的函数。有如下常用函数,其中参数 X、Y 和 n 均代表表达式。

(1) ABS(X):绝对值函数。返回 X 的绝对值。例如,ABS(-5.1)和 ABS(5.1)的值均为 5.1。

(2) Mod(X,Y):求模函数。返回 X 整除 Y 后所得的余数,与运算符％功能相同。函数返回值是实数(可能含小数),其符号取决于被除数(X)的符号。例如,Mod($5,2$)和 Mod($5,-2$)的值均为 1,Mod($-5,2$)和 Mod($-5,-2$)的值均为-1,Mod($1,0.3$)的值为 0.1。

(3) Power(X,n):指数函数。返回 X^n 的值,X 和 n 的值均为实数,但必须遵循数学中的规定(如负数不能开偶次方)。例如,Power($5,2$)和 Power($-5,2$)的值均为 25,Power($25,1/2$)的值为 5。但 Power($-25,1/2$)是错误的。

(4) Sqrt($<X>$):开平方函数。返回 X 的算术平方根,$X \geqslant 0$,与 Power($X,1/2$)功能相同。例如,Sqrt(25)的值为 5,Sqrt(2)的值为 1.414。

(5) Ceiling(X):取天棚函数。返回大于或等于 X 值的最小整数。例如,Ceiling(5.1)的值为 6,Ceiling(-5.1)的值为-5。

(6) Floor(X):取地板函数。返回小于或等于 X 值的最大整数。例如,Floor(5.1)的值为 5,Floor(-5.1)的值为-6。

(7) Round($X[$,$n]$):四舍五入函数。返回 X 四舍五入后的值。当 $n=0$ 时,可以不写",0",表示在小数点后第一位上四舍五入,仅保留整数;$n \geqslant 1$ 时,表示在小数点后第$n+1$位上四舍五入,保留整数和 n 位小数;$n \leqslant -1$ 时,表示在整数第$|n|$位上四舍五入,第$|n|$位及低位填 0 占位。例如,Round(15.7654)的值为 16,Round($15.7654,2$)的值为 15.77,Round($15.7654,-1$)的值为 20。

(8) Truncate(X,n):舍去函数。返回 X 截取(舍去)后的值。当 $n=0$ 时,舍去整个小数部分,仅保留整数;$n \geqslant 1$ 时,保留整数和 n 位小数;$n \leqslant -1$ 时,表示舍去整数第$|n|$位及低位的值,第$|n|$位及低位整数位填 0 占位。例如,Truncate($15.7654,0$)的值为 15,Truncate($15.7654,2$)的值为 15.76,Truncate($15.7654,-1$)的值为 10。

6.4.2　常用日期和时间函数

日期和时间函数是指对日期及时间型数据进行运算的函数,一般用于提取日期时间、转换和分析时间等。MySQL 没有提供日期时间的运算符,一切运算完全依靠函数。此类函数返回值可能是日期、时间、日期时间、数值或字符串型数据。有如下常用函数,参数 D 代表日期(时间)表达式,n 代表数值表达式。

(1) CurDate():系统当前日期函数。返回值为系统的当前日期,格式为 YYYY-MM-DD(年-月-日)。该函数没有参数,但调用该函数时,圆括号不能省略,以下相同。

(2) CurTime():当前时间函数。返回值为系统的当前时间,格式为 HH:MM:SS(时:分:秒)。

(3) Now() 与 SysDate():系统当前日期时间函数。两个函数功能相同,均返回计算机系统的日期时间。格式为 YYYY-MM-DD HH:MM:SS。

(4) AddDate(D,n):日期加天数函数。返回 D 加 n 天的日期(时间),$n<0$ 时,得到 $|n|$ 天前的日期(时间);$n\geqslant 0$ 时,得到 n 天后的日期(时间)。函数返回值的数据类型由 D 的数据类型决定。日期型数据的格式为 YYYY-MM-DD;日期时间型数据的格式为 YYYY-MM-DD HH:MM:SS。例如,AddDate('1949-10-1',100) 的值为 1950-01-09,AddDate('1949-10-1 15:00:00',-100) 的值为 1949-06-23 15:00:00。

(5) Time(D):截取时间函数。返回 D 值的时间部分,格式为 HH:MM:SS(时:分:秒),Time(Now()) 与 CurTime() 功能相同。例如,Time('1949-10-1 15:00:00') 的值为 15:00:00。

(6) WeekDay(D):周几函数。返回 D 对应的工作日(周几),范围为 0~6。0 为周一,1 为周二,…,6 为周日,即按我国工作日的习惯,WeekDay(D)+1 的值恰为周几。例如,WeekDay('1949-10-1')+1 的值为 6(周六)。

(7) DayOfWeek(D):周几函数。返回 D 对应的工作日(周几),范围为 1~7。1 为周日,2 为周一,…,7 为周六。例如,DayOfWeek('1931-9-18') 的值为 6(周五)。

(8) DayName(D):周几名函数。返回日期对应的工作日(周几)英文名字符串。例如,DayName('1931-9-18') 的值为 Friday。

(9) MonthName(D):月份名函数。返回日期 D 对应的月份英文名字符串。例如,MonthName('1931-9-18') 的值为 September。

(10) Year(D):年份函数。返回日期 D 的年份数值,范围为 1000~9999。例如,Year('2031-9-3') 的值为 2031。

(11) DateDiff(D_1,D_2):日期差函数。D_1 与 D_2 之间的天数,若 $D_1\geqslant D_2$,则函数返回值为大于或等于 0 的整数,否则为负数。例如,DateDiff('2018-10-1','1949-10-1') 和 DateDiff('2018-10-1 23:59:59','1949-10-1 0:0:0') 的值均为 25202;DateDiff('1949-10-1','2018-10-1') 的值为 −25202。

(12) TimeDiff(D_1,D_2):时间差函数。两个日期时间或两个时间之间相隔的时长,函数返回值的范围为 −838:59:59—838:59:59,即函数只适合计算不超过 34 天 23 小时的时间间隔。例如,TimeDiff('2018-1-4 7:10:10','2018-1-1 0:30:20') 的值为 78:39:50。

6.4.3　常用字符串函数

字符串函数主要用于字符串型数据(参数)的提取、连接、整理和转换等,返回值可能是字符串或数值型数据。MySQL 没有提供字符串型的运算符,一切运算完全依靠函数。有

如下常用函数,其中 S 表示字符表达式,N 和 n 均表示数值表达式。

(1) ASCII(S):字符编码函数。返回 S 值中首字符的机内码,范围为 0~255,0 表示 S 为空串,1~127 表示英文符号,128~255 表示汉字或全角符号。例如,ASCII('Data Base') 的值为 68;ASCII('数据库')的值为 230。

(2) Char(N_1[,N_2…]):编码转字符并连接函数。将各个参数(编码)对应的字符连接 成一个字符串作为函数的返回值。例如,Char(73,32,67,65,78)的值为"I CAN",其中 73、 32、67、65 和 78 分别是 I、空格、C、A 和 N 的 ASCII 码。

(3) Char_Length(S):字符串长度函数。返回 S 中符号的个数(也称字符串长度),每 个英文符号、汉字和全角符号的长度都记为 1。例如,Char_Length('Data Base')的值为 9, Char_Length('数据库')的值为 3。

(4) Concat(S_1[,S_2,…,S_n]):字符串连接函数。返回 n 个字符串连接后的字符串。 例如,Concat('互联网+','数据库','与程序设计')的值为"互联网+数据库与程序设计"。

(5) Concat_WS(<分隔符>,S_1[,S_2,…,S_n]):字符串连接函数。返回 n 个字符串之 间插入分隔符后再连接的字符串。例如,Concat_WS('|','互联网+','数据库','与程序设计') 的值均为"互联网+|数据库|与程序设计",其中"|"是分隔符。

(6) CONV(N,<当前进制>,<目标进制>):数制转换函数。N 为大于或等于 0 的 整数,将 N 的值由当前进制(≤36)转换到目标进制(≤36)的字符串作为函数的返回值。 例如,CONV(30,10,16)的值为 1E,将十进制 30 转换成十六进制后的字符串为 1E; CONV(12,8,2)的值为 1010,将八进制值 12 转换成二进制后的字符串为 1010;CONV(100,10,36) 的值为 2S。

(7) ELT(N,S_1[,S_2,…,S_m]):数码转名称函数。N 为数值或数字串型表达式,当 $1 \leqslant N \leqslant m$ 时,函数返回 S_N 的值,否则,函数返回值为 NULL。一般用于将数据编码转换成 名称。例如,ELT(2,'男','女')的值为女,ELT(最低学历,'无要求','专科','本科','研究生','博 士')的值为最低学历的汉字名称。

(8) Find_In_Set(S_1,S_2):查找字符串位置函数。如果 S_1 的值等于 S_2 值中某个子字 符串,则函数返回 S_1 字符串在 S_2 字符串中首次出现的序号,否则,函数返回值为 0。在 S_2 值中,各个子字符串之间用半角逗号分隔,一般用于将名称转换成数据编码。例如,Find_ In_Set('本科','专科,本科,研究生,博士生')的值为 2,Find_In_Set('女','男,女')的值为 2。

(9) Format(X,n):转换千分位函数。将 X 的数值转换成千分位字符串,n 为转换后 的小数位数,$n < 0$ 时按 0 计算,在小数 $n+1$ 位上四舍五入。例如,Format(23456789.675, 2)的值为字符串"23,456,789.68",Format(8976.54,−2)的值为字符串"8,977"。

(10) InSTR(S,S_1)和 Locate(S_1,S):子串位置函数。若 S_1 的值是 S 中的完整子串 (英文字母不区分大小写),则函数返回其在 S 字符串中首次出现的位置号,否则,函数返回 值为 0。例如,InSTR('吉林省大学','吉林大学') 的值为 0,InSTR('吉林省大学','大学')和 Locate('大学','吉林省大学')的值均为 4。

(11) Locate(S_1,S,<起始位置>):子串位置函数。从起始位置指定的位置之后,若 S_1 的值是 S 中的完整子串(英文字母不区分大小写),则函数返回其在 S 字符串中首次出现的 位置号,否则,函数返回值为 0。例如,Locate('中国','中国是一个发展中国家',5)的值是 8, Locate('发家','一个发展中国家',3)的值是 0。

(12) Left(S,n):左子串函数。返回 S 字符串左起 n 个符号。例如,Left('吉林省大学',3)的值为"吉林省"。

(13) Right(S,n):右子串函数。返回 S 字符串右起向左 n 个符号。例如,Right('吉林省大学',3)的值为"省大学"。

(14) Mid(S,<起始位置>[,n])和 SubString(S,<起始位置>[,n]):任意子串函数。返回值是从 S 值中起始位置向后的 n 个符号。若不写",n"或 n 值超过后面的字符个数,则函数返回值为从起始位置向后的全部符号。例如,SubString('吉林省大学',3,2)的值为"省大";Mid('吉林省大学',3)的值为"省大学"。

(15) Lower(S):转换小写字母函数。将 S 中大写英文字母(包括全角字母)转换成小写,其他符号不变,函数返回转换后的结果。例如,Lower('InterNet 与互联网+')的值为"internet 与互联网+"。

(16) Upper(S):转换大写字母函数。将 S 中小写英文字母(包括全角字母)转换成大写,其他符号不变,函数返回转换后的结果。例如,Upper('InterNet 与互联网+')的值为"INTERNET 与互联网+"。

(17) LTrim(S):删除首空格函数。返回值为去掉 S 值中首部空格后的字符串。例如,Concat('数据库',LTrim('   互联网+'))的值为"数据库互联网+",结果删除了"互联网+"左边的全部空格。

(18) RTrim(S):删除尾空格函数。返回值为删除 S 值中末尾空格后的字符串。例如,Concat(RTrim('数据库   '),'互联网+')的值为"数据库互联网+",结果删除了"数据库"尾部的全部空格。

(19) Trim(S):删除首尾空格函数。返回值为 S 字符串去掉首尾空格后的字符串。例如,Concat(Trim('   数 据 库   '),'互联网+')的值为"数 据 库互联网+",结果删除了"数 据 库"首尾全部空格。

Trim、LTrim 和 RTrim 都是删除对应位置的半角空格函数,但都不能删除其他字符中间的空格或全角空格。

6.4.4 混合数据类型的转换

在 MySQL 进行数据处理时,对数据类型的要求并不太严格。例如,设计表达式时,数据项的类型可以与运算符不匹配;函数的参数可以与要求的数据类型不一致等。系统并不将这种混合数据类型的操作视为错误,而是在运算之前,由系统自动转换相关数据的类型,随后再对转换后的数据进行运算。下面介绍数据类型转换的常见规则。

1. 按算术运算符转换

用算术运算符连接的非数值型运算项一律转换成数值型运算项后再运算。常用数据类型的转换规则如下。

(1) 字符串型转换。将字符串首部可转换成数值的部分转换成数值,再进行算术运算。例如,5+'10'的结果为 15,'9'*'40'的结果为 360,'2.5E3'/5 的结果为 500,'15'-'3.5 学分'的结果为 11.5。

(2) 日期(时间)型转换。将年月日时分秒依次连接后转换成一个整数,其中年份占 4位,其余各占 2 位。例如,如果系统日期时间函数 Now()的值是"2018-03-31 15:32:50",则

CurDate()＋5 的值为 20180336,Now()＋15 的值为 20180331153265。

2. 按函数的参数类型转换

当函数的参数与要求的数据类型不一致时,将参数的数据类型转换成所要求的数据类型后再进行函数运算。例如,Left(211985,4)的值为 2119,Sqrt('100A')的值为 10。

但是,日期(时间)型参数不能进行数值转换。例如,AddDate(2017-10-1,5)的值为 Null,WeekDay(2017.10.1)是错误的表达式。

系统在对混合类型的数据进行运算之前,要进行相应的数据转换。从上述转换结果来看,有数据丢失现象,如'3.5 学分'变为 3.5,'100A'变为 100。因此,为了避免数据丢失或产生歧义性的结果,建议设计表达式时要恰当地使用数据类型。

6.5　增加数据记录

数据表主要由表结构和数据记录两部分组成,表结构是表的框架,有了结构之后才能操纵表中的数据记录。通常将只有表结构而没有数据记录的表称为空表。

SQL 的数据操纵语言用于数据表中的数据维护,主要由增加(Insert 和 Replace)、删除(Delete)和修改(Update)数据记录的语句构成。在这些语句中,通过表达式增加、删除和修改数据记录。

在 MySQL 中,有多种向表中增加记录的语句,执行任何增加数据记录语句(Insert 或 Replace)的用户都应该拥有数据的 Insert 权限。

6.5.1　增加多个记录

执行一条 SQL 的 Insert…Values…语句,可以向表中增加多个数据记录。

语句格式:

```
Insert [Delayed|Low_Priority|High_Priority]
    [Into]<表名>[(<字段名表>)]
    Values(<表达式表 1>) … [,(<表达式表 n>)]
    [On Duplicate Key Update <字段名 1>=<表达式 1>…
                        [,<字段名 m>=<表达式 m>]]
```

1. 增加记录的优先级别

执行 Insert、Replace、Update 和 Delete 语句操纵表中的数据记录时比较消耗系统时间,会严重影响数据查询的速度。MySQL 允许在这些语句中加下列短语,以便优先执行数据查询语句(Select),缩短数据检索时间,提高整个系统的运行效率。

(1) Delayed。当网络中有其他用户正访问要增加记录的表时,将要增加的数据记录暂时存放到缓冲区中,本客户端的程序继续向下执行;当该表空闲(没有用户访问)时,再由系统将数据记录实际存储到表中。

(2) Low_Priority。当有用户正在访问要增加记录的表时,本客户端暂停执行数据操纵语句,当表空闲后,本客户端再继续执行该语句及其程序。即执行数据操纵语句的优先权低于数据查询语句。

(3) High_Priority。本客户端执行该数据操纵语句与其他用户执行数据查询语句具有相同的优先权。

2. 字段名表

字段名表用于指出要填值的各个字段名及其顺序,字段名的前后顺序可以与表中字段的顺序无关,也可以是表中的部分字段。省略字段名表表示要填写表中全部字段的值,并且,字段的顺序与表中存储字段的顺序一致。

3. Values(<表达式表 i >)

一次可以增加 n 个记录,用"表达式表 i"中各个表达式的值填写增加的第 i 个记录对应的字段。每个表达式表都要用圆括号括起来,对应一个数据记录,各个表达式与字段名表或表中的字段按前后顺序一一对应,并且,希望数据类型要与对应字段的数据类型一致,或者可以类型转换。也可以用下列选项代替表达式。

(1) Null。对于可以为空的字段,对应表达式可以用 Null 表示,将对应字段填成 Null值。例如,公司表中的简介和宣传片字段。

(2) Default。对于有默认值(Default)、自增值(Auto_Increment)属性以及时间戳类型(TimeStamp)的字段,对应的表达式可以用 Default 表示。实际上将有默认值的字段填写默认值,自增字段填写自动编号,时间戳字段填写系统当时日期时间。

4. 数据类型转换

当表达式与对应字段的数据类型不一致时,系统强制将表达式的值转换成字段的数据类型。一般来讲,数值和日期(时间)型数据能准确地填到字符串型字段中,数字串也能正确地填到数值型字段中。但是,其他类型数据之间的转换可能产生数据丢失或歧义。因此,建议要使表达式与对应字段的数据类型一致。

【例 6-11】 在论坛表中增加 1 个数据记录。

```
Insert Into 论坛(作者,内容,文章主题)
Values('任彩萍','人才招聘,人人平等,机会难得。',
                '招聘规则');
```

省略字段名表后,可以写成下列语句:

```
Insert Into 论坛      /*没写字段名表,按表中的字段及顺序填写值*/
Values(Default,'任彩萍','人才招聘,人人平等,机会难得。',
                  Default,'招聘规则');
```

创建(Create Table)论坛表时(参照例 6-3 和例 6-8),由于文章序号字段具有 Auto_Increment 属性,更新时间字段的数据类型为 TimeStamp,因此,增加记录时,文章序号字段的值由系统自动编号,更新时间字段由系统填写当时的日期时间。

【例 6-12】 参考例 6-2、例 6-6 和例 6-7,在公司表中增加 3 个数据记录。

```
Insert Into 公司表(公司名称,地址,注册日期,注册人数,简介,邮政编码,注销,宣传片)
Values ('工商前进支行','长春市高新区','1991-10-1', Default,Null,
    '130012', Default, Null),          /*第一个记录结束*/
('腾飞总公司','北京市中关村','2001-7-1',2000, Null,'100201', Default, Null),
('医大一院','长春市朝阳区','1948-1-1',5000, Null,'130012', Default, Null);
/*增加多个记录时,每个记录的值都要用圆括号括起来,记录之间用逗号分隔*/
```

由于公司表中注册人数字段的默认值是 100,注销字段默认值是 0(假),因此,增加的第一个记录中注册人数字段对应表达式为 Default,表示 100;3 个记录的注销字段对应的表达式都为 Default,均表示 0。另外,由于简介和宣传片两个字段均可以空,因此,对应表达式用 Null 表示。

5. 自动填写的字段

在 Insert Into 语句的字段名表中,可以不写有默认值(Default)、自增值(Auto_Increment)、允许空(Null)或时间戳类型(TimeStamp)的字段,这些字段由系统自动填值。具体处理方法是:有默认值的字段用默认值填写;自增值字段用自动编号填写;时间戳字段用系统当时日期时间填写;其他允许空的字段用 Null 填写。

【例 6-13】　向公司表中增加"食府快餐店"的数据记录。

```
Insert Into 公司表(公司名称,地址,注册日期,邮政编码)
Values('食府快餐店','长春经济开发区',CurDate(),'130103');
```

在语句中没有描述"注册人数""简介""注销""宣传片"4 个字段及其对应的表达式,但实际在增加的数据记录中,"注册人数"字段填成 100(默认值),"注销"字段填成 0(默认值)。"简介""宣传片"两个字段既没有默认值,也不是自增值或时间戳字段,但是,允许 Null,因此,二者均用 Null 填写。公司表中新增加的记录如表 6-2 所示。

表 6-2　公司表中增加的记录

公司名称	地　　址	注册日期	注册人数	简介	邮政编码	注销	宣传片
工商前进支行	长春市高新区	1991-10-01	100	Null	130012	0	Null
腾飞总公司	北京市中关村	2001-07-01	2000	Null	100201	0	Null
医大一院	长春市朝阳区	1948-01-01	5000	Null	130012	0	Null
食府快餐店	长春经济开发区	2023-07-01	100	Null	130103	0	Null

6. On Duplicate Key Update

当新增加的数据记录与表中已有记录的关键字重值时(例如,重复执行例 6-13 中的语句),系统将出现错误,并终止执行该语句。如果在语句中加"On Duplicate Key Update…"短语,则可以避免出错,并且能修改该短语之后各个字段的值。

【例 6-14】　在公司表中增加关于"工商前进支行"的数据记录,如果表中已经存在该记录,则只修改其注册人数和简介两个字段的值。

```
Insert Into 公司表 (公司名称,地址,注册日期,注册人数,简介, 邮政编码,注销,宣传片)
        Values('工商前进支行','长春市高新区建业大厦','1991-10-1',20,
        '于 2010 年新迁入高新区。','130012', Default, Null)
On Duplicate Key Update 注册人数=20,简介='于 2010 年迁入高新区。';
```

公司表中关键字是公司名称字段,由于要增加的"工商前进支行"记录在表中已经存在(参考表 6-2),因此,执行这条语句时,只修改了 On Duplicate KeyUpdate 短语之后的"注册人数""简介"字段的值,而不会将原地址由"长春市高新区"改为"长春市高新区建业大厦"。

7. 参照完整性对增加记录表顺序的制约

对具有参照完整性的各个表,在向子表中输入数据记录之前,应该先向父表中输入相关联的记录。即,系统限制向子表中输入与父表无关联的记录。

【例 6-15】　结合第 4 章中的表 4-11～表 4-13 的结构说明,将表 4-8(岗位表)、表 4-6(应聘人员表)和表 4-10(岗位成绩表)中的相关列转换成编码后分别存储到 GWB、YPRYB 和 GWCJB 中。

根据创建表时设置的表之间的关联及其参照完整性(参照例 6-5),GWB 和 YPRYB 均为 GWCJB 的父表,因此,在增加 GWCJB 中的数据记录之前,应该先添加 GWB 和 YPRYB 中的数据记录,其语句如下。

```
Insert Into GWB(岗位编号,岗位名称,最低学历,最低学位,人数,年龄上限,年薪,
                笔试成绩比例,笔试日期,聘任要求,公司名称)
Values ('A0001','行长助理','3','2',1,24,8,70,'2017.1.14',
         '有驾照,笔试经济学+金融','工商前进支行'),
        ('A0002','银行柜员','2','1',5,24,7,70,'2017.1.15',
         '计算机二级,笔试:金融+会计学','工商前进支行'),
        ('B0001','经理助理','5','5',1,30,12,50,'2017.1.14',
         '笔试:经济学+人力资源','腾飞总公司'),
        ('B0002','理财师','3','2',10,35,9,70,'2017.1.15',
         '笔试:经济法+财务管理','腾飞总公司');

Insert YPRYB(身份证号,姓名,婚否,最后学历,最后学位,所学专业,通信地址,
            邮政编码,E-mail 账号,QQ 账号,固定电话,移动电话,密码,个人简历)
VALUES
    ('2299011995503121538','刘德厚',0,'3','2','会计学',
     '长春前进大街 2699 号','130012','ldh@jlu.edu.cn',
     '2408522733','0431-85166032','139886999912','1234',
     '2013 年 9 月高中……;2015 年通过全国计算机考试二级。'),
    ('1198011992210011321','王丽敏',0,'4','4','金融学',
     '北京西城区德外大街 4 号','100120','wlm@sina.com',
     '1908530753','010-58581603','15888990157','5678',
     '2010 年 9 月高中……;2013 年通过全国计算机考试三级。');
```

执行上述两条语句后,才能执行下列向子表 GWCJB 中增加记录的语句:

```
Insert GWCJB    /* 没写字段名表,按表中的字段及顺序填写值 */
Values ('2299011995503121538','A0002',1,80,85),
       ('2299011995503121538','B0002',1,90,85),
       ('1198011992210011321','A0001',1,75,90);
```

6.5.2　增加一个记录

在 MySQL 中,执行一条 Insert…Values…语句可以增加多个记录(当然,也可以只增加一个记录)。但是,执行一条 Insert…Set…语句只能增加一个记录。

语句格式:

```
Insert [Delayed|Low_Priority|High_Priority]
       [Into] <表名> Set <字段名 1>=<表达式 1>)…
         [,<字段名 n>=<表达式 n>]
       [On Duplicate Key Update <字段名 1>=<表达式 1>…
         [,<字段名 m>=<表达式 m>]]
```

此语句的主要特点是:运行一次增加一个数据记录,并且,字段与表达式的对应关系比

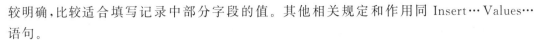

较明确,比较适合填写记录中部分字段的值。其他相关规定和作用同 Insert…Values…语句。

【例 6-16】　在 GWCJB 中添加一个应聘人员申报记录。

```
Insert GWCJB Set 身份证号='1198011992210011321',岗位编号='B0001'
                    /*没写的字段按默认值填写*/;
```

语句中没有描述的字段"资格审核""笔试成绩""面试成绩"均填写默认值 0。

6.5.3　替换数据记录

替换数据记录的语句与 Insert 语句类似,也分一次操作一个和多个记录两种语句格式。

语句格式 1:

```
Replace[Delayed|Low_Priority|High_Priority]
    [Into] <表名> [(<字段名表>)]
    Values(<表达式表 1>) … [,(<表达式表 n>)]
```

语句格式 2:

```
Replace[Delayed|Low_Priority|High_Priority]
    [Into] <表名> Set <字段名 1>=<表达式 1>)…
                    [,<字段名 n>=<表达式 n>]
```

执行此类 Replace 语句时,如果要增加的记录与表中已有记录的关键字重值,则不增加记录,而用语句中表达式的值替换原记录对应字段的值;反之,则新增加记录,用表达式的值填写新记录对应字段的值。

与 Insert 语句不同,Replace 语句不会因为关键字重复而出错,也不需要 On Duplicate Key Update 短语修改部分字段的值,自身能用表达式修改语句中所描述的字段值。

【例 6-17】　在 GWCJB 中,对身份证号为 1198011992210011321,岗位编号为 B0001 的记录,"资格审核"字段填 1(审核通过),"笔试成绩"字段填 85,"面试成绩"字段填 80,同时增加申报岗位 B0002 的记录。

```
Replace GWCJB    /*没写字段名表,按表中的字段及顺序填写值*/
    Values ('1198011992210011321','B0001',1, 85, 80),
            ('1198011992210011321','B0002',Default,Default,Default);
```

执行此语句后,在 GWCJB 中实际修改了第一个记录(参考例 6-16),增加了第二个记录。

6.6　数据维护

数据维护主要指修改(Update)和删除(Delete From)表中的数据记录。在修改或删除表中的部分数据记录时,需要说明要操作哪些记录,即,明确被操作记录的条件,这里的"条件"实质是一个逻辑值(真或假)表达式。

6.6.1　逻辑值表达式

逻辑值表达式是值为真或假的表达式,主要用于事务的是非判断和数据分析。在

MySQL 中,用数值型数据 0 和非 0 表示逻辑型数据,0 为 False(假),非 0 为 True(真)。通常在输入逻辑型数据时,人们习惯将假输入为 0,真输入为 1,系统输出逻辑值时也是如此处理。

逻辑值表达式与普通表达式一样,可以是常数(0 或 False 为假,非 0 或 True 为真)、变量(字段)和函数。通过比较运算符(关系表达式)、逻辑运算符(逻辑表达式)、谓词运算符和逻辑值函数可以构造更复杂的逻辑值表达式,其运算结果为 1(真)或 0(假)。

在 SQL 语句中通常将逻辑值表达式称为条件表达式,也简称为条件。如果逻辑值表达式的值为真(非 0),则称满足或符合条件;如果逻辑值表达式的值为假(0),则称不满足或不符合条件。

1. 比较运算

比较运算符分为以下两类。

(1) 常规比较运算符。有 =、<、<=(≤)、> 和 >=(≥),<> 与 != 均表示不等于(≠)。多个符号组成的运算符(如 <=、>= 和 <> 等),符号之间不能加空格。数值(逻辑)型数据遵循数学中规定的大小关系;日期(时间)型数据,时间在前的数据小。运算项之一或两项均为 Null 时,运算结果为 Null,而不是 0 或 1。例如,5>3 的值为 1,CurTime()=Time(Now()) 的值为 1,5>Null 的值为 Null。

(2) 含 Null 等值运算符(<=>)。与 = 的区别仅在于含 Null 运算项。<=> 运算项之一是 Null 时,结果是 0;两项均为 Null 时,结果是 1。例如,'InterNet'<=>'互联网' 的值为 0,5<=>Null 的值为 0,Null<=>Null 的值为 1,而 Null=Null 的值为 Null。

比较运算的规则如下。

(1) 字符串型数据的比较规则。比较两个字符串型数据的总体规则是去掉各自的尾部空格后自左向右按对应字符进行比较。如果比较到某位字符不等,则包含小字符的字符串较小;如果比较到较短字符串的末尾还没比较出大小关系,则短字符串较小;如果两个字符串完全相同,则运算结果相等。单个字符比较规则为:'0'<'1'<…<'9'<'A'<'B' … <'Z',英文字母不区分大小写,即 'A'='a' … 'Z'='z';英文字母小于汉字。例如,'2'>'10'、'A1'>'999' 和 '阿'>'ZX' 的值均为 1;'InterNet'='互联网' 的值为 0。

(2) 不同类型数据的比较。对不同类型的数据进行比较时,系统将两个运算项的数据类型转换一致后再进行比较。常用数据类型的转换与比较规则如下。

- 数值(逻辑)型与其他类型数据比较。数据项之一是数值(逻辑)型,另一项为字符串或日期(时间)型时,转换另一项为数值(逻辑)型后再进行比较。例如,10>'2' 和 '5 元'<15 的值均为 1(转换成 10>2 和 5<15,真),而 '10'>'2' 和 '5 元'<'15' 的值均为 0(假);CurDate()>3000 的值为 1,假如系统日期为 2024 年 3 月 31 日,则自动将 CurDate() 的值转换为数值 20240331 后再与 3000 比较。
- 字符串型与日期(时间)型数据比较。日期(时间)型自动转换成字符串型数据后再进行比较。例如,CurDate()>'3000' 的值为 0,实质是将 CurDate() 的值转换成格式为 YYYYMMDD 的字符串型数据(如 '20240331')后再与 '3000' 比较。

2. 逻辑运算

逻辑运算主要有以下 3 种。

(1) 取反(非)运算:{Not|!}<逻辑值表达式>。运算结果与逻辑值表达式的值相反(0、1 互变)。例如,!5>3 的值为 0,Not 'InterNet'='互联网' 的值为 1,!最后学历='0'与最后学

历!＝'0'的值一致。

（2）与（并且）运算：<逻辑值表达式 1>｛And｜&&｝<逻辑值表达式 2>。如果两个逻辑值表达式的值均为真（非 0），则运算结果为 1，否则，运算结果为 0。例如，5>3 And 'InterNet'='互联网'的值为 0，Now()＝SysDate()&& CurTime()＝Time(Now())的值为 1。

（3）或运算：<逻辑值表达式 1>｛Or 或｜｜｝<逻辑值表达式 2>。如果两个逻辑值表达式的值均为假（0），则运算结果为 0，否则，运算结果为 1。例如，5>3 Or 'InterNet'='互联网'的值为 1，CurDate()＝Now()｜｜CurDate()＝SysDate()的值为 0。

其他类型作为逻辑型数据使用时，先将其他类型的数据转换成数值，转换结果非 0 为真，0 为假。例如，'5 元' Or '计算机' 和 '5 元' And CurDate()的值均为 1，'5 元' And '计算机'的值为 0（因'计算机'转换结果为 0）。

3. 谓词运算

谓词是实现较复杂数据分析判断的一种运算符，适当使用谓词运算符，可以简化逻辑值表达式，甚至可以完成比较运算无法实现的任务。有以下 5 种常用的谓词运算。

（1）区间判断运算格式。

```
X Between Y And Z
```

Between 运算功能等效于 X>=Y And X<=Z。

例如，若 0≤X≤9，则 X Between 0 And 9 的值为 1；若 X 值中首字符为英文字母（如'B2'、'e 指数'等），则 X Between 'A' And 'Z'的值为 1。此运算符适用于数据是否在某个数据区间内的判断。

【例 6-18】 输出 1980 年到 2000 年出生的应聘人员信息。

```
Select * From YPRYB Where Mid(身份证号,7,4) Between 1980 And 2000
```

（2）**Null、真或假的判断运算格式。**

```
X Is [Not] { Null|True|False}
```

用于判断表达式 X 的值是否为 Null、True（真）或 False（假），运算结果为 1 或 0。例如，5 Is Not True 的值为 0；0 Is False 的值为 1；'' Is Not Null 的值为 1（说明空字符串不是 Null）。常用于判断表达式的值为 Null、真或假，如笔试成绩 Is Null、资格审核 Is True 等。

【例 6-19】 输出公司表中还没有宣传片的公司信息和 GWCJB 表中已经通过资格审核的申报信息。

```
Select * From 公司表 Where 宣传片 Is Null;

Select * From GWCJB  Where 资格审核 Is True;
```

（3）**成员判断运算格式。**

```
X [Not] In(X₁[,X₂…,Xₙ])
```

若存在 $X_i (1 \leq i \leq n)$，使得 X=X_i，则 In 运算结果为 1，否则，运算结果为 0。In 运算等效于表达式 X=X_1[Or X=X_2… Or X=X_n]。例如，'互联网' In ('计算机','数据库', '互联网')的值为 1。常用于集合中的成员判断，如工作日（周一～周五）判断，WeekDay(CurDate()) In(0,

1,2,3,4);学历判断,"最后学历 In('2','3','4')"等。

【例 6-20】 输出学士(编码为 2)、硕士(编码为 4)或博士(编码为 5)学位的应聘人员信息。

```
Select * From YPRYB Where 最后学位 In ('2', '4', '5');
```

(4) 匹配的运算格式。

```
<字符串表达式 1> [Not] Like <字符串表达式 2>
```

如果两个字符串匹配,则 Like 运算结果为 1(真),否则,运算结果为 0(假)。

在字符串表达式 2 的值中可以包含匹配符号百分号(%)和下画线(_)。%表示其位置的任意多个字符或汉字(甚至可以没有);_则表示其位置的一个字符或汉字。例如,'李大明' Like '李%')和('李大明' Like '李_ _')的值均为 1,而('李大明' Like '李_')的值为 0。

(5) 选择匹配运算格式。

```
<字符串表达式 1> [Not] {RLike|REGEXP} <字符串表达式 2>
```

RLike 与 REGEXP 功能相同。字符串表达式 2 中值的字符串格式为: <子串$_1$>[|<子串$_2$>…|<子串$_n$>],即,各个子串之间用竖线(|)分隔。

如果有子串$_i$(1≤i≤n)出现在字符串表达式 1 的值中,则 RLike 和 REGEXP 运算结果为 1(真);如果从子串$_1$到子串$_n$都没有出现在字符串表达式 1 的值中,则 RLike 和 REGEXP 的运算结果为 0(假)。

【例 6-21】 输出公司地址中包含北京、上海或深圳的公司信息。

```
Select * From 公司表 Where 地址 RLike '北京|上海|深圳';
```

功能等效于:

```
Select * From 公司表          /* Select 为输出表中记录的 SQL 语句 */
    Where 地址 Like '%北京%' Or 地址 Like '%上海%' Or 地址 Like '%深圳%';
```

4. 分支运算

分支运算是依据条件不同从若干个表达式中选取一个表达式值的运算。有以下两种常用的分支运算。

(1) **多分支取值运算格式**。

```
Case X When Y₁ Then Z₁… When Yₙ Then Zₙ[Else Zₙ₊₁] End
```

从 Y_1 到 Y_n 依次找等于 X 的 Y_i,若找到 Y_i,则计算结果为 Z_i。若没找到 Y_i,当有 Else Z_{n+1} 时,计算结果为 Z_{n+1};当没有 Else Z_{n+1} 时,计算结果为 Null。

【例 6-22】 输出当前系统日期对应的周几中文名。

```
Select Case WeekDay(CurDate()) When 0 Then '周一'
    When 1 Then '周二' When 2 Then '周三' When 3 Then '周四'
    When 4 Then '周五' When 5 Then '周六' Else '周日' End;
```

其中 Select 为输出表达式值的语句。

(2) **多条件取值运算格式**。

```
Case When <条件₁> Then Z₁… When <条件ₙ> Then Zₙ[Else Zₙ₊₁]   End
```

从条件$_1$(逻辑值表达式)到条件$_n$进行判断,若条件$_i$($1 \leqslant i \leqslant n$)成立(值非 0),则计算结果为 Z$_i$。若所有条件都不成立,当有 Else Z$_{n+1}$时,计算结果为 Z$_{n+1}$;当没有 Else Z$_{n+1}$时,计算结果为 Null。

【例 6-23】　输出 GWCJB 中的身份证号、岗位编号和笔试成绩的等级:90 及以上为优秀;小于 90 且大于或等于 80 为良好;小于 80 且大于或等于 60 为合格;否则为不合格。

```
Select 身份证号,岗位编号,
        Case When 笔试成绩>=90 Then '优秀' When 笔试成绩>=80 Then '良好'
        When 笔试成绩>=60 Then '合格' Else '不合格' End
From GWCJB;
```

两种分支运算的主要区别在于:前者适用于确定若干个点(枚举),而后者适用于确定若干个数据范围(条件)。

5. 相关函数

(1) IsNull(X)函数:如果 X 的值为 Null,则 IsNull 函数返回值为 1,否则,返回值为 0。

【例 6-24】　输出公司表中还没有宣传片的公司信息。

```
Select * From 公司表  Where IsNull(宣传片);
```

与例 6-19 输出的公司信息完全相同,设计差别仅在于本例使用 IsNull 函数,而例 6-19 使用 Is Null 运算。

(2) If(X,Y,Z)分支函数。如果 X 的值为真(非 0),则函数返回 Y 的值,否则,返回 Z 的值。

【例 6-25】　用 SQL-Select 语句,从"代表性事件"表中输出各个事件的名称、时间节点、对应星期几、到语句运行时(如 2023 年 7 月 1 日)的年数和天数。

```
Select 事件名称, 时间节点,
    If(Weekday(时间节点)=0,"一",If(Weekday(时间节点)=1,"二",
    If(Weekday(时间节点)=2,"三",If(Weekday(时间节点)=3,"四",
    If(Weekday(时间节点)=4,"五",If(Weekday(时间节点)=5,"六",
    "日")))))) AS 星期,
    Year(CurDate()) -Year(时间节点) AS 年数,
    DateDiff(CurDate(),时间节点) AS 天数
From 代表性事件
Order By 5;
```

在这个语句中,If 函数自身套用了 5 层,If 函数中又套用了 WeekDay(周几)函数,同时,DateDiff(日期差)函数中也套用了 CurDate(系统当前日期)函数,语句中"Order By 5"表示按输出结果的第 5 列(天数)进行升序排列。输出结果如表 6-3 所示。

表 6-3　代表性事件信息

事件名称	时间节点	星　期	年　数	天　数
二十大	2022/10/16	日	1	258
十九大	2017/10/18	三	6	2082
十八大	2012/11/08	四	11	3887
……	……	……	……	……
改革开放	1978/12/18	一	45	16266

续表

事 件 名 称	时 间 节 点	星　　期	年　　数	天　　数
新中国建国	1949/10/01	六	74	26936
日本宣布投降	1945/08/15	三	78	28444
七·七事变	1937/07/07	三	86	31405
九·一八事变	1931/09/18	五	92	33524
中国共产党建党	1921/07/01	五	102	37255

从表 6-3 的数据可以看到,1931 年 9 月 18 日,星期五,日本开始侵华战争,中国人民将这一天作为国耻日之一。到 2023 年 7 月 1 日已经过去近 92 年,即 33524 天,日本宣布投降已近 78 年,即 28444 天,从侵华到投降长达 14 年,中国人民经历抗日战争 5080 天。每年 9 月 18 日上午,全国各地以拉响防空警报的方式警示国人勿忘国耻,奋发图强,决不允许历史的悲剧再次重演。

中国共产党建党已经 102 年,即 37255 天。习近平总书记在庆祝中国共产党成立 100 周年大会上指出"一百年来,中国共产党团结带领中国人民,以'为有牺牲多壮志,敢教日月换新天'的大无畏气概,书写了中华民族几千年历史上最恢宏的史诗。"

(3) IfNull(X,Y)分支函数。如果 X 的值是 Null,则函数返回 Y 的值;否则,返回 X 的值。

【例 6-26】 输出公司表中公司名称、地址和注册日期(没有注册日期时输出"日期待定")。

```
Select 公司名称,地址, IfNull(注册日期, '日期待定') From 公司表;
```

6.6.2　修改数据记录

执行 Update 语句可以自动修改满足某条件的一批记录的相关字段值,执行此语句的用户必须具有 Update 权限。

语句格式:

```
Update [Low_Priority] <表名列表> Set <字段名 1>=<表达式 1>…
        [,<字段名 n>=<表达式 n>][ Where <条件表达式> ]
```

(1) 表名列表。用于指出同一条语句中要修改的各个表名,由于修改多个表中同名字段值的情况非常少见,在绝大多数应用中,一条语句只修改一个表中的数据记录,因此,表名列表通常只写一个表名。

(2) 表达式 i。用表达式 i 的值修改对应字段的值。为了清空某字段的值,对应表达式可以用 Null 表示,但设计表结构时,该字段必须允许为 Null。

(3) 条件表达式。如果省略 Where 短语,则修改表中全部记录的相关字段的值;如果使用 Where <条件表达式>短语,则只修改满足条件的那些记录中相关字段的值。

【例 6-27】 对笔试或面试成绩低于 60 分的申报记录,将"资格审核"字段的值填成未通过(0)。

```
Update GWCJB Set 资格审核=0          /＊设为资格审核没通过＊/
        Where 笔试成绩<60 Or 面试成绩<60;
```

【例 6-28】　对腾飞总公司的每个岗位,笔试日期延后 7 天,招聘人数增加 2 人。

```
Update GWB
    Set 笔试日期=AddDate(笔试日期,7),人数=人数+2     /＊调整笔试日期和人数＊/
        Where 公司名称='腾飞总公司';
```

【例 6-29】　将公司表中空"简介"字段的值改为"正在完善中……"。

```
Update 公司表 Set 简介='正在完善中……' Where 简介 Is Null;
```

【例 6-30】　将公司名中含"工商"和"行"字的所有岗位年薪增加 10%。

```
Update GWB Set 年薪=年薪 * (1+10 / 100)       /＊年薪调整为原年薪的 1.1 倍 ＊/
        Where 公司名称 Like '%工商%' And 公司名称 Like'%行%';  /＊用谓词运算 ＊/
```

6.6.3　删除数据记录

通过 Delete 语句,可以删除满足某条件的一些记录,也可以无条件地删除表中的全部记录,使之成为空表。执行删除数据记录语句的用户必须具有 Delete 权限。

语句格式:

```
Delete [Low_Priority][Quick] From <表名>[Where <条件表达式>]
```

当省略 Where 短语时,将删除表中的全部记录;当使用 Where <条件表达式>时,仅删除满足条件的那些记录。在语句中使用 Quick 短语可以缩短语句的执行时间。

【例 6-31】　删除论坛表中的所有记录和 GWCJB 表中没有通过资格审核的记录。

```
Delete Quick From 论坛;                 /＊无条件删除论坛中的所有记录＊/
Delete From GWCJB Where Not 资格审核;    /＊删除 GWCJB 中资格审核值为 0 的记录＊/
```

由于"资格审核"字段是逻辑型,因此,将"Where Not 资格审核"写成"Where 资格审核＝0"或"Where 资格审核 Is False"效果相同。

6.6.4　参照完整性对数据维护的影响

对设置了参照完整性的表修改关联字段的值,或者删除父表中的数据记录时,由于限制和级联约束规则的作用,可能导致同时连锁修改或删除多个表中的数据记录,也可能导致限制删除或修改某些数据记录。

1."级联"对数据维护的影响

在表之间的参照完整性"级联"(On Update Cascade 和 On Delete Cascade)的影响下,修改父表中关联字段的值时,将自动修改子表中关联记录对应外键字段的值;删除父表中的数据记录时,将自动删除子表中与之关联的记录。

【例 6-32】　在 YPRYB 表中,将身份证号 119801199210011321 改为 11980119921001132X,同时删除身份证号为 229901199503121538 的记录。

```
Update YPRYB Set 身份证号='11980119921001132X '
        Where 身份证号='119801199210011321';
    /＊同时修改 GWCJB 中身份证号为 119801199210011321 的所有记录＊/

Delete From YPRYB Where 身份证号='229901199503121538';
    /＊同时删除 GWCJB 中身份证号为 229901199503121538 的全部记录＊/
```

根据例 6-5,YPRYB 与 GWCJB 之间参照完整性的更新(修改)和删除约束规则均是级联(Cascade),因此,在 YPRYB(父表)中修改关联字段(身份证号)的值或删除数据记录,均会连锁操作 GWCJB(子表)中的关联记录。即,随着 YPRYB 中身份证号(关联字段)由 119801199210011321 改为 11980119921001132X,GWCJB 中相关联记录的身份证号(外键字段)也自动由 119801199210011321 变为 11980119921001132X;同样,删除 YPRYB 中身份证号为 229901199503121538 的记录,也引起连锁删除 GWCJB 中身份证号为 229901199503121538 的全部记录。

2.“限制”对数据维护的影响

在表之间的参照完整性为“限制”(On Update No Action | Restrict 和 On Delete No Action | Restrict)的影响下,不允许修改父表中与子表有关联记录的关联字段值,也不允许删除父表中与子表有关联的记录。

【例 6-33】 验证参照完整性“限制”对数据维护的影响。

```
Update GWB Set 岗位编号='C0001' Where 岗位编号='B0001';
                     /*因 GWCJB(子表)中有岗位编号为 B0001 的记录,执行该语句失败*/

Delete From GWB Where 岗位编号='B0001';
                     /*因 GWCJB(子表)中有岗位编号为 B0001 的记录,执行该语句失败*/
```

根据例 6-5,GWB 与 GWCJB 之间参照完整性的更新(修改)和删除约束规则均是限制(Restrict),由于 GWCJB(子表)中存在岗位编号为 B0001 的记录,因此,不能将 GWB(父表)中岗位编号(关联字段)由 B0001 改为 C0001,也不能删除 GWB(父表)中岗位编号为 B0001 的数据记录。解决这类问题的一种方法是:先删除 GWCJB(子表)中的关联记录(如 Delete From GWCJB Where 岗位编号='B0001';),再执行对 GWB(父表)进行修改或删除语句。

3. 参照完整性对修改子表中外键字段值的影响

表之间的参照完整性无论是限制(No Action 或 Restrict)还是级联(Cascade),子表中修改后的外键字段值都必须在父表中有关联的记录。

【例 6-34】 验证参照完整性对修改子表中外键字段值的影响。

```
Update GWCJB Set 身份证号='119801199210011321'
          Where 身份证号='11980119921001132X';          /*语句执行失败*/

Update GWCJB Set 岗位编号='C0001' Where 岗位编号='B0001';          /*语句执行失败*/
```

执行这两条语句失败的原因在于 YPRYB(父表)中找不到修改后的身份证号为 119801199210011321 的记录,同样,在 GWB(父表)中也没有修改后的岗位编号为 C0001 的记录。解决这类问题的办法是:在父表中先增加关联的记录,再执行上述修改数据的语句即可。

6.7　数据查询及统计分析

20 世纪 50 年代中期,中华人民共和国建国伊始,百废待兴,同时面临着帝国主义的经济封锁和核讹诈的威胁。为了保卫国家安全和维护世界和平,在党中央伟大英明的国防战略决策引导下,在全中国人民万众一心克服三年(1959—1961 年)严重自然灾害的大力支持下,在钱学森和钱三强的带领和组织下,许多具有爱国情怀的科学家和科技工作者放弃国外优厚的待遇,经历各种艰难险阻,突破层层重围毅然回到祖国,攻坚克难,于 1960 年成功地发射第一枚导弹;1964 年和 1967 年分别成功爆炸第一颗原子弹和氢弹(统称核弹);1966 年第一枚核导弹在预定高度准确命中目标,成功爆炸。到此为止,我国不仅拥有核弹,也拥有发射核弹的"枪",这标志着我国科学技术和国防尖端研究取得了重大成就,开始步入国际先进行列。

在数据库管理系统中,如果将数据比作"弹",那么用于发布、加工、汇总、统计分析数据的查询就是"枪"。制造优良的"弹"固然重要,设计能充分发挥"弹"优良性能的"枪"更为重要。

Select 语句构成了 SQL 的数据查询语言,它是 SQL 的核心内容,通过 Select 语句可以从一个或多个数据源中提取数据进行数据查询、数据源连接和统计分析等。凡是具有 Select 权限的用户都可以执行数据查询语句。

语句格式:

```
Select [All | Distinct[Row]][High_Priority]
    [<数据源别名>.] * |<表达式 1>[[As]<列名 1>]…
                    [,<表达式 n>[[As] <列名 n>]]
    From <数据源名 1>[[As]<数据源别名 1>] …
        [,<数据源名 m>[[As]<数据源别名 m>]]
    [Where <条件表达式>]
    [Order By <排序关键字 1>[ASC|DESC]…
        [,<排序关键字 n>[ASC|DESC]]]
    [Group By <分组关键字 1>[ASC|DESC]…
        [,<分组关键字 n>[ASC|DESC][With Rollup]]
    [Having <条件表达式>]
    [Limit[<开始行号>,]<行数>]
    [Into OutFile <文本文件名>…]
```

在 Select 语句中加 High_Priority 短语,可以提高执行数据查询语句的优先级,加快数据检索的速度。

6.7.1　数据基本查询

Select 语句的完整结构比较复杂,选项短语众多,功能非常强大。是否选用某些选项决定了语句的具体功能和运行效率。数据基本查询是从数据源中提取相关记录及数据项的常用而简单的一种操作形式,能满足数据查询的一般性应用要求。

1. [<数据源别名>.] * |<表达式 i> [[As]<列名称 i>]

数据查询结果是由若干行和列组成的表,由"[<数据源别名>.] * | <表达式 i>[[As]<列名称 i>]"确定每列的标题和数据。

(1) [<数据源别名>.] * 。表示查询结果中包含对应数据源中的全部字段,如果省略数据源别名,则表示查询结果中包含全部数据源中的所有字段。

(2) 表达式 i。系统将按表达式 i 提取或运算第 i 列的数据。表达式 i 可以是一个字段名(称字段列),也可以是通俗意义上的表达式(称计算列)。

【例 6-35】 输出 GWB 中的全部字段和申报各岗位人员的身份证号。

```
Select GWB.*,身份证号 From GWB,GWCJB Where GWB.岗位编号=GWCJB.岗位编号;
```

其中,"GWB.*"表示输出结果中包含 GWB 中的全部字段,"GWB,GWCJB"为数据来源,"GWB.岗位编号=GWCJB.岗位编号"是两个表的连接条件。

(3)[As]<列名称 i>。为查询结果的第 i 列定义列名及标题,命名规则与表中字段的命名规则相同。省略此项时,表达式 i 即为第 i 列的名称及标题。当表达式 i 是计算列(非字段列)时,表达式作为列标题含义并不明确,用户不易理解,应该为其定义一个有代表意义的列标题。使用[As]<列名称 i>时,可以省略 As,但表达式与列名称之间至少有一个空格。

【例 6-36】 输出应聘人员的身份证号、姓名、出生日期和性别。

```
Select 身份证号,姓名,Mid(身份证号,7,8) 出生日期,
        If(mid(身份证号,17,1)% 2=0,'女','男') As 性别 From YPRYB;
```

语句中定义了"出生日期"和"性别"两个计算列。用 Mid(身份证号,7,8)函数从身份证号的第 7 位开始取 8 位得到出生日期,并且,Mid(身份证号,7,8)函数与"出生日期"之间省略了 As。输出结果如表 6-4 所示。

身份证号的第 17 位是偶数表示女性,是奇数表示男性,因此,由函数 If(mid(身份证号,17,1) % 2=0,'女','男')可以获得申报人员的性别,并用"As 性别"定义了列名称及标题,输出结果如表 6-4 所示。其中,身份证号和姓名均由字段名充当列名,出生日期和性别均为计算列。

表 6-4 定义列名称的输出结果

身 份 证 号	姓 名	出 生 日 期	性 别
1980119921001132X	王丽敏	19921001	女
19901199001011351	郝帅	19900101	男
29901199305011524	李丽丽	19930501	女
29901199305011575	赵明	19930501	男
29901199503121538	刘德厚	19950312	男

2. From <数据源名 i>[[As] <数据源别名 i>]

From <数据源名 i>[[As] <数据源别名 i>]用于指定查询数据的来源,即从哪里提取要操作的数据。查询数据的来源也简称数据源,绝大多数情况是数据表,有时也用视图。

(1)[As] <数据源别名 i>。为数据源另起别名,如果不起别名,则数据源名即为数据源别名。数据源别名的主要作用是便于语句中其他短语或子句中引用该数据源中的数据。特别是在 SQL 语句的嵌套中,可能将一个数据源同时作为主语句和子语句的数据源,应该将这类数据源另起别名,以便区分彼此。省略 As 时,数据源名与别名之间至少有一个空格。

(2)多个数据源。当数据来源于多个数据源时,数据源名之间用半角逗号(,)分隔。在一条 SQL 语句中,如果某个字段名来源于两个或更多数据源,则该字段名前应该加"<数据源别名>.",例如,例 6-35 中的"GWB.岗位编号"和"GWCJB.岗位编号"。如果某字段名只是一个数据源中的字段,则可以不写"<数据源别名>."。例 6-35 和例 6-36 中的身份证号和

姓名字段名前不需要写"<数据源别名>."。

数据来源于多个数据源时,数据源之间要进行连接,连接条件写在 Where<条件表达式>中,例如,在例 6-35 中,"GWB.岗位编号＝GWCJB.岗位编号"就是 GWB 与 GWCJB 之间的连接条件。

3. Where <条件表达式>

Where<条件表达式>常用于设置下列两种条件。

(1) 提取记录的条件。根据数据源中各个字段的值,设置被操作记录应该满足的条件。条件表达式中可以包含字段名、常数和普通函数,但不能使用 As 定义的列名和有关数据统计函数(如 AVG、MAX 和 Sum 等)。

【例 6-37】　输出地址中包含深圳、北京和上海的公司信息。

```
Select * From 公司表 Where 地址 RLike '深圳|北京|上海';
```

其中"地址 RLike '深圳|北京|上海'"就是从公司表中提取记录的条件。

(2) 数据源连接条件。在 From 短语中说明的数据源之间都应该进行连接,通过连接条件说明各个数据源中的记录如何连接成被操作的记录。例如,例 6-35 的"GWB.岗位编号＝GWCJB.岗位编号"。

【例 6-38】　对总分大于或等于 80 分的应聘人员,输出岗位编码、岗位名称、身份证号、姓名和总分。

```
Select GWB.岗位编号, 岗位名称, YPRYB.身份证号,姓名,
    笔试成绩 * 笔试成绩比例/100+面试成绩 * (1-笔试成绩比例/100) As 总分
    From GWB,GWCJB,YPRYB
    Where GWB.岗位编号= GWCJB.岗位编号 And GWCJB.身份证号=YPRYB.身份证号
    And 笔试成绩 * 笔试成绩比例/100+ 面试成绩 * (1-笔试成绩比例/100)>=80;
```

在上述语句中,由于 GWB 和 GWCJB 中都有"岗位编号"字段,因此,"岗位编号"之前的"GWB."或"GWCJB."都不能省略。同样,"身份证号"之前必须写"GWCJB."或"YPRYB."。

在 Where 短语中,表达式前半部分是 3 个数据源的连接条件,后半部分是提取记录的条件。虽然有关总分的表达式已经定义为"总分"计算列(非字段),但在 Where 短语中也不能用"总分>=80"作为提取记录的条件。

运行语句的输出结果如表 6-5 所示。

表 6-5　多数据源连接的查询结果

岗位编号	岗位名称	身份证号	姓　名	总　分
B0001	经理助理	11980119921001132X	王丽敏	82.5
B0002	理财师	11980119921001132X	王丽敏	88.5
B0002	理财师	219901199001011351	郝帅	88.7
A0001	行长助理	229901199305011575	赵明	85.5
A0002	银行柜员	229901199503121538	刘德厚	81.5
B0002	理财师	229901199503121538	刘德厚	88.5

4. 过滤查询结果的数据行

在 Select 语句中,可以加相关短语对查询结果的数据行进一步过滤(筛选)。

(1) All | Distinct[Row]。省略此项或选用 All,表示输出查询结果的全部数据行。Distinct[Row]表示仅输出重复数据行中的一行。所谓重复数据行是指结果中对应列的值完全相同的数据行。

【例 6-39】 输出已有人申报的岗位编号和名称,多人申报的岗位仅输出一次。

```
Select Distinct GWB.岗位编号, 岗位名称 From GWB,GWCJB
Where GWB.岗位编号=GWCJB.岗位编号;
```

在语句中,如果不用 Distinct 短语,则每个岗位输出的行数由申报人决定,即某些岗位可能重复出现多行。

(2) Having <条件表达式>。对满足条件的查询结果数据行进一步过滤(筛选)。与Where<条件表达式>短语的主要区别在于操作的数据对象不同。Where 短语对数据源中的数据记录进行筛选;Having 短语对查询结果数据行进一步筛选,因此,Having 短语中可以包含查询结果中的列名(包括计算列)和统计函数。另外,在 Having 短语中不能写数据源之间的连接条件,它通常与 Group By 短语(数据分组统计)组合使用。

【例 6-40】 用 Having 短语实现例 6-38 的功能。

```
Select GWB.岗位编号, 岗位名称, YPRYB.身份证号,姓名,
     笔试成绩 * 笔试成绩比例/100+面试成绩 * (1-笔试成绩比例/100) As 总分
     From GWB,GWCJB,YPRYB
     Where GWB.岗位编号=GWCJB.岗位编号 And GWCJB.身份证号=YPRYB.身份证号
     Having 总分>=80;
```

“Having 总分>=80”中的“总分”是计算列名,但在 Where 短语中不允许这样用。

(3) Limit [<开始行号>,]<行数>。用于限制输出从开始行号(默认为 0)的指定行数。查询结果中的数据行号从 0 开始编号(查询结果中的第一行)。省略此短语,输出全部结果行,此短语通常与 Order By(数据记录排序)组合使用,输出前 n 行。

6.7.2　数据排序分析

数据统计分析主要包括数据排序和分组统计两方面的内容。在 Select 语句中加“Order By <排序关键字 1>[ASC|DESC]…[,<排序关键字 n>[ASC|DESC]]”短语,可以对数据进行排序,产生排序的查询结果。

排序关键字可以是列名(或字段)、查询结果中的列号(从 1 开始排列号)或表达式,ASC(或省略)表示升序(由小到大)排序,DESC 表示降序(由大到小)排序。

【例 6-41】 输出年薪最高的前 3 个岗位的岗位编号、岗位名称和年薪。

```
Select 岗位编号,岗位名称,年薪 From GWB Order By 年薪 DESC Limit 3;
```

加 Limit<行数>短语可以输出一部分排序记录,但是,与通俗意义的排行榜前多少位有些差异,输出结果的最后一行后面,可能还有排序关键字值相同的其他数据行没有输出。

当有多个排序关键字时,仅当前面的关键字值相同时,数据记录才按后面的排序关键字值排序。

【例 6-42】 输出岗位编号、岗位名称,申报人员的身份证号、姓名和总分,按申报岗位

编号升序排列,同岗位按总分由高到低排序。

```
Select GWB.岗位编号, 岗位名称, YPRYB.身份证号, 姓名,
    笔试成绩 * 笔试成绩比例/100+面试成绩 * (1-笔试成绩比例/100) As 总分
    From GWB, GWCJB, YPRYB
    Where GWB.岗位编号= GWCJB.岗位编号 And GWCJB.身份证号=YPRYB.身份证号
    Order By 1,总分 DESC;
```

其中,"Order By 1,总分 DESC"表示对输出结果的第一列(岗位编号)升序排列,岗位编号相同时再按总分由高到低排列,输出结果如表 6-6 所示。其中,岗位编号相同的记录连续输出,同一岗位的记录按总分由高到低输出。

表 6-6　同岗位人员总分由高到低排序

岗 位 编 号	岗 位 名 称	身 份 证 号	姓　　名	总　　分
A0001	行长助理	229901199305011575	赵明	85.5
A0001	行长助理	11980119921001132X	王丽敏	79.5
A0002	银行柜员	229901199503121538	刘德厚	81.5
A0002	银行柜员	229901199305011575	赵明	75.5
A0002	银行柜员	219901199001011351	郝帅	70.0
B0001	经理助理	11980119921001132X	王丽敏	82.5
B0001	经理助理	219901199001011351	郝帅	67.5
B0001	经理助理	229901199305011575	赵明	55.0
B0002	理财师	219901199001011351	郝帅	88.7
B0002	理财师	229901199503121538	刘德厚	88.5
B0002	理财师	11980119921001132X	王丽敏	88.5
B0002	理财师	229901199305011575	赵明	75.0

6.7.3　数据分组统计分析

在 Select 语句中加"Group By <分组关键字 1>[ASC|DESC]…[,<分组关键字 n>][ASC|DESC]] [With Rollup]" 短语,可以对数据进行分组统计分析。

1. 数据分组

数据分组是将分组关键字值相同的数据记录整理(汇总)成查询结果中的一行数据。使用多个分组关键字可以实现数据的多级分组。

(1) 分组关键字:可以是列名(或字段)、查询结果中的列号或表达式,也可以加 ASC(升序)或 DESC(降序)短语指定数据行的排序方式,默认按分组关键字的值升序排列。

(2) With Rollup:用于说明查询结果中增加分组合计和总计行。

【例 6-43】　输出已有人申报的岗位编号和名称,多人申报的岗位仅输出一次。

```
Select GWB.岗位编号, 岗位名称 From GWB, GWCJB
Where GWB.岗位编号=GWCJB.岗位编号 Group By GWB.岗位编号;
```

语句中"岗位编号"是分组关键字。执行该语句时,将岗位编号值相同的多个记录(与申报人员数量有关)整理后成为查询结果中的一行数据。试与例 6-39 比较,实现的方法不同,但功能相同。

2. 常用数据分组统计分析的函数

在进行数据统计分析时,经常在 Select <表达式>中使用统计(聚数)函数(如表 6-7 所示)与 Group By 短语结合完成相关的统计任务。

表 6-7　常用数据分组统计分析函数

函数名称	函数格式	功能说明
求平均值	AVG(<数值表达式>)	计算数值表达式在非 NULL 值记录上的平均值,若参数为 Null,则结果为 Null。如果有分组,则分别计算每组的平均值;如果没分组,则计算总平均值
计数	Count(<参数> | *)	参数可以是任意表达式,统计表达式非 NULL 值数据行数,若参数为 Null,则结果为 0。Count(*)统计数据行数。如果有分组,则分别统计每组中的数据行数;如果没分组,则统计数据总行数
求最大值	Max(<数值表达式>)	计算数值表达式在非 NULL 值记录上的最大值,若参数为 Null,则结果为 Null。如果有分组,则分别计算各组中的最大值;如果没分组,则计算全部数据行中的最大值
求最小值	Min(<数值表达式>)	计算数值表达式在非 NULL 值记录上的最小值,若参数为 Null,则结果为 Null。如果有分组,则分别计算各组中的最小值;如果没分组,则计算全部数据行中的最小值
求合计	Sum(<数值表达式>)	计算数值表达式在非 NULL 值记录上的合计,若参数为 Null,则结果为 Null。如果有分组,则分别计算各组的小计;如果没分组,则计算全部数据行的合计

【例 6-44】　输出每个岗位的岗位编号、名称、人数(招聘)、申报人数以及总分的最高分、最低分及平均分。

```
Select GWB.岗位编号, 岗位名称, 人数 As 招聘人数, Count(*) As 申报人数,
    Max(笔试成绩 * 笔试成绩比例/100+面试成绩 * (1-笔试成绩比例/100)) As 最高分,
    Min(笔试成绩 * 笔试成绩比例/100+面试成绩 * (1-笔试成绩比例/100)) As 最低分,
    Avg(笔试成绩 * 笔试成绩比例/100+面试成绩 * (1-笔试成绩比例/100)) As 平均分
From GWB, GWCJB
Where GWB.岗位编号=GWCJB.岗位编号 Group By GWB.岗位编号;
```

语句中"岗位编号"是分组关键字,使用 Count、Max、Min 和 Avg 函数统计出每个岗位的申报情况,输出结果如表 6-8 所示。

表 6-8　岗位分组统计分析

岗位编号	岗位名称	招聘人数	申报人数	最高分	最低分	平均分
A0001	行长助理	1	2	85.5	79.5	82.5
A0002	银行柜员	5	3	81.5	70.0	75.7
B0001	经理助理	3	3	82.5	55.0	68.3
B0002	理财师	12	4	88.7	75.0	85.2

Group By 经常与 Having<条件表达式>短语组合使用,对查询统计的结果做进一步筛选。例如,在本例的语句最后再加"Having 招聘人数>申报人数",将输出还没有满额的岗位情况,即表 6-78 中不再显示 A0001 和 B0001 两个岗位的数据。

3. 分组结果数据的解释

在表 6-7 的分组统计结果中,统计列(如申报人数、最高分、最低分和平均分)是分组关键字(如岗位编号)或分组关键字能唯一确定列(岗位名称和招聘人数)的对应统计结果。如果在例 6-44 中再加身份证号列,则输出结果如表 6-9 所示。

表 6-9　含其他列的岗位分组统计分析

岗位编号	岗位名称	身份证号	招聘人数	申报人数	最高分	最低分	平均分
A0001	行长助理	11980119921001132X	1	2	85.5	79.5	82.5
A0002	银行柜员	219901199001011351	5	3	81.5	70.0	75.7
B0001	经理助理	11980119921001132X	3	3	82.5	55.0	68.3
B0002	理财师	11980119921001132X	12	4	88.7	75.0	85.2

表中身份证号列不是统计和分组关键字列,也不是分组关键字能唯一确定的列,即身份证号与各个统计列没有依存关系。应该解释为:身份证号为 11980119921001132X 的人员申报了行长助理、经理助理等岗位,仅此而已,并不一定是所报岗位的最高分、最低分或平均分的得主。

由此可知,在分组统计结果中,统计列、分组关键字列和分组关键字能唯一确定的列以外的其他列数据,只是对应组内该列的一个数据,与统计结果没有依存关系。

6.7.4　多个数据源连接

Select 语句可以连接多个数据源,形成一个数据查询结果。多个数据源进行连接,实质是利用连接条件两两连接实现的。通过 Where 短语设置连接条件,可以实现多个数据源的连接,但连接功能和效率(时间)等方面都受到限制。例如,要查看目前还没有人申报的岗位情况,直接通过 Where 短语设置连接条件是难以实现的。Select 语句提供了下列专用的数据源连接和设置连接条件的短语。

语句格式:

```
Select … From <数据源名 1>[<连接类型><数据源名 2>…
                        <连接类型><数据源名 n>]
          [On <条件表达式>] …
```

从语句格式上,将 From 短语中的各个数据源之间的逗号换成连接类型,从 Where 短语中提取出各个数据源之间的连接条件放在 On 之后,其他功能的短语格式不变。某些连接类型甚至不需要 On <条件表达式>。

1. On <条件表达式>

On <条件表达式>用于设置数据源之间的连接条件。所谓数据源连接就是在两个数据源内找能满足连接条件的记录,每当找到一对满足条件的记录,就将它们连接成一条被操作的记录。

On <条件表达式>短语只适合 From 短语中各个数据源之间用"连接类型",如果数据源之间用逗号分隔,则不能用该短语设置连接条件。

2. 数据源连接类型

(1)[Inner]Join,内连接。仅连接两个数据源中符合连接条件的数据记录。

【例 6-45】 用内连接方式,输出岗位编号、岗位名称,申报人员的身份证号、姓名和总分,申报同岗位人员按总分由高到低排序。

```
Select GWB.岗位编号, 岗位名称, YPRYB.身份证号, 姓名,
    笔试成绩 * 笔试成绩比例/100+面试成绩 * (1-笔试成绩比例/100) As 总分
    From GWB Inner Join GWCJB Join YPRYB
    On GWB.岗位编号=GWCJB.岗位编号 And GWCJB.身份证号=YPRYB.身份证号
    Order By 1,总分 DESC;
```

本语句与例 6-42 比较,功能完全相同。当数据量比较大时,本语句的运行速度更快。

(2)Natural Join,自然连接。是以两个数据源中同名字段值相等为连接条件的内连接。与内连接比较,二者主要差异如下。

* 在内连接中,同名字段相等的条件必须用 On <条件表达式>说明,而自然连接中不需要说明连接条件。
* 用"*"输出两个数据源中的全部字段时,对两个数据源中的同名字段,内连接输出两列,而自然连接输出一列。
* 两个或更多数据源中出现的同名字段,可以省略字段名前面的数据源名和圆点。

【例 6-46】 用自然连接方式,实现例 6-45 的功能。

```
Select 岗位编号, 岗位名称, 身份证号, 姓名,
    笔试成绩 * 笔试成绩比例/100+面试成绩 * (1-笔试成绩比例/100) As 总分
    From GWB Natural Join GWCJB Natural Join YPRYB
    Order By 1,总分 DESC;
```

此语句中没有 On <条件表达式>短语,实际隐含说明连接条件为"GWB.岗位编号=GWCJB.岗位编号 And GWCJB.身份证号=YPRYB.身份证号",并且"岗位编号"字段前省略了"GWB.","身份证号"字段前省略了"YPRYB."。

【例 6-47】 用内连接和自然连接两种方式输出 GWB 和 GWCJB 中的全部字段,试比较语句及查询结果的差异。

```
Select * From GWB Natural Join GWCJB;                         /* 自然连接 */
Select * From GWB Join GWCJB On GWB.岗位编号=GWCJB.岗位编号;    /* 内连接 */
```

前一条语句(自然连接)输出的结果中包含一列岗位编号,而后一条语句(内连接)输出的结果中包含两列岗位编号,除此以外,结果完全相同。

(3)Left [Outer] Join,左连接。连接两个数据源中符合连接条件的记录,再加上左数据源中不符合连接条件的记录。

【例 6-48】 输出 GWB 中全部记录的岗位编号和岗位名称,对于有人申报的岗位,输出其中一个申报人的身份证号。

```
Select GWB.岗位编号, 岗位名称, 身份证号
    From GWB Left Join GWCJB On GWB.岗位编号=GWCJB.岗位编号
    Group By GWB.岗位编号;
```

运行语句的输出结果如表 6-10 所示。

表 6-10 左连接的岗位情况

岗 位 编 号	岗 位 名 称	身 份 证 号
A0001	行长助理	11980119921001132X
A0002	银行柜员	219901199001011351
A0003	律师	Null
A0004	会计	Null
B0001	经理助理	11980119921001132X
B0002	理财师	11980119921001132X
B0003	岗前培训师	Null

从输出的结果(表 6-10)可以看出,如果左数据源 GWB 中的记录(如 A0003、A0004 和 B0003)在右数据源 GWCJB 中找不到符合连接条件(岗位编号相等)的记录,则查询结果中关于右数据源的字段(如身份证号)值为 Null。充分利用这个特点,可以使应用更为广泛。

【例 6-49】 分别输出有人申报和无人申报的岗位。

```
Select GWB.岗位编号,岗位名称,身份证号
    From GWB Left Join GWCJB On GWB.岗位编号=GWCJB.岗位编号
    Group By GWB.岗位编号 Having Not IsNull(身份证号);        /＊有人申报的记录＊/
Select GWB.岗位编号,岗位名称,身份证号
    From GWB Left Join GWCJB On GWB.岗位编号=GWCJB.岗位编号
    Group By GWB.岗位编号 Having IsNull(身份证号);        /＊无人申报的记录＊/
```

第一条语句输出表 6-10 中有人申报的岗位编码 A0001、A0002、B0001 和 B0002 四行,而第二条语句输出表 6-10 中无人申报的岗位编码 A0003、A0004 和 B0003 三行。

(4) Right［Outer］Join,右连接。连接两个数据源中符合连接条件的记录,再追加上右数据源中不符合连接条件的记录。实质上,将左右数据源互换位置,左连接与右连接没有本质的区别。

3. 表自连接的应用

在 Select…From 语句的数据源中,可以将一个数据对象(表或视图)作为多个数据源使用,以便解决同一个数据对象中不同记录之间的操作问题。

【例 6-50】 用 SQL-Select 语句统计各年 GDP 增长情况。依据"国民经济状况"表,按年份降序输出 2010 年后的年份、GDP 同比增长(亿元)、人均 GDP 同比增长(元)、人均 GDP 排名同比增长和人均可支配收入同比增长(元)5 列信息。

```
Select 国民经济状况.年份,
    Floor(国民经济状况.GDP亿元 - GM.GDP亿元) As GDP同比增长亿元,
    国民经济状况.人均GDP - GM.人均GDP As 人均GDP同比增长,
    GM.人均排名 - 国民经济状况.人均排名 As 人均GDP排名同比增长,
    国民经济状况.居民人均可支配收入 - GM.居民人均可支配收入 As 人均可支配收入同比增长
From 国民经济状况,国民经济状况 As GM
Where 国民经济状况.年份=GM.年份+1and 国民经济状况.年份>=2010
Order By 国民经济状况.年份 DESC;
```

语句中将"国民经济状况"表作为两个数据源使用,因此,需要将其中一个"国民经济状况"表另起别名"GM",并且,每个字段名前都需要写"国民经济状况."或"GM."。输出结果如表 6-11 所示。

表 6-11　2010 年以来 GDP 增长情况

年份	GDP 同比 增长(亿元)	人均 GDP 同比 增长(元)	人均 GDP 排名同比 增长	人均可支配收入 同比增长(元)
2022	66537	4722	6	1755
2021	130103	9148	6	2939
2020	27051	1750	8	1456
2019	67234	4544	2	2505
2018	87245	5942	5	2254
2017	85640	5809	1	2153
2016	57536	3861	0	1855
2015	45295	3010	10	1799
2014	50599	3415	4	1856
2013	54383	3726	5	1801
2012	50639	3494	3	1959
2011	75820	5469	2	2031
2010	63601	4628	6	1543

从表 6-11 的数据统计分析结果可以看出,自 2010 年以来,我国人均 GDP 国际排名逐年提升,人均可支配收入稳步增长,人民的生活水平不断得到改善。

6.8　SQL 语句的嵌套

在实际应用中,有些比较复杂的问题,如统计各个岗位最高分得主、高于平均成绩的人员情况、没有人申报的岗位、依据其他数据源中的数据更新一个表等,用一条基本 SQL 语句很难完成任务,往往需要多条 SQL 语句合作,或者,用一条 SQL 语句再结合若干条子查询语句(Select)才能完成任务,即,利用 SQL 语句的嵌套形式可以解决更复杂的实际应用问题。

6.8.1　主 SQL 语句与子查询

通常将嵌套在 SQL 语句中的 Select 语句称为子查询或子语句,将写在外层的 SQL 语句称为主 SQL 语句。在一个主 SQL 语句中,可以嵌套多个子查询语句,子查询语句中还可以再次嵌套子查询。

当没有满足条件的数据记录时,如果独立运行一条查询语句(Select),则查询结果为空(0 个记录);如果作为子查询语句运行,则查询结果对应值为 Null。

执行嵌套的 SQL 语句时,要求用户除具有 Select 访问权限外,还要有与主语句对应的访问权限。

1. 子查询语句的嵌套格式

在 MySQL 中,主 SQL 语句可以是 Update、Delete 或另一条 Select 语句,将子查询语句用圆括号括起来,作为一个数据项嵌套在主 SQL 语句的表达式中,圆括号不仅表示子查询优先运算,也表示子查询语句是一个完整的运算项,可以进一步参与表达式中的其他运算。

【例 6-51】 输出目前无人申报的岗位编号、名称和招聘人数。

```
Select 岗位编号,岗位名称,人数 From GWB Where 岗位编号 Not In
  (Select Distinct 岗位编号 From GWCJB);
```

其中"Select Distinct 岗位编号 From GWCJB"是嵌套在 Where<条件表达式>中的子查询语句,其左右圆括号不能省略;外层的 Select 语句是主 SQL 语句。由子查询语句从 GWCJB 中提取出全部岗位编号(有人申报的岗位编号集合),为主语句判断 GWB 中的每个记录是否符合条件提供了数据依据。当 GWCJB 为空时,子查询的结果为 Null。

2. 子查询语句的嵌套位置

在 MySQL 中,通常在下列表达式中可以嵌套子查询语句:

(1) Select <表达式>。在 Select<表达式>中嵌套子查询语句,作为主查询语句输出某列的表达式或数据项,从其他数据源中提取主语句所需要的数据。如果子查询语句结果不参与其他运算,自身就构成了表达式,则子查询结果必须是一个数据或 Null(表示没有符合子查询条件的数据),即子查询结果不能是多行(≥2)或多列数据。

【例 6-52】 输出申报人员的身份证号、姓名、岗位名称、笔试成绩和面试成绩。

```
Select 身份证号,
(Select 姓名 From YPRYB Where YPRYB.身份证号=GWCJB.身份证号) As 姓名,
(Select 岗位名称 From GWB Where GWB.岗位编号=GWCJB.岗位编号) As 岗位名称,
笔试成绩,面试成绩 From GWCJB;
```

主语句中嵌套两个子查询语句,前一条子查询语句从 YPRYB 中为主语句提取姓名数据,后一条子查询语句从 GWB 中为主语句提取岗位名称数据。

(2) Update <表名>Set <字段名>=<表达式>。在 Set <字段名>=<表达式>中嵌套子查询语句,利用其他数据源中的数据修改主语句中表的字段值。

这种嵌套语句要求:子查询语句中的数据源不能是主语句要修改的表;如果表达式就是由子查询语句单独构成的,则子查询结果必须为一个数据或 Null。

【例 6-53】 假设资格审核的条件是:满足学历和学位要求,并且笔试和面试成绩均为 60 分及以上,用一条 SQL 语句填写"资格审核"字段的值。

```
Update GWCJB Set 资格审核=
   (Select 最后学历>=最低学历 And 最后学位>=最低学位 From GWB,YPRYB Where
    YPRYB.身份证号=GWCJB.身份证号 And GWB.岗位编号=GWCJB.岗位编号)
   And 笔试成绩>=60 And 面试成绩>=60;
```

子查询语句作为表达式的一部分,结果是一个逻辑型数据,它直接与主语句中的其他运算项进行逻辑 And 运算,将运算结果填入"资格审核"字段。

(3) Where<条件表达式>。在 Update、Delete 和 Select 为主语句的 Where<条件表达式>中可以嵌套子查询语句,用其他数据源为主语句提供判断数据记录的依据。但是,子查询语句中的数据源不能是主语句 Update 或 Delete 要更新或删除数据记录的表。

【例 6-54】 删除 YPRYB 中没有申报岗位的记录。

```
Delete From YPRYB Where 身份证号 Not In
    (Select 身份证号 From GWCJB Where GWCJB.身份证号=YPRYB.身份证号);
```

子查询为主语句提供申报岗位人员身份证号的集合(一列多行身份证号),因此,主语句中需要用集合运算符号(Not In)与之运算。

【例 6-55】 输出已经通过资格审核且笔试成绩高于所报岗位平均分的身份证号、姓名、岗位名称、学历、笔试成绩和面试成绩,按申报岗位名称升序排列,同岗位按面试成绩由高到低排序。

```
Select 身份证号, 姓名, 岗位名称,
       ELT(最后学历,'无学历','专科','本科','研究生','博士') As 学历,
       笔试成绩, 面试成绩
   From YPRYB Natural Join GWCJB Natural Join GWB
   Where 资格审核 And 笔试成绩>
   (Select AVG(笔试成绩) From GWCJB As CJB Where GWB.岗位编号=CJB.岗位编号)
   Order By 岗位名称, 面试成绩 DESC;
```

主语句通过自然连接(NaturalJoin,不需要写连接条件)将 3 个表连接起来。子查询的结果为当前岗位笔试成绩的平均值(一个数据),所以,主语句中可以用">"与之运算。

主语句和子查询语句中的数据源都用了 GWCJB,为了便于引用,要对数据源之一另起别名(如 As CJB)。另外,ELT()为数码转换名称函数,将最后学历码转换成学历名。

6.8.2 嵌套语句的执行过程

主 SQL 语句与子查询语句的执行过程如图 6-4 中的流程图所示。

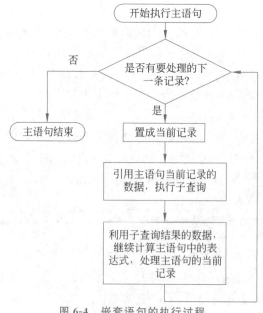

图 6-4 嵌套语句的执行过程

在执行主 SQL 语句时,每处理一个数据记录,都要执行一次子查询语句(可能引用主语

句的当前记录的数据），然后将子查询的结果再作用于主 SQL 语句的当前记录上。

例 6-51 中，根据 SQL 嵌套语句的执行过程，虽然每次执行子查询语句的结果都相同（有人申报的全部岗位编号），但是，对 GWB 中的每个数据记录还要重复执行"Select Distinct 岗位编号 From GWCJB"语句，即，执行子查询语句的次数与 GWB 中的数据记录个数一致。因此，在设计子查询时，应该进行适当优化，努力平衡语句的复杂程度与子查询结果中数据量之间的关系，尽量提高执行 SQL 嵌套语句的时间和空间效率。

【例 6-56】 对例 6-51 中的子查询语句进行优化，功能不变，以便减少每次执行子查询时结果的数据量。

```
Select 岗位编号, 岗位名称, 人数 From GWB Where 岗位编号 Not In
    (Select Distinct 岗位编号 From GWCJB Where GWCJB.岗位编号=GWB.岗位编号);
```

在执行此嵌套语句过程中，每当主语句从 GWB 中提取出一条记录，都依据该记录的岗位编号（如 A0003 或 B0001 等）执行子查询语句（如"Select Distinct 岗位编号 From GWCJB Where GWCJB.岗位编号='A0003'或 Select 岗位编号 From GWCJB Where GWCJB.岗位编号='B0001'"等），每次只从 GWCJB 中提取与主语句当前记录的岗位编号相等的数据，与 GWCJB 中全部记录的岗位编号相比，减少了大量数据，从而提高了运行效率。

6.8.3　子查询的运算规则

子查询语句的运行结果可能是一个（一个单元格）或多个数据（多行或多列，通常是一列多行，也称数据集），甚至可能是 Null（无查询结果）。

对于查询结果为一个数据（含 Null）的子查询，可以将其视为一个普通数据，进行算术运算（+、-、* 和/等）或比较运算（<、>和=等），如例 6-55。也可以进行逻辑运算（Not、And 和 Or 等），如例 6-53，甚至可以作为调用函数（如 Sqrt 和 IsNull 等）的参数。

当子查询结果为数据集时，必须用集合谓词运算符（如［Not］In）对其进行运算（如例 6-51 和例 6-54）。当然，集合谓词运算符也可以对结果为一个数据或 Null 的子查询结果进行运算（如例 6-56）。除了集合运算符以外，MySQL 还提供了一些专门用于子查询结果的谓词运算。

1. All 运算符

运算格式：

```
<表达式><比较运算符> All (<子查询语句>)
```

All 运算要求子查询的结果是一列数据集（含 Null）。如果表达式的值与子查询结果中的每个值比较运算都成立，则运算结果为 1（真），否则，运算结果为 0（假）。

【例 6-57】 输出所报岗位（至少申报一个）笔试成绩均在 70 分以上人员的身份证号和姓名。

```
Select 身份证号, 姓名 From YPRYB Where
    身份证号 In(Select 身份证号 From GWCJB Where GWCJB.身份证号=YPRYB.身份证号)
        And
    70<All(Select 笔试成绩 From GWCJB Where GWCJB.身份证号=YPRYB.身份证号);
```

主语句中嵌套了两个子查询语句，前一个子查询语句从 GWCJB 中提取其身份证号数据集，以确保至少申报一个岗位；后一个子查询语句从 GWCJB 中提取主语句中当前申报人员的笔试成绩数据集,为"<All"运算提供数据。

语句中后一个子查询语句及其运算不能用"70<笔试成绩"取而代之,因为它将筛选笔试成绩小于或等于 70 分的所有记录。

【例 6-58】 输出每个岗位编号、最高面试成绩和获得此成绩的身份证号。

```
Select 岗位编号, 面试成绩 As 最高面试成绩, 身份证号 From GWCJB
Where 面试成绩>=All
    (Select 面试成绩 From GWCJB As CJB Where CJB.岗位编号=GWCJB.岗位编号);
```

子查询语句从 GWCJB 中提取出主语句中当前岗位全部人员的面试成绩数据集,然后主语句用"面试成绩>＝All"与该数据集进行运算。由于子查询的结果中可能有多个数据(数据集),因此,不能省略 All。如果确保子查询的结果为一个数据或 Null,则可以省略 All。与之等效的另一条语句如下。

```
Select 岗位编号, 面试成绩 As 最高面试成绩, 身份证号 From GWCJB
Where 面试成绩=
    (Select Max(面试成绩) From GWCJB As CJB Where CJB.岗位编号=GWCJB.岗位编号);
```

在改造后的语句中,运算符"＝"换成">＝""＝All"或"In"都不会改变语句的总体功能。但是,不能用下列语句实现例 6-58 的要求:

```
Select 岗位编号, Max(面试成绩) As 最高面试成绩, 身份证号 From GWCJB
    Group By 岗位编号;
```

此语句中的岗位编号与最高面试成绩的对应关系没有问题,但获得此成绩的人员未必是对应的身份证号。问题主要在于:"身份证号"列既不是分组关键字列和统计列,也不是分组关键字岗位编号能唯一确定的列,因此,语句中的身份证号与岗位编号只是申报关系,与最高面试成绩没有对应关系。

2. Any|Some 运算

运算格式:

```
<表达式><比较运算符>Any|Some(<子查询语句>)
```

Any 与 Some 功能相同,要求子查询的结果是一列数据集(含 Null)。如果表达式的值与子查询结果中的某个(或某些)值比较运算成立,则运算结果为 1(真);如果表达式的值与子查询结果中的任何值比较运算都不成立,则运算结果为 0(假)。

【例 6-59】 输出目前还存在没面试(面试成绩为 0)人员的岗位编号和岗位名称。

```
Select 岗位编号, 岗位名称 From GWB Where 0=Any
    (Select 面试成绩 From GWCJB Where GWCJB.岗位编号=GWB.岗位编号);
```

子查询语句从 GWCJB 中提取出主语句中当前岗位全部申报人员的面试成绩数据集,若其中有一个申报人员的面试成绩为 0,则与之运算的 0＝Any 就成立。

由于一个岗位中可能有多个申报人员的面试成绩为 0,因此不能用下列语句实现例 6-59,它可能使一个岗位输出多行。事实上,在下列语句基础上再加 Distinct 短语才能实现例 6-59。

```
Select GWB.岗位编号, 岗位名称 From GWB, GWCJB Where 面试成绩=0 And
    GWCJB.岗位编号=GWB.岗位编号;
```

3. Exists 运算

运算格式：

```
[Not] Exists(<子查询语句>)
```

Exists 是单目运算符，对子查询结果的列数和行数均无特殊要求。如果子查询结果中有数据（非 Null），则 Exists 运算结果为 1（真），否则，运算结果为 0（假）。

【例 6-60】 输出目前无人申报的岗位编号、名称和招聘人数。

```
Select 岗位编号, 岗位名称, 人数 From GWB Where Not Exists
    (Select * From GWCJB Where GWCJB.岗位编号=GWB.岗位编号);
```

本语句与例 6-51 和例 6-56 比较，功能完全相同，只是实现方法不同。

【例 6-61】 按姓名排序，输出重名人员的身份证号和姓名。

```
Select 身份证号, 姓名 From YPRYB Where Exists
    (Select * From YPRYB As RYB
        Where RYB.姓名=YPRYB.姓名 And RYB.身份证号<>YPRYB.身份证号)
    Order By 姓名;
```

主语句和子查询语句中的数据都来源于 YPRYB，为了便于引用表，必须对其中之一另起别名（如 As RYB）。子查询语句从 YPRYB 中提取出与主语句中当前人员姓名相同而身份证号不同的记录，如果子查询结果中有这样的记录，则说明主语句中的当前人员至少有（Exists）一个其他记录与其姓名相同。

6.9　SQL 语句合并

在 MySQL 中，将一条 Create Table、Insert、Replace 或 Select 语句（也称子语句，简称子句）与另一条查询语句（Select）合并成一条语句，称为 SQL 语句的合并。被合并的 Select 语句也被称为 Select 子句，同时也是一条能够独立运行的简单查询、数据统计分析以及嵌套的查询语句。

6.9.1　创建表与查询语句合并

Create Table 子句可以与 Select 子句合并成一条语句，以便依据 Select 子句的查询结果（表结构及其数据记录）创建新表，通常适用于表备份和数据记录分类存储等。执行创建表与查询合并语句，要求用户同时具有 Select、Create 和 Insert 三种权限。

语句格式：

```
<Create Table 子句描述> [As] <Select 子句描述>
```

实质上本语句是 Create Table 和 Select 两条语句通过 As 的合成体，省略 As 时，两个子语句之间至少有一个空格。

执行这条语句时，新表中的字段是 Create Table 子句定义的字段和 Select 子句查询结果中列的并集，表及其字段的属性（如表名、主键、外键、字段的数据类型、宽度和默认值等）由 Create Table 子句定义；Create Table 子句中没有定义的字段，取 Select 子句查询结果列的数据类型、宽度和默认值。

新表是否有主键和外键取决于 Create Table 子句中的定义,与 Select 子句的数据源中的主键和外键没有关系。新表中的数据由 Select 子句查询结果的数据记录决定,Select 子句查询结果中没有,而在 Create Table 子句中定义的字段,各个记录中该字段都填 Null 值。

【例 6-62】　将 GWB 完整地备份到 GWBBF 中,岗位编号仍然为主键。

```
Create Table GWBBF(Primary Key(岗位编号)) As Select * From GWB;
```

在 Create Table 子句中,虽然没有描述有关字段的属性,但新表 GWBBF 中仍然保留着 GWB 中的相关属性,包括字段名称、数据类型、主键和数据记录等。

【例 6-63】　创建新表 ZGSH,保留 GWCJB 中除"资格审核"以外的字段,存储 GWCJB 中通过资格审核的数据。

```
Create Table ZGSH
Select 身份证号,岗位编号,笔试成绩,面试成绩 From GWCJB Where 资格审核;
```

由于 Create Table 子句中没有描述主键,因此,新表 ZGSH 没有主键。

【例 6-64】　创建岗位与申报人数对应表 GWSB,包含岗位编号、岗位名称、招聘人数和申报人数 4 个字段,主键为岗位编号。其中申报人数字段为 4 位整型,其余字段保留 GWB 中的相关属性,并存储对应的数据。

```
Create Table GWSB (申报人数 Int(4), Primary Key(岗位编号)) As
    Select 岗位编号,岗位名称, 人数 As 招聘人数,
    Count(*) As 申报人数 From GWB Natural Join GWCJB Group By 岗位编号;
```

综合上述各例可以看出,Create Table 子句可以是一条能完全独立执行的语句或其中的部分短语。设计创建表与查询合并的语句时,如果希望新表有主键且计算列(如招聘人数)属性更明确,则需要在 Create Table 子句中进行详细的描述。

6.9.2　增加记录与查询语句合并

Insert 和 Replace 与 Select 语句合并,将查询结果的数据记录添加到表中。执行增加记录与查询合并语句,要求用户具有 Select 和 Insert 两种权限。

(1) Insert 语句格式。

```
Insert [Delayed|Low_Priority| High_Priority]
    [Into] <表名>[(<字段名表>)]
    <Select 子句>
    [On Duplicate Key Update <字段名 1>=<表达式 1>…]
```

(2) Replace 语句格式。

```
Replace [Delayed|Low_Priority]
    [Into] <表名>[(<字段名表>)]
    <Select 子句>
```

从语句格式上看,与 6.5 节中的 Insert 和 Replace 语句比较,将"Values(<表达式表 1>)…[,(<表达式表 n>)]"短语换成了 Select 子句,共同拥有的短语(如 Delayed、Low_Priority 和字段名表等)作用、要求和用法基本相同;从增加记录方面看,只是将记录的数据源改成了 Select 子句的查询结果。

这两条合并语句的共同要求是:Select 子句的查询结果列与要填写的字段按前后顺序

——对应,对应列(字段)的名称、数据类型可以不同,但是,查询结果中各列的数据必须是可转换成对应字段的数据类型。

【例 6-65】　创建申报人员平均分表 PJFB,其中包含身份证号(Char(18))、姓名(VarChar(10))、笔试平均分(TinyInt)和面试平均分(TinyInt)4 个字段,主键为身份证号,并填写应聘人员的相关数据。

```
Create Table PJFB (身份证号 Char(18) Primary Key, 姓名 VarChar(10),
    笔试平均分 TinyInt, 面试平均分 TinyInt);  /* 创建表结构语句 */

Insert Into PJFB     /* 统计并填写应聘人员平均分的合并语句 */
    Select 身份证号, 姓名, AVG(笔试成绩), AVG(面试成绩)
    From YPRYB Natural Join GWCJB Group By 身份证号;
```

从本例可以看出,用于表备份和数据分类存储时,增加记录与查询合并语句(需要两条语句)远不如创建表与查询合并语句(仅一条语句)实用和灵活。要将多个表的数据记录合并到一个表中,这两条语句配合使用效果更好。

【例 6-66】　假设有 RYB1 和 RYB2 两个表,要求创建 RYB(与 RYB1 同结构),主键为身份证号,将 RYB1 和 RYB2 两个表的数据合并到 RYB 中。

```
Create Table RYB(Primary Key(身份证号)) As Select * From RYB1;

Replace Into RYB Select * From RYB2;
```

第一条语句创建表 RYB 的同时将 RYB1 中的数据记录合并到 RYB 中,第二条语句不再需要创建表,直接合并 RYB2 中的数据记录到 RYB 中。

6.9.3　查询语句的合并

表连接可以将多个表中的字段组织到一个表(结果)中,多个表中的数据记录连接成结果表中的一个记录,也称表的横向连接。Select 语句(查询结果)合并是对多个查询结果中的数据行进行纵向连接,使之成为一个查询结果,从而达到多个表中的数据记录纵向合并的目的。

语句格式:

```
<Select 子句 1>Union[All|Distinct]
<Select 子句 2>[ … Union[All|Distinct] <Select 子句 n>]
```

具体规定如下。

(1) 各条 Select 子句的查询结果必须有相同的列数,对应列的数据类型可以不同,但是,数据类型之间必须可以自动转换。

(2) Union[Distinct]在合并结果中重复记录仅输出一次,而 Union All 将输出全部数据行,可能有重复的数据记录。

(3) 各条 Select 子句的列名(标题)可以不同,但由第一条 Select 子句中的列名确定合并后结果的列名。

(4) 每条 Select 子句都是一条能独立执行的语句,但是,只有最后一条 Select 子句后才可以使用 Order By<列名>|<列号>[ASC|DESC]短语,作为合并后结果的排序规则。

【例 6-67】　用一个表按地址排序输出未注销的公司名称、地址、邮政编码以及应聘人员的姓名、通信地址、邮政编码。

```
Select 公司名称,地址,邮政编码 From 公司表 Where Not 注销    /* 第一条子句 */
    Union All                                              /* 可以重复记录的连接符 */
Select 姓名,通信地址,邮政编码 From YPRYB                     /* 第二条子句 */
    Order By 地址;
```

合并后的结果中 3 列的名称分别是第一条子句中的公司名称、地址和邮政编码,与第二条子句的列名无关。"Order By 地址"用于说明在合并后结果中按"地址"列升序排列,输出结果如表 6-12 所示。

表 6-12　Select 语句合并的结果

公 司 名 称	地　址	邮 政 编 码
腾飞总公司	北京市中关村	100201
王丽敏	北京西城区德外大街 4 号	100120
食府快餐店	长春经济开发区	130103
李丽丽	长春前进大街 2099 号	130012
刘德厚	长春前进大街 2699 号	130012
赵明	长春人民大街 99 号	130021
医大一院	长春市朝阳区	130012
工商前进支行	长春市高新区	130012
郝帅	园丁花园 9 号楼	130054

【例 6-68】　用一个表按岗位名称排序输出各岗位的招聘人数和申报人数,招聘和申报分行显示。

```
Select 岗位编号,Concat(岗位名称,'招聘') AS 名称,人数 From GWB /* 第一条子句 */
    Union                                               /* 无重复记录合并 */
Select GWB.岗位编号,Concat(岗位名称,'申报'),Count(*)        /* 第二条子句 */
    From GWB Natural Join GWCJB Group By GWB.岗位编号 Order By 2;
```

执行此语句,输出结果如表 6-13 所示。

表 6-13　基本查询与分组统计纵向连接的结果

岗 位 编 号	名　称	人　数
B0003	岗前培训师 招聘	2
A0004	会计 招聘	3
B0001	经理助理 招聘	3
B0001	经理助理 申报	3
B0002	理财师 招聘	12
B0002	理财师 申报	4
A0003	律师 招聘	3
A0001	行长助理 招聘	1
A0001	行长助理 申报	2
A0002	银行柜员 招聘	5
A0002	银行柜员 申报	3

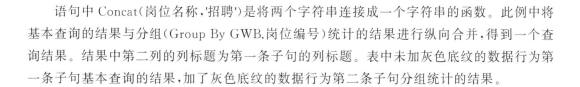

语句中 Concat(岗位名称,'招聘')是将两个字符串连接成一个字符串的函数。此例中将基本查询的结果与分组(Group By GWB.岗位编号)统计的结果进行纵向合并,得到一个查询结果。结果中第二列的列标题为第一条子句的列标题。表中未加灰色底纹的数据行为第一条子句基本查询的结果,加了灰色底纹的数据行为第二条子句分组统计的结果。

6.10　视图及其应用

视图是依据 Select 语句组织多个数据表的一种映像机制,也是存储于数据库中的一类对象——虚拟表。为了便于管理和使用视图,MySQL 提供了创建、修改和删除视图的有关语句。

6.10.1　创建视图

视图是数据库中的对象,在使用视图之前,需要运行相关语句创建视图。像 SQL 语句一样,可以在命令行或 phpMyAdmin 可视化窗口中编辑和运行创建视图的语句,对创建视图的用户应该赋予 Select 和 Create View 权限。创建视图的语句中有许多短语,为便于理解和应用,本节只讲述基本语句和常用短语。

基本语句格式:

```
Create [Or Replace] View <视图名> [ (列名称表) ]
    As <Select 子句>
```

【例 6-69】　创建包含岗位编号、面试平均分和笔试平均分的视图 GWPJF。

```
Create View GWPJF As
    Select 岗位编号,AVG(面试成绩) As 面试平均分,AVG(笔试成绩) As 笔试平均分
    From GWCJB Group By 岗位编号 Order By 岗位编号;
```

执行该语句后,在当前数据库中创建一个视图对象 GWPJF,其中包含岗位编号、面试平均分和笔试平均分 3 列信息。当引用视图对象 GWPJF 时,数据将按岗位编号升序排列。

重复执行上述语句时,由于视图 GWPJF 已经存在,因此,将导致系统出错。如果在语句中再加 Or Replace 短语,即使新视图与数据库中的某个视图重名,也不会出错,而用新定义的视图覆盖原视图。

基本语句中其他短语有下列含义。

(1) 视图名。为视图命名,命名规则与数据表命名规则相同。

(2) 列名称表。为视图中各列命名,列名之间用逗号分隔,列与表中字段的命名规则相同。要求列名称表中的列数与 Select 子句查询结果中的列数一致,并按前后顺序一一对应。当省略列名称表时,如例 6-69 所示,视图中的列数及各列名称由 Select 子句的查询结果确定。

(3) Select 子句。是创建视图的核心,用于定义视图中的数据来源和列。Select 子句可以是任何一条能独立运行的 Select 语句,如基本查询、数据排序、分组统计、查询嵌套或查询合并等,甚至 Select 子句的数据源(From 短语中的对象)还可以是另一个视图对象,即一个视图可以是另一个视图的数据源。

6.10.2 应用视图

视图与表都是数据库中的对象,但是二者有着本质的差异。表中除存储表结构以外还存储数据记录,而视图中只存储获取表中数据的映像机制,主要是 Select 语句,并不存储数据。仅当引用视图时,才由获取数据的映像机制从其数据源(如表)中提取数据。视图在许多方面扮演着数据表的角色,起到数据表的作用,因此,通常也被称为虚拟表。视图主要有下列一些方面的应用。

1. 作为数据源使用

视图是虚拟表,可以像数据表一样作为 Select 语句的数据源使用。

【例 6-70】 利用例 6-69 中创建的视图 GWPJF,输出高于所报岗位笔试平均分人员的身份证号、岗位编号和笔试成绩。

```
Select 身份证号,岗位编号,笔试成绩
    From GWCJB Natural Join GWPJF Where 笔试成绩>笔试平均分;
```

语句中的数据源 GWPJF 就是视图,起到表的作用。从本例可以看出,将视图作为数据源,可以将比较复杂的问题分解成多步(例 6-69 和例 6-70 两步)实现,从而使每步设计思路更清晰,SQL 语句更简单。视图往往可以替代嵌套的 SQL 语句解决比较复杂的问题,简化 SQL 语句。

2. 作为功能模块使用

视图通过 Select 语句组织和集成多个表中的数据,对数据进行统计分析,作为一个对象存储于数据库中。在 phpMyAdmin 可视化窗口中,可以像操作系统选项或工具一样操作视图,执行 Select 语句进行数据查询和统计分析。根据这一特点,可以将一些常见应用要求设计成视图,以便将每个视图作为一个程序模块使用,通过简单的操作即可完成数据查询及统计分析任务,实现一劳永逸的效果。

【例 6-71】 设计两个视图:一个包含身份证号、姓名、岗位编号、岗位名称、笔试成绩、面试成绩和总分,同岗位按总分由高到低排序,视图名为 GRCJ;另一个包含岗位编号、岗位名称、人数、申报人数以及总成绩最高分、最低分和平均分,视图名为 GWTJ。

```
Create View GRCJ As
    Select 身份证号,姓名,岗位编号,岗位名称,笔试成绩,面试成绩,
        笔试成绩*笔试成绩比例/100+面试成绩*(1-笔试成绩比例/100) As 总分
    From YPRYB Natural Join GWCJB Natural Join GWB
    Order By 岗位名称,总分 DESC;

Create View GWTJ As
    Select 岗位编号,岗位名称,人数, Count(*) As 申报人数,
        Max(笔试成绩*笔试成绩比例/100+面试成绩*(1-笔试成绩比例/100)) As 最高分,
        Min(笔试成绩*笔试成绩比例/100+ 面试成绩*(1-笔试成绩比例/100)) As 最低分,
        AVG(笔试成绩*笔试成绩比例/100+ 面试成绩*(1-笔试成绩比例/100)) As 平均分
    From GWB Natural Join GWCJB Group By 岗位编号;
```

GRCJ 和 GWTJ 是两个常见数据统计分析的视图,在数据库中单击视图 GRCJ、GWTJ 或者通过简单的 Select 语句都可查看有关统计分析的结果。

【例 6-72】 通过视图 GWTJ,输出岗位编号、岗位名称、人数、申报人数和平均分;依据

视图 GRCJ 和 GWTJ,输出获得每个岗位最高总分的身份证号、姓名、岗位编号、岗位名称和总分;输出高于所报岗位平均分的身份证号、姓名、岗位编号、岗位名称和总分。

```
Select 岗位编号,岗位名称,人数,申报人数,平均分 From GWTJ;

Select 身份证号,姓名,岗位编号,岗位名称,总分
    From GRCJ Natural Join GWTJ Where 总分=最高分;

Select 身份证号,姓名,岗位编号,岗位名称,总分
    From GRCJ Natural Join GWTJ Where 总分>平均分;
```

从上述 3 个应用要求和实施语句可以看出,恰当地设计和运用视图,往往可以通过简单的 Select 语句完成一些较复杂的设计任务。

视图不仅可以作为数据查询和统计分析的数据源,实质上也可以作为 SQL 数据操纵语句(Insert、Replace、Delete 或 Update)的操作对象,通过视图间接地增加、修改和删除表中的数据记录。但是,由于直接操作视图,实质间接操纵表中数据记录的过程过于烦琐而不常用,因此,本书省略了这方面的内容。

6.10.3　维护视图

视图是数据库中的一种对象,像数据表一样,MySQL 也提供了修改和删除视图的语句。

1. 修改视图

执行修改视图语句的用户必须具有 Create View 和 Drop 权限。

语句格式:

```
Alter View <视图名> [(列名称表)] As <Select 子句>
```

对一个已经存在的视图执行 Create Or Replace View <视图名>[(列名称表)] As <Select 子句>语句,本质上与执行 Alter View 语句功能完全相同。

【例 6-73】　将例 6-69 中创建的视图 GWPJF 改为仅含岗位编号和笔试平均分的视图。

```
Alter View GWPJF As
    Select 岗位编号,AVG(笔试成绩) As 笔试平均分
    From GWCJB Group By 岗位编号 Order By 岗位编号;
```

2. 删除视图

语句格式:

```
Drop View [If Exists]<视图名表>
```

执行一条 Drop View 语句可以删除多个视图,视图名之间用逗号分隔。在语句中加 If Exists 短语,可以避免因删除不存在的视图而引发系统出错。

【例 6-74】　删除视图 GWPJF、GRCJ 和 GWTJ 三个视图。

```
Drop View GWPJF, GRCJ,GWTJ;
```

本章通过大量的应用实例,讲述了数据库的物理设计过程与 SQL 语句的常用语法、功能和应用技巧,只要掌握了这些要领和技术,就能灵活运用 SQL 语句,驾驭数据库管理系统,进行数据统计和分析,将数据库技术应用到自己的专业或相关领域中,充分发挥数据库技术的强大作用,为开发和设计实用的网络应用程序打下坚实的基础。

当然,要使数据库能在网络应用程序中发挥更大的作用,收获一劳永逸的实用效果,增大受众面,还需要进一步学习有关网页及程序设计方面的技术和方法,只有SQL语句与应用程序有机地结合起来,才能为网络应用程序增添更大的活力。

习题

一、填空题

1. SQL由　①　、　②　、　③　和　④　4种子语言组成,Create Table语句属于　②　,Update语句属于　③　,Select…From语句属于　④　,Grant和Revoke语句属于　①　。

2. SQL的数据定义语言由　①　Table、　②　Table和　③　Table 3条语句构成。

3. 在Create Table电子商品(类别 Char(10)Primary Key,编码 Char(6)Primary Key,商品＋名称 VarChar(20))语句中,有　①　处错误,正确的语句应该是Create Table　②　。

4. 多次执行"Create Table 论坛表(文章序号 Int Auto_Increment Primary Key,作者 VarChar(20) Default '匿名',文章内容 Text,更新时间 TimeStamp,作者简介 Text)"语句,系统会　①　,加　②　短语可以避免发生这种事情。第一次执行这条语句后,当系统时间是2017年1月8日下午2点3分5秒时,如果立即执行"Insert 论坛表 Values(Default,Default,'人才招聘……', Default，Default)"语句,则新增加记录的文章序号为　③　,作者为　④　,更新时间为　⑤　,作者简介为　⑥　;3秒钟后又执行"Insert 论坛表(文章内容) Values('招聘人员……')"语句,则第2个记录的文章序号为　⑦　,作者为　⑧　,更新时间为　⑨　,作者简介为　⑩　。

5. 在MySQL中,11 Div 4的值是　①　;11 ％ 3的值是　②　,'1.5E2' ＋ '5元'的值是　③　。

6. 为了使Insert语句增加关键字值重复的记录时不引发系统出错,应该加　①　短语;在Insert语句中用　②　短语,执行一次可以增加多个记录,用　③　短语,执行一次只能增加1个记录。除Insert语句以外,还有　④　语句能向表中增加数据记录。

7. 如果GWCJB中有多条记录,则执行"Select avg(笔试成绩) As 平均分,Max(笔试成绩) As 最高分 From GWCJB"语句,将输出　①　行、　②　列数据。

8. 在Select语句中,对查询结果进行排序,应该加　①　短语;对数据进行分组统计分析,应该用　②　短语;消除查询结果中的重复记录,应该用　③　短语;对查询结果进一步筛选用　④　短语;将查询结果存储到一个文件中,应该用　⑤　短语。

9. 在"Select ＊ From GWCJB Where <条件>"语句中,条件为　①　输出岗位编号为B0001的记录;条件为　②　输出面试成绩为50～59的记录;条件为　③　输出高于面试成绩平均分的记录。

10. 在"Select ＊ From YPRYB Where <条件>"语句中,条件为　①　输出女士记录;条件为　②　输出姓名中含"国庆"的记录;条件为　③　输出通信地址中含北京、上海或深圳的记录;条件为　④　输出通过资格审核的记录。

11. 在"Select ＊ From YPRYB Natural Join GWCJB"语句中,隐含说明YPRYB与

GWCJB 的连接条件是___①___；"Select * From GWB Natural Join GWCJB"语句中,隐含说明 GWB 与 GWCJB 的连接条件是___②___;执行"Select * From YPRYB Left Join GWCJB On PRYB.身份证号＝GWCJB.身份证号"语句时,对于没有申报任何岗位的人员,在查询结果中对应岗位编号列的值是___③___。

12. "Select AVG(笔试成绩) From GWCJB Group By 岗位编号"语句。作为子查询语句使用,当 GWCJB 为空表时,子查询的结果为___①___;当 GWCJB 中有 100 个记录,10 个不同的岗位时,子查询的结果为___②___个数据。可以参与该子查询结果的运算符号有___③___。

13. 输出面试成绩高于所报岗位平均分的身份证号、姓名、岗位编号、岗位名称和笔试成绩的语句是：Select 身份证号, 姓名, 岗位编号, 岗位名称, 笔试成绩 From YPRYB ___①___ GWCJB ___②___ GWB Where ___③___ (Select ___④___ From GWCJB As CJB Where ___⑤___)。

14. 在 MySQL 中,允许一条语句中写入另一条 SQL 语句,将这种语句形式称为___①___。在嵌套的语句中,以___②___为主语句的 Where 短语中允许嵌套子语句,还可以在___③___主语句的有关表达式中嵌套子语句,子语句由___④___语句构成。

15. 有关 SQL 语句合并,语句由___①___语句和另一条 Select 语句构成。语句"Select 地址 From 公司表___②___Select 通信地址 From YPRYB"可能输出重复的记录;语句"Select 地址 From 公司表___③___Select 通信地址 From YPRYB"输出没有重复记录;合并后结果只有一列,列名为___④___。

二、单选题

1. MySQL 是(　　　)。

　　A. OS　　　　　　　B. DBMS　　　　　　C. 报表软件　　　　　D. Web 服务器

2. (　　　)不属于 SQL 的数据定义语言。

　　A. Create Table…　B. Alter Table…　C. Update…　　　D. Drop Table…

3. 选择正确的内容,完成语句"Create Table 销售(　　　),名称 Char(20),数量 Int,单价 Real)"。

　　A. 序号 Int Auto_Increment

　　B. 序号 Int Auto_Increment Primary Key

　　C. 序号 Int Auto_Increment,记录号 INT Auto_Increment

　　D. 序号 Char(6) Auto_Increment Primary Key

4. 要创建成绩表,含学号 Char(8)、课程号 Char(4)和成绩 Int 三个字段,学号和课程号共同构成主键,正确的 SQL 语句是 Create Table 成绩表(　　　)。

　　A. 学号 Char(8),课程号 Char(4) Primary Key,成绩 Int

　　B. 学号 Char(8) Primary Key,课程号 Char(4) Primary Key,成绩 Int

　　C. 学号 Char(8),课程号 Char(4) Primary Key(学号,课程号),成绩 Int

　　D. 学号 Char(8),课程号 Char(4),成绩 Int,Primary Key(学号,课程号)

5. 在 Create Table 语句中,(　①　)必须与 Primary Key 结合使用,(　②　)需要其他表及其字段。

　　A. Not Null　　　　　　　　　　　B. Auto_Increment

　　C. Primary Key　　　　　　　　　　D. Foreign Key

6. 在 Alter Table 语句中,加(①)短语能增加字段,(②)短语能删除外键,(③)短语能修改字段名,(④)短语能修改表名,(⑤)短语能修改字段的默认值。

    A. Add   B. Drop   C. Rename   D. Change

    E. Modify   F. Alter

7. 当 GWB 表有主键且非空时,执行 Create Table GWB1 Like GWB,对 GWB1 的结论是(①);执行 Create Table GWB1 As Select * From GWB,对 GWB1 的结论是(②)。

    A. 无主键的空表   B. 有主键的空表

    C. 无主键的非空表   D. 有主键的非空表

8. 执行"Create Table XS(BH Char(5),SL Int Default 1,时间(①))"语句和 "Insert Into XSValues('00001', Default,(②))"语句,能将系统的日期时间填到时间字段中。

    A. Null   B. Date   C. Time   D. DateTime

    E. TimeStamp   F. Default   G. CurDate()   H. CurTime()

9. 通过"Create Table 课程(课程号 Char(3) Primary Key,课程名 VarChar(30))、Create Table 学生(学号 Char(8) Primary Key,姓名 VarChar(10))"语句和"Create Table 成绩(学号 Char(8),课程号 Char(3),分数 TinyInt,Foreign Key(课程号)References 课程(课程号),Foreign Key(学号) References 学生(学号))"语句创建的 3 个表。当执行 Drop Table 语句删除这 3 个表时,操作表的正确顺序是( )。

    A. 成绩、课程和学生   B. 课程、成绩和学生

    C. 课程、学生和成绩   D. 学生、课程和成绩

10. 执行"Create Table 课程(编号 Char(3) Primary Key,名称 VarChar(30))"语句创建的课程表,( )语句与"Replace Into 课程 Values('301','英语')"语句的功能完全相同。

    A. Insert Into 课程 Values('301','英语')

    B. Insert Into 课程(编号,名称) Values('301','英语')

    C. Insert 课程 Values('301','英语')

    D. Insert 课程 Values('301','英语')On Duplicate Key Update 名称='英语'

11. 在第 10 题建立的课程表中,假设已经存在编号为 301 的记录,执行 Insert 语句时加( )短语使之能修改数据而不引发系统出错。

    A. Delayed   B. Low_Priority

    C. On Duplicate Key Update   D. If Exists

12. 在 Delete From GWCJB 中加( )短语能删除表中的部分记录。

    A. Where <条件>   B. When<条件>

    C. While <条件>   D. FOR <条件>

13. Select * From YPRYB Natural Join GWCJB 输出( )。

    A. YPRYB 表中所有字段   B. GWCJB 表中所有字段

    C. 两个表中字段的并集   D. 两个表中字段的交集

14. 在 Select…From YPRYB As L…语句中,( )正确。

    A. Where 短语中可以包含"YPRYB.姓名"

B. Where 短语中可以包含"L.姓名"

C. Select 表达式中可以包含"YPRYB.姓名"

D. Order By 中可以包含"YPRYB.姓名"

15. 在 SQL 中,与表达式"成绩 Between 0 And 60"功能相同的表达式是(　　)。

A. 成绩>=0 And 成绩<=60

B. 成绩>0 And 成绩<60

C. 成绩<=0 Or 成绩>=60

D. 成绩>=0 Or 成绩<=60

16. "Select * From YPRYB Where(　　)"语句能输出姓龙(姓名中首字)的全部人员信息。

A. '龙%' Like 姓名

B. 姓名 Like '龙%'

C. 姓名 Like '龙_'

D. 姓名 RLike '龙'

17. (　　)语句能输出各个岗位编号、笔试最高分及获得此成绩的身份证号。

A. Select 岗位编号,Max(笔试成绩),身份证号 From GWCJB Group By 岗位编号

B. Select 岗位编号,笔试成绩,身份证号 From GWCJB Where 笔试成绩=Max(笔试成绩)

C. Select 岗位编号,笔试成绩,身份证号 From GWCJB Where 笔试成绩=(Select Max(笔试成绩) From GWCJB As CJB Where CJB.岗位编号=GWCJB.岗位编号)

D. Select 岗位编号,笔试成绩,身份证号 From GWCJB Having 笔试成绩=Max(笔试成绩)

18. (　　)语句正确。

A. Delete From GWCJB Where 笔试成绩<(Select AVG(笔试成绩) From GWCJB)

B. Update GWCJB Set 笔试成绩=(Select MAX(笔试成绩) From GWCJB)

C. Update GWCJB Set 笔试成绩=0 Where 笔试成绩<(Select AVG(笔试成绩) From GWCJB)

D. Select * From GWCJB Where 笔试成绩<(Select AVG(笔试成绩) From GWCJB)

19. 在(　　)表达式中不能使用 Avg 和 Sum 等统计函数。

A. Select <表达式>

B. Where <表达式>

C. Having <表达式>

D. 子查询的 Select <表达式>

20. 假设 GWB 中有 100 个岗位,其中有 40 个岗位已经有人申报,执行"Select * From GWB Where 岗位编号 Not In (Select Distinct 岗位编号 From GWCJB Where GWCJB.岗位编号=GWB.岗位编号)"语句时,子查询被执行了(　　)次。

A. 1　　　　　　　B. 100　　　　　　　C. 40　　　　　　　D. 60

21. 下列语句中,执行(　　)引发系统出错。

A. Create Or Replace View 岗位 As Select 岗位编号,岗位名称 From GWB

B. Create Or Replace View 岗位(岗位编号) As Select 岗位编号,岗位名称 From GWB

C. Create Table If Not Exists 岗位 As Select 岗位编号,岗位名称 From GWB

    D. Create Table If Not Exists 岗位(岗位编号 Char(5) Primary Key) As Select 岗位编号，岗位名称 From GWB

22. GWB 非空，执行(　　　)语句产生的对象中包含数据记录。

    A. Create View 岗位 As Select ＊ From GWB

    B. Create Or Replace View 岗位 As Select ＊ From GWB

    C. Create Table 岗位 Like GWB

    D. Create Table 岗位 As Select ＊ From GWB

三、多选题

1. 在 Create Table 语句中，(　　　)短语能创建索引。

    A. Primary Key   B. Foreign Key   C. References

    D. Unique   E. Index

2. 在 Create Table 语句中，(　　　)短语能定义表的关键字。

    A. Constraint   B. Foreign Key   C. Primary Key

    D. Index   E. Unique

3. 在 SQL 语句中(　　　)内容左右至少有一个空格。

    A. ＋   B. ＝   C. From   D. Where

    E. Or   F. Group By

4. 执行语句"Create Table CJB(学号 Char(8)，课程名 Char(30)，成绩 TinyInt Unsigned Default 0，Primary Key(学号,课程名)，Index XH(学号)，Index(课程名))"，产生的索引名称(键名)有(　　　)。

    A. 学号   B. 课程名   C. XH   D. Index

    E. Primary

5. 下列 SQL 语句中，(　①　)属于数据定义语言，(　②　)属于数据操纵语言，(　③　)属于数据查询语言。

    A. Select…   B. Create Table…   C. Alter Table…   D. Drop Table…

    E. Insert…   F. Replace…   G. Update…   H. Delete…

    I. 创建表与查询语句合并   J. 增加记录与查询语句合并

    K. 查询语句的合并

6. 填写用户执行语句时应该具有的权限：主语句是 Update 的嵌套语句(　①　)，主语句是 Delete 的嵌套语句(　②　)，主语句是 Select 的嵌套语句(　③　)，创建表与查询合并的语句(　④　)，增加记录与查询合并的语句(　⑤　)，数据导出语句(　⑥　)，数据导入语句(　⑦　)。

    A. Select   B. Create   C. Alter   D. Drop

    E. Insert   F. References   G. Update   H. Delete

    I. File

7. 下列语句中，(　①　)能创建表，(　②　)能向表中添加数据记录。

    A. Create Table…   B. Create Table…Select…

    C. Replace Into…   D. Replace Into…Select…

    E. Insert Into…Select…

8. "Create Table 学生＋奖学金(学号 Char(10) Primary Key,姓名 VarChar(10),年度 Char(4) Primary Key,奖励/金额 SmallInt)"语句,可能错在(   )。

    A. 表名不能为汉字

    B. 表名中有加号应该用左单引号引起来

    C. 奖励/金额可以改为奖励金额

    D. 奖励/金额应该改为'奖励/金额'

    E. 出现两个 Primary Key 短语

    F. 关键字的值不唯一

9. 关于数据表,正确的叙述是(   )。

    A. 将不含字段的表称为空表   B. 将不含数据记录的表称为空表

    C. 一个表中可含多个主属性   D. 一个表最多只有一个主键

    E. 表可以没有主键   F. 表必须有外码

10. 在一条 Create Table 语句中,(①   )短语最多能出现一次,(②   )用于定义主键。

    A. Unsigned   B. Auto_Increment

    C. Primary Key   D. Foreign Key

    E. Null

11. 执行(   )语句能更改表的名称。

    A. Alter Table GWB Change GW   B. Alter Table GWB Rename GW

    C. Alter Table GWB Modify GW   D. Alter Table GWB Alter GW

    E. Rename Table GWB To GW

12. 对于用语句"Create Table LB(LBM Char(3) Primary Key,LBMC VarChar(20))"和"Create Table SP(LBM Char(3),SPM Char(3),SPMC VarChar(50),Primary Key (LBM,SPM))"创建的两个表 LB 和 SP,(   )有错误。

    A. Select LBM,LBMC,SPMC From LB,SP Where LBM=SP.LBM

    B. Select LB.LBM,LBMC,SPMC From LB Join SP On LB.LBM=LBM

    C. Select LBM,LBMC,SPMC From LB Natural Join SP

    D. Insert LB Values('001', '计算机')执行两次

    E. Replace LB Values('001', '计算机')执行两次

    F. Replace LB Values(Null,'笔记本')

    G. Replace LB Values('笔记本')

    H. LB 中无 LBM 为 A01 记录,Insert SP Values('A01','001','联想 2000')

13. 对于用语句"Create Table SP(SPM Char(3) Primary Key,SPMC VarChar(50),DJ Real Unsigned)"和"Create Table XS(XH Int Auto_Increment Primary Key,SPM Char(3),SL Int,Foreign Key(SPM) References SP(SPM) On Delete Cascade On Update Cascade)"创建的两个表 SP 和 XS,在 SP 中有 SPM 为 001 而没有 A01 记录的情况下,(   )有错误。

    A. Insert SP Values('001', '打印机')

    B. Replace SP Values('001', '打印机')

C. Insert SP(SPMC,SPM) Values('打印机','001')

D. Replace SP(SPMC,SPM) Values('打印机','001')

E. Insert SP Values('001', '打印机', 1000)

F. Replace SP Values('001', '打印机', 1000)

G. Insert XS Values(Default,'001',3)

H. Insert XS Values(Default,'A01',3)

I. Replace XS Values(Default,'001',3)

J. Replace XS Values(Default,'A01',3)

14. 对于用语句"Create Table 课程(课程号 Char(3) Primary Key,课程名 VarChar(50))"和"Create Table 成绩(学号 Char(8), 课程号 Char(3),分数 TinyInt, Foreign Key(课程号) References 课程(课程号) On Delete Cascade On Update Cascade)"创建的两个表,在"课程"和"成绩"表中均有课程号为 001 的记录,而没有课程号为 999 的记录,(①)能正确执行,(②)同时操作两个表。如果不写上述语句中的 On Delete Cascade 和 On Update Cascade,其他条件不变,则(③)能正确执行。

A. Replace 成绩 Values('99170101','001', 85)

B. Replace 成绩 Values('99170101','999', 85)

C. Insert 课程 Values('999','大学计算机')

D. Replace 课程 Values('999','大学计算机')

E. Delete From 课程 Where 课程号＝'001'

F. Delete From 成绩 Where 课程号＝'001'

G. Update 成绩 Set 课程号＝'999' Where 课程号＝'001'

H. Update 课程 Set 课程号＝'999' Where 课程号＝'001'

15. 对于用"Create Table XS(BH Char(5) Primary Key,SL Int Default 1,时间 TimeStamp)"语句创建的表 XS,已经有 BH 为 00001 的数据记录,再执行( )能将系统的日期时间填到时间字段中。

A. Insert Into XS Values('00001',2,Default)

B. Replace Into XS Values('00001',2,Default)

C. Delete From XS Where BH＝'00001' And 时间＝Now()

D. Update XS Set SL＝3 Where BH＝'00001'

E. Select 时间 From XS Where BH＝'00001'

F. Replace Into XS(BH) Values('00002')

G. Insert Into XS(BH) Values('00002')

16. 下列 SQL 语句中,(①)能向表中添加记录,(②)能修改表中的数据。

A. Insert…   B. Delete…   C. Replace…   D. Updat…

E. Select…

17. 执行语句"Create Table 课程(课程号 Char(3) Primary Key,课程名 VarChar(30)),Create Table 学生(学号 Char(8) Primary Key, 姓名 VarChar(10))"和"Create Table 成绩(学号 Char(8), 课程号 Char(3),分数 TinyInt, Foreign Key(课程号) References 课程(课程号), Foreign Key(学号) References 学生(学号))"创建 3 个表,要在

成绩表中增加学号为 99170101、课程号为 001 和分数为 85 的记录(此前没有),在学生表中有学号为 99170101、课程表中有课程号为 001 的记录情况下,(①)组语句能正确执行;在学生表中无学号 99170101、课程表中无课程号 001 的记录情况下,(②)组语句能正常运行,不引发系统出错。

  A. Replace 成绩 Values('99170101','001', 85)

  B. Insert 成绩 Values('99170101','001', 85)

  C. Insert 课程 Values('001','大学计算机')

    Insert 成绩 Values('99170101','001', 85)

    Insert 学生 Values('99170101','魏来')

  D. Insert 成绩 Values('99170101','001', 85)

    Insert 课程 Values('001','大学计算机')

    Insert 学生 Values('99170101','魏来')

  E. Insert 学生 Values('99170101','魏来')

    Insert 课程 Values('001','大学计算机')

    Insert 成绩 Values('99170101','001', 85)

  F. Replace 课程 Values('001','大学计算机')

    Replace 成绩 Values('99170101','001', 85)

    Replace 学生 Values('99170101','魏来')

  G. Replace 成绩 Values('99170101','001', 85)

    Replace 课程 Values('001','大学计算机')

    Replace 学生 Values('99170101','魏来')

  H. Replace 学生 Values('99170101','魏来')

    Replace 课程 Values('001','大学计算机')

    Replace 成绩 Values('99170101','001', 85)

18. 由"Create Table 课程(编号 Char(3) Primary Key,名称 VarChar(30))"创建的课程表,当表中有编号为 301 的记录时,(①)语句的功能完全相同,并无错误;在表中还没有编号为 301 的记录时,(②)语句的功能完全相同。

  A. Insert Into 课程 Value('301','英语')

  B. Replace 课程 Value('301','英语')

  C. Insert 课程 Value('301','英语') On Duplicate Key Update 名称='英语'

  D. Replace 课程 Value('301','英语') On Duplicate Key Update 名称='英语'

  E. Update 课程 Set 名称='英语' Where 编号='301'

  F. Update 课程 Set 编号='301' Where 名称='英语'

19. 在执行 Select 语句或合并语句时,加( )短语能确保查询结果中没有重复记录。

  A. Distinct   B. Union All   C. Where   D. Order By

  E. Group By   F. Having   G. Union

20. 执行"Select * From YPRYB Where( )"语句。输出 1999 年和 2000 年出生的人员信息。

  A. Mid(身份证号,7,4) Between 1999 And 2000

B. Mid(身份证号,7,4) In (1999，2000)

C. Mid(身份证号,7,4) Not In (1999，2000)

D. Mid(身份证号,7,4)＝1999 Or ＝2000

E. Mid(身份证号,7,4)＝1999 Or Mid(身份证号,7,4)＝2000

F. Mid(身份证号,7,4)＝1999 And ＝2000

G. Mid(身份证号,7,4)＝1999 And Mid(身份证号,7,4)＝2000

21. 执行"Select ＊ From YPRYB Where 姓名(　　)"语句,输出姓名中含"丽"字的全部人员信息。

A. Like '＊丽＊'　　　B. Like '%丽%'　　　C. Like '_丽_'　　　D. Like '丽'

E. RLike '＊丽＊'　　F. RLike '%丽%'　　G. RLike '_丽_'　　　H. RLike '丽'

22. 在表 YPRYB 中,查询姓名为空的记录,执行 Select ＊ From YPRYB Where(　　)语句。

A. 姓名＝Null　　　　　　　　　　B. 姓名<=>Null

C. IsNull(姓名)　　　　　　　　　D. 姓名 Is Null

E. 姓名 Is Not Null

23. 假设学历的表结构为编码 Char(1)、名称 Char(3),记录有('1','无')、('2','专科')、('3','本科')、('4','研究生')、('5','博士')。用"Select 身份证号,姓名,(　　) As 学历名 From YPRYB"语句能将最后学历转换成学历名。

A. ELT(最后学历,'无','专科','本科','研究生','博士')

B. Case 最后学历 When 2 Then '专科' When 3 Then '本科' When 4 Then '研究生'
   When 5 Then '博士' Else '无' End

C. Case When 最后学历＝2 Then '专科' When 最后学历＝3 Then '本科' When 最
   后学历＝4 Then '研究生' When 最后学历＝5 Then '博士' Else '无' End

D. 最后学历 In ('专科', '本科','研究生','博士','无')

E. If(最后学历＝2,'专科',If(最后学历＝3,'本科',If(最后学历＝4,'研究生',If(最
   后学历＝5,'博士','无'))))

F. 最后学历 RLike '专科|本科|研究生|博士|无'

G. (Select 名称 From 学历 Where 编码＝YPRYB.最后学历)

24. 用"Select 身份证号,岗位编号,(　　) As 成绩 From GWCJB"语句能将笔试成绩转换成优(大于或等于 90)、良(80 至 89)、合格(60 至 79)和不合格(小于 60)。

A. ELT(笔试成绩,'优','良','合格','不合格')

B. Case 笔试成绩 When 90 Then '优' When 80 Then '良' When 60 Then '合格' Else
   '不合格' End

C. Case When 笔试成绩>＝90 Then '优' When 笔试成绩>＝80 Then '良' When 笔
   试成绩>＝60 Then '合格' Else '不合格' End

D. If(笔试成绩<60,'不合格',If(笔试成绩<80,'合格',If(笔试成绩<90,'良',
   '优')))

E. If(笔试成绩>＝90,'优',If(笔试成绩>＝80,'良',If(笔试成绩>＝60,'合格',

'不合格')))

25. 用 Select 语句进行两个表连接时,用(　　　)连接类型仅输出符合连接条件的记录。

    A. Inner Join　　　　B. Right Join　　　　C. Left Join　　　　D. Natural Join

    E. Join

26. 假设在 YPRYB、GWCJB 中都没有身份证号和岗位编号为 Null 的记录,在"Select YPRYB.身份证号,岗位编号,姓名,笔试成绩 From"后填(　①　),语句功能相同;填(　②　),语句查询结果中的身份证号或岗位编号可能有 Null。

    A. YPRYB,GWCJB On YPRYB.身份证号=GWCJB.身份证号

    B. YPRYB Natural Join GWCJB

    C. YPRYB Join GWCJB On YPRYB.身份证号=GWCJB.身份证号

    D. YPRYB Left Join GWCJB On YPRYB.身份证号=GWCJB.身份证号

    E. YPRYB Inner Join GWCJB On YPRYB.身份证号=GWCJB.身份证号

    F. YPRYB Right Join GWCJB On YPRYB.身份证号=GWCJB.身份证号

    G. YPRYB Join GWCJB Where YPRYB.身份证号=GWCJB.身份证号

    H. YPRYB,GWCJB Where YPRYB.身份证号=GWCJB.身份证号

27. 假设 GWCJB 中有多个不同岗位的数据,选择可以参与子查询运算的符号。Select * From GWCJB Where 面试成绩(　①　)(Select AVG(面试成绩) From GWCJB Group By 岗位编号);"语句中去掉子查询语句中的"Group By 岗位编号"短语后,可以参与子查询运算的符号有(　②　)。

    A. =　　　　　　　　B. In　　　　　　　　C. <>　　　　　　　　D. >=All

    E. <=Any　　　　　F. =Some　　　　　G. Not Exists

28. 下列语句中,(　　　)可以执行多次而不会引发系统出错。

    A. Create Table 课程(课程号 Char(3),课程名 VarChar(50))

    B. Create Table If Not Exists 课程(课程号 Char(3),课程名 VarChar(50))

    C. Create Or Replace View 岗位 As Select 岗位编号,岗位名称 From GWB

    D. Create View 岗位 As Select 岗位编号,岗位名称 From GWB

    E. Create Table If Not Exists 岗位 As Select 岗位编号,岗位名称 From GWB

    F. Create Table 岗位 As Select 岗位编号,岗位名称 From GWB

29. 建立视图时,视图的数据源可以为(　　　)。

    A. 子查询　　　　B. 数据表　　　　C. 另一个视图　　　　D. 数据库

    E. Create 子句

四、SQL 语句填空题

1. 输出申报两个及以上岗位人员的身份证号、姓名和岗位数,输出结果按岗位数由多到少排序。

```
Select 身份证号,姓名, ① As 岗位数 From
    YPRYB ② GWCJB ③ 身份证号
    ④ 岗位数> 1 Order By ⑤ ;
```

2. 删除 GWCJB 中笔试成绩是所报岗位最低分的数据记录。

```
Create   ①   ZDF As Select 岗位编号,   ②   As 最低分
    From GWCJB   ③   岗位编号;                /* 创建每个岗位最低分对象 ZDF */
Delete From GWCJB Where   ④   =            /* 用嵌套 SQL 语句删除最低分的数据记录 */
    (Select   ⑤   From ZDF Where GWCJB.岗位编号=ZDF.岗位编号);
Drop   ⑥   ZDF;                          /* 删除不再使用的对象 ZDF */
```

3. 统计身份证号 219901199001011351 申报的岗位情况,输出内容包括岗位编号、岗位名称、人数和申报人数,输出结果按申报率(申报人数/人数)由高到低排序。

```
Select 岗位编号,岗位名称,人数,
    (Select   ①   From GWCJB Where   ②   )
                    AS 申报人数
FROM GWB Where 岗位编号   ③
    (Select   ④   From GWCJB Where 身份证号='219901199001011351')
            ⑤   申报人数/人数   ⑥   ;
```

五、SQL 语句输出结果填空题

依据成绩和课程表中的数据,填写各个语句的运行结果。

成绩

学　　号	课程号	成　　绩
22169901	12	75
22169901	13	90
22169901	14	85
22169901	15	90
22169902	11	85
22169902	12	79
22169902	14	88
24169910	12	50
24169911	13	77
24169911	14	66

课程

课　程　号	课　程　名
11	政治
12	英语
13	大学计算机
14	数据库及程序设计
15	高等数学
16	线性代数

1. 执行下列语句输出　①　行数据,最后一行的人数是　②　,最高分是　③　。如果语句中"课程 Natural Join 成绩"短语改为"课程 Join 成绩 On 课程.课程号＝成绩.课程号",则输出　④　行数据。

```
Select 课程.课程号, 课程名,Count(*) As 人数,Max(成绩) As 最高分
    From 课程 Natural Join 成绩
    Group By 课程.课程号 Order By 4 DESC;
```

2. 执行下列语句输出　①　行数据,最后一行的人数是　②　,最高分是　③　。如果将语句中的"Count(*)"改为"Count(学号)",则最后一行的人数是　④　;如果再将语句中的 Left 改为 Right,则输出　⑤　行数据,最后一行的人数是　⑥　,最高分是　⑦　。

```
Select 课程.课程号, 课程名,Count( * ) As 人数,Max(成绩) As 最高分
    From 课程 Left Join 成绩 On 课程.课程号=成绩.课程号
    Group By 课程.课程号 Order By 最高分 DESC;
```

3. 执行下列语句输出　①　行数据,最后一行的人数是　②　,平均分是　③　。如果将平均分的子查询改为"IfNull((Select AVG(成绩)From 成绩 Where 课程.课程号＝成绩.课程号),0)",则最后一行的平均分是　④　。

```
Select 课程号, 课程名,
    (Select Count( * ) From 成绩 Where 课程.课程号=成绩.课程号) As 人数,
    (Select AVG(成绩) From 成绩 Where 课程.课程号=成绩.课程号) As 平均分
From 课程 Group By 课程号 Order By 平均分 DESC;
```

4. 执行下列语句后,课程表中 6 门课程的平均分依次是　①　、　②　、　③　、
　④　、　⑤　和　⑥　。

```
Alter Table 课程 Add 平均分 Int;
Update 课程 Set 平均分=
    (Select AVG(成绩) From 成绩 Where 课程.课程号=成绩.课程号);
```

六、SQL 语句设计题

1. 在 GWCJB 中增加一个字段——岗位平均笔试分(Int),将对应岗位的笔试平均分填入该字段。

2. 输出 GWB 中每个岗位编号、岗位名称、人数、申报人数和笔试最高分(没人申报为0)。

3. 将 GWCJB 中笔试成绩和面试成绩分成两个记录,按岗位编号和身份证号排序存储到表 BSMS 中,包含的字段有岗位编号、身份证号、考试形式和成绩 4 个字段,考试形式分"笔试"或"面试"。

4. 利用视图,输出高于个人笔试平均分的岗位和个人所获笔试最高分的岗位。两个输出结果都包括身份证号、姓名、岗位名称和笔试成绩。

七、思考题

1. SQL 分哪些子语言? 各个子语言的功能是什么? 分别由哪些语句构成?

2. 通常说表达式 X In (X₁[,X₂,…,Xₙ])可以转换成 X＝X₁[Or X＝X₂ Or … Or X＝Xₙ]或 X Between X₁ And Xₙ,在什么条件下可以相互转换? 在什么情况下使用 In、Or 或 Between 更方便?

3. Insert 和 Replace 都能向表中增加记录,这两个命令各自的特点有哪些?

4. 表之间的自然连接和内连接几乎具有相同的功能,自然连接对表结构有什么要求? 自然连接与内连接各有什么特点? 二者的主要差异有哪些?

5. 通过左右连接和查询语句嵌套均可以查询出没有人申报的岗位情况,如例 6-49 和例 6-51,二者的主要差异有哪些?

6. SQL 语句主要对表进行操作,通过哪些方式可以在一条 SQL 语句中对多个表进行操作? 这些方式各有哪些特点?

7. 恰当地设计和运用视图,可以替代嵌套的 SQL 语句解决比较复杂的问题,视图与嵌套各有哪些特点? 如何通过视图对象解决较复杂的嵌套问题? 通常嵌套语句和视图对象各适合解决什么类型的问题?

第7章 PHP 程序设计基础

党的二十大报告指出："坚持把发展经济的着力点放在实体经济上，推进新型工业化，加快建设制造强国、质量强国、航天强国、交通强国、网络强国、数字中国。"网络强国、数字中国都与互联网密切相关，PHP 语言是全球最普及、应用最广泛的互联网程序设计语言之一，具有简单、易学、源代码开放、可操纵多种数据库、支持面向对象编程、支持跨平台操作及完全免费等特点，至今已被 2000 多万个网站采用。随着 PHP 技术的成熟和完善，已经从一种网络程序设计的语言发展成为适合企业部署互联网平台的技术。PHP 基础知识主要包括下列问题。

(1) 如何编辑和调试 PHP 程序？

(2) PHP 与 HTML 有哪些不同？

(3) PHP 环境中有哪些数据类型？每种数据类型有哪些基本运算？

(4) 如何构建复杂的 PHP 表达式？

(5) 什么是正则运算？在 PHP 程序设计中如何应用正则运算？

7.1 PHP 程序的编辑与运行

使用优秀 PHP 程序编辑器或开发工具能够极大地缩短网站的创建时间，提高网页程序的设计和开发效率，也便于网站维护与更新。

1. PHP 程序的编辑器

有许多 PHP 程序编辑器，例如 NotePad++、PHPDesigner、Visual Studio Code、BlueFish、EditPlus、HTML-Kit、PHPCoder、NetBeans IDE 和 PSPad 等。这些编辑器都拥有调试器、增量执行 PHP 脚本、查看每一行的变量值等功能。

编辑器各有特色。例如，Notepad++是开源软件，可以免费使用，支持 C、C++、Java、C#、XML、HTML、PHP、JavaScript 等多种语言程序的编程；内置了支持多达 27 种语法高亮度显示；可自动检测文件类型，根据关键字显示节点，节点可自由折叠/打开，代码层次感强；可打开双窗口，在分窗口中又可打开多个子窗口，允许快捷切换全屏显示模式，支持鼠标滚轮改变文档显示比例；提供多种特色服务，例如邻行互换位置、宏功能等。

2. PHP 程序的可视化编辑和运行环境

Dreamweaver(DW) 是 Web 站点及应用程序的专业开发工具，将可视化布局工具、应用程序开发工具和代码编辑组合在一起，使得各类设计人员都能够美化网站及创建应用程序。用 Dreamweaver 开发 PHP 程序的最大优势在于：开发人员能在同一软件环境中制作静态和动态网页，并且用浏览器随时调试和运行网页程序。

使用 Dreamweaver 开发和调试 PHP 程序前,需要启动 Apache 及 MySQL 服务,配置站点服务器,并选中"测试"选项。

【例 7-1】 创建 PHP 应用程序,在页面中显示系统当前时间。

在 Dreamweaver 中编辑及运行 PHP 程序的步骤如下。

(1) 新建 PHP 文件。单击"文件"菜单→"新建"选项,在"新建文档"对话框中选择"文档类型"为"PHP",单击"创建"按钮。

(2) 编写 PHP 代码。在代码视图中的<Body>与</Body>之间输入 PHP 程序代码,如图 7-1 所示。

图 7-1 Dreamweaver 的代码视图

(3) 保存 PHP 文件。单击"文件"菜单→"保存"选项,输入文件名,如 PHP_Test.PHP,单击"保存"按钮。

(4) 运行 PHP 程序。单击"实时视图"选项,在实时视图窗格中查看浏览效果;单击"文档"工具栏中的"在浏览器中预览/调试"选项( ),在选定的浏览器中浏览 PHP 程序的运行结果。

7.2 PHP 程序的语法

1. PHP 标记

PHP 标记能够让 Web 服务器识别 PHP 代码的开始和结束,两个标记之间的所有文本都会被解释成为 PHP,而标记之外的任何文本都会被认为是普通的 HTML,这就是 PHP 标记的作用。PHP 标记风格有下列 4 种。

(1) 标准风格。以"<?PHP"开始,以"?>"结束,中间写入任意行程序代码。

【例 7-2】 标准风格的 PHP 程序。

```
<?PHP
    Echo "标准风格标记";                //页面输出文字:标准风格标记
?>
```

(2) 脚本风格。以<Script Language="PHP">开始,以</Script>结束,中间写入任意行程序代码。在 XHTML 或者 XML 中推荐使用这种标记风格,其符合 XML 语言规范。

【例 7-3】 脚本风格的 PHP 程序。

```
<Script Language="PHP">
    Echo "脚本风格标记";                //页面显示文字：脚本风格标记
</Script>
```

（3）简短风格。以"<?"开始，以"?>"结束，中间写入任意行程序代码。这种标记风格简单、书写方便，但要求更改配置文件 PHP.INI，在该文件中增加 Short_Open_Tag＝On 语句。PHP.INI 文件通常保存在系统盘 Windows 文件夹中。

【例 7-4】 简短风格的 PHP 程序。

```
<?
    Echo "简短风格标记";               //页面显示文字：简短风格标记
?>
```

（4）ASP 风格。以"<％"开始，以"％>"结束，中间写入任意行程序代码。这种风格与 ASP 相同。如要使用 ASP 风格，同样需要修改配置文件 PHP.INI，在其中增加 ASP_Tags ＝On 语句。

【例 7-5】 ASP 风格的 PHP 程序。

```
<%
    Echo "ASP 风格的标记";             //页面显示文字：ASP 风格的标记
%>
```

2. PHP 的语法规则

（1）一个完整的 PHP 代码必须是以"<?PHP"或"<?"开头，并以"?>"结尾。

（2）PHP 语句必须以分号(;)结尾。

（3）在 PHP 中，所有系统函数、用户定义的函数、类和关键字（例如 If、Else、Echo 等）都不区分大小写，而变量名区分大小写。

（4）语句、短语、函数名中的英文字母、专用符号（如各种运算符、单引号、双引号、圆括号等）一律以半角方式输入。

3. PHP 注释

注释即代码的解释和说明，通常放在代码的上方或尾部，是书写规范程序的重要部分，用于解释脚本的用途、版权说明、版本号、编写人员、编写时间等。注释不会被作为程序执行，作用仅是供阅读代码时参考。注释可以使用如下 3 种风格。

（1）C++ 风格的单行注释。注释内容单独一行或者放在程序代码的后面，用两条斜杠(//)开始，其后书写注释内容，以回车符作为注释的结束。

【例 7-6】 C++ 风格的程序注释。

```
<?PHP
    Echo "网上人才招聘管理系统";            //本行语句用于显示软件名称
?>
```

（2）C 风格的多行注释。以"/*"开始，以"*/"结束，其间的全部内容均为注释内容。需要注意的是注释内容中不能出现"*/"，否则系统会判定注释到此位置结束而出现语法错误。

【例 7-7】 C 风格的程序注释。

```
<?PHP
    /*本程序用于显示两个变量的求和结果,其中变量的值在定义变量时直接给定,
       如要实现其他计算,只需要增加相应的程序代码即可 */
    $a=10; $b=20;
    Echo "$a+$b=", $a+$b;                    /*结果: 10+20=30 */
?>
```

（3）Shell 风格的注释。Shell 风格的注释以"#"开始,可以放在行首也可以放在行尾,注释内容可以为多行文字,以回车符作为注释的结束。Shell 风格注释内容中不能出现"?>"标志,因为解释器会认为 PHP 脚本到此结束,从而出现程序错误。

【例 7-8】　Shell 风格的程序注释。

```
<?PHP
    #定义常量 PI,其值为 3.1415926,使用该常量时不区分大小写
    Define("PI","3.1415926",True);
    Echo 10 * pi;       #显示计算结果: 31.415926
?>
```

4. 嵌入 PHP 程序文件

在网络程序设计过程中,往往将多处需要重复执行的程序代码设计成一个 PHP 文件,称为被嵌入的 PHP 程序文件,当需要执行被嵌入文件中的程序时,调用 Include() 或 Require() 函数即可。

函数格式:

```
Require(被嵌入的 PHP 程序文件名);
Include(被嵌入的 PHP 程序文件名);
```

调用这两个函数时都可以省略括号,但函数名与参数之间至少要有一个空格。其中被嵌入的 PHP 程序文件名是一个字符串,包含文件路径、文件主名及扩展名;省略文件路径,表示被嵌入的 PHP 程序文件与当前 PHP 程序文件同路径。

这两个函数的功能基本相同,在一个 PHP 程序文件中,可以多次调用这两个函数,甚至对同一个 PHP 程序文件也可以嵌入多次。

两个函数的区别在于:若被嵌入的程序中存在错误,Require() 会在显示致命错误信息后终止执行程序,而 Include() 显示警告信息后能够继续执行程序。

【例 7-9】　设计文件 footer.php,其内容显示一行版权信息;设计文件 tp.php,其嵌入使用 footer.php 文件显示版权信息。

（1）设计 PHP 文件 footer.php。启动 Apache 服务,在配置好的站点中,单击"文件"菜单→"新建"→选择页面类型 PHP→"创建"选项,在代码视图中选中并删除全部示例代码后输入如下代码。

```
<?PHP
    Echo "<p Align='center'>Copyright © 2010-".date("Y").
         "   WWW.RCZP.COM</p>";
?>
```

（2）同样方法创建 PHP 文件 tp.php,在代码视图中标签<Body>和</Body>之间输入

如下代码。

```
<H1>欢迎访问人才招聘网站首页!</H1>
<P>人才招聘网站已经开通</P>
<P>相关资料正在完善中……</P>
<?PHP Include('footer.php');            //嵌入并执行 footer.php 中的程序代码   ?>
```

(3) 查看页面结果。在 tp.php 文件编辑窗口,单击文档工具栏中"在浏览器中预览/调试"图标→"预览在 IExplorer"选项,在 IE 中查看 tp.php 的执行效果。

与 Require() 和 Include() 两个函数对应,PHP 中还有 Require_once() 和 Include_once() 两个函数,与前两个函数比较,其参数要求相同,函数的功能类似。区别仅在于:在一个 PHP 程序文件中,对同一个被嵌入的 PHP 程序文件,前两个函数可以嵌入多次,而后两个函数仅能嵌入一次。

7.3　PHP 与 HTML 的区别及关联

HTML 是超文本标记语言,是所有网页制作技术的基础,无论是展示信息的静态网页,还是提供交互功能的 Web 程序,都离不开 HTML 语言。PHP 是一种可嵌入 HTML 中的脚本语言,运行在服务器端,提供动态网页支持。

在网页设计中,HTML 代码与 PHP 代码可以相互嵌入,用来实现复杂应用。

1. PHP 代码嵌入 HTML 代码中

【例 7-10】　程序界面显示时间。

```
<H1>
  <? PHP
    Date_Default_TimeZone_Set('PRC');              //设置时区
    Echo "现在是".Date("H:i:s");                    //输出时间
  ?>
</H1>
```

在该程序中,<H1> 和 </H1> 是 HTML 代码,"<?PHP"与"?>"是 PHP 代码。本例 PHP 代码嵌入 HTML 代码中。用 Dreamweaver 创建 PHP 应用程序就是将 PHP 代码嵌入 HTML 代码<Body>与</Body>主体标签中。

2. HTML 代码嵌入 PHP 代码中

【例 7-11】　程序界面显示文字。

```
<?PHP
    Echo "<p>人才招聘管理系统</p>";
?>
```

其中<p>人才招聘管理系统</p>是 HTML 代码,其出现在 PHP 的输出语句中。

在程序中,如果 PHP 代码和 HTML 代码频繁交替出现,则需要多次使用定界符关闭和开始一段 PHP 代码,将 HTML 代码当成字符串通过 PHP 程序输出,可以避免这个问题。

【例 7-12】　程序界面显示不同大小的文字。

（1）启动 Dreamweaver，单击"文件"菜单→"新建"选项，在"新建文档"界面中选择"空白页"，在给出的"页面类型"中选择 PHP，单击"创建"按钮。

（2）在代码视图中标签<Body>和</Body>之间输入如下程序代码。

```
<p>不同字号文字的输出</p>
<?PHP
    For ($m= 1;$m<8;$m++)
        Echo "<Font Size= ".$m.">第".$m."次发布招聘信息!</Font><br>";
?>
```

（3）单击"文件"菜单→"保存"选项，在"另存为"对话框中输入文件名 EXP7_12.PHP，保存程序。

（4）单击"在浏览器中预览/调试"选项，选择"预览在 IExplorer"，页面运行结果如图 7-2 所示。

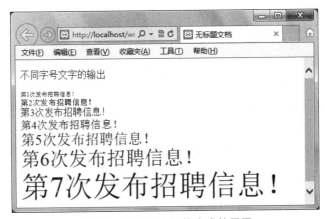

图 7-2　PHP 程序间接生成的网页

（5）从图 7-2 所示的浏览器右击菜单中选择"查看源"选项，显示页面对应的 HTML 的源代码，如图 7-3 所示。

图 7-3　PHP 程序直接生成的 HTML 源代码

从图 7-3 中可以看出,运行 PHP 程序直接生成的结果是 HTML 的源代码,再由浏览器解析后才变成网页信息。因此,设计 PHP 程序的主要目的是动态地生成网页,使网页信息随着时间和用户的不同而变化。

7.4 变量及表达式

表达式是程序完成各种运算的基本工具,变量是表达式中的重要元素。变量是程序运行过程中随时可能发生变化的量,是程序中存储数据的基本单元。通过名字标识变量,系统为每个变量分配一段存储空间,程序借助变量名可以访问内存中的数据。

7.4.1 变量的定义及引用

在 PHP 中,变量名必须以字符$开头,最多可以 254 个汉字、英文字母、数字和下画线,但是,第二个字符不能是数字,英文字母严格区分大小写。例如,$xuehao、$学号、$_bm 和 $_1 都可以作为变量名,而$5_A、$xue hao 和$%AB 都不能作为变量名;$Name、$NAME 和$name 是 3 个不同的变量名。

PHP 采用弱数据类型,即 PHP 变量无特定的数据类型,通过为变量赋值即可定义变量,赋值时表达式的数据类型即为变量的数据类型,并且随着值的变化而改变。

赋值语句格式:

变量名=表达式

引用变量就是在表达式中使用变量的值。在引用变量之前,必须先赋值(定义),否则,程序运行时将出现错误。

7.4.2 表达式及其输出

1. 表达式

表达式是构成 PHP 程序的基本元素,最基本的表达式是常量和变量。通常表达式中可以包含常量、变量、函数名、运算符及圆括号等。通过系统函数 GetType() 可以测试表达式的数据类型。

函数格式:

GetType(表达式)

函数返回代表数据类型的英文名字符串,例如,Integer(整型)、Double(实型)、Boolean(逻辑型或布尔型)、String(字符串型)、Array(数组)或 Object(对象)等。

【例 7-13】 表达式举例。

```
<?PHP
    $R=5;                      //定义$R为整型变量,值为5
    $S=3.14 * $R * $R;         //表达式中引用变量$R,计算圆的面积 78.5 并存于变量$S 中
    $a="人才招聘";              //字符常量构成表达式,将"人才招聘"存于变量$a
    $a=$a."网站";              //由"."运算符连接变量$a 和常数,用"人才招聘网站"改变$a 的值
    $S="圆的面积为:". $S;      //对$S 重新赋值,同时改变其数据类型为字符串
?>
```

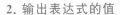

2. 输出表达式的值

PHP 程序输出的数据往往是 HTML 文件中的信息和标签,再由浏览器解析出网页中的信息。设计 PHP 程序时,将 HTML 中的标签作为一个字符串或表达式的一部分,常用 Echo 输出表达式的值。

语句格式:

```
Echo 表达式表
```

表达式表是由逗号分隔的多个表达式构成的,当只有一个表达式时,可将 Echo 作为函数调用,即用圆括号将表达式括起来。

【例 7-14】　输出连接的字符串及 HTML 标签
。

```php
<?PHP
    $str1="欢迎使用"; $str2="人才招聘数据库";
    Echo($str1." ".$str2.'<br>');   //作为函数调用,参数为圆点连接的一个表达式
                                     //结果:欢迎使用 人才招聘数据库
    Echo $str1." ",$str2.'<br>';    //逗号分隔两个表达式,不能用括号
    $num=3.14;
    Echo Gettype($num), ";", Gettype("π值为".$num);   //输出: double; string
?>
```

执行 Echo 输出逻辑型数据时,True(真)输出 1,而 False(假)没有输出数据。

3. 输出表达式的数据类型及值

函数格式:

```
Var_Dump(表达式 1[, 表达式 2[, …, 表达式 n]])
```

函数自身返回值为 NULL,因此通常用于输出各个参数表达式的数据类型及其值。表达式为数组名时,输出数组中每个元素的数据类型及值。

【例 7-15】　输出表达式的数据类型及值。

```php
<?PHP
    $_DATE="2016-10-01";           //定义$_DATE为字符串变量
    $ZZ=True;                      //定义$ZZ为逻辑型变量
    $pai=3.14;                     //$pai赋值为3.14
    $R=5;                          //$R赋值为5
    Var_Dump($pai*$R*$R,$_DATE,$ZZ);
            //输出结果: float(78.5) string(10) "2016-10-01" bool(true)
?>
```

7.4.3　输入变量的值

PHP 中变量的值可以通过赋值方式给定,也可以通过用户交互方式获取。通过浏览器中的表单控件是程序获取用户数据的一种常用方法。通过 PHP 提供的超全局关联数组,程序可以获取表单控件上用户输入的数据。

1. 检测变量的函数

在程序获取表单控件上的数据之前,需要捕捉用户提交数据的时机,其中一种方法是调用 PHP 的 IsSet()函数分析用户是否提交数据。

函数格式:

```
IsSet(变量名 1[,变量名 2[,…,变量名 n]])
```

如果每个变量都有定义并且值不为 NULL,则函数返回值为 1(true);若某个变量未定义或者值为 NULL,则函数返回值为 false。

【例 7-16】 检测变量是否有值。

```
<?PHP
 $str1="数据库";  $a=123;
 Echo  Isset($str1) ."<br>";       //$str1 有定义且不为 NULL,返回结果 true, 显示 1
 Echo  Isset($str1,$a) ."<br/>";   //$str1 和$a 都有定义且不为 NULL,返回 true, 显示 1
 Var_dump(Isset($c));              //$c 未定义,返回结果 false, 显示 bool(false)
?>
```

2. 接收表单控件的数据

在浏览器的表单上用户单击"提交"按钮后,PHP 程序可以通过超全局关联数组 $_POST 接收表单控件上的数据。提交表单就会刷新网页,而刷新网页就是重新执行一次页面中的所有代码。

【例 7-17】 设计图 7-4 所示的表单,通过交互方式获取变量的值。

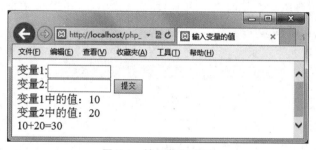

图 7-4　输入数据应用

设计过程如下:

(1)用 Dreamweaver 创建 PHP 文档,在代码视图中的<Body>和</Body>标签之间输入如下程序代码来设计表单及其控件。

```
<Form Method="post" Action="">
 变量 1:<Input Type="text" Name="a1" Size="12"><br>
 变量 2:<Input Type="text" Name="a2" Size="12">
    <Input Type="submit" Name="tijiao" Value="提交">
</Form>
<?PHP
 If(IsSet($_POST["tijiao"])) {             //判断是否单击了提交按钮
     $a1=$_POST["a1"]; //用超全局关联数组$_POST 提取表单中 a1 控件的值,存于变量$a1 中
     $a2=$_POST["a2"];                     //提取表单中 a2 控件的值,存于变量$a2 中
     Echo "变量 1 中的值: ".$a1."<br>";     //显示变量$a1
     Echo "变量 2 中的值: ".$a2."<br>";     //显示变量$a2
     Echo "$a1+$a2=".($a1+$a2);            //计算$a1+$a2 的值并显示   }
?>
```

（2）单击"在浏览器中预览/调试"选项，选择"预览在 IExplorer"选项，在浏览器页面中分别输入值 10 与 20 后，单击"提交"按钮，页面运行结果如图 7-4 所示。

（3）从图 7-4 所示浏览器的右击菜单中选择"查看网页源代码"选项，显示页面对应的源代码，如图 7-5 所示。

图 7-5　表单控件源代码及输出结果

7.5　字符串表达式

在 Web 程序设计中，正确地使用和处理字符串，对于程序设计来说至关重要。字符串表达式是字符串运算符连接字符型数据的运算式，运算结果仍然是字符串型数据。

7.5.1　字符串

1. 字符串常数

字符串是由 0 或多个字符构成的符号集合，在 PHP 程序中通常用半角单引号(')或双引号(")将字符串常数引起来。

【例 7-18】　字符串赋值举例。

```
<?PHP
    $str1="人才招聘<br>";        //半角双引号引起来字符串,将 HTML 的标签<br>作为常数
    $str2='数据库';              //半角单引号引起来字符串常数
    Echo $str1;                //输出：人才招聘
    Echo $str2;                //输出：数据库
?>
```

2. 单引号与双引号的区别

双引号中的字符串含变量名，系统自动用变量的值替换变量名，除非变量名前加"\"符号；单引号中的字符串含变量名，变量名就是字符串中的字符，并不替换其值。

【例 7-19】 单引号与双引号的区别举例。

```php
<?PHP
    $str1="数据库";
    Echo "人才招聘$str1"."<br>";        //双引号替换$str1的值,显示:人才招聘数据库
    Echo "人才招聘\$str1"."<br>";       //变量名前加"\",不替换其值,显示:人才招聘$str1
    Echo '人才招聘$str1'."<br>";        //单引号不替换$str1的值,显示:人才招聘$str1
?>
```

3. 转义符号

转义字符通常用于网络日志的书写中。例如,输出的双引号字符串中含有换行符(\n)时,浏览器会将换行符修改成空格,只有查看网页源代码时才能看到换行符的效果。出现在单引号字符串中的转义符号不具有特殊意义,系统原样输出。常用的转义符号如表 7-1 所示。

表 7-1 常用的转义符号

转 义 字 符	输 出	转 义 字 符	输 出
\n	换行	\$	美元符号
\r	回车	\'	单引号
\t	水平制表符	\"	双引号
\\	反斜杠		

4. 空格的处理

浏览器通常会对字符串中的空格进行过滤处理。当字符串中含有连续多个空格时,浏览器页面中默认只显示一个;当若干空格出现在字符串的左侧时,直接忽略不显示。若要显示多个空格,则要用符号   表示。

【例 7-20】 含空格字符串的输出效果。

```php
<?PHP
    $str1="  人才 招聘    系统     ";
    $str2="  人才    招聘    系统     ";
    Echo  $str1, "<br>";   //在浏览器中去掉多余的空格,显示:人才 招聘 系统
    Echo  $str2, "<br>";   //在浏览器中显示结果:人才   招聘 系统
?>
```

7.5.2 字符串的连接符

半角句号(.)是字符串连接运算符,用来将两个或两个以上的字符串连接成一个新的字符串。如果参与连接的操作数不是字符串类型,则系统会将其转换为字符串类型后再进行连接操作。

【例 7-21】 连接字符串。

```php
<?PHP
    $str1="PHP";
    $str2="编程语言";
    Echo $str1.$str2;   //结果字符串"PHP编程语言"
    Echo "<br>";
    Echo $str1. 6;      //结果字符串"PHP6",连接内容是数字,则运算符"."后加空格分隔
?>
```

7.5.3　常用字符串函数

字符串函数主要用于字符串型数据的提取、连接、整理和转换,返回值可能是字符串或数值型数据。

(1) Trim(str [,charlist]):去除字符串首尾空格和特殊字符函数,特殊字符包括空值(\0)、制表符(\t)、回车符(\r)、换行符(\n)及空格等。参数 charlist 为字符串数据,如要删除 STR 字符串首尾出现的某些字符可将其放入 charlist 字符串中,charlist 参数中的字符没有顺序关系。当使用该参数时,Trim 不再删除字符串首尾的空格及特殊字符。例如,Trim(" PHP 编程 语言 ")的结果为"PHP 编程 语言",Trim("PHP 编程 语言 PHP","PH")的结果为"编程 语言"。

(2) Ltrim(str [, charlist]):去除字符串左边的空格和特殊字符,其余同 Trim 函数。

(3) Rtrim(str [, charlist]):去除字符串右边的空格和特殊字符,其余同 Trim 函数。

(4) Strlen(str):获取字符串长度函数,返回值是 str 字符串中所含字符的个数,空格也计算在内。每个汉字或全角符号占 3 个字符位置。例如,函数 Strlen("220104199508251234")的结果是 18。

(5) Substr(str, start [,length]):截取字符串函数,从字符串 str 的第 start 个字符开始,取长度为 length 的子串。str 字符串中第一个字符的序号是 0。如果省略 length,则取从 start 开始位置至结尾的全部字符。如果 start 为负数,则表示从末尾开始向左侧截取,如果 length 为负数,则表示从倒数第 length 个字符开始取子字符串。例如,Substr("220104199508251234",6,8)的结果是"19950825",Substr("220104199508251234",−2,1)的结果是"3"。

(6) Strcmp(str1, str2):字符串比较函数,函数返回两个字符串 str1 和 str2 的比较结果。str1 小于 str2,比较结果为−1;str1 等于 str2,比较结果为 0;str1 大于 str2,比较结果为 1。例如,Strcmp("B0001","A0001")的结果为 1。

(7) Strstr(str1, str2):检索字符串函数,从 str1 字符串中查找 str2 字符串的内容。若找到,则返回从找到位置开始的全部内容;如果未找到,则函数返回 false。例如,Strstr("abcabcde123", "abcd")的结果为"abcde123"。

(8) Str_Repeat(str1,n):生成重复串函数,参数 str1 为一个字符串,n 为重复次数,其值为大于或等于 0 的整数。若 n 值为实数,则系统自动转换为其对应的整数值。

7.6　数值型表达式

表达式是运算符连接常数、变量和函数等运算对象所构成的运算式。运算符是对数据进行操作的符号。运算结果为数值型数据的表达式称为数值表达式。

7.6.1　常量

常量是程序运行过程中其值不发生变化的量,PHP 中数值型数据分为整型和浮点型两种。整型数据只能包含整数。整型可以用十进制、八进制和十六进制来表示。八进制数值前加 0,十六进制数值前加 0x。

　　浮点型数据可以保存小数,有两种书写格式:一种是直接书写,如 123.5、−10.8、3.14159 等;另一种是科学记数格式,如 1.235E2 表示 123.5,1.25E−3 表示 0.00125。

7.6.2　数值运算符

　　数值运算符是处理数值运算的符号,运算结果为数值型数据。常用的数值运算符如表 7-2 所示。

表 7-2　数值运算符

运算符	说　明	举　例	运算符	说　明	举　例
+	加法运算	$a+$b	％	整数求余数运算	$a％$b
−	减法运算	$a−$b	++	增 1 操作	$a++　++$a
*	乘法运算	$a * $b	−−	减 1 操作	$a−−　−−$a
/	除法运算	$a/$b	—	取负	−$a

【例 7-22】　数值数据运算。

```php
<?PHP
  $a=80; $b=20;
  Echo '$a='.$a."<br>";              //$a=80
  Echo '$b='.$b."<br>";              //$b=20
  Echo '$a+$b='.($a+$b)."<br>";      //$a+$b=100
  Echo '$a-$b='.($a-$b)."<br>";      //$a-$b=60
  Echo '$a * $b='.($a * $b)."<br>";  //$a * $b=1600
  Echo '$a/$b='.($a/$b)."<br>";      //$a/$b=4
  Echo '$a%$b='.($a%$b)."<br>";      //$a%$b=0
  Echo '-$a='.(-$a)."<br>";          //-$a=-80
  Echo '$a++='.$a++."<br>";          //$a++=80
  Echo '运算后的$a值为: '.$a."<br>";   //运算后的$a值为: 81
  Echo '++$a='.++$a."<br>";          //++$a=82
  Echo '运算后的$a值为: '.$a."<br>";   //运算后的$a值为: 82
  Echo '$a--='.$a--."<br>";          //$a--=82
  Echo '运算后的$a值为: '.$a."<br>";   //运算后的$a值为: 81
  Echo '--$a='.--$a."<br>";          //--$a=80
  Echo '运算后的$a值为: '.$a."<br>";   //运算后的$a值为: 80
?>
```

　　自增、自减运算符可以放在变量前(称前缀),也可以放在变量后(称后缀),当运算作为独立的语句时,做前缀与做后缀功能相同。例如,设$a＝10,执行$a++或++$a 语句都使变量$a 的值增 1,即$a 的值为 11。

　　但自增、自减运算作为表达式的数据项时,前缀先改变变量的值,再将变量的值作用于表达式中;后缀先引用变量的值,再改变变量的值。例如,设$a＝10,执行语句$b＝$a++后,$b 的值为 10,$a 的值为 11;同样,若执行语句$b＝++$a;后,$a 和$b 的值都是 11。

7.6.3　运算符的优先级与结合性

　　运算符具有优先级的概念,当表达式中出现不同级别的运算符时,先执行高级别运算再执行低级别运算。例如,有变量定义$a＝10;$b＝20;$c＝30;则执行表达式$d＝$a＋$b *

$c;后$d 的值为 610,因为该表达式中乘法运算(＊)的级别最高,加法运算(＋)次之,而赋值运算(＝)级别最低。

运算符同样具有结合性的概念,所谓的结合性是指表达式中出现相同级别运算符时的执行顺序,若运算符为左结合性,则从左向右计算;若运算符为右结合性,则运算从右至左执行。例如,乘法和除法运算为同一级别,其结合性为左,则表达式$a＊$b/$c 的计算顺序是先计算$a＊$b,再用$a＊$b 的乘积除以$c;同样赋值运算符的结合性为右,表达式$a＝$b＝1;首先执行$b＝1;之后再执行$a＝$b;即$a 的值同样为 1。

在 PHP 中,所有运算符都有优先级和结合性的定义,见附录 B 的表 B-6。

7.6.4　常用数值函数

(1) Abs(x):取绝对值函数。x 为数值型表达式,函数的返回值为 x 值的绝对值,返回值类型与 x 类型相同。例如,Abs(-100.25)的值为 100.25。

(2) Round(x[,prec]):四舍五入函数。对数值 x 按说明的小数位数 prec 进行四舍五入,如果省略 prec 参数,则 prec 相当于 0;prec 值可以取负数,表示小数点前位数。例如,Round(5.5)的值为 6,Round(3.95565,2)的值为 3.96,Round(2141723,-3)的值为 2142000。

(3) Floor(x):向下舍入函数。返回小于或等于 x 值的最大整数。例如,Floor(4.3)的值为 4,Floor(-9.89)的值为－10。

(4) Ceil(x):向上舍入函数。返回大于或等于 x 值的最小整数。例如,Ceil(4.3)的值为 5,Ceil(-9.89)的值为－9。

(5) Sqrt(x):开平方函数。函数返回数值 x 的开平方结果,数值 x 要求为非负数。例如,Sqrt(224.25)的值为 14.974979131872。

(6) Pow(x,y):指数函数。返回 x 的 y 次方的幂。如果可能,本函数会返回 Integer。如果不能计算幂,函数返回 Float 类型值 NAN。例如,Pow(4,2)的值为 16,Pow(-6,-2)的值为 0.027777777777778,Pow(-6,5.5)的值为 NAN。

7.7　日期和时间表达式

在程序设计中,日期和时间是非常重要的,通过日期和时间可以记录登录时间、数据处理时间、文件操作时间等信息,保障系统安全。

在 PHP 中表示某个具体日期时间可以使用 Strtotime()函数实现,其用来将时间日期格式字符串转换为 UNIX 时间戳,再通过 Date()函数控制格式转换为所需要的日期时间字符串。

所谓时间戳是指从格林尼治标准时间 1970 年 1 月 1 日 0 时 0 分 0 秒到指定日期时间所经过的秒数。格林尼治标准时间(Greenwich Mean Time)的缩写是 GMT,是英国的标准时间,也是世界各地时间的参考标准。英国时间比中国的北京时间晚 8 小时。

PHP 中时区的默认设置是 BST,即英国夏时制(British Summer Time),其比格林尼治标准时间(GMT)快 1 小时,每年从 3 月底开始,到 10 月底结束。英国夏时制期间,中英两国的时差为 7 小时。

由于各个国家所在时区及时间管理上的差异,时区表示格式非常之多,例如美国时区格式有 US/Alaska、US/Aleutian、US/Arizona、US/Central、US/Eastern 和 US/Mountain 等多种；加拿大时区格式有 Canada/Atlantic、Canada/Central、Canada/Eastern、Canada/Pacific 和 Canada/Saskatchewan 等多种。北京时区的表示有"Etc/GMT-8"和"PRC"两种。

1. 时区设置函数

在 PHP 中设置系统时区可以用函数 Date_Default_TimeZone_Set()，函数使用格式如下。

```
Date_Default_TimeZone_Set(时区格式字符串)
```

【例 7-23】 日期时间的表示。

```php
<?PHP
    $time = "1970-01-01 0:0:0";                  //定义变量$time,存储日期时间格式字符串
    Echo Strtotime($time)."<br>";
                                //显示默认时区下变量$time 对应的时间戳,结果:-3600
    Date_Default_TimeZone_Set('Etc/GMT');  //设置格林尼治标准时区
    Echo Strtotime($time)."<br>";                //显示变量$time 对应的时间戳,结果:0
    Date_Default_TimeZone_Set('PRC');            //设置北京时区
    Echo strtotime($time)."<br>";
                                //显示变量$time 对应的时间戳,结果:-28800
    $time="2030-12-10 10:10:10";                 //重新设置变量$time 的值
    Echo Strtotime($time)."<br>";   //显示变量$time 对应的时间戳,结果:1923099010
    Echo "设置的时间是:".Date('Y年m月d日 H时i分',Strtotime($time))."<br>";
      //结果:设置的时间是:2030 年 12 月 10 日 10 时 10 分
?>
```

例 7-23 中 Strtotime() 函数用于将给定的日期时间格式字符串转换为系统对应的时间戳数值。

2. 日期和时间函数

函数格式：

```
Date(str[,stamp])
```

函数说明：Date 函数用于返回日期或时间。参数 stamp 是要获取的时间戳值,省略此参数,取系统当前时间戳值。str 用于设置日期和时间的格式串,各个格式字符的含义如表 7-3 所示。

表 7-3　Date 函数的格式字符及其说明

格式字符	说　明	格式字符	说　明
Y	以 4 位显示年	H	以 24 小时制显示小时(补零)
y	以 2 位显示年	G	以 24 小时制显示小时(不补零)
m	以 2 位显示月(补零)	h	以 12 小时制显示小时(补零)
n	以数字显示月(不补零)	g	以 12 小时制显示小时(不补零)
M	以英文缩写显示月	i	以 2 位数显示分钟(补零)
d	以 2 位数显示日(补零)	s	以 2 位数显示秒(补零)
j	以数字显示日(不补零)	t	该日期所在月的天数
w	以数字显示星期(0~6)	z	该日期为一年中的第几天
D	以英文缩写显示星期	T	本地计算机的时区
l	以英文全称显示星期	L	判断是否为闰年,1 表示是

【例 7-24】　显示时间(假设系统时间为 2026 年 9 月 10 日 10：10：00)。

```php
<?PHP
    Date_Default_TimeZone_Set('PRC');
    Echo Date("Y-m-d")."<br>";          //输出 2026-09-10
    Echo Date("y-m-d")."<br>";          //输出 26-09-10
    Echo Date("y年m月d日")."<br>";       //输出 26 年 09 月 10 日
    Echo Date("h:i:s")."<br>";          //输出 10:10:00
    Echo Date("Y-m-d h:i:s")."<br>";    //输出 2026-09-10 10:10:00
?>
```

3. 返回日期时间到数组中

函数格式：

```php
GetDate()
```

函数说明：函数返回当前的日期时间,并将各种时间字段保存到接收数组变量中。

【例 7-25】　获取系统日期时间(假设系统当前日期时间是 2023 年 6 月 10 日 11：17：49)。

```php
<?PHP
date_default_timezone_set('PRC');          //设置北京时区
$today=GetDate();                          //将当前的时期时间保存到数组$today 中
//输出数组中部分元素的内容
Echo "$today[year]年$today[mon]月$today[mday]日";       //结果：2023 年 6 月 10 日
Print_r($today);       //函数 Print_r()用于递归打印数组或对象的语句,可以将数组整体输出
/* 显示结果：Array([seconds] => 49 [minutes] => 17 [hours] => 11 [mday] => 10
[wday] => 6 [mon] => 6 [year] => 2023 [yday] => 160 [weekday] => Saturday
[month] => June [0] =>1686367069) */
?>
```

4. 获取当前时间的时间戳

函数格式：

```php
Time()
```

函数说明：Time 函数返回当前时间的时间戳。

【例 7-26】　时间计算(假设系统当前日期是 2026-10-1)。

```php
<?PHP
    $newtime=Time()+5*24*60*60;
    Echo "现在是：".Date("Y-m-d")."<br>";          //现在是：2026-10-01
    Echo "5天后是：".Date("Y-m-d",$newtime);        //5 天后是：2026-10-06
?>
```

5. 设置时间戳

函数格式：

```php
MkTime(时,分,秒,月,日,年)
```

函数说明：MkTime 函数返回参数描述时间的时间戳。

【例 7-27】　显示时间。

```
<?PHP
    Date_Default_TimeZone_Set('PRC');
    Echo "会议时间: ".Date("Y-m-d,H:i:s",MkTime(8,30,0,10,12,2026));
    //程序结果: 会议时间: 2026-10-12, 08:30:00
?>
```

7.8　逻辑值表达式

PHP 中有逻辑(布尔,Boolean)类型数据,常量 true 表示逻辑真,false 表示逻辑假。此外,数值类型也可以用于逻辑判断,非零表示逻辑真,零表示逻辑假。当用字符串作为逻辑判断条件时,null、空字符串("")或者零字符串("0")为逻辑假,其他字符串都为逻辑真。

运算结果为逻辑型的表达式称为逻辑值表达式,关系运算、逻辑运算均可构成逻辑值表达式,通常用于程序中条件判断或循环控制。

7.8.1　逻辑运算符

逻辑运算符用来组合逻辑运算的结果,是程序设计中一组非常重要的运算符。PHP 的逻辑运算符见表 7-4。

表 7-4　逻辑运算符

运算符	说　明	举　例	运算结果
&& 或 and	逻辑与运算	$a and $b	$a 和$b 都为真时结果为真
‖ 或 or	逻辑或运算	$a or $b	$a 或者$b 其中至少有一个为真,结果为真
xor	逻辑异或运算	$a xor $b	$a 与$b 一真一假时,结果为真
!	逻辑非运算	!$a	$a 为假时,结果为真

【例 7-28】　测试变量值的区间。

```
<?PHP
    $m=10;
    If($m>5 and $m<20)
       Echo "变量的值在 5~20"."<br>";
    Else
       Echo "变量的值不在 5~20 "."<br>";
?>
```

7.8.2　比较运算符

比较运算符是对变量或表达式的结果进行大小、真假等比较,比较的结果为 True 或 False。PHP 中的比较运算符见表 7-5。

相等运算符(==)只是对两个变量的值进行比较,而恒等运算符(===)则对运算符两侧的表达式同时进行值和数据类型的比较,只有两侧的值相等且数据类型相同,运算结果才是逻辑真。

表 7-5　比较运算符

运　算　符	说　　明	举　　例	运　算　结　果
<	小于	$a<$b	$a 小于$b 结果为真
>	大于	$a>$b	$a 大于$b 结果为真
<=	小于或等于	$a<=$b	$a 小于或等于$b 结果为真
>=	大于或等于	$a>=$b	$a 大于或等于$b 结果为真
==	相等	$a==$b	$a 等于$b 结果为真
!=	不相等	$a!=$b	$a 不等于$b 结果为真
===	恒等	$a===$b	$a 恒等于$b 结果为真
!==	非恒等	$a!==$b	$a 非恒等于$b 结果为真

【例 7-29】　比较运算符的应用。

```PHP
<?PHP
    $a=2; $b=2.0; $c= "2abc";          //定义整型变量$a,实型变量$b,字符串变量$c
    if($a==$b)                          //判断$a 和$b 是否相等
      echo '$a 和$b 相等<br>';          //显示此行内容
    if($a===$b)                         //判断$a 和$b 是否恒等
      echo '$a 和$b 恒等<br>';
    else
      echo '$a 和$b 不是恒等<br>';       //显示此行内容
    if($a==$c)                          //判断$a 和$c 是否相等
      echo '$a 和$c 相等<br>';          //显示此行内容
?>
```

在 PHP 中使用比较运算符比较一个数值和字符串时,系统会自动将字符串转换为数值之后再进行数值比较。当比较两个数字字符串时,则自动将两个字符串转换为数值后再进行比较。若字符串不是以数字开始时,字符串转换后的值为 0。两个字符串比较时,按对应字符的 ASCII 值比较,ASCII 值小的字符串小,例如,"abc"小于"adc"。

7.8.3　条件运算符

条件运算符是三元运算符,即需要 3 个操作数。
语法格式:

条件表达式?表达式 1: 表达式 2

条件运算符的执行过程是首先判断条件表达式,若结果为 True,则计算表达式 1 并将其结果作为条件运算的结果;若条件表达式的计算结果为 False,则计算表达式 2 并将其结果作为条件运算的结果。

【例 7-30】　条件运算符的应用。

```PHP
<?PHP
    $a=-2; $b=5;                        //定义整型变量$a、$b
  Echo '变量$a 的绝对值是:',$a>0?$a:-$a;   //显示$a 的绝对值
  Echo '<br>变量$b 的绝对值是: ',$b>0?$b:-$b;  //显示$b 的绝对值
    $b=$a>0?$a:-$a;                     //实现数学运算 $b=|$a|
  Echo "<br>",$a==$b?'$a 等于$b':'$a 不等于$b ';
?>
```

7.8.4　逻辑值函数

逻辑值函数的返回值为 True 或 False。

1. 检查文件或目录函数

函数格式：

```
File_Exists(文件或目录名)
```

函数说明：File_Exists 函数检查参数所给出的文件或目录名是否存在，如果指定的文件或目录名存在，则返回 True，否则返回 False。

【例 7-31】　验证 File_Exists 函数的功能。

```
<?PHP
    Var_Dump(File_Exists("D:\\XAMPP\\MYSQL\\DATA\\RCZP"));
    //若目录 D:\XAMPP\MYSQL\DATA\RCZP 存在，则输出 bool(true)，否则输出 bool(false)
    Echo Var_Dump(File_Exists("D:\\XAMPP\\MYSQL\\DATA\\RCZP\\GWB.FRM"));
    //若文件 D:\XAMPP\MYSQL\DATA\RCZP\GWB.FRM 存在，则输出 bool(true)，否则输出 bool
(false)
?>
```

2. 检查目录函数

函数格式：

```
Is_Dir(目录名)
```

函数说明：Is_Dir 函数检查所给出的目录名是否是存在，如果存在，则返回值为 True，否则，返回值为 False。

【例 7-32】　测试目录。

```
<?PHP
    $x="d:\\xampp\\mysql\\data\\rczp";
    If(Is_Dir($x))
        Echo "$x 是文件目录!" ."<br>";
    Else
        Echo "$x 不是文件目录!" ."<br>";
?>
```

7.9　正则表达式简介

正则表达式是一种描述字符串结构模式的形式化表达方法，是一个高效的文本处理工具，可以验证用户输入的数据和检索大量的文本。在 PHP 中，正则表达式应用最好的体现是对表单提交的数据进行验证，判断数据的合理性和合法性。

7.9.1　正则表达式概述

PHP 中的正则表达式是一个模式字符串，描述正则表达式以模式定界符(/)开始且以模式定界符(/)结束，中间可以加入普通字符和特殊字符。其中定界符也可以使用除数字、字母和斜线以外的任何字符。正则表达式作为一个模板，可以将设定的字符模式与所搜索的字符串进行匹配。

1. 普通字符

正则表达式中的普通字符包括单个字符（a～z，A～Z，0～9）、模式单元（即由多个普通字符组成的原子）、普通字符表（如[ABC]）、普通转义字符（如\n 换行符、\r 回车符等）。正则表达式中的普通转义字符见表 7-6。

表 7-6　正则表达式的普通转义字符

字　　符	说　　明
[…]	位于括号中的任意字符
[^…]	不在括号中的任意字符
.	除换行符和其他 Unicode 行终止符之外的任意字符
\d	匹配一个数字字符，等价于[0-9]
\D	匹配一个非数字字符，等价于[^0-9]
\w	任何单词字符，包括字母和下画线，等价于[A-Za-z0-9]
\W	任何非单词字符，等价于[^a-zA-Z0-9]
\s	任何空白字符，包括空格、制表符、分页符等，等价于[\f\n\r\t\v]
\S	任何非空白字符，等价于[^\f\n\r\t\v]
\f	分页符，等价于\x0c 或者\cL
\n	换行符，等价于\x0Aa 或者\cJ
\r	回车符，等价于\x0d 或者\cM
\t	制表符，等价于\x09 或者\cI
\v	垂直制表符，等价于\x0b 或者\cK
\oNN	八进制数字，例如\o24
\Xnn	十六进制数字，例如\X2f
\cC	匹配一个控制字符

2. 特殊字符

正则表达式中的特殊字符就是一些有特殊含义的字符，例如，"＊"用来表示任何字符串，主要有如下格式。

（1）原子表。原子表"[]"存放一组原子，只需要匹配其中的一个原子。例如，模式/m[0123456789]/表示 m 字母开头，其后连接任意数字，一组按 ASCII 码顺序排列的原子可以使用"-"连接，用于简化书写，例如/m[0123456789]/可以表示成/m[0-9]/。

【例 7-33】　原子表应用。

```
<?PHP    //Ereg()函数,查看字符串匹配情况,匹配成功返回 1,否则返回 False
    Echo Ereg("A[0123456789]", "A23A3");    //调用 Ereg()函数,显示匹配结果: 1
    Var_Dump(Ereg("A[0-9]", "AB233"));      //匹配不成功,显示匹配结果: bool(false)
?>
```

正则表达式作为参数出现在 Ereg()函数中，其中的定界符可以省略不写（例如，/A[0-9]/写成 A[0-9]）。

（2）重复匹配。用于重复匹配之前原子的特殊字符，共有 3 种，分别是"＊"、"＋"和"?"，三者实现功能相同，区别是匹配的次数不同。其中"＊"表示重复匹配之前的原子 0 次、1 次或多次，"＋"表示重复匹配之前的原子 1 次或多次，"?"表示匹配之前的原子 0 次或 1 次。

若要精确指定重复的次数可以使用特殊字符"{}",其中{m}表示重复 m 次;{m,n}表示重复匹配之前的原子至少 m 次,最多 n 次;{m,}表示重复匹配之前的原子不少于 m 次。

【例 7-34】 正则表达式应用。

```php
<?PHP
  Echo Ereg("<[a-zA-Z][a-zA-Z0-9]*>","<php>");
     /* "<"开头,第 2 位为任意字母,之后为任意多个字母或数字,最后">"结尾,符合条件的字
         符串则匹配成功,结果输出: 1*/
  Var_Dump(Ereg("de?r","deer"));
  //de?r匹配 dr 或 der,本语句输出结果: bool(false)
  Echo Ereg("go+se","goose");
  //go+se 中"+"之前的 o 可以多次出现,故 goose 匹配,输出: 1
  Echo Ereg("go*d","good");               //输出结果: 1
  Echo Ereg("go{1,2}d","good");
  //god、good 都是匹配结果,输出结果: 1
?>
```

(3) 边界限制。在正则表达式中对匹配的范围进行限制,以此来获取更加准确的匹配结果。对匹配范围的边界限制有两种方法:一是确保模式的匹配字符从字符串的左侧开始,通过特殊字符"^"或"\A"实现;二是确保模式的匹配字符从字符串的右端开始,通过特殊字符"$"或"\Z"实现。

【例 7-35】 边界限制应用。

```php
<?PHP
    $username="U08";
    Echo Ereg("^U[0-9]+$",$username);      //输出结果: 1
    /* 判断$username 中的用户名是否以字母 U 开始,以若干位数字结尾,若是,函数结果为 1,
        否则为 0*/
?>
```

(4) 特殊字符"."。用于匹配除换行符以外的任何一个字符,相当于[^\n](UNIX 系统)或者[^\r\n](Windows 系统)。

【例 7-36】 正则表达式匹配字符串。

```php
<?PHP
  $a1="hello,world!";
  If(Preg_Match("/./",$a1)){
      Echo "字符串匹配成功!";}
  Else{
      Echo "字符串匹配不成功!";}
?>
```

(5) 模式单元。特殊字符"()"将其中的正则表达式变为原子使用,原子可看作一个整体,称为模式单元。使用模式单元,其中的表达式可以被优先处理。

(6) 模式选择符。特殊字符"|"为模式选择符,其作用是在正则表达式中对匹配的条件进行选择,通常可以匹配两个或多个选择。

【例 7-37】 使用正则表达式判断固定电话号码格式是否正确。

对固定电话号码的格式进行判断,可将电话号码的格式分为 3 种:区号 3 位号码 8 位、区号 4 位号码 7 位、区号 4 位号码 8 位。其中区号与电话号码间以"-"分隔,则用于判断的正则表达式为/^[0-9]{3}-[0-9]{8}$|^[0-9]{4}-[0-9]{7,8}$/。

```
<?PHP
  $p="^[0-9]{3}-[0-9]{8}$|^[0-9]{4}-[0-9]{7,8}$";
  $a="0431-85168162"; $b="024-85168162"; $c="0431-85155";
  Var_Dump(Ereg($p,$a));     //结果: int(1)
  Var_Dump(Ereg($p,$b));     //结果: int(1)
  Var_Dump(Ereg($p,$c));     //结果: bool(false)
?>
```

7.9.2　正则表达式函数

1. Preg_Match()函数

函数格式:

```
Preg_Match(pattern, subject[,matches])
```

函数说明:字符串 pattern 指定匹配的正则表达式,subject 指定要搜索的字符串,函数返回匹配的次数,返回 0 表示匹配不成功,返回 1 表示匹配成功。函数只进行一次匹配。给定参数 matches 则将比对结果存放在 matches 数组中,matches[0]中的内容就是原字符串 subject,matches[1] 为第一个合乎规则的字符串,matches[2] 为第二个合乎规则的字符串,依此类推。若省略参数 matches,则只进行比对,找到则返回值 1。

Preg_Match()函数中的正则表达式必须书写定界符。

【例 7-38】　查找匹配的字符。

```
<?PHP
  $date=Date("Y-m-d");                  //假设当前日期 2016.12.27
  If(Preg_Match("/([0-9]{4})-([0-9]{1,2})-([0-9]{1,2})/", $date, $regs)) {
    Echo "$regs[3].$regs[2].$regs[1]"; //显示结果: 27.12.2016
    Print_r($regs);//Array([0]=>2016-12-27 [1]=>2016 [2]=>12 [3]=>27)
  } Else {
    Echo "日期格式错误: $date";
  }
?>
```

2. Ereg()函数

函数格式:

```
Ereg(pattern,subject, matches)
```

函数说明:参数的意义同 Preg_Match(),Ereg()函数的返回值为数值,1 表示匹配成功,0 表示匹配失败,若用布尔值表示结果,则 True 为 1,False 为 0。Ereg()函数中的正则表达式可以省略定界符。

【例 7-39】　检查网址是否正确。

```
<? PHP
  $httpes="http://www.jlu.edn.cn";
  $result=Ereg("^(http|ftp)s?://(www。)?.+(com|net|org|cn)$",$httpes);
  If($result==True)
      Echo "输入的网站格式正确!";
  Else
      Echo "输入的网站格式不正确!";
?>
```

正则表达式"^(http|ftp)s?:/(www\.)?.+(com|net|org|cn)$"确定网址开始为"https:/www."或"ftps:/www."、结束为 com、net、org 或 cn,与此格式不符合的均判断为不正确。

3. Preg_Replace()函数

函数格式:

```
Preg_Replace(pattern, replacement, subject)
```

函数说明:Preg_Replace 函数在 subject 中搜索 pattern 模式的匹配项并替换为 replacement。返回值为替换后的字符串,如果没有可以替换的匹配项,则函数返回原始字符串。

replacement 可以包含\\$n 形式的引用。每个引用将被替换为与第 n 个被捕获的括号内的子模式所匹配的文本。如果替换内容含数字,则使用\\${n}格式确定所引用的序号。

【例 7-40】　正则表达式的内容替换。

```
<?PHP
    $a1="October 1,2026";
    $a2="/(\w+) (\d+),(\d+)/i";      //三项分别对应\$1,\$2,\$3
    $a3="\$1 18,\$3";                //替换后的内容变为\$1 18,\$3
    $a4="\${1}18,\$3";
    Echo Preg_Replace($a2,$a3,$a1);  //得到结果: October 18,2026
    Echo Preg_Replace($a2,$a4,$a1);  //得到结果: October18,2026
?>
```

4. Split()函数

函数格式:

```
Split(pattern,str[,limit])
```

函数说明:使用正则表达式将字符串分割到数组中。函数返回一个字符串数组,每个单元为 str 经正则表达式 pattern 分割出的子串,失败则返回 False。其中 pattern 指定分割使用的正则表达式,str 指定要操作的字符串,limit 指定返回数组单元的个数,如果指定参数 limit,则返回的数组中最多包含 limit 个单元,而其中最后一个单元存储参数 str 中剩余的所有部分。

【例 7-41】　拆分字符串。

```
<?PHP
    $E-mail="tsaocao@163.com";
    $array=Split("\.|@",$E-mail);         //拆分字符串 E-mail
    While(List($key,$value)=Each($array)){
    Echo "$key, $value <br>";}            //结果: 0,tsaocao 1,163 2,com
?>
```

List()函数用数组中的元素为一组变量赋值。Each()函数生成一个由数组当前内部指针所指向的元素的键名和键值组成的数组,并把内部指针向前移动。

习题

一、填空题

1. 使用 Dreamweaver 开发 PHP 应用程序,单击"文件"菜单→__①__选项,在__②__对话框中选择"文档类型"为　③　,单击"创建"按钮即可。

2. 在 Dreamweaver 中编写 PHP 应用程序时,在　①　窗格中输入 PHP 程序,要查看程序的运行效果,可以单击　②　选项或　③　选项。

3. PHP 中的变量用　①　开头,可以接任意多个　②　、③　、④　和　⑤　,但连接的第一个符号不能是　④　,变量名区分大小写。

4. PHP 标记能够让　①　识别 PHP 代码的开始和结束。标准风格的 PHP 开始标记是　②　,简短风格的开始标记是　③　,ASP 风格的开始标记是　④　,标准风格和简短风格的结束标记是　⑤　,ASP 风格的结束标记是　⑥　。

5. PHP 语句必须以　①　结尾,代码中的　②　、③　和　④　不区分大小写,命令、短语和函数名中英文字母、专用符号一律以　⑤　方式输入。

6. 注释即代码的解释和说明,通常放在代码的　①　或　②　。注释有 3 种风格,C 风格注释以　③　开始,以　④　结束;C++ 风格注释以　⑤　开始;Shell 风格注释以　⑥　开始。

7. 表达式是构成 PHP 程序语言的基本元素,通常表达式中可以出现　①　、②　、③　、④　、⑤　、⑥　和　⑦　等。

8. 字符串是由 0 或多个字符构成的一个集合,在 PHP 中有 3 种定义字符串的方式,分别是　①　、②　和　③　,②　表示的字符串可以包含变量名,并且变量名自动替换成变量的值,①　表示的字符串则将变量名当成普通字符。

9. 连接字符串使用　①　运算符,用于将两个字符串连接成一个新的字符串。

10. 去掉字符串前后的空格用　①　、②　或　③　函数;计算字符串长度用　④　函数,在 UTF-8 字符集中,每个汉字长度为　⑤　;比较字符串用　⑥　函数,其返回值为　⑦　时表示比较的两个字符串相等。

11. 在 PHP 中,八进制整型常量需要在数值前加　①　,十六进制整型常量需要在数值前加　②　。浮点型常量的表示一种是　③　,另一种是采用　④　格式。

12. 在 PHP 中,计算绝对值使用　①　函数,对数值进行四舍五入操作使用　②　函数,开平方使用　③　函数,计算 3 的 4 次方使用　④　函数。

13. 在 PHP 中,获取当前系统的日期时间使用　①　函数,将字符串 2017-10-7 10:10:20 转换为 UNIX 时间戳使用　②　函数,设置系统当前时区使用　③　函数,将时区设为北京时区使用参数　④　。

14. 在 PHP 中书写表达式时,要使两个条件同时成立应该使用　①　运算符;给定的两个条件满足其中一个即可,则应该用　②　运算符连接;给定的两个条件只能满足一个时应该用　③　运算符连接;给定的条件不成立时执行操作,则应该用　④　运算符处理。

15. 正则表达式是一种描述　①　结构模式的形式化表达方法,是一个高效的文本处理工具,可以验证用户输入的数据和检索大量的文本。以　②　开始且以模式定界符　②　结束,中间可以加入　③　和　④　。正则表达式作为一个模板,可以将某个字符模式与所搜索的字符串进行　⑤　。

16. 正则表达式中的普通字符包括　①　、②　、③　及　④　。正则表达式中的特殊字符就是一些有特殊含义的字符,主要有　⑤　、⑥　、⑦　、⑧　、⑨　和　⑩　。

二、单选题

1. 在 Dreamweaver 设计环境中,能够书写 PHP 源程序的视图是(   )。

   A. 实时视图　　　　　B. 代码视图　　　　　C. 程序视图　　　　　D. Web 视图

2. 在 Dreamweaver 设计环境中,能够查看 PHP 源程序执行效果的视图是(   )。

   A. 实时视图　　　　　B. 代码视图　　　　　C. 效果视图　　　　　D. 浏览器视图

3. 在 PHP 中命名变量名不能使用的符号是(   )。

   A. 字母　　　　　　　B. 数字　　　　　　　C. ?　　　　　　　　D. 下画线

4. 下列 PHP 变量名命名错误的是(   )。

   A. $name　　　　　　B. $f_id　　　　　　　C. $5_A　　　　　　　D. $m7_

5. 标准风格的 PHP 标记以(   )开始,以"?>"结束。

   A. <?　　　　　　　　B. <?php　　　　　　　C. <html　　　　　　　D. < tcp

6. 在 PHP 中,命令、短语、函数名中的英文字母、专用符号(如各种运算符、单引号、双引号、圆括号等)一律以(   )输入。

   A. 大写方式　　　　　B. 小写方式　　　　　C. 全角方式　　　　　D. 半角方式

7. PHP 语句必须以(   )结尾,一行可以输入多条语句。

   A. 分号　　　　　　　B. 句号　　　　　　　C. 顿号　　　　　　　D. 减号

8. 有变量定义"$b=−5;"则语句"Echo "$b 为负数";"的结果是(   )。

   A. "$b 为负数"　　　B. $b 为负数　　　　　C. 为负数　　　　　　D. −5 为负数

9. 语句"Echo 'hello'. 123;"的输出结果是(   )。

   A. hello　　　　　　　B. 123　　　　　　　　C. hello123　　　　　D. 123hello

10. 在 UTF-8 字符集中,语句"Echo Strlen("招聘成绩合格");"的输出结果是(   )。

    A. 6　　　　　　　　　B. 12　　　　　　　　C. 18　　　　　　　　D. 24

11. 在 PHP 中有变量定义"$a="吉林大学大学城"",用 UTF-8 字符集,从变量 $a 中提取字符串"吉林大学"存入变量 $b,可以使用的语句是(   )。

    A. $b=Left($a,12)　　　　　　　　　　　　B. $b=Substr($a,0,12)

    C. $b=Ltrim($a)　　　　　　　　　　　　　D. $b=Rtrim($a)

12. 在 PHP 中有变量定义"$a=10;"执行赋值操作"$b=++ $a 后,$b 的值为(   )。

    A. 10　　　　　　　　B. 11　　　　　　　　C. 12　　　　　　　　D. 0

13. 在 PHP 中有变量定义 $a=123.45689,要将 $a 变量保留小数点后 3 位的结果存入变量 $b,应该执行的操作是(   )。

    A. $b=Right($a,3)　　　　　　　　　　　　B. $b=Substr($a,3)

    C. $b=Abs($a,3)　　　　　　　　　　　　　D. $b=Round($a,3)

14. 在 PHP 中,要实现计算 2^{10} 的值,可以使用函数(   )。

    A. Round(2,10)　　　B. Sqrt(2,10)　　　　C. Log10(2)　　　　　D. Pow(2,10)

15. 在 PHP 中,有变量定义 $a="2017-11-09 20:28:00",则调用函数 Strtotime($a),函数的返回值类型是(   )。

    A. int　　　　　　　　B. float　　　　　　　C. date　　　　　　　D. datetime

16. "$a 是小于 10 的非负数",在 PHP 中用表达式表示为(   )。

    A. 0<= $a<10　　　　　　　　　　　　　　B. 0<= $a And $a<10

    C. 0<＝$a Or $a<10　　　　　　　　　　D. 0<＝$a Xor $a<10

17. 在 PHP 中,与表达式"!($a<＝0 Or $a>＝10)"等价的表达式是(　　　)。

    A. $a<0 And $a>10　　　　　　　　　B. $a>0 Or $a<10

    C. $a>0 And $a<10　　　　　　　　　D. 0<$a<10

18. 在 PHP 中,有变量定义"$a＝123;$b＝1.23e2;",则表达式"$a＝＝$b"的结果是(　　　)。

    A. 123　　　　　　B. 1.23e2　　　　　C. True　　　　　D. False

19. 在 PHP 中,判断文件是否存在的函数是(　　　)。

    A. File()　　　　　B. If_File()　　　　　C. Is_Dir()　　　　D. File_Exists()

20. 下列(　　　)不是正则表达式中的普通转义字符。

    A. \n　　　　　　B. \d　　　　　　C. \t　　　　　　D. \m

三、多选题

1. 下列软件中能够编辑、调试 PHP 程序的有(　　　)。

    A. Dreamweaver　B. PHPCoder　　　C. Eclipse　　　　D. PSPad

    E. Notepad++

2. 注释即代码的解释和说明,通常放在代码的(　　　)。

    A. 上方　　　　　B. 中间　　　　　C. 尾部　　　　　D. 脚注

    E. 尾注　　　　　F. 标注

3. PHP 中支持的注释风格有(　　　)。

    A. C++ 风格　　　B. Turing 风格　　C. Shell 风格　　　D. HTML 风格

    E. C 风格

4. file1.php 中包含若干个 PHP 函数,在其他 PHP 程序中调用这些函数之前,要用(　　　)函数说明 file1.php。

    A. Include　　　　B. Require_once　　C. Require　　　　D. Contain

    E. Include_once　　F. Embody

5. 在 PHP 中有多种定义字符串的方式,分别是(　　　)。

    A. 分号　　　　　B. 双引号　　　　C. 标注符号　　　D. 单引号

    E. 界定符　　　　F. 方括号

6. 在 PHP 中有变量定义$a=" 招聘人才信息库 ",要将变量$a 的前后空格清除,可以使用的操作有(　　　)。

    A. Trim($a)　　　　　　　　　　　　B. $a＝Trim($a)

    C. $a＝Ltrim($a)　　　　　　　　　　D. $a＝Rtrim($a)

    E. $a＝Ltrim(Rtrim($a))　　　　　　　F. $a＝Rtrim(Ltrim($a))

7. 下列数据表示中属于浮点数据类型的是(　　　)。

    A. 1233.898　　　B. 0x78f　　　　　C. 123.3e＋4　　　D. 0335

    E. 12890

8. 在 PHP 中,整型数值可以使用的进位制有(　　　)。

    A. 二进制　　　　B. 八进制　　　　C. 十进制　　　　D. 十六进制

    E. 任意 R 进制

9. 在 PHP 程序中,能够获取时间戳的函数有(　　　)。

A. Strtotime( )   B. MkTime( )   C. Date( )   D. DateTime( )

E. Time( )

10. 在 PHP 程序中,设置招聘条件为资格审核通过且笔试、面试成绩均合格,则下列表达式正确的是( )。

    A. 资格审核 or 笔试成绩>=60 or 面试成绩>=60

    B. 资格审核 and 笔试成绩>=60 and 面试成绩>=60

    C. 资格审核 and 笔试成绩>=60 or 面试成绩>=60

    D. 资格审核 && 笔试成绩>=60 && 面试成绩>=60

    E. 资格审核 and 笔试成绩>=60 && 面试成绩>=60

    F. 资格审核 or 笔试成绩>=60 and 面试成绩>=60

11. 下列属于正则表达式中普通转义字符的是( )。

    A. \m   B. \n   C. \t   D. \d

    E. \b   F. \S

12. 在 PHP 正则表达式中,下列字符串匹配模式 a(bc){0,2}d 的有( )。

    A. "a"   B. "ad"   C. "abcd"   D. "abcbcd"

    E. "ab02d"   F. "abd02"

13. 在 PHP 正则表达式中,设定模式的匹配字符从字符串的左侧开始,通过特殊字符( )实现。

    A. ^   B. &   C. %   D. \A

    E. \Z   F. \n

14. 在 PHP 正则表达式中,查看给定字符串与设定模式是否匹配,可以使用的函数有( )。

    A. Split( )   B. Ereg( )

    C. List( )   D. Preg_Replace( )

    E. Preg_Match( )   F. Each( )

四、思考题

1. PHP 中如何命名变量?怎样确定变量的数据类型?

2. PHP 中有哪些数据类型?每种数据类型的数据如何表示?

3. PHP 中可以用几种方式定义字符串?各种方式之间存在着哪些差异?

4. PHP 中有日期类型的数据吗?怎样显示一个具体的日期时间内容?

5. PHP 中有哪些逻辑运算符?有哪些关系运算符?优先级如何?

6. PHP 中正则表达式如何定义?使用正则表达式主要是解决哪些问题?

7. PHP 的正则表达式中,特殊字符都有哪些格式?每种格式的意义是什么?

第 8 章　PHP 程序设计

PHP 程序是完成一定任务的一组有序语句的集合,也称脚本。PHP 是结构化程序设计语言,程序有顺序、分支(选择)和循环(重复)3 种控制结构。

在计算机处理各种问题时主要需要解决两个方面的问题:第一是数据在计算机中的存储问题;第二是解决问题的算法(程序)问题,即计算机在解决各种问题的过程中如何对各种问题做出相应的逻辑判断并执行正确的步骤,如何利用计算机的高速性来解决烦琐且重复度较高的任务。PHP 程序设计主要解决下面几个问题。

(1) 如何将一组关联的数据作为一个整体来统一定义与使用?

(2) 如何利用 PHP 语言实现分支与循环结构程序设计?

(3) 如何定义并使用函数实现程序设计的模块化?

(4) 如何获取页面数据,实现人机交互?

(5) 如何对 PHP 程序的错误进行处理?

8.1　数组

变量只能存诸如数值、字符串或日期、时间等类型的单一数据,常用于存储完成简单任务的临时数据。对于某些较复杂的问题,如存储 100 个应聘人员的姓名及笔试成绩,除存储数据外,还要表达数据之间的关系。如果定义 200 个变量,显然过于烦琐,且无法反映出数据间的关联。针对这种问题,可以用数组存储数据。

数组是内存中存储一组数据的表格,即名称相同而下标不同的一组变量。数组中的每个变量(单元)被称为一个数组元素。

在 PHP 中,允许一个数组包含不同类型的元素,元素可以是数值、字符串或日期、时间等简单类型的数据,也可以是另外一个数组。将仅含简单类型元素的数组称为一维数组(视为一行或一列元素);将某些数组元素为数组的数组称为多维数组。例如,一维数组中的元素又是一维数组,则为二维数组,依此类推。

8.1.1　数组分类

通常将数组元素的编号称为元素下标,用数组名及元素下标对数组中的元素进行赋值或引用。根据元素下标的数据类型,PHP 将数值型下标的数组称为索引数组;将字符串型下标(即与名称关联)的数组称为关联数组。

1. 索引数组

索引数组用整型数作为下标,系统默认下标从 0 开始,依次递增 1。实际应用中,下标可以不连续,也可以不从 0 开始排列,例如 2、4、6 和 8 等。当需要通过相对位置确定数组元素时,通常使用索引数组。表 8-1 中是一个索引数组示例。

表 8-1 索引数组示例

数组元素	$myarr[0]	$myarr[1]	$myarr[2]	$myarr[3]	$myarr[4]
元素值	3	5	7	9	11

表中是一个索引数组$myarr,共包含 5 个元素,元素的值分别是 3、5、7、9 和 11。通过下标表示数组中的每个元素,例如,$myarr[1]表示数组中第二个元素,当前值是 5。要表示数组中的元素,需要使用数组名和半角方括号([ ])及下标。

2. 关联数组

在关联数组中,元素下标为字符串,通常用有意义的名称命名,由半角单引号或双引号将其引起来。表 8-2 是一个关联数组示例。

表 8-2 关联数组示例

数组元素	$zw["经理"]	$zw["助理"]	$zw["主管"]
元素值	张亮	王洋	赵海

关联数组$zw 共包含 3 个元素,值分别为张亮、王洋和赵海,要显示下标为"助理"的数组元素,执行 Echo $zw["助理"]语句,则显示"王洋"。

8.1.2 创建数组

可以通过函数预先创建数组,也可以直接为数组元素赋值实现创建或扩充数组。

1. Array()函数创建数组

函数格式:

```
Array([下标 1=>]元素值 1,[下标 2=>]元素值 2…)
```

函数返回值是一个新创建的数组。调用函数时,如果省略下标,则自动产生下标从 0 开始的索引数组,数组中各个元素的数据类型可以不同,还可以是数组。当数组元素本身是数组时,就是定义了一个多维数组。

【例 8-1】 利用 Array()函数定义一个下标从 1 开始的索引数组,并输出各个元素。

```
<?PHP
    $Newarr=Array(1=>"网", 2=>"页",3=>"设",4=>"计");
    Print_r($Newarr);?>
```

其中 Print_r()是输出数组结构的函数,运行程序时浏览器中显示的结果为:

```
Array([1] => 网 [2] => 页 [3] => 设 [4] => 计)
```

【例 8-2】 利用 Array()函数定义一个下标从 0 开始的索引数组。

```
<?PHP $Newarray=Array("PHP","Dreamweaver","MySQL");
    print_r($Newarray);?>
```

运行程序后,浏览器中显示的结果为:

```
Array([0] => PHP [1] => Dreamweaver [2] => MySQL)
```

在前面两个例子中所创建的数组均为索引数组。例 8-1 中,在创建数组时指定了数组元素的下标,且下标可以是任意数,而在例 8-2 中创建数组时,没有为元素指定下标,其数组元素下标自动从 0 开始,依次增加 1。

在创建关联数组时,需要给出相应的下标,创建关联数组后,通过相应的下标可以直接访问相应的数组元素。

【例 8-3】 定义一个关联索引数组,存储应聘者考试成绩,在文本框中输入应聘者姓名,单击"提交"按钮将输出应聘者成绩。

```
<Form Action="" Method="post">
    姓名: <Input Name="xm" Type="text" />
    <Input Type="submit" Name="button" Value="提交" /></Form>
<?PHP If(Isset($_POST["button"]))     //用户是否单击"提交"按钮
    {$a=$_POST["xm"];
        $score=array();     $score["刘德厚"]=80;
        $score["王丽敏"]=95;$score["李丽丽"]=77;
        Echo $score[$a];}?>
```

运行程序时,如果在文本框中输入"王丽敏",并单击"提交"按钮,则输出结果为 95。

从上面例子中可以看出,通过下标直接访问数据元素,有时会更加方便快捷。

2. 字符串转换为索引数组

函数格式:

```
Explode(分隔符,字符串[,元素个数])
```

函数返回值是根据字符串中的子串创建的、下标从 0 开始的索引数组。其中分隔符参数是字符串中各个子串之间的分隔符号,分隔符号为空字符串("")时,函数不能创建数组,而返回 False。

参数元素个数用于说明转换结果的数组中所含元素的个数,如果省略此项或元素个数多于子串个数,则数组中元素个数与字符串中子串个数一致;如果元素个数少于子串个数,则最后一个元素将包含剩余的全部子串。

【例 8-4】 依据字符串"刘德厚;王丽敏;李丽丽;张娜"生成数组 $xm。

```
<?PHP $xm=Explode(";","刘德厚;王丽敏;李丽丽;张娜");
    Print_r($xm);
    Echo "元素个数: ",Count($xm),"<br>";?>
```

其中 count()为返回数组中元素个数的函数。运行程序输出的结果为:

```
Array([0] => 刘德厚 [1] => 王丽敏 [2] =>李丽丽 [3] => 张娜)元素个数: 4
```

3. 赋值创建与扩充数组元素

在 PHP 中另一种比较灵活的创建和扩充数组的方法是直接为数组元素赋值。如果在创建数组时不知道数组的大小,或者在运行时数组的大小发生改变,采用这种方法创建数组比较好。

【例 8-5】 利用直接赋值的方法,创建和扩充记录应聘者信息的数组 yp。

```
<?PHP $yp["证件号"]="229901199503121538";        //开始创建数组 yp
       $yp["姓名"]="刘德厚";$yp["岗位"]="行长助理";$yp["笔试成绩"]= 80;
       Echo Count($yp)," 个元素","<br>";        //输出: 4 个元素
       $yp["岗位"]= "理财师";                    //修改元素的值
       $yp["面试成绩"]  = 90;                    //扩充数组元素
       $yp["总分"]= $yp["笔试成绩"] * 0.7+ $yp["面试成绩"] * 0.30
                    //在表达数中引用 2 个数组元素,$yp["总分"]的值为 83
       Echo Count($yp)," 个元素","<br>";        //输出: 6 个元素?>
```

在上面例子中,通过直接为数组$yp 的元素赋值创建了数组$yp,并且在数组使用的过程中,可以随时为数组添加新的元素。

8.1.3　输出数组

1. 数组元素连接成字符串

函数格式:

```
Implode(分隔符,数组名)
```

函数返回值是将数组元素用分隔符连接成的一个新字符串。其中参数分隔符是字符串型数据,可以包含多个字符。

【例 8-6】　输出由"‖"连接例 8-5 中的$yp 数组元素组成的字符串。

```
<?PHP
    Echo Implode("||",$yp);    //输出: 229901199503121538||刘德厚||理财师||80||90||83?>
```

2. 输出数组

函数格式:

```
Print_r(<表达式>)
```

函数返回值为逻辑型数据。如果表达式参数是普通表达式,则输出表达式的值;如果表达式参数是数组名,则依次输出数组中所有元素(参考例 8-4 的程序输出的结果)。

Print_r 与 Echo 都可以输出表达式的值。二者的主要区别如下。

(1)书写格式:Echo 通常作为语句使用,可以输出多个表达式的值(不能加圆括号),仅输出一个表达式的值时,可以加圆括号。例如"Echo($yp["笔试成绩"] * 0.7);"而 Print_r 必须加圆括号,并且只能有一个参数。

(2)返回值:Echo 没有返回值,因此不能写在表达式中;Print_r 的返回值为逻辑型,可以作为表达式中的一个运算项。

(3)输出对象:Echo 只能输出表达式的值,不能输出整个数组;Print_r 可以输出一个表达式的值或数组,一般用于输出数组中的所有元素,例如例 8-4 中的 Print_r($xm)。

3. 数组元素的引用

在设计程序时,像变量一样引用数组元素,引用格式为:数组名[下标]。例如,在例 8-5 中,$yp["姓名"]="刘德厚"和$yp["岗位"]= "行长助理"等语句均是为数组元素赋值;在表达式"$yp["笔试成绩"] * 0.7+$yp["面试成绩"] * 0.30"中,引用了$yp["笔试成绩"]和$yp["面试成绩"]两个数组元素。

8.1.4　多维数组

假定有一个数组 A,其中元素仍然为数组,那么数组 A 就构成了多维数组。一个一维数组(视为一行或一列的表格)的元素如果仍为一维数组,那么它被称为二维数组(多行和多列的二维表格);如果二维数组中的元素仍为一维数组,就构成了三维数组;依此类推,可以构建出四维、五维数组等。通常可以将二维数组理解为一个矩阵或者一个二维表格。表 8-3 是记录应聘者信息的二维表格。

表 8-3　应聘者信息的二维数组

身 份 证 号	姓　　名	成　　绩
229901199503121538	刘德厚	80
11980119921001132X	王丽敏	95
229901199305011524	李丽丽	77

【例 8-7】　用表 8-3 的数据创建二维数组。

```php
<?PHP $info=Array(Array("229901199503121538","刘德厚",80),
    Array("11980119921001132X ","王丽敏",95),Array("229901199305011524",
    "李丽丽",77));
    Print_r($info);  ?>
```

程序运行结果如下:

```
Array([0] => Array([0] => 229901199503121538 [1] => 刘德厚 [2] => 80)
    [1] => Array([0] => 11980119921001132X [1] => 王丽敏 [2] => 95)
    [2] => Array([0] => 229901199305011524 [1] => 李丽丽 [2] => 77))
```

下列代码与例 8-7 的程序等效:

```php
<?PHP $info[0]=Array("229901199503121538","刘德厚",80);
    $info[1]=Array("11980119921001132X ","王丽敏",95);
    $info[2]=Array("229901199305011524","李丽丽",77);
    print_r($info);  ?>
```

对二维数组元素赋值或引用时,元素格式为:数组名[行下标][列下标]。

【例 8-8】　创建存储姓名和成绩的二维数组,并输出相关元素的值。

```php
<?PHP $cj[1][1]="刘德厚";  $cj[1][2]=80;          //创建数组并为元素赋值
    $cj[2][1]="王丽敏";$cj[2][2]=95;$cj[3][1]="李丽丽";$cj[3][2]=77;
    Echo $cj[1][1],"<br>",$cj[2][1],"<br>", $cj[3][2];
    //在表达式中引用二维数组元素,输出 3 行数据依次为刘德厚、王丽敏和 77?>
```

8.2　分支程序设计

分支结构是流程控制的重要手段之一,又称为选择结构或条件结构,分支结构的执行是依据一定的条件选择执行路径,而不是严格按照语句出现的顺序。分支结构程序设计的关键在于构造合适的分支条件和分析程序流程,根据不同的逻辑和比较运算结果选择执行某段程序。PHP 提供了 If…ElseIf…Else…和 Switch Case 两种结构。

8.2.1 If…ElseIf…Else 分支结构

一个 If…ElseIf…Else…分支结构,是一种块语句结构,它由一条 If、Else 语句或多条 ElseIf 语句以及相关的语句组构成。语句执行过程如图 8-1 所示。

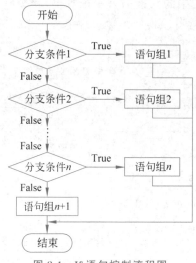

图 8-1 If 语句控制流程图

语句结构:

```
If(分支条件 1)
    语句组 1
[ElseIf(分支条件 2)
    语句组 2
ElseIf(分支条件 3)
    语句组 3
    ……          ]
[Else
    语句组 n+ 1  ]
```

在设计语句结构时,分支条件 $i(1\leqslant i\leqslant n)$ 是值为逻辑型的表达式;语句组 n 由大括号({})括起来的多条语句组成,仅有一条语句时,大括号可以不写。

在执行 If…ElseIf…Else 分支结构时,系统从分支条件 1 开始分析判断,如果分支条件 i 的值为 True(真),则执行语句组 i;如果所有分支条件均不成立(值为 False),且有 Else 语句,则执行语句组 $n+1$。每执行完一个语句组,都结束本 If 块语句结构。

【例 8-9】 判断在 rczp 数据库中的 ypryb 中是否包含所学专业是"法学"的应聘者。

```php
<?PHP $Link = MySQL_Pconnect("LocalHost","root","");      //连接数据库服务器
MySQL_Select_DB("rczp", $Link);            //选择当前数据库
$sql = "Select * From ypryb where 所学专业='法学'";
$rs_gwcj = MySQL_Query($sql);              //传送 SQL 语句
$row_gwcj = MySQL_Fetch_Assoc($rs_gwcj);
$totalRows = MySQL_Num_Rows($rs_gwcj);     //记录集中行数存于$totalRows
if($totalRows >= 0)
    echo $totalRows,"名应聘人员";
```

```
else
    echo "没有此专业应聘人员";
?>
```

当 ypryb 表中有所学专业字段值为"法学"的记录时,程序输出符合条件的记录总数,否则输出"没有此专业应聘人员"。

【例 8-10】 在表单中输入应聘者身份证号并单击"确认"按钮后,计算应聘者笔试成绩平均分:90 分及以上为优秀,80~89 为良好,60~79 为合格,低于 60 分为不合格。

```
<form Action=" " method="Post">
应聘者身份证号: <input name="sfzh" type="text"/>
<input type="Submit" name="Button" value="提交"/></form>
<?PHP if(Isset($_POST["Button"]))
{
    $Link = MySQL_Pconnect("LocalHost","root","");       //连接数据库服务器
    MySQL_Select_DB("rczp", $Link);                       //选择当前数据库
    $sfzh=$_POST["sfzh"];
    $sql = "Select avg(笔试成绩) as 平均分 from gwcjb where 身份证号='$sfzh'";
        $rs=MySQL_Query($sql);                            //传送 SQL 语句
    $row=MySQL_fetch_assoc($rs);                          //取出记录集中的记录
    $pjf=$row['平均分'];                                   //获取平均分
    if($pjf>=90 && $pjf<=100)
        echo "优秀";
    elseif($pjf>=80)
        echo "良好";                                      //一条语句可以不写{}
    elseif($pjf>=60)
        {echo "合格"; }                                    //一条语句可以写{}
    else
    echo "不及格";
}
?>
```

当某位应聘者笔试平均分为 95 时,输出结果为"优秀",尽管条件$a>=80 和$a>=60 也得到满足,但是,不会执行对应的分支。这说明 If 结构中,最多只执行一个分支。

8.2.2 Switch…Case 分支结构

Switch…Case 分支结构用 Switch 语句开始,由若干条 Case 和一条 Default 语句以及若干个语句组构成。

语句结构:

```
Switch (表达式)
{ Case  分支条件 1:
      语句组 1
  Case  分支条件 2:
      语句组 2
      ……
  Case 分支条件 n:
      语句组 n
  [Default:
      语句组 n+ 1  ]
  }
```

　　语句结构执行过程如图 8-2 所示。Switch(表达式)可以是任何数据类型的表达式,通常为 Case 分支条件判断提供数据依据。在写每个 Case 分支条件时,如果使用"Case 表达式==值"的形式,则可以简写成"Case 值",通常用于可枚举数据的分析判断。

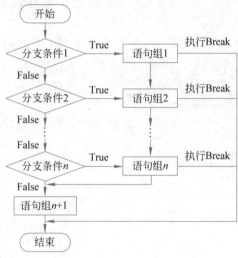

图 8-2　Switch Case 语句控制流程

　　在执行 Switch Case 分支结构时,系统从分支条件 1 开始分析判断,如果分支条件 $i(1 \leqslant i \leqslant n)$ 的值为 True,则执行语句组 i;如果所有分支条件都不成立(条件值为 False),且有 Default 语句,则执行语句组 $n+1$。

　　在执行任何语句组 $i(1 \leqslant i \leqslant n)$ 过程中,如果执行到 Break 语句,则结束本 Switch Case 分支结构;如果执行完语句组 i 过程中没执行到 Break 语句,则继续执行语句组 $i+1$ 及后面的语句组,甚至可能执行到语句组 $n+1$,即使分支条件 $i+1$ 及后面的分支条件都不成立,也是如此。

　　【例 8-11】　在人才招聘过程中,假定学历越高,可以胜任的职务越多,在文本框中输入应聘者身份证号,根据其在 ypryb 中保存的最后学历信息输出其可以胜任的职务。

```php
<form Action=" " method="Post">
  应聘者身份证号: <input name="sfzh" type="text"/>
  <input type="Submit" name="Button" value="提交"/></form>
  <?PHP if(Isset($_POST["Button"]))
  {
    $Link = MySQL_Pconnect("LocalHost","root","");          //连接数据库服务器
    MySQL_Select_DB("rczp", $Link);                         //选择当前数据库
    $sfzh=$_POST["sfzh"];
    $sql = "Select 最后学历 from ypryb where 身份证号='$sfzh'";
    $rs=MySQL_Query($sql);            //传送 SQL 语句
    $row=MySQL_fetch_assoc($rs);      //取出记录集中的记录
    $xl=$row['最后学历'];             //获取最后学历,5,4,3 分别代表博士、硕士和本科
    Switch($xl)
    {
      Case "5" :echo "总经理";
      Case "4" :echo "经理";
```

```
        Case "3": echo "业务员";
        Default: echo "其他";
    }
}
?>
```

执行上面程序时，如果某人的学历是 5，即博士学历，则输出"总经理经理业务员其他"，即当 Switch 后的变量$xl 的值与第一个 Case 后的 5 相等，则执行对应的语句组，但没执行到 Break 语句，因此，执行了整个结构中的每个分支。如果将程序改成如下形式。

```
<form Action=" " method="Post">
    应聘者身份证号: <input name="sfzh" type="text"/>
    <input type="Submit" name="Button" value="提交"/></form>
    <?PHP if(Isset($_POST["Button"]))
    {
        $Link = MySQL_Pconnect("LocalHost","root","");    //连接数据库服务器
        MySQL_Select_DB("rczp", $Link);                   //选择当前数据库
        $sfzh=$_POST["sfzh"];
        $sql = "Select 最后学历 from ypryb where 身份证号='$sfzh'";
        $rs=MySQL_Query($sql);
        $row=MySQL_fetch_assoc($rs);                      //取出记录集中的记录
        $xl=$row['最后学历'];              //获取最后学历,5,4,3分别代表博士、硕士和本科
        Switch($xl)
        {
          Case "5" :echo "总经理";
          Case "4" :echo "经理"; break;
          Case "3": echo "业务员";break;
          Default: echo "其他";
        }
    }
?>
```

当输入应聘人员身份证号后，其对应学历为 5，输出"总经理经理"，即 Break 语句结束了整个分支选择结构。

【例 8-12】 利用 Switch 结构，实现例 8-10 的功能要求。

```
<form Action=" " method="Post">
    应聘者身份证号: <input name="sfzh" type="text"/>
    <input type="Submit" name="Button" value="提交"/></form>
    <?PHP if(Isset($_POST["Button"]))
    {
        $Link = MySQL_Pconnect("LocalHost","root","");    //连接数据库服务器
        MySQL_Select_DB("rczp", $Link);                   //选择当前数据库
        $sfzh=$_POST["sfzh"];
        $sql = "Select avg(笔试成绩) as 平均分 from gwcjb where 身份证号='$sfzh'";
        $rs=MySQL_Query($sql);
        $row=MySQL_fetch_assoc($rs);                      //取出记录集中的记录
        $pjf=$row['平均分'];                              //获取平均分
        switch ($pjf)
          {
                case $pjf>=90 && $pjf<=100; echo "优秀"; break;
                case $pjf>=80 && $pjf<90; echo "良好"; break;
```

```
         case $pjf>=60 && $pjf<90; echo "及格"; break;
         case $pjf>=0 && $pjf<60; echo "不合格";
       }
   }
?>
```

8.3　循环结构程序设计

循环结构用于解决重复处理有变化规律的问题。例如求 $1+2\cdots+100$ 的结果,需要进行多次加法,每次都是在上一次求和的基础上加一个新数。

循环结构是指在执行程序的过程中有条件地重复执行某个程序段。重复执行的程序代码段被称为循环体,重复执行循环体的次数称为循环次数。根据判断循环条件和执行循环体的先后顺序,循环可以分当型和直到型两种。

在循环体中,可以执行 Break 语句结束整个循环结构,也可以执行 Continue 语句提前结束本次循环,转去判断循环条件。

8.3.1　While 循环结构

While 循环结构由 While(循环条件)语句和循环体语句组构成,属于当型循环结构。

语句结构:

```
While   (循环条件)
        循环体语句组
```

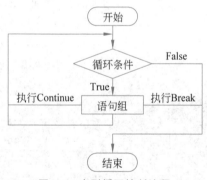

图 8-3　当型循环控制流程

While 循环结构的执行流程如图 8-3 所示。首先判断循环条件,当循环条件为 True(真)时,则执行循环体语句组。当执行一次循环体语句组正常结束后(指没执行到 Break 和 Continue 语句),转到 While(循环条件)语句判断循环条件,如果循环条件为 True,则再执行一次循环体语句组,依此类推,直到循环条件为 False(假),才跳出循环体,执行循环结构后面的语句。

在执行循环体语句组的过程中,如果执行到 Continue 语句,则提前结束本次循环,转到 While(循环条件)语句判断循环条件;如果执行到 Break 语句,则提前结束循环结构,执行循环结构后面的语句。

【例 8-13】　编写程序,输出 ypryb 中所有应聘者的身份证号、姓名和所学专业。

```php
<?PHP
    $Link = MySQL_Pconnect("LocalHost","root","");      //连接数据库服务器
    MySQL_Select_DB("rczp", $Link);                      //选择当前数据库
    $sql = "Select 身份证号,姓名,所学专业 from ypryb";
    $rs=MySQL_Query($sql);                               //传送 SQL 语句
    while($row=MySQL_fetch_assoc($rs))                   //取出记录集中的记录
```

```
    {
        echo "身份证号:", $row['身份证号'],"</br>";
        echo "姓名: ",$row['姓名'],"</br>";
        echo "所学专业: ",$row['所学专业'],"</br>";
    }
?>
```

在例 8-13 的循环部分中,利用 MySQL_fetch_assoc()函数每次从$rs 记录集中提取一条记录,当$rs 中存在记录时输出对应人员的身份证号、姓名和所学专业,当$rs 中没有记录时,MySQL_fetch_assoc()返回 False,循环结束。

【例 8-14】 编写程序,输出一个所学专业为"法学"人员的姓名和身份证号。

```
<?PHP
    $Link = MySQL_Pconnect("LocalHost","root","");      //连接数据库服务器
    MySQL_Select_DB("rczp", $Link);                     //选择当前数据库
    $sql = "Select 身份证号,姓名,所学专业 from ypryb";
    $rs=MySQL_Query($sql);                              //传送 SQL 语句
    while($row=MySQL_fetch_assoc($rs))                  //取出记录集中的记录
    {
        If($row['所学专业']=="法学")
        {echo "身份证号:", $row['身份证号'],"</br>";
        echo "姓名: ",$row['姓名'],"</br>";
        break;}
    }
?>
```

8.3.2　Do…While 循环结构

语句结构:

```
Do
    循环体语句组
While(循环条件);
```

Do…While 循环结构属于直到型循环。先执行循环体,然后再判断循环条件是否成立,成立则继续执行循环体,直到循环条件不成立为止。循环体最少执行 1 次,执行到 Continue 语句时,提前结束本次循环;执行到 Break 语句时,提前结束循环结构,控制流程如图 8-4 所示。

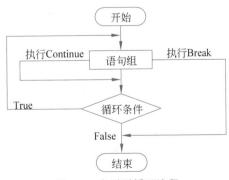

图 8-4　直到型循环流程

【例 8-15】 利用 do…while 循环,实现例 8-13 的功能。

```php
<?PHP
    $Link = MySQL_Pconnect("LocalHost","root","");        //连接数据库服务器
    MySQL_Select_DB("rczp", $Link);                        //选择当前数据库
    $sql = "Select 身份证号,姓名,所学专业 from ypryb";
    $rs=MySQL_Query($sql);                                 //取出记录集中的记录
    $row=MySQL_fetch_assoc($rs);
    do
    {
        echo "身份证号:", $row['身份证号'],"</br>";
        echo "姓名: ",$row['姓名'],"</br>";
        echo "所学专业: ",$row['所学专业'],"</br>";

    }while($row=MySQL_fetch_assoc($rs))
?>
```

例 8-13 和例 8-15 都是利用 MySQL_fetch_assoc()提取记录集中的数据,不同之处在于在例 8-15 中进入循环结构前必须先提取一条记录,否则循环体内的 echo 命令无法将数据输出。

8.3.3　For 循环结构

For 循环结构是当型循环的另一种表现形式,语句虽然比较复杂,但是 For 语句使用起来更灵活,完全可以代替 While 语句。

语句结构:

```
For([语句 1];循环条件;[语句 2])
    循环体语句组
```

For 语句结构中除了循环体语句组外,还有三个部分,彼此之间用分号分隔开,分号不能省略。语句 1 在循环开始时执行一次。循环条件用来控制循环结构的执行与结束,如果条件为真,则执行循环体语句组,否则结束循环结构。每次循环体语句组执行后自动执行语句 2。在执行循环体语句组的过程中,执行到 Continue 语句时,提前结束本次循环;执行到 Break 语句时,提前结束循环结构,控制流程如图 8-5 所示。

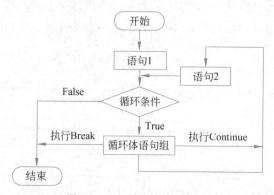

图 8-5　For 循环结构流程图

【例 8-16】 用 For 循环结构实现例 8-13 的要求。

```PHP
<?PHP
    $Link = MySQL_Pconnect("LocalHost","root","");        //连接数据库服务器
    MySQL_Select_DB("rczp", $Link);                       //选择当前数据库
    $sql = "Select 身份证号,姓名,所学专业 from ypryb";
    $rs=MySQL_Query($sql);                                //获取总行数
    $hs=MYSQL_Num_Rows($rs);                              //获取记录集总行数
    for ($i=1;$i<=$hs;$i++)
    {
        $row=MySQL_fetch_assoc($rs);
        echo "身份证号:", $row['身份证号'],"</br>";
        echo "姓名: ",$row['姓名'],"</br>";
        echo "所学专业: ",$row['所学专业'],"</br>";
    }
?>
```

8.3.4　循环嵌套

一个循环体内又包含另一个完整的循环结构称为循环结构嵌套。内循环体内还可以嵌套循环结构,这就是多层循环结构。

三种循环(While 循环、Do…While 循环和 For 循环)可以相互嵌套。

【例 8-17】　利用循环嵌套输出每个应聘人员的身份证号、姓名、报考的岗位编号、笔试成绩和面试成绩。

```PHP
<?PHP
    $Link = MySQL_Pconnect("LocalHost","root","");        //连接数据库服务器
    MySQL_Select_DB("rczp", $Link);                       //选择当前数据库
    $sql = "Select 身份证号,姓名 from ypryb";
    $rs1=MySQL_Query($sql);
    while($row=MySQL_fetch_assoc($rs1))                   //取出记录集中的记录
    {
        $sfz=$row['身份证号'];
        $xm=$row['姓名'];
        echo "姓名: ",$xm,"</br>";
        echo "身份证号: ",$sfz,"</br>";
        $sql="Select 岗位编号,笔试成绩,面试成绩 from gwcjb where 身份证号='$sfz'";
        $rs=MySQL_Query($sql);
        $row2=MySQL_fetch_assoc($rs);
        do
        {
            echo "岗位编号: ",$row2['岗位编号'],"</br>";
            echo "笔试成绩: ",$row2['笔试成绩'],"</r>";
            echo "面试成绩: ",$row2['面试成绩'],"</br>";
        }while($row2=MySQL_fetch_assoc($rs));
    }
?>
```

8.4　数组的典型应用

数组是名称相同而下标不同的一组内存变量,对数组的典型应用有数组元素排序、查找和遍历。

8.4.1　数组元素的排序

排序是实际应用中比较常见的问题。在 PHP 中,可以用 Sort 函数对数组元素进行升序排序。

函数格式:

```
Sort(数组[,排序规则])
```

函数的作用是对数组元素进行排序。第一个参数表示要进行排序的数组,排序结果也存回到该数组。第二个可选参数用于设置排序规则:

(1) SORT_REGULAR:系统默认值,按数组元素的实际数据类型排序,若有混合数据类型的元素,则按系统的规则排序。

(2) SORT_NUMERIC:所有数组元素都按数值型进行排序,对非数值型(如字符串和日期等)元素按转换后的数值比较,不可转换成数值的元素按 0 进行比较。

(3) SORT_STRING:所有数组元素都按字符串进行排序,非字符串(如数值和日期等)元素都按转换后的字符串比较。

在排序的结果数组中,改变了原数组中各个元素的位置,但并不改变数组元素的数据类型。由于不同数据类型的数组元素排序结果很难预知,因此,通常用 Sort 函数仅对相同数据类型的数组元素进行排序。

【例 8-18】 利用 Sort 函数排序输出一维数组的元素。

```
<?PHP $Myarray=Array(65,88,73,92,56,80,100,99);
    Sort($Myarray);
    For ($i=0;$i<=7;$i++)
        Echo $Myarray[$i],"<br>";?>
```

程序中的 Sort($Myarray)是按数组元素的数据类型(数值型)进行排序,输出结果为:56、65、73、80、88、92、99 和 100。

如果将程序中的 Sort($Myarray)修改为 Sort($Myarray,SORT_STRING),数组元素按字符串型进行排序,则输出结果为:100、56、65、73、80、88、92 和 99。由此可以看出,对于同一个数组用不同的排序规则,产生的结果中数组元素的顺序不同。

8.4.2　数组元素的查找

查找(检索或搜索)数组元素是对数组常见的一种操作,PHP 提供了一组快速检索数组元素的函数。

1. In_Array 函数

函数格式:

```
In_Array(关键字的值,数组名)
```

调用该函数在数组中检索关键字的值,如果找到与关键字的值相等的元素,则函数返回 True,否则返回 False。

【例 8-19】 在文本框中输入一个职务,判断其是否已经在数组$Jobs 中。

```
<Form Action="" Method="Post">
<Input Type="Text" Name="job" />
<Input Type="Submit" Name="Button" Value="提交" /></Form>
<?PHP If(Isset($_POST["Button"]))
    {$Job=$_POST["job"];
        $Jobs = Array("文员","主管","助理","经理");
        If(In_Array($Job,$Jobs))  Echo "$Job 已经在数组中";
        Else Echo "$Job 不在数组中";}?>
```

输入"主管",并单击"提交"按钮后输出"主管已经在数组中"。

2. Array_Search 函数

函数格式：

```
Array_Search(关键字的值,数组名)
```

调用该函数在数组中检索关键字的值,如果找到与关键字的值相等的元素,则函数返回该元素的下标值,否则返回 False。

【例 8-20】 查找文本框中输入的职务在数组$Jobs 中是否存在,如果存在,则输出其下标值。

```
<Form Action="" Method="Post">
<Input Type="Text" Name="job" />
<Input Type="Submit" Name="Button" Value="提交" /></Form>
<?PHP If(Isset($_POST["Button"]))
    {$Job=$_POST["job"];
        $Jobs=Array("a"=>"主管","b"=>"助理","c"=>"经理");
        $t=Array_Search($Job,$Jobs);
        If($t==false) Echo "$Job 不在数组中";
        Else Echo "$Job 在数组中,序号是 $t";
    }?>
```

当输入"助理"并单击"提交"按钮后程序输出结果为"助理在数组中,序号是 b"。

PHP 还提供了 Array_Key_Exists()和 Array_Keys()等数组元素查找函数,功能及调用方法与上述函数类似。

8.4.3 遍历数组

所谓遍历数组就是访问(读或取)数组中的每个元素一次,且仅一次的操作。用循环结构设计的程序可以遍历数组,PHP 还提供了专用遍历数组的循环语句。

语句格式：

```
ForEach(数组名 As [ 变量名 1=> ]变量名 2)
    循环体语句组
```

从数组中第一个元素开始,依次将数组每个元素的下标值赋给变量 1(可省略),元素的值赋给变量 2。在循环体语句组中,通过变量名 1 可以引用元素的下标;通过变量名 2 可以引用元素的值。

【例 8-21】 输出数组$Jobs 中的全部元素。

```
<?PHP $Jobs=array("1"=>"经理","2"=>"经理助理","3"=>"理财顾问");
    ForEach($Jobs as $Value)          //省略变量名 1,仅将元素的值存于$Value
        Echo $Value."<br>";?>
```

程序输出结果依次为:

经理、经理助理和理财顾问

【例 8-22】 输出数组$Jobs中的全部元素的值。

```php
<?PHP $Jobs=array("1"=>"经理","2"=>"经理助理","3"=>"理财顾问");
     ForEach($Jobs as $key=>$Value)Echo "$key=>$Value<br>";?>
```

程序的输出结果依次为:

1=>经理、2=>经理助理和 3=>理财顾问

8.5 获取表单控件数据的程序设计

由于 HTML 仅用于设计静态网页,没有数据深加工能力,因此,浏览器表单上(窗口)输入的数据还需要获取到 PHP 程序中,以进一步处理和加工,或者,依此为基础访问数据库。PHP 程序获取表单控件数据有 Post 和 Get 两种方法。具体采用哪种方法由表单的Method 属性的值(Post 或 Get)决定。

PHP 预定义了$_POST 和$_GET 两个超全局关联数组,分别用于存储 Post 和 Get 方法传送的表单控件数据,元素的下标值是表单控件的 Name 属性值(名称)。

8.5.1 调用 PHP 程序的表单设计

为了使 PHP 程序能获取表单控件上输入的数据,在用户单击表单上的命令按钮(如注册、登录和提交等)后需要执行 PHP 程序。在设计程序时应该设计能调用 PHP 程序的表单,表单中调用 PHP 程序通常有用户单击提交按钮捕捉和触发两种方式。

1. 捕捉用户单击提交按钮

捕捉用户单击提交按钮的方式将定义表单和获取表单控件数据的程序存于同一个PHP 文件中,定义表单时,Action 属性值设为"#"(Action="#");在 PHP 程序中,通过 IsSet( )函数捕捉用户单击提交(Type="Submit")按钮或图像(Type="Image")按钮的时机,以便执行 PHP 程序。例如,第 7 章中例 7.17 就是这样的应用。

2. 单击提交按钮触发 PHP 程序

单击提交按钮触发 PHP 程序的方式通常将定义表单(HTML)和获取表单控件数据的PHP 程序分两个文件存储,定义表单时,Action属性说明要调用的 PHP 程序文件名,当用户单

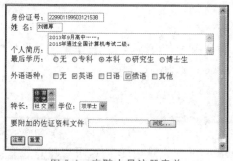

图 8-6 应聘人员注册表单

击浏览器中表单的提交(Type="Submit")按钮或图像(Type="Image")按钮时,系统自动触发(执行)对应的 PHP 程序文件。

【例 8-23】 设计图 8-6 所示的应聘人员注册信息表单网页文件 YPRYZC.HTML。YPRYZC.HTML 中的代码如下:

```
<HTML><Head>
  <Meta http-equiv="Content-Type" Content="text/html; CharSet=utf-8" />
  <Title>应聘人员注册</Title></Head>
  <Body>
  <Form Action="ZCYPRY.PHP" Method="Post" Name="fm1" Target="_new"
               ENCType="Multipart/Form-Data">
    身份证号：<Input Type="Text" Name="SFZH"  Size="18" Maxlength="18" /><br>
    姓名：<Input Type="Text" Name="XM" Value="匿名" Size="5"><br>
    个人简历：<TextArea Name="JL" Cols="50" Rows="3"></TextArea><br>
    最后学历：
    <Input Type="Radio" Name="XL" Value=1 Checked/>无
    <Input Type="Radio" Name="XL" Value=2 />专科
    <Input Type="Radio" Name="XL" Value=3 />本科
    <Input Type="Radio" Name="XL" Value=4 />研究生
    <Input Type="Radio" Name="XL" Value=5 />博士生<br>
    <P>外语语种：
     <Input Type="CheckBox" Name="WY[]"  Value=0 Checked />无
     <Input Type="CheckBox" Name="WY[]"  Value=1 />英语
     <Input Type="CheckBox" Name="WY[]"  Value=2 />日语
     <Input Type="CheckBox" Name="WY[]"  Value=3 />俄语
     <Input Type="CheckBox" Name="WY[]"  Value=4 />其他</P>
    特长：<Select Name="TC[]" size=3 multiple>
     <Option Value=1> 体 育 </Option>
     <Option Value=2> 文 艺 </Option>
     <Option Value=3> 社 交 </Option>
     <Option Value=4 Selected> 其他 </Option></Select>
    学位：<Select Name="XW">
     <Option Value=1>无</Option><Option Value=2 Selected>学士</Option>
     <Option Value=3>双学士</Option><Option Value=4>硕士</Option>
     <Option Value=5>博士</Option></Select>
    <P>要附加的佐证资料文件
     <Input Type="File" Name="FJ"></P>
    <P><Input Type="Submit" Name="ZC"  Value="注册" />
     <Input Type="Reset"  Name="CZ"  Value="重置" /></P>
  </Form></Body></HTML>
```

在 YPRYZC.HTML 文件中，由于表单中包含文件（Type＝"File"）域控件，所以表单编码类型 Enctype 属性值必须设为 Multipart/Form-Data。另外，表单的 Action 属性值为 ZCYPRY.PHP，注册按钮的 Type 属性值为 Submit，因此，在浏览器中显示表单时，单击"注册"按钮，系统将自动执行程序文件 ZCYPRY.PHP。

8.5.2　获取表单控件的数据

获取表单控件的数据实质是将各种控件上输入或选择的数据获取到 PHP 程序中，以便对数据进一步处理或存储。

1. 获取单值控件的数据

单值控件是指一次运行用户只能输入或选择一个数据的控件。用于输入数据的单值控件有文本框（Type＝Text，如身份证号和姓名）、密码框（Type＝Password）和文本区域（Type＝Textarea，也称编辑框，如个人简历），可以通过键盘输入，也可以通过条码、IC 卡或二维码等扫描输入,数据存于$_POST[控件名]或$_GET[控件名]元素中。数据存于哪个元素,由表单的Method属性值是Post或Get决定。

用于选择数据的单值控件有单选按钮组(Type＝Radio,如最后学历)和菜单(也称下拉列表框,如学位),通常用键盘或鼠标选中其中1个选项,将选中项对应控件的Value属性值存于$_POST[控件名]或$_GET[控件名]元素中。

在PHP程序中,可以直接引用$_POST[控件名](如$_POST["SFZH"]和$_POST["XL"])或$_GET[控件名]元素即可获取对应控件的数据。

2. 获取多值控件的数据

多值控件是指每次运行用户可以选择多个数据的控件。复选框(Type＝Checkbox,如外语语种)和列表框(如特长),一般通过鼠标或键盘可以选中多个选项,将选中项对应控件的Value属性值存于$_POST[控件名]或$_GET[控件名]数组中。

在PHP程序中,需要通过循环结构(如For和ForEach等)引用$_POST[控件名](如$_POST["WY"]和$_POST["TC"])或$_GET[控件名]数组中的各个元素。

3. 获取文件域的数据

文件域允许用户选择一个文件,选定文件的绝对存储路径存于$_POST[控件名]或$_GET[控件名]元素中。文件域通常与超全局数组$_FILES配合使用,以达到向服务器上传文件的目的。$_FILES是一个二维数组,第一个下标是文件域控件名,第二个下标(英文字母均为小写)如下。

- name:上传的文件名称。
- type:上传的文件类型。
- size:以字节为单位的上传文件大小。
- tmp_name:存储在服务器的文件临时副本名称。
- error:如果上传文件出错,则返回错误信息代码。

通过$_FILES数组和Move_Uploaded_File函数,才能将文件域上传的文件保存到服务器中。

函数格式:

```
Move_Uploaded_File(临时文件名,保存后的文件名)
```

其中,临时文件名由系统随机生成;保存后的文件名由路径和文件名组成,如果省略路径,则将文件保存到当前PHP程序所在的文件夹中。

【例8-24】 设计能获取图8-7所示的表单控件数据的程序文件ZCYPRY.PHP。

表单上输入的数据	
数据项名	**数据**
身份证号	220104195903121538
姓 名	刘德厚
个人简历	2013年9月高中……； 2015年通过全国计算机考试二级。
最后学历	3
外语语种	1 3
特长	1 2
学位	3

图 8-7　获取的表单控件数据

```
<HTML><Head>
<Meta http-equiv="Content-Type" Content="text/html; Charset=utf-8" /></
Head>
<Body><Table width=500 border=2 cellspacing=1 cellpadding=1>
<Caption>表单上输入的数据</Caption>
<Tr><Th>数据项名<Th>数据
<?PHP Echo '<Tr><Td>身份证号<Td>',$_POST["SFZH"];      //获取文本框 SFZH 的数据
Echo '<Tr><Td>姓 名<Td>',$_POST["XM"];                  //获取文本框 XM 的数据
Echo '<Tr><Td>个人简历<Td>',$_POST["JL"];               //获取文本区域 JL 的数据
Echo '<Tr><Td>最后学历<Td>',$_POST["XL"];               //获取单选按钮 XL 的数据
Echo ' <Tr><Td> 外语语种<Td>';
For($i=0;$i<Count($_POST["WY"]);$i++)                   //获取多选值复选框 WY 的数据,需要循环
        Echo $_POST["WY"][$i]."<br>";
Echo '<Tr><Td>特长<Td>';
ForEach($_POST["TC"] as $x) Echo $x,"<br>";             //获取多选值列表框 TC 的数据,需要循环
Echo '<Tr><Td>学位<Td>',$_POST["XW"],'</Table>';       //获取下拉列表框 XW 的数据
If($_FILES["FJ"]["size"]/1024<200)                     //判断文件大小,文件小于 200K
  { If($_FILES["FJ"]["error"]>0)                        //判断文件上传是否发生错误
        Echo "文件上传出现错误<br>";
    Else
      Move_Uploaded_File($_FILES["FJ"]["tmp_name"],
        "doc\\".$_FILES["FJ"]["name"]);                 //文件转移到服务器上 doc 文件夹中
  }
Else Echo "无效的文件"; ?>
</Body></HTML>
```

在浏览器显示网页文件 YPRYZC.HTML 时,输入相关信息,如图 8-6 所示,单击"注册"按钮后,浏览器中显示的信息如图 8-7 所示,用户选定的文件被上传至当前网页所在目录下的 doc 文件夹中。

8.6 自定义函数设计

在编程的过程中,通常会通过函数实现某些功能。函数可以根据给定的一组参数完成任务,并且可能返回一个值。由于一个函数可以多次调用,因此,可以减少程序代码量,更便于程序维护和修改。当程序代码过多时,通过函数组织程序是一种很好的方法,这样可以让一段程序代码形成一个程序模块,当程序开发人员需要实现同样的功能时可以直接调用,减少了重复编码的麻烦,提高了代码的可重用性。

PHP 函数可以分为系统内置函数(标准函数)和用户自定义函数两种,一个 PHP 函数由 4 部分构成:函数名、参数、函数体和返回值。

8.6.1 用户自定义函数的结构

用户自定义函数结构:

```
Function 函数名(形参 1[=默认值 1],…,形参 n[= 默认值 n])
  {  函数体   //完成函数功能的语句组   }
```

其中,Function 是函数声明的关键字,函数名是函数在程序代码中的引用名,其命名原则与变量命名原则相同,英文字母不区分大小写。给函数命名时,函数名应与函数的功能相符,

不可使用已声明的函数名或系统内置函数名。

形参(也称形式参数)用于接收调用该函数时传来的数据,在函数体内可参与各种运算,当多于 1 个参数时,参数之间用逗号分隔;当函数不需要与外部进行数据交换时,可以没有参数。

函数体是实现特定功能的程序代码,可以含"Return 表达式"语句,表达式的值即为函数的返回值。

【例 8-25】 自定义函数 Myfun,计算 \$n 和 \$m 的乘积。

```php
<?PHP
  Function Myfun($n, $m)
  {  //函数体中即使 1 条语句,花括号作为函数体的定界符,不能省略
    Return $m * $n;}?>
```

其中,Myfun 是函数名,\$n 和\$m 是函数的形参,{}中的代码是函数体,Return \$m * \$n 表示函数返回\$m * \$n 的值。

8.6.2 函数的调用

像调用系统内置函数一样,在程序中可以多次调用同一个自定义函数。

调用格式:

函数名(实参 1,…,实参 n)

调用函数时只需要给出函数名,并在后面的括号中给出所需的实参(也称实际参数)表,实参是一个与形参位置对应的变量或表达式。在 PHP 中,用户自定义函数写在函数调用语句之前或之后均可。

【例 8-26】 在文本框中输入一个应聘人员的身份证号,利用自定义函数计算此人的笔试平均成绩,并输出该成绩。

```php
<form Action=" " method="Post">
应聘者身份证号: <input name="sfzh" type="text"/>
<input type="Submit" name="Button" value="提交"/></form>
<?PHP if(Isset($_POST["Button"]))
{
  $Link = MySQL_Pconnect("LocalHost","root","");   //连接数据库服务器
  MySQL_Select_DB("rczp", $Link);                   //选择当前数据库
  $sfzh=$_POST["sfzh"];
  Function rs($sfzh)
  {
    $sql = "Select avg(笔试成绩) as 平均分 from gwcjb where 身份证号='$sfzh'";
    $rs=MySQL_Query($sql);
    $row=MySQL_fetch_assoc($rs);                     //取出记录集中的记录
    $pjf=$row['平均分'];                              //获取平均分
    if($pjf==0)
      return "无此人!";
    else
      return $pjf;
  }
  Echo rs($sfzh);
}
?>
```

在文本框中输入的身份证号如果在 gwcjb 中存在此人的考试记录,则输出他的笔试平均分;如果不存在,则输出"无此人"。函数的调用可以单独出现,也可以作为表达式的一部分,通过函数调用可以得到不同类型的数据。一个函数中可以有多个 Return 语句,一旦执行到 Return 语句,函数调用结束,Return 语句后的表达式作为返回值返回到主调函数中。

8.6.3　函数的参数传递

主程序通过参数列表可以给函数传递数据,在定义函数时,参数被称为形参;在调用函数时,使用的参数称为实参。PHP 函数的参数有值传递和引用传递两种方式。

1. 参数值传递

参数值传递方式是指主程序直接将表达式的值传递给函数,形参和实参拥有各自的存储空间,所以在函数体内形参的值发生变化时,不会影响实参的值。值传递的形参对应的实参可以是表达式。

【例 8-27】　参数按值传递示例。

```
<?PHP
    Function Myfun($n)
    { $n=$n+1;
        Echo "$n <br>";}
$a=5;Myfun($a);            //输出的值为 6
Echo $a;                   //没改变对应实参$a 的值,输出的值为 5?>
```

程序在运行过程中,调用函数时,系统将变量 $a 的值传给形参 $n,由于 $a 和 $n 分别占据不同的内存空间,故在函数体内,形参 $n 的值加 1 后变为 6,而主程序中实参 $a 的值仍然是 5。

2. 参数引用传递

设计函数时,引用传递(也称地址传递)方式的形参前要加 & 符号,表示与实参共用同一内存空间,因此,形参的值在函数体内发生变化时,会改变主程序中对应实参变量的值。引用传递的形参对应的实参必须是一个变量。

【例 8-28】　参数按引用方式传递示例。

```
<?PHP
    Function Myfun(&$n)         //按照引用方式传递参数,形参前加 & 符号
    { $n=$n+1;
        Echo "$n <br>";}
    $a=5;Myfun($a);             //输出的值为 6
    Echo $a;                    //改变了对应实参$a 的值,输出的值为 6?>
```

程序运行过程中,系统将变量 $a 在内存中的地址作为实参传递给形参变量,变量 $a 和 $n 共用一段内存空间,所以在函数体内改变形参的值($n=$n+1),将改变主程序中实际参数 $a 的值(由 5 变为 6)。

3. 形参的默认值

在设计自定义函数时,每个形参都可以设置默认值(形参=默认值)。在调用函数时,形参按从前到后的顺序依次接收实参的值。对设置了默认值的形参,可以省略对应的实参,形参值即为默认值。一旦省略某个实参,其后的所有实参都必须省略。

【例 8-29】 形参默认值传递示例。

```
<?PHP
Function Myfun($a,$b,$c=3)
{ return $a+$b+$c;}
Echo Myfun(1,2,5);
?>
```

上面程序运行后输出结果 8,如果函数的调用形式为 Myfun(1,2)则输出 6,即当函数调用时形参变量$c 的值没有给出,则系统会使用它的默认值。

8.6.4 程序文件之间的数据传递

通过链接或 URL 可以实现程序文件之间的数据传递。

地址格式:

```
程序文件名?参数名1=值1&参数名2=值2…
```

其中"?"后面内容表示跨越网页文件的参数名及其值,多个参数之间用 & 连接,因此,各个参数的值中不能含有 & 符号。

【例 8-30】 在 page1.HTML 中设计链接,将岗位编号和身份证号带入到 page2.PHP 中。

Page1.HTML 代码:

```
<HTML><Meta http-equiv="Content-Type" Content="text/html; CharSet=utf-8" />
<Body>
   <A href="page2.php?GWBH=A0002&SFZH=219901199001011351">显示数据</A>
</Body></HTML>
```

在目标程序文件中,需要用超全局数组$_GET[ ]获得它们的值,Page2.PHP 代码如下。

```
<HTML><Meta http-equiv="Content-Type" Content="text/html; CharSet=utf-8" />
<Body>
<?PHP Echo $_GET['GWBH'].'<br>';   //输出: A0002
      Echo $_GET['SFZH'];          //输出: 219901199001011351
?></Body></HTML>
```

用参数传输汉字时应该谨慎,有时传输数据会出现传输错误或乱码。例如,将"岗前培训师"作为参数值传输时,可能传输结果变成"岗前培训帺"。

8.7 变量的作用域

变量的作用域是指一个变量一旦定义后能够被使用的范围。从技术上来讲,作用域就是定义变量的有效范围,变量必须在有效范围内使用,如果超出了有效范围,则变量无法使用。

在 PHP 中,根据变量作用域不同,可分为超全局变量、全局变量、函数局部变量和函数静态变量。超全局变量,如$_SESSION、$_POST 或$_GET,作用域是链接的所有 PHP 程序文件,或者,触发关联的 PHP 程序文件;全局变量也称文件级变量,是指 PHP 程序中(非函数体)直接赋值(定义)的变量,作用域是定义变量所在的 PHP 程序文件中的各个程序段。

8.7.1　函数局部变量

将函数体内定义的变量称为函数局部变量,作用域为所在的函数体,在函数运行结束时,系统自动清除变量及其值。

【例 8-31】　函数局部变量示例。

```
<?PHP
  Function Example()
    { $Exa_1="局部变量";        //$Exa_1 仅在 Example 函数体内可用
      Echo "$Exa_1 <br>";}
Example();
Echo $Exa_1;                   //出错,$Exa_1 在 Example 函数体外无效?>
```

由于变量$Exa_1 定义在函数 Example()中,故在函数中可以正常引用变量并将其输出,而最后一行程序由于是在函数体以外引用$Exa_1,超出了其作用域,所以程序出错。

如果全局变量与函数局部变量同名,则系统视为两个不同的变量。

【例 8-32】　函数局部变量与全局变量同名示例。

```
<?PHP $a=5;
   Function Example()
   { Echo $a;              //出错,在函数体内不能直接引用全局变量$a
     $a=10;}              //函数体中给$a 赋值,不改变全局变量$a 的值
   Example();
   Echo $a;               //输出全局变量$a 的值: 5?>
```

主程序调用 Exapmle 函数时,函数体内不能直接引用全局变量$a,即使定义了变量$a($a=10)与全局变量同名,但也不会改变全局变量$a 的值。

8.7.2　延伸全局变量的作用域

在函数体内,通过 Global 语句可以延伸一些全局变量的作用域。

语句格式:

```
Global 全局变量名表
```

【例 8-33】　Global 定义全局变量示例。

```
<?PHP $a="hello";
   $b="PHP 语言";
   Function Example()
   {    Global $b, $c;         //延伸全局变量$b 和$c 的作用域到函数体
     Echo $a;                 //没用 Global 语句延伸$a,语句出错
     Echo $b, "<br>";         //引用全局变量$b,输出: PHP 语言
     $c=32;}                 //为全局变量$c 赋值
   Example();
   Echo $c;                   //输出 Example 中为$c 赋的值: 32?>
```

主程序定义了变量$a 和$b,当调用函数 Example 时,由于$a 的作用域属于主程序,并没有在函数 Example 中定义,所以系统出错;而变量$b 被语句 Global 说明为全局变量,可以延伸到函数中使用。并且,仅在函数体内定义的全局变量$c,函数运行结束回到主程序后,仍然有效。

8.7.3　静态变量

静态变量仅在当前函数体中有效,当函数运行结束时,系统仍然保留静态变量及其值,当再次调用函数时,可以在当前函数体中延续使用静态变量的值。需要用 Static 语句声明并赋值静态变量,当再次调用该函数时,不再重新执行本语句。

语句格式:

```
Static  变量名 1=值 1,…,变量名 n=值 n
```

【例 8-34】　静态变量使用示例。

```
<?PHP $a=0;                    //定义全局变量$a
    Function Example()
    {  Static $a=10;           //声明并赋值静态变量$a
      Echo $a,"<br>";
      $a++; }
    Example();                 //输出结果为 10
    Example();                 //输出结果为 11
    Echo $a,"<br>";            //输出全局变量$a,结果为 0?>
```

$a 是静态变量,当调用函数时,变量 $a 先被设置为 10,然后输出其值,变量 $a 再进行自加 1 运算,函数调用结束时 $a 的值是 11;当再次调用函数时,变量 $a 不会重新设置为 10,而是延续上次的值,即 11,变量 $a 自加 1 运算后值为 12。

8.8　二维码程序设计

二维码(Dimensional Barcode),又称二维条码,是在条形码(一维)的基础上扩展而来的一种平面条码。相比一维条形码,二维码可以记载更复杂的数据,如英文、汉字和图片等,相关设备仅扫描二维条码,通过识别条码的长度和宽度所对应的数据,可获取相关信息。图片仅供人们阅读参考,相关设备并不识别。二维码常用于记载网络域名,也逐渐用于记载物品信息。

通常用 PHP QR CODE 类库生成二维码,在设计生成二维码的程序之前,需要下载PHPQrcode.PHP 类库。

PHPQrcode.PHP 类库提供了生成二维码的 Png()方法,主要参数如表 8-4 所示。

表 8-4　png()方法的参数说明

参　　数	使 用 说 明
$Text	生成二维码的文本信息
$Outfile	保存二维码图的文件名
$Level	容错率,也就是有被覆盖的区域还能识别,分别是 L(QR_ECLEVEL_L,7%),M(QR_ECLEVEL_M,15%),Q(QR_ECLEVEL_Q,25%),H(QR_ECLEVEL_H,30%)
$Size	生成二维码的大小,默认是 3
$Margin	二维码周围边框空白区域间距值
$Saveandprint	是否保存二维码并显示

【例 8-35】　生成并显示关于 http://www.jlu.edu.cn 的二维码图片文件 JLU.PNG。

```
<?PHP If(!file_Exists('JLU.PNG'))
    { Include 'PHPQRCODE.PHP';                        //装载类库 PHPQRCODE.PHP
      QRcode::png('http://www.jlu.edu.cn','JLU.PNG'); //调用方法 png 生成二维码图
    }?>
<Img Src="JLU.PNG" Width="100" Height="100" />
```

实际应用中,在二维码中嵌入特定图片(如 LOGO)可以增强宣传效果。要生成含有 LOGO 的二维码,首先使用 PHP QR Code 生成一张二维码图片,然后再利用 PHP 的 Image 相关函数,将 LOGO 图片加入刚生成的二维码图片中合成一张新的二维码图片。

【例 8-36】　生成一个带 LOGO 并指向 http://www.jlu.edu.cn 的二维码。

```
<?PHPInclude 'Phpqrcode.PHP';
    $Value = 'http://www.jlu.edu.cn';                 //二维码内容
    $ErrorCorrectionLevel = 'L';                      //容错级别
    $MatrixPointSize = 6;                             //生成图片大小
        //生成二维码图片
    QRcode::png($Value, 'JLU.PNG', $ErrorCorrectionLevel, $MatrixPointSize, 2);
    $Logo = 'logo.png';                               //准备好的 logo 图片
    $QR = 'JLU.PNG';                                  //已经生成的原始二维码图
        //再次生成带 LOGO 的二维码
    If($Logo !== FALSE)
      { $QR = Imagecreatefromstring(File_Get_Contents($QR));
        $Logo = Imagecreatefromstring(File_Get_Contents($Logo));
        $QR_Width = Imagesx($QR);                     //二维码图片宽度
        $QR_Height = Imagesy($QR);                    //二维码图片高度
        $Logo_Width = Imagesx($Logo);                 //Logo 图片宽度
        $Logo_Height = Imagesy($Logo);               //Logo 图片高度
        $Logo_Qr_Width = $QR_Width / 5;
        $Scale = $Logo_Width/$Logo_Qr_Width;
        $Logo_Qr_Height = $Logo_Height/$Scale;
        $From_Width = ($QR_Width - $Logo_Qr_Width) / 2;
        //重新组合图片并调整大小
        Imagecopyresampled($QR, $Logo, $From_Width, $From_Width, 0, 0,
            $Logo_Qr_Width,$Logo_Qr_Height, $Logo_Width, $Logo_Height);}
    Imagepng($QR, 'hellojlu.png');                    //输出图片
    Echo '<Img Src="hellojlu.png">';?>
```

运行此程序前应确认当前操作目录下已经存在 Logo.png 文件,才能将 LOGO 加入二维码中,程序在浏览器中运行,显示结果如图 8-8 所示。

图 8-8　带有 Logo 的二维码

二维码有一定的容错性,即使遮住某部分仍然能够解码。扫描二维码时,通常扫描进行不到一半时就能解码,因为生成器会将部分信息重复表示以便提高容错度,这也是在二维码中间加个 Logo 图片并不影响解码结果的原因。

8.9 PHP 程序出错处理

在 PHP 中,系统默认的错误处理方式非常简单:当程序发生错误时,将在浏览器中显示一条信息,这条消息带有文件名、行号以及出错消息。类似错误的发生不但使得程序显得不专业,也会使系统存在潜在的风险。

8.9.1 简单的错误处理

下面程序试图打开一个文件:

```
<?PHP $File=Fopen("Example.txt","r");?>
```

当系统无法正常打开文件时,浏览器利用默认的出错处理程序显示如下消息:

```
Warning: Fopen(Example.txt) [Function.Fopen]:failed to open stream:No such file
or directory in C:\AppServ\www\index.php on line 2
```

在设计程序时,通常要对运行程序时可能出现的错误进行预判,当真实出现错误时,要调用 Die 函数提示用户,并结束当前程序的运行。

函数格式:

```
Die(字符串)
```

Die()函数是 Exit()函数的别名,主要作用是输出一条信息,并退出当前页面脚本的运行。其中参数是一个字符串,表示结束程序前输出的内容。

【例 8-37】 打开文件简单错误处理示例。

```
<?PHP If(!File_Exists("welcome.txt"))
    Die("文件不存在!");           //提示用户: 文件不存在! 并结束程序的运行
  $File=Fopen("welcome.txt","r");?>
```

显然例 8-37 中的代码更严谨,这是由于它采用了错误处理机制,在错误出现之后终止了脚本。

8.9.2 用户自定义错误处理

简单地终止脚本并不总是恰当的方式,用户可以创建错误处理的自定义专用函数,当发生错误时调用函数处理错误信息。

通过使用 Set_Error_Handler()函数,用户可以使用自定义的错误处理函数处理代码中的任何错误。

函数格式:

```
Set_Error_Handler("自定义错误处理函数")
```

用户自定义的函数,必须有能力处理至少两个参数（Error_Level 和 Error_Message）,

最多可以接受 5 个参数(可选项包括 Error_File,Error_Line 和 Error_Context)。

函数格式:

```
Error_Function(Error_Level,Error_Message,Error_File,
                Error_Line,Error_Context)
```

其中,Error_Function 是用户自定义函数名,函数每个参数的含义如表 8-5 所示。

表 8-5 用户自定义错误处理函数参数含义

参　　数	含　义　描　述
Error_Level	必选。为用户定义的错误规定错误报告级别。必须是一个数值 参见下面的表格:错误报告级别
Error_Message	必选。为用户定义的错误规定错误消息
Error_File	可选。规定错误在其中发生的文件名
Error_Line	可选。规定错误发生的行号
Error_Context	可选。规定一个数组,包含了当错误发生时在用的每个变量以及它们的值

错误报告级别是指错误处理程序将错误划分为不同的类型,具体的错误类型描述如表 8-6 所示。

表 8-6 错误级别与错误描述

值	常　　量	描　　述
2	E_WARNING	非致命的 Run-Time 错误。不暂停脚本执行
8	E_NOTICE	Run-Time 通知。脚本发现可能有错误发生,但也可能在脚本正常运行时发生
256	E_USER_ERROR	致命的用户生成的错误。这类似于程序员使用 PHP 函数 Trigger_Error() 设置的 E_ERROR
512	E_USER_WARNING	非致命的用户生成的警告。这类似于程序员使用 PHP 函数 Trigger_Error() 设置的 E_WARNING
1024	E_USER_NOTICE	用户生成的通知。这类似于程序员使用 PHP 函数 Trigger_Error() 设置的 E_NOTICE
4096	E_RECOVERABLE_ERROR	可捕获的致命错误。类似 E_ERROR,但可被用户定义的处理程序捕获。(参见 Set_Error_Handler())
8191	E_ALL	所有错误和警告,除级别 E_STRICT 以外

这样就可以设计一个自定义的错误处理函数了:

```
Function Error_Example($Errno, $Errstr)
{  Echo "<b>Error:</b> [$Errno] $Errstr<br/>";
   Echo "发生错误,退出程序!";
   Die();
}
```

上面的代码是一个简单的错误处理函数。当它被触发时,会取得错误级别和错误消息,然后会输出错误级别和消息,并终止脚本。拥有了错误处理程序后,用户可以用自定义的错误处理程序替换系统内建的错误处理程序。

【例 8-38】 用户自定义错误处理函数使用示例。

```php
<?PHP
  Function CustomError($Errno, $Errstr,$Errfile,$Errline)
  { Echo "错误类型为:[$Errno] <br>";
      Echo "错误说明: $Errstr<br>";
      Echo "错误文件: $Errfile<br>";
      Echo  "错误行: Errline<br>";
      die("发生错误,退出程序!");
  }
  $a=5; $b=0;
  Set_Error_Handler("CustomError");          //将 CustomError 设为默认错误处理函数
  Echo($a/$b);                               //触发错误    ?>
```

程序输出结果为:

```
发生错误,错误类型为:[2]
错误说明: Division by zero
错误文件: C:\AppServ\www\index.php
错误行: 13
发生错误,退出程序!
```

根据在 PHP.INI 中的 Error_Log 配置,PHP 向服务器的错误记录系统或文件发送出错信息记录。通过使用 Error_Log() 函数,用户可以向指定的文件或远程目的地发送出错信息记录。

习题

一、填空题

1. PHP 提供了　①　和　②　两种选择结构,如果仅在两个分支中进行选择,通常使用　③　和　④　语句在两个分支中进行选择。

2. 循环结构中,被反复执行的程序段被称为　①　,在循环结构程序执行的过程中,为了保证循环过程能正常结束,循环控制条件应逐步趋近　②　。

3. 循环嵌套是指一个循环体＿＿＿＿＿＿＿＿包含在另一个循环体内。

4. ＿＿＿＿＿＿＿循环结构只能对数组进行操作。

5. 在循环结构中可以使用 Break/Continue 语句,其中　①　可以使整个循环过程结束,　②　只是结束本次循环,使下一次循环提前开始执行。

6. 在 PHP 中,允许一个数组中包含的元素数据类型　①　,如果一个数组中的某个元素本身也是一个数组,这种数组被称为　②　。

7. In_Array() 函数和 Array_Search() 函数都是在数组中查找元素的函数,其中 in_array()函数的返回值是　①　型数据,而 Array_Search()函数返回的是元素在数组中的　②　。

8. 字符串与字符数组的相互转换可以通过　①　函数和　②　函数实现。

9. 在 PHP 中,函数可以分为　①　函数和　②　函数两大类。

10. 在调用的函数执行后,一个函数最多有_____个返回值。

11. 在调用函数时,需要主调函数向被调函数传递参数,参数的传递方式在 PHP 中有____①____传递和____②____传递两种,其中____③____传递方式使形参与实参共用一段内存存储空间。

12. 在 PHP 中调用函数时,如果没有给出相应参数的值,系统会在函数中使用____①____,没有默认值的参数应该定义在有默认值的参数____②____。

13. 在同一个 PHP 文件内,如果要在函数体内使用全局变量,必须用_____关键字对变量进行声明,将其作用域扩展到函数体内。

14. 静态变量的特点是程序离开其作用域之后,其值____①____,使用静态变量必须使用____②____关键字进行声明。

15. 在编写用户自定义错误处理函数时,函数最少有____①____个参数,它们分别是____②____和____③____。

16. 在使用 PHP 创建二维码时,需要用到 phpqrcode 类库的_____方法。

17. PHP 获取表单控件数据有____①____和____②____两种方法,具体采用哪种方法,由表单的____③____属性决定。

18. PHP 预定义了____①____和____②____两个超全局关联数组,分别用于存储 Post 和 Get 方法传送的表单控件数据,元素下标值是表单控件的____③____属性值。

19. 当定义表单和获取表单数据控件数据的程序存放在同一个 PHP 文件中,定义表单时,Action 属性值设定为____①____;在程序中,通过____②____函数捕捉用户单击提交按钮或图像按钮的时机,以便执行 PHP 程序。

20. 当定义表单和获取表单数据控件数据的程序存放在两个不同的文件中时,定义表单时,Action 属性值设定为_____;当用户单击提交按钮或图像按钮的时,执行对应的 PHP 程序文件。

21. 在获取表单控件数据时,对于单值控件可通过直接引用$_POST[控件名]或$_GET[控件名]元素的方式来获取控件的____①____属性值;对于多值控件则需要通过____②____的方式,引用数组中的各个元素。

22. 在定义表单时,如果表单中包含文件域控件,则表单的 Enctype 属性应设置为_____。

23. 在定义的表单中,文件域控件允许用户选定____①____个文件,通过$_POST_[控件名]或$_GET[控件名],可以获取____②____。

24. 超全局数组 $FILES 是一个____①____维数组,第一个下标是____②____,第二个下标是____③____、____④____、____⑤____、____⑥____和____⑦____。

二、单选题

1. 在 PHP 中每条语句必须以(　　)符号结束。

　　A. 句号　　　　　　B. 冒号　　　　　　C. 分号　　　　　　D. 中文分号

2. 在几种循环结构中,仅仅能用于数组的循环结构是(　　)。

　　A. While…　　　　B. Do…While　　　C. For　　　　　　D. ForEach

3. 下列代码将输出(　　)。

```php
<?PHP $i = 8;
   If($i++==8) Echo "a";
   If($i--==8) Echo "b";
   ElseIf(--$i==8) Echo "c";
   If(++$i==8) Echo "d";?>
```

    A. bd   B. ac   C. ad   D. bc

4. 在 PHP 的三种基本循环结构中,( )循环属于直到型循环,循环体最少要执行一次。

    A. For 循环   B. Do…While 循环

    C. While 循环   D. ForEach 循环

5. 在数字索引数组中,系统默认情况下数组元素的下标从( )开始。

    A. 0   B. 1   C. 任意值   D. 随机值

6. 下列函数中,返回值为逻辑型数据的函数是( )。

    A. In_array()   B. Sort()

    C. Array_Search()   D. Implode()

7. 有下面程序段:

```php
<?PHP $a=Array("a"=>"blue","b"=>"yellow","c"=>"red","d"=>"violet");
Echo Array_search("red",$a);?>
```

程序输出的结果是( )。

    A .a   B. b   C. c   D. d

8. 下列函数中,( )函数可以将一个字符串按照特定的分隔符进行拆分,并将拆分的结果存到一个特定的数组中。

    A. In_Array()   B. Sort()   C. Explode()   D. Implode()

9. 下列函数中,( )函数可以将字符数组的内容连接生成一个字符串( )。

    A. In_Array()   B. Sort()   C. Explode()   D. Implode()

三、多选题

1. 在 PHP 分支结构程序设计中,关于 Switch…Case 语句描述正确的是( )。

    A. Switch…Case 语句属于多分支选择结构

    B. 每一个 Case 后面的语句组中必须包含 break 语句

    C. 每一个 Case 后面的语句组中不一定包含 break 语句

    D. Case 后面跟的$Value 必须是个常量

    E. 当前面条件都不符合的时候,系统执行 Default 后面的语句

2. 下面关于 Break/Continue 语句的说明,正确的是( )。

    A. 它们都可以结束本次循环

    B. 它们都可以开始下一次循环

    C. Break 语句可以出现在循环结构和 Switch 结构中

    D. Continue 语句可以出现在 Switch 分支结构中用于结束选择结构

    E. Continue 语句可以出现在 Switch 分支结构的循环体内

3. 根据 PHP 数组元素索引方式的不同,PHP 数组可以分为( )。

    A. 逻辑索引数组　　　　　　　　　　B. 数字索引数组

    C. 随机索引数组　　　　　　　　　　D. 关联数组

    E. 顺序索引数组

4. 构成一个 PHP 函数包括(　　　)等部分。

    A. 函数名　　　　　B. 函数类型　　　　C. 函数返回值　　　　D. 参数

    E. 函数体

5. 在 PHP 中根据变量的作用域不同,变量可以分为(　　　)。

    A. 全局变量　　　　B. 静态变量　　　　C. 动态变量　　　　D. 局部变量

    E. 超级变量

6. 下列关于 Return 语句的说法,正确的是(　　　)。

    A. Return 语句在函数体内只能出现一次

    B. Return 语句在函数体内可以出现多次

    C. Return 语句可以结束整个程序的运行

    D. Return 语句可以结束函数的运行

    E. Return 语句可以带回多个值作为函数的返回值

7. 下列关于 PHP 函数参数的说法,正确的是(　　　)。

    A. 函数的实参必须是常量

    B. 函数调用时实参必须有确定的值

    C. 使用引用传递时,实参必须是一个变量

    D. 函数的参数可以有默认值

    E. 函数调用时实参不可以是表达式

8. 表单中属于单值数据的控件有(　　　)。

    A. 文本框　　　　　B. 文本域　　　　　C. 复选框组　　　　D. 列表

    E. 密码框

9. 下面关于选择控件中列表和菜单叙述正确的是(　　　)。

    A. 菜单属于单值控件　　　　　　　　B. 列表属于多值控件

    C. 菜单属于多值控件　　　　　　　　D. 有时可以对列表进行多值选择

    E. 列表和菜单都既属于多值控件又属于单值控件

10. 下面关于文件域叙述正确的是(　　　)。

    A. 使用文件域即可实现文件上传

    B. 通过文件域自身无法实现文件上传

    C. 通过文件域可以获取文件的本地存储路径

    D. 通过文件域可以获取文件在服务器上的存储路径

    E. 文件域需要与超全局数组$_FILES 配合使用以将文件上传至服务器

四、程序填空题

1. 下面程序输出 100～200 中不能被 3 整除的整数。

```
<?PHPFor($n=___①___; $n<=200; ___②___)
    { If($n%3==0)
          ___③___
      Echo "$n<br>";}?>
```

2. 下面程序中定义了一个 3 行 3 列的二维数组,编写程序,计算对角线上元素的和。

```php
<?PHP $a=___①___ (Array(1,2,3),Array(4,5,6),Array(7,8,9));
    $s=0;
    For($i=0;$i<3;$i++)
        For($j=0;$j<3;$j++)
        {If( ___②___ || ___③___ )
            $s=$s+$a[$i][$j];}
    Echo $s; ?>
```

3. 给出一个正整数$x,要求将其逆序输出。例如,$x 的值是 123,则输出 321。

```php
<Form Action="" Method="Post">
  <Input Type="Text" Name="sz" />
  <Input Type="Submit" Name="tj" Value="提交" /></Form>
  <?PHP If( ___①___ ($_POST['tj']))
    {$x=$_POST["sz"];
        If($x>=100&&$x<=999)
            While( ___②___ )
            { $n= ___③___ ;
                Echo $n;
                $x=Floor($x/10);}
            Else Echo "数据输入错误";}?>
```

4. 下面程序对一个一维数组用选择排序法进行排序,完成下面程序。

```php
<?PHP $a=Array(5,1,16,25,9,33);
    For($i=0; ___①___ ;$i++)
        {    For($j=$i+1;$j<6;$j++)
        {    If( ___②___ )
        { $t= ___③___ ;
            $a[$i]=$a[$j];
            $a[$j]=$t;}}}
    ForEach($a as $v)Echo "$v<br>";   ?>
```

5. 下面程序利用静态变量来输出 1~10 中所有数的阶乘,完成下面程序。

```php
<?PHP
    Function Fac($n)
    { ___①___ $f=1;
        $f=$f * $n;
        Return $f;}
    For($i=1;$i<=10; ___②___ )
    { Echo ___③___ ;
      Echo "<br>";}   ?>
```

6. 下面程序利用表单中复选按钮判断选中的个人爱好中是否包含旅游,完成下面程序。

```
<HTML><Head>
<Meta HTTP-Equiv="Content-Type" Content="Text/HTML; Charset=utf-8" />
<Title>选择爱好</Title></Head>Body>
<Form Action="#" Method="Post" Name="form1"<P>
  <Input Type="Checkbox" Name="ah" Value="1" /> 体育<BR>
  <Input Type="Checkbox" Name="ah" Value="2" /> 音乐<BR>
  <Input Type="Checkbox" Name="ah" Value="3" /> 社交<BR>
  <Input Type="Checkbox" Name="ah" Value="4" /> 旅游<BR>
  <Input Type="Checkbox" Name="ah" Value="5" /> 戏曲<BR>
  <Input Type="submit" Name="Button" Value="提交"><BR></P>
</Form>
<?PHP
    If(Isset($_POST['Button']))
    {$t=False;
        For($i=0;$i<  ①  ($_POST['ah']);$i++)
        {If($_POST['ah'][  ②  ]==4)
                {$t=true;  ③  ;}
        }
            If($t)Echo "包含旅游!"; Else Echo "不包含旅游";
    }
?></Body></HTML>
```

7. 下面程序将文件上传至服务器，并输出文件的相关信息，请完善程序。

```
<HTML><Head>
<Meta HTTP-Equiv="Content-Type" Content="Text/HTML; Charset=utf-8" />
<Title>文件上传</Title></Head><Body>
<Form Action="" Method="Post" Enctype="multipart/form-data" Name="form1">
  <Input Type="File" Name="wj" />
  <Input Type="Submit" Name="tj" Value="提交" /></Form>
<?PHP
  If(Isset($_POST["tj"]))
    { If($_FILES["wj"]["error"]>  ①  )
          Echo "文件上传发生错误";
      Else  {
      Move_Uploaded_File($_FILES["wj"]["  ②  "],"img\\".$_FILES["wj"]
      ["name"]);
          Echo "文件上传成功! <br>";
          Echo "文件大小为: ",$_FILES["wj"]["size"],"<br>";
          Echo "文件类型为: ",$_FILES["wj"]["  ③  "],"<br>";}
    }?></Body></HTML>
```

五、程序运行结果填空

1. 下面程序输出的结果是 ① 、 ② 和 ③ 。

```
<?PHP $x=0; $y=0; $z=0;
    While($x<=15)
    { $y=$y+5; $x=$x+$y; $z=$z+1; }
  Echo "$x,$y,$z";  ?>
```

2. 下列程序输出的结果是＿＿①＿＿、＿＿②＿＿和＿＿③＿＿。

```php
<?PHP $n=5; $s=5;
     While(True)
     {   $n=$n+1; $s=$s+$n;
         If($n>8) Break;
         Echo "$s,<br>";}  ?>
```

3. 下列程序输出的结果是＿＿＿＿＿。

```php
<?PHP $s=1; $m=1; $n=1;
     While($m<=5)
     {   $s=$s+$m+$n; $n=3;
             While($n>1)
           {   $s=$s+$m+$n; $n=$n-1;}
         $m=$m+2;}
     Echo $s;   ?>
```

4. 下列程序输出的三行结果是＿＿①＿＿、＿＿②＿＿和＿＿③＿＿。

```php
<?PHP $a=Array(3,11,9);
    Echo Array_Search(11,$a),"<br>";
    Echo In_Array(9,$a),"<br>";
    Sort($a,SORT_STRING);
    ForEach($a As $Value) Echo $Value;?>
```

5. 下列程序输出的结果是＿＿①＿＿、＿＿②＿＿和＿＿③＿＿。

```php
<?PHP $a=10;$b=15;
    Function Exa(&$n)
    {   Global $a;
        Echo "$a<br>"; $n=$n+1;Echo "$n<br>";}
    Exa($b);Echo "$b<br>";?>
```

6. 当输入身份证号 22010419900911801× 时，并在选项组中选择了"学士"，单击"提交"按钮后下面程序输出结果是＿＿①＿＿、＿＿②＿＿和＿＿③＿＿。

```html
<HTML><Head>
<Meta HTTP-Equiv="Content-Type" Content="Text/HTML; Charset=utf-8" />
<Title>选择爱好</Title></Head><Body>
<Form Action="" Method="Post">
  身份证号：<Input Type="Text" Name="sfz"/><P>
    <Input Type="radio"Name="xw" Value="学士" Checked />学士<BR>
    <Input Type="Radio" Name="xw" Value="硕士" /> 硕士<BR>
    <Input Type="Radio" Name="xw" Value="博士"/> 博士<BR>
    <Input Type="Submit" Name="Button" Value="提交" /><BR></P></Form>
<?PHP
  If(Isset($_POST["Button"]))
  {$sfz=$_POST["sfz"];$sfz=Trim(RTrim($sfz));
   $xb=Substr($sfz,16,1);$sr=Date('Y-m-d',StrtoTime(Substr($sfz,6,8)));
   $xw=$_POST["xw"];
   Echo "$xb<br> $sr<br>$xw<br>";      }?>
</Body></HTML>
```

六、程序设计题

1. 求 100～999 的全部水仙花数。所谓"水仙花数"，是指一个三位整数，其各位数的立方和等于该数自身,如 $371=3^3+7^3+1^3$。

2. 给出一个百分制成绩,输出成绩等级 A、B、C、D 和 E。90 分以上为 A,80～89 分为 B,70～79 分为 C,60～69 分为 D,60 分以下为 E,要求用 ElseIf 结构实现。

3. 给出两个正整数 m 和 n,求其最大公约数和最小公倍数。

4. 编写一个判断素数的函数,在主函数中给出一个正整数,通过调用函数返回值判断其是否是素数。

七、思考题

1. PHP 中给出的几种循环结构有什么相同点与不同点,它们都适合在什么时候使用?

2. Break 和 Continue 都可以用来结束循环,它们结束循环的方式有什么不同? 在循环体中是否必须在分支结构中使用它们? 除了结束循环,是否可以在其他地方使用它们?

3. 在函数调用时,一个函数只能有一个返回值,是否可以通过一次函数调用得到多个变化的值?

4. Return 语句的作用是什么? 在一个函数体是否可以有多条 Return 语句,在一次函数的调用过程中,是否可以多次执行 Return 语句?

第9章 动态网页及程序设计

Web 应用程序是一组运行在网站上的静态网页和动态网页的集合。用户访问网页时，Web 服务器直接将静态页发送到客户端浏览器，而动态网页需要服务器运行程序，生成相关的静态网页信息后再发送到客户端浏览器。图 9-1 展示了浏览器访问数据库服务器资源的动态网页的运行过程。

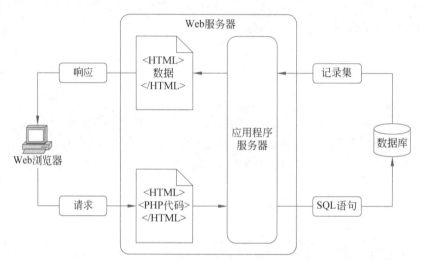

图 9-1　浏览器访问数据库的工作过程

开始构建动态网页前，必须做一些准备工作，包括设置 Web 应用程序服务器，实现与数据库的连接等。在网页应用程序的设计过程中要考虑如何访问数据库，并将处理结果返回并显示到页面中。在这一过程中主要解决如下问题。

（1）通过网页登录和连接数据库，如何设计网页应用程序与数据库的接口？

（2）使客户能增加、更新和删除数据库中的数据，如何设计操纵数据库的应用程序？

（3）在网页浏览器中能输出数据及统计分析结果，如何设计输出数据的动态网页程序？

9.1　网页与数据库服务器的连接

在网页访问数据库之前，网络应用程序与服务器及数据库必须进行连接。在设计 PHP 程序时，通过调用相关函数实现服务器的连接和数据库的选择。

9.1.1 连接数据库服务器

1. 连接数据库服务器的向导

通过 Dreamweaver 操作(向导),可以生成连接数据库服务器的 PHP 程序代码。

【例 9-1】 以用户 ywy(密码 ywy211)身份连接数据库服务器,代码存于 Link.PHP 文件中。

(1) 启动 Dreamweaver,在文件面板中选择 RCZP 为当前站点。

(2) 新建一个 PHP 文件,如 GWCJB.PHP,并保存文件。

(3) 在"数据库"面板中,单击"+"→"MySQL 连接"选项,按图 9-2 所示设置连接名称(如 Link,也是程序文件主名)、MySQL 服务器(如 LocalHost)、用户名、密码和数据库(如 RCZP),单击"测试"按钮,当显示"成功创建连接脚本"后,再单击"确定"按钮。

(4) 保存文件 GWCJB.PHP。

2. 连接数据库服务器的程序代码

建立数据库服务器连接后,在当前站点文件夹下,产生了 Connections 文件夹和主名为连接名(Link)的 PHP 程序代码文件(如 Link.PHP),如图 9-3 所示。

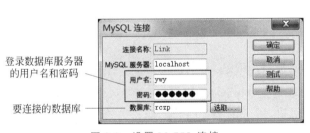

图 9-2 设置 MySQL 连接

图 9-3 Connections 文件夹

其中,Link.PHP 为系统生成的连接数据库服务器程序代码:

```php
<?PHP
    $hostname_Link = "LocalHost";
    $database_Link = "rczp";
    $username_Link = "ywy";
    $password_Link = "ywy211";
    $Link = MySQL_Pconnect($hostname_Link, $username_Link, $password_Link) Or
        Trigger_Error(MySQL_Error(),E_USER_ERROR); ?>
```

其中,MySQL_Pconnect 是连接数据库服务器的函数,3 个参数依次是数据库服务器主机名、用户名和密码。当连接数据库服务器失败时,调用 Trigger_Error 函数,显示出错信息,并终止执行程序。本程序可以简化为下列一条语句:

```php
    $Link = MySQL_Pconnect("LocalHost","ywy","ywy211") Or
        Trigger_Error(MySQL_Error(),E_USER_ERROR);
```

9.1.2 连接数据库服务器的函数和语句

在设计操作数据库的动态网页程序时,除了要连接数据库服务器外,还要选择数据库、设置连接字符集、提交 SQL 语句、断开与数据库服务器的连接等,这些任务都需要用 PHP 函数或语句进行设计。

1. 数据库服务器的非持久连接

函数格式:

```
MySQL_Connect([服务器名][,用户名][,密码])
```

MySQL_Connect()函数的功能是建立 PHP 程序与数据库服务器的非持久连接。如果连接成功,则返回连接标识,否则返回 False。该函数所在的 PHP 程序文件运行结束时,自动断开与数据库服务器的连接。函数各个参数的含义如表 9-1 所示。例如,$TL＝MySQL_Connect("LocalHost","ywy","ywy211")。

表 9-1　MySQL_Connect 函数的参数说明

参　　数	说　　明
服务器名	要连接的服务器名,默认是 LocalHost:3306
用户名	连接的用户名,默认值是服务器进程所有者的用户名
密码	用户密码,默认是空密码

2. 非持久连接的关闭

函数格式:

```
MySQL_Close(连接标识)
```

该函数的功能是关闭连接标识所关联的到 MySQL 服务器的非持久连接,连接标识是调用 MySQL_Connect 函数成功后的返回值,用于说明要断开的非持久连接。函数执行成功,返回 True,否则返回 False,例如,MySQL_Close($TL)。

3. 数据库服务器的持久连接

函数格式:

```
MySQL_Pconnect([<服务器名>][,<用户名>][,<密码>])
```

MySQL_Pconnect 函数建立或打开一个到数据库服务器的持久连接。函数返回值为连接标识,其中各个参数的含义和作用与 MySQL_Connect 函数相同。例如,$Link＝MySQL_Pconnect("LocalHost","ywy","ywy211")。

与 MySQL_Connect 比较,该函数主要特点在于:

(1) 持久数据库连接是指在脚本结束运行时不关闭的连接。当收到持久连接的请求时,PHP 先检查是否已经存在相同的持久连接(用相同的用户名和密码连接到相同主机的连接),如果存在,将直接使用这个连接。如果不存在,则建立新的连接。

(2) 当程序文件执行结束后,不断开持久连接,以备以后使用。MySQL_Close 函数也不能断开持久连接。

4. 选择当前数据库

函数格式:

```
MySQL_Select_DB(数据库名[,连接标识])
```

连接到数据库服务器后,还需要调用 MySQL_Select_DB 函数选择当前数据库。如果调用该函数成功,则返回 True;如果失败,则返回 False。函数各个参数的含义如表 9-2 所示。例如,MySQL_Select_DB("RCZP",$Link)。

表 9-2　MySQL_Select_DB 函数的参数说明

参　　数	说　　明
数据库名	要选择的数据库名
连接标识	规定 MySQL 连接,如果未指定,则使用最近创建的连接

5. 发送语句

函数格式:

```
MySQL_Query(MySQL 语句[,连接标识])
```

函数各个参数的含义如表 9-3 所示。

表 9-3　MySQL_Query 函数的参数说明

参　　数	说　　明
MySQL 语句	要发送的 MySQL 语句字符串
连接标识	连接标识符。如果未规定,则使用最近创建的连接

在 PHP 程序中,不能直接执行 MySQL 语句。要操作数据库,必须调用 MySQL_Query 函数将 SQL 语句作为字符串发给数据库服务器,由服务器执行 MySQL 语句,然后再将执行结果返回给 PHP 程序,由 PHP 程序进一步生成静态网页反馈给客户端浏览器。

MySQL_Query 函数能向服务器发送语句字符串,通常发送的 MySQL 语句有 Insert、Update、Delete 或 Select。如果发送的 Select 语句执行成功,则函数返回记录集标识符;如果发送其他 MySQL 语句执行成功,则函数返回逻辑值 True。无论发送哪种语句,如果执行失败(可能的原因包括 MySQL 语句有错误、超越权限、字符集不配套和数据操作不正确等),则函数的返回值都为 False。例如,$rs_gwcj = MySQL_Query("Select * From gwcjb",$Link)。

6. 设置字符集语句

计算机网络以 B/S 模式处理数据的各阶段,都需要设置配套的信息处理字符集规则(如图 9-4 所示),否则,可能带来传输和浏览信息乱码,发送 MySQL 语句出错等问题。

图 9-4　B/S 模式处理数据的各阶段字符集示意图

(1) 客户端字符集。在每个网页文件的<Head>和</Head>之间,通常加<Meta HTTP-Equiv="Content-Type" Content="Text/HTML;CharSet=字符集名称"/>标签,说明客户端浏览器的字符集,解决浏览信息乱码问题。

(2) 服务器端字符集。通常在文件 my.ini 中用"Character_Set_Server＝字符集名称"选项,或者,创建数据库时选择字符集名称,配置服务器端存储和处理信息的字符集。

(3) 传输信息字符集。在连接数据库服务器之后,发送 MySQL 语句之前,向服务器发送"Set Names 字符集名称"语句字符串,设置发送 MySQL 语句和接收返回结果的传输信息字符集,例如,MySQL_Query("Set Names 'UTF-8'")。

适合汉字的常用字符集名称如表 9-4 所示。

表 9-4　常用字符集名称

字符集名称	适用语言范围
GBK	汉字内码扩展规范,是对 GB2312 的扩展,支持简体中文及繁体中文
GB2312	信息交换用汉字编码字符集,支持简体中文
UTF-8	对 Unicode 的可变长度字符编码,又称万国码,支持简体中文、繁体中文及其他语言(如英文、日文、韩文)
Big5	大五码,支持繁体中文

7. 返回运行程序的错误信息

函数格式:

```
MySQL_Error(连接标识)
```

MySQL_Error 返回调用有关 MySQL 函数时产生的出错信息,如果没有出错,则返回""(空字符串)。省略连接标识,表示使用最近连接的数据库服务器。

在设计 PHP 程序时,为了避免程序运行出错,在调用 MySQL_Connect、MySQL_Close、MySQL_Pconnect、MySQL_Select_DB 或 MySQL_Query 函数后,都要进行分析判断,以便决定是否要继续执行下一步。

【例 9-2】 以用户 ywy(密码 ywy211)身份连接数据库服务器,并发送 Select ＊ From gwcjb 语句。

```
<HTML><Head>
<Meta HTTP-Equiv="Content-Type" Content="Text/HTML; CharSet =UTF-8" />
<Title>连接服务器发送 SQL 语句</Title></Head>
<Body>
<?PHP $Link = MySQL_Connect("LocalHost","ywy","ywy211");
    If(!$Link) Die(MySQL_Error());        //连接数据库服务器失败,输出错误信息,退出程序
    If(!MySQL_Select_DB("RCZP",$Link)) Die(MySQL_Error());  //选数据库失败,退出程序
    MySQL_Query("Set Names 'uft-8'");                     //发送字符集语句
$rs_gwcj = MySQL_Query("Select * From gwcjb",$Link);      //发送 SQL 语句
    If(!$rs_gwcj) Die(MySQL_Error());    //发送 SQL 语句失败,不执行下面的程序代码
    Echo "一切准备就绪!";              //此处可以编写处理记录集中数据的代码
    MySQL_Close($Link);               //断开与数据库服务器的连接 ?>
</Body></HTML>
```

运行程序时,如果函数 MySQL_Connect("LocalHost","ywy","ywy211")中的用户密码 ywy211 不正确,则程序运行出错信息如图 9-5 所示。

MySQL_Error
函数的返回值

> **Warning**：mysql_connect(): Access denied for user
> 'ywy'@'localhost' (using password: YES) in
> **E:\MYSQL_DW\xampp\htdocs\rczp\LKSERVER.php on line 6**
> Access denied for user 'ywy'@'localhost' (using password: YES)

图 9-5　程序运行出错信息

9.2　发送 SQL 语句的向导

　　PHP 程序不能直接访问数据库管理系统,必须向服务器发送 MySQL 语句,通过服务器运行 MySQL 语句后返回结果(也称记录集),间接处理数据库中的数据。因此,记录集是 PHP 程序与 MySQL 数据库管理系统之间的桥梁。

9.2.1　发送简单 Select 语句的向导

　　在 Dreamweaver 中打开 PHP 程序文件后,通过创建记录集(查询)的向导方法,可以生成向服务器发送的 Select 语句和接收服务器返回结果的 PHP 程序代码。

　　【例 9-3】　按笔试成绩由高到低从 GWCJB 中提取岗位编号 B0002 的有关数据,将满足要求的 Select 语句发送到服务器,并接收处理结果,测试结果如图 9-6 所示。

记录	身份证号	岗位编号	资格审核	笔试成绩	面试成绩
1	11980119921001132X	B0002	1	90	85
2	229901199503121538	B0002	1	90	85
3	219901199001011351	B0002	1	89	88
4	229901199305011575	B0002	0	75	75

图 9-6　记录集测试窗口

　　(1) 打开 GWCJB.PHP 文件,在"绑定"面板中,单击"+"→"记录集(查询)"选项。

　　(2) 在"记录集"简单对话框(如图 9-7 所示)中设置记录集名称(用户自定义,如 rs_gwcj)、数据库服务器连接名(如 Link)、数据表格名(如 gwcjb)、列、记录筛选条件以及排序方式,单击"测试"按钮,测试结果如图 9-6 所示。

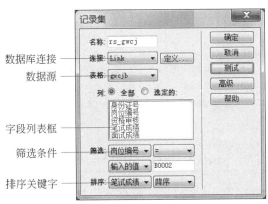

图 9-7　"记录集"简单对话框

(3) 单击"确定"按钮,在"绑定"面板中增加了"记录集(rs_gwcj)"选项。

(4) 在代码视图下,可以查看和修改系统生成的代码:

```php
<?PHP Require_Once('Connections/Link.PHP'); ?>
<?PHP
    If(!Function_Exists("GetSQLValueString"))
    { …… }
    MySQL_Select_DB($database_Link, $Link);
    $query_rs_gwcj = "Select * From gwcjb Where 岗位编号 = 'B0002' Order By 笔试成绩 DESC";
    $rs_gwcj = MySQL_Query($query_rs_gwcj, $Link) Or Die(MySQL_Error());
    $row_rs_gwcj = MySQL_Fetch_Assoc($rs_gwcj);
    $totalRows_rs_gwcj = MySQL_Num_Rows($rs_gwcj);?>
<HTML xmlns="HTTP://www.w3.org/1999/xhtml">
    ……</Html>
<?PHP MySQL_Free_Result($rs_gwcj);?>
```

(5) 优化后等效的 PHP 代码及注释如下。

```php
<?PHP
    Require_Once('Connections/Link.PHP');       //装载并执行例 9-1 生成的 Link.PHP
    MySQL_Select_DB($database_Link, $Link);      //选择当前数据库
    //将生成的 Select 语句字符串存于变量$query_rs_gwcj 中
    $query_rs_gwcj = "Select * From gwcjb Where 岗位编号='B0002' Order By 笔试成绩
                      DESC";
    //发送 SQL 语句,并得到记录集$rs_gwcj,出错时停止执行
    $rs_gwcj = MySQL_Query($query_rs_gwcj, $Link) Or Die(MySQL_Error());
    //MySQL_Fetch_Assoc 函数获取记录集中 1 行数据,存于关联数组 row_rs_gwcj,
    //下标分别是 Select 语句中的列名称,如身份证号和岗位编号等
    $row_rs_gwcj = MySQL_Fetch_Assoc($rs_gwcj);
    $totalRows_rs_gwcj = MySQL_Num_Rows($rs_gwcj); //记录集中行数存于$totalRows_
                                                    //rs_gwcj
?>
```

(6) 要使程序更简明、易懂和引用,进一步简化代码如下。

```php
<?PHP $Link = MySQL_Pconnect("LocalHost","ywy","ywy211");   //连接数据库服务器
    MySQL_Select_DB("RCZP", $Link);                          //选择当前数据库
    $sql = "Select * From gwcjb Where 岗位编号 = 'B0002' Order By 笔试成绩 DESC";
    $rs_gwcj = MySQL_Query($sql, $Link) Or Die(MySQL_Error());
    $row_gwcj = MySQL_Fetch_Assoc($rs_gwcj);
    $totalRows = MySQL_Num_Rows($rs_gwcj);        //记录集中行数存于$totalRows?>
```

(7) 保存并关闭文件 GWCJB.PHP。

9.2.2 发送与设计 Select 语句的向导

在"记录集"简单对话框中,只能对一个数据表生成简单的 Select 语句,单击"高级"按钮,在"记录集"高级对话框(如图 9-8 所示)中,可以设计较复杂的 Select 语句,如多个表连

接、数据分组、语句嵌套和语句合并等,甚至可以将 phpMyAdmin 可视化窗口中正常运行的 Select 语句粘贴到 SQL 框中。

图 9-8　"记录集"高级对话框

最后单击"测试"及"确定"按钮,系统生成的程序代码与例 9-3 类似,只是 Select 语句有些差异。

9.3　数据查询动态网页程序设计

为了使网页浏览器能输出数据库中的数据及统计分析结果,可以依据 Dreamweaver 向导(记录集)与 PHP 程序结合,设计输出数据的动态网页程序。

9.3.1　输出记录集中的数据

通常将记录集与表格相结合,将数据库中的数据转换成浏览器能解析的表格,使数据呈现在浏览器中。

1. 输出记录集部分列的向导

【例 9-4】　将文件 GWCJB.PHP 中记录集 rs_gwcj 的部分列全部记录显示到网页中,效果如图 9-9 所示。

应聘人员身份证号	竞聘岗位编号	笔试成绩	面试成绩
11980119921001132X	B0002	90	85
219901199001011351	B0002	89	88
229901199305011575	B0002	75	75
229901199503121538	B0002	90	85

图 9-9　选择记录集全部记录的部分列到网页中

(1) 打开文件 GWCJB.PHP,在网页中插入一个 2 行 4 列的表格,其中第一行输入表格各列标题文字(如"应聘人员身份证号""竞聘岗位编号""笔试成绩""面试成绩")。

(2) 在"绑定"面板中,单击记录集 rs_gwcj 前的"+"将其展开,拖动列名称(如"身份证号""岗位编号""笔试成绩""面试成绩")到表格第二行的对应单元格中。

(3) 按 Ctrl+S 快捷键保存文件,再按 F12 键在浏览器中预览,效果如图 9-10 所示,仅显示了记录集中的第一条记录。

应聘人员身份证号	竞聘岗位编号	笔试成绩	面试成绩
11980119921001132X	B0002	90	85

图 9-10　选择记录集一个记录的某些列到网页中

(4) 切换到代码视图,在<Body>与</Body>标记中间生成了如下 PHP 代码。

```
<Table Border="1"Cellpadding="0"Cellspacing="4">
<TR><!-- 表格的第一行,显示列标题文字 -->
    <TD>应聘人员身份证号</TD><TD>竞聘岗位编号</TD>
    <TD>笔试成绩</TD><TD>面试成绩</TD></TR>
<TR><!-- 表格的第二行,将存于关联数组 row_rs_gwcj 中的第一条记录输出到表格 -->
<TD><?PHP Echo $row_rs_gwcj['身份证号']; ?></TD>
<TD><?PHP Echo $row_rs_gwcj['岗位编号']; ?></TD>
<TD><?PHP Echo $row_rs_gwcj['笔试成绩']; ?></TD>
<TD><?PHP Echo $row_rs_gwcj['面试成绩']; ?></TD>
</TR></Table>
```

(5) 切换到设计视图,选中表格的第 2 行,在"服务器行为"面板中,单击"+"→"重复区域"选项。

(6) 在"重复区域"对话框中,选择要显示的记录集和记录数(如所有记录),单击"确定"按钮,按 Ctrl+S 快捷键保存文件,再按 F12 键预览,效果如图 9-9 所示。

从上述设计过程可以看出,本向导适合输出记录集中某些列的数据,列标题的文字可以与记录集(实质为 Select 语句)中的列名称不同,特别适合输出少量的数据项。由于以表格形式输出数据,所以操作步骤比较烦琐。

2. 输出记录集全部列的向导

(1) 打开文件 GWCJB.PHP,切换到设计视图,单击"插入"菜单→"动态对象"→"动态数据"→"动态表格"选项。

(2) 在"动态表格"对话框中,设置要显示的记录集、需要显示的记录数(如所有记录)、表格的边框、单元格边距和单元格间距等参数,单击"确定"按钮。

(3) 按 Ctrl+S 快捷键保存文件,按 F12 键在浏览器中预览效果,如图 9-11 所示。

身份证号	岗位编号	资格审核	笔试成绩	面试成绩
11980119921001132X	B0002	1	90	85
229901199503121538	B0002	1	90	85
219901199001011351	B0002	1	89	88
229901199305011575	B0002	0	75	75

图 9-11　输出记录集的全部列到网页中

此向导比较适合以表格形式输出记录集中的所有列,表格由系统自动生成,并且表格的列标题与记录集中的对应列名称一致,设计过程比较简单。

3. 向导生成的程序代码

通过向导设计显示记录集中数据的表格后,在文件 GWCJB.PHP 中系统生成的核心代码与下列代码类似。

```
<Table Border="1"Cellpadding="2"Cellspacing="0">
   <TR>   <!-- 表格的第一行,显示字段名 -->
     <TD>身份证号</TD><TD>岗位编号</TD><TD>资格审核</TD>
     <TD>笔试成绩</TD><TD>面试成绩</TD></TR>
   <!-- 通过循环结构,动态生成表格的其余行,将记录集中所有记录都输出到网页中-->
   <?PHP Do { ?>
   <TR><!-- 关联数组 row_rs_gwcj 中存放了记录集 rs_gwcj 中的一条记录 -->
     <TD><?PHP Echo $row_rs_gwcj['身份证号']; ?></TD>
     <TD><?PHP Echo $row_rs_gwcj['岗位编号']; ?></TD>
     <TD><?PHP Echo $row_rs_gwcj['资格审核']; ?></TD>
     <TD><?PHP Echo $row_rs_gwcj['笔试成绩']; ?></TD>
     <TD><?PHP Echo $row_rs_gwcj['面试成绩']; ?></TD></TR>
<?PHP} While($row_rs_gwcj = MySQL_Fetch_Assoc($rs_gwcj)); ?></Table>
```

其中,每调用一次 MySQL_Fetch_Assoc 函数,都以关联数组的形式返回记录集(rs_gwcj)中新的一行数据或逻辑假 False。

9.3.2 与记录集相关的函数

1. 获取记录集中的一行存于关联数组

函数格式:

```
MySQL_Fetch_Assoc(记录集标识符)
```

参数"记录集标识符"为 MySQL_Query 函数发送 Select 语句时返回的值。每调用一次 MySQL_Fetch_Assoc 函数都从记录集中取得一行新数据存于关联数组中,数组元素的键(下标)对应记录集中的列名,若没有新数据行,则返回 False。

【例 9-5】 设计能输出图 9-11 所示的网页程序 PXGWCJ.PHP。

PXGWCJ.PHP 的完整程序代码如下。

```
<?PHP $RCZPLJ = MySQL_PConnect("LocalHost","ywy","ywy211");   //连接数据库服务器
  MySQL_Select_db("RCZP", $RCZPLJ);                           //选择数据库
  MySQL_Query("Set Names 'UTF-8'");                           //设置字符集
  $rs_CJB = MySQL_Query("Select * From GWCJB Where 岗位编号='B0002' Order by 笔试
成绩 DESC", $RCZPLJ);                                         //发送 Select 语句 ?>
<HTML><Head>
<Meta HTTP-Equiv="Content-Type" Content="Text/HTML; CharSet=UTF-8"/>
<Title>输出申报岗位成绩表</Title></Head><Body>
<Table Border="2">
   <Caption>  岗位成绩表  </Caption>
     <Tr><Th Width="217" Scope="col">身份证号
       <Th Width="103" Scope="col">岗位编号
       <Th Width="90" Scope="col">资格审核
       <Th Width="95" Scope="col">笔试成绩
       <Th Width="88" Scope="col">面试成绩</Tr>
<?PHP
```

```
    $row_CJB =MySQL_Fetch_Assoc ($rs_CJB);              //获取第一行数据
    Do { Echo '<Tr><TD>',$row_CJB['身份证号']; Echo '<TD>', $row_CJB['岗位编号'];
        Echo '<TD>',$row_CJB['资格审核']; Echo '<TD>',$row_CJB['笔试成绩'];
        Echo '<TD>',$row_CJB['面试成绩'];}
    While($row_CJB = MySQL_Fetch_Assoc($rs_CJB));    //获取其他行,直到最后一行 ?>
</Table></Body></HTML>
```

2. 获取记录集中的一行存于索引数组

函数格式:

```
MySQL_Fetch_Row(记录集标识符)
```

函数的调用方法和功能与 MySQL_Fetch_Assoc 函数类似,差异仅在于从记录集中获取的新数据行存于索引数组中,数组元素下标值从 0 开始,依次递增 1。

3. 获取记录集中的一行存于数组

函数格式:

```
MySQL_Fetch_Array(记录集标识符)
```

函数具有 MySQL_Fetch_Row 函数和 MySQL_Fetch_Assoc 函数的双重功能,存储新数据行的数组可以作为关联或索引数组引用。

【例 9-6】 设计能输出每个岗位招聘人数、申报人数、笔试最高分和平均分的网页程序 GWSBTJ.PHP。

GWSBTJ.PHP 的完整程序代码如下。

```
<?PHP
    $RCZPLJ= MySQL_PConnect("LocalHost","ywy","ywy211");    //连接数据库服务器
    MySQL_Select_db("RCZP", $RCZPLJ);                       //选择数据库
    MySQL_Query("Set Names 'UTF-8'");                       //设置字符集
    $GWSBTJ = MySQL_Query("Select 岗位编号,岗位名称,人数 As 招聘人数,
        Count(身份证号) As 申报人数,Max(笔试成绩) As 最高分,AVG(笔试成绩) As 平均分
        From GWB Natural Join GWCJB Group By 岗位编号", $RCZPLJ); //发送 Select 语句 ?>
<HTML><Head>
<Meta HTTP-Equiv="Content-Type" Content="Text/HTML; CharSet=UTF-8"/>
<Title>岗位申报统计表</Title></Head>
<Body><Table Border="2"><Caption>    岗位申报统计表    </Caption>
    <Tr><Th> 岗位编号 <Th> 岗位名称 <Th> 招聘人数
        <Th> 申报人数 <Th>最高分 <Th>平均分</tr>
<?PHP
    $row =MySQL_Fetch_Array($GWSBTJ);           //获取第一行数据
    Do { Echo '<Tr><TD>',$row['岗位编号'];       //可引用元素$row[0]
        Echo '<TD>', $row['岗位名称'];           //可引用元素$row[1]
        Echo '<TD>', $row['招聘人数'];           //可引用元素$row[2]
        Echo '<TD>', $row['申报人数'];           //可引用元素$row[3]
        Echo '<TD>', $row['最高分'];             //可引用元素$row[4]
        Echo '<TD>', $row['平均分'];             //可引用元素$row[5]    }
    While($row=ySQL_Fetch_Array($GWSBTJ));   //获取其他行 ?>
</Table></Body></HTML>
```

4. 获取记录集的行数

函数格式：

```
MySQL_Num_Rows(记录集标识符)
```

函数返回值为记录集中的数据行数。

5. 获取记录集的列数

函数格式：

```
MySQL_Num_Fields(记录集标识符)
```

函数返回值为记录集中的数据列数，如果失败，则函数返回值为 False。

6. 获取记录集的列名

函数格式：

```
MySQL_Field_Name(记录集标识符,列号)
```

函数返回值为记录集中某列号对应的列名称，0 为第一列，1 为第二列，以此类推。如果函数调用失败，则返回值为 False。

7. 获取记录集中的数据

函数格式：

```
MySQL_Result(记录集标识符,行号[,列名|列号])
```

其中，"行号"为记录集中的行号，从 0 开始；"列名|列号"是可选参数，默认返回第一列的值。如果调用函数成功，则返回记录集中指定行和列的数据；否则返回 False。

【例 9-7】 在表格中显示 2000 年以后注册的公司信息，效果如图 9-12 所示。

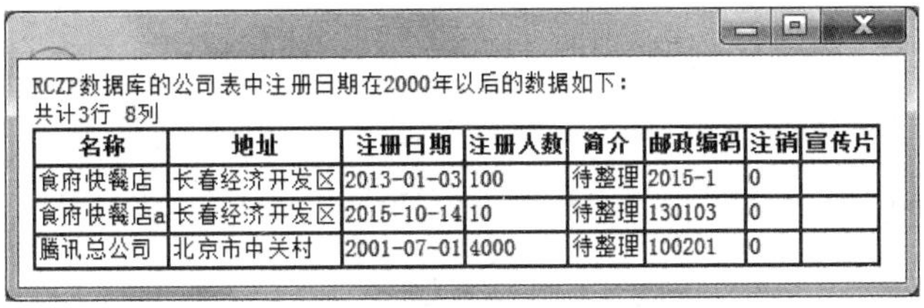
RCZP数据库的公司表中注册日期在2000年以后的数据如下：
共计3行 8列

名称	地址	注册日期	注册人数	简介	邮政编码	注销	宣传片
食府快餐店	长春经济开发区	2013-01-03	100	待整理	2015-1	0	
食府快餐店a	长春经济开发区	2015-10-14	10	待整理	130103	0	
腾讯总公司	北京市中关村	2001-07-01	4000	待整理	100201	0	

图 9-12 利用动态表格显示数据

在 Dreamweaver 中新建一个 PHP 网页文件，如 ShowTable.PHP，切换到代码视图，删除全部代码，重新输入如下代码后保存。

```
<?PHP
Function ShowTable()                    //定义 ShowTable 函数用于显示查询结果
{ $Link=MySQL_PConnect("LocalHost","ywy","ywy211") Or Die(MySQL_Error());
   MySQL_Select_DB("RCZP");
   MySQL_Query("Set Names 'UTF8'");
   $sql="Select * From 公司表 Where 注册日期>= '2000-01-01'";
   $result=MySQL_Query($sql);          //将查询语句发送到数据库服务器并返回记录集
   $rows=MySQL_Num_Rows($result);     //获取记录集的行数
   $colums=MySQL_Num_Fields($result);                //获取记录集的列数
   Echo"RCZP 数据库的公司表中注册日期在 2000 年以后的数据如下：<BR/>";
```

```
Echo"共计".$rows."行 ".$colums."列<BR/>";
Echo"<Table Border='1px' Cellspacing='0px'>";    //定义表格
Echo"<TR>";                                      //定义表格中的第一行
For($i=0; $i < $colums; $i++)   //循环输出记录集的列名称到表格的第一行(列标题)
{ $field_Name=MySQL_Field_Name($result,$i);      //获取记录集中第 i 列名称
  Echo"<TH>$field_name</TH>";                     //定义表的列标题
}
Echo"</TR>";                                      //第一行定义结束
//利用循环动态定义表格的其余行,显示记录集中的各个记录
//MySQL_Fetch_Row 函数以索引数组的形式返回记录集中的一条记录
While($row=MySQL_Fetch_Row($result))             //进入数据行循环
{  Echo"<TR>";
   For($i=0; $i<$colums; $i++) Echo"<TD>$row[$i]</TD>"; //显示查询结果各列数据
   Echo"</TR>";
}
Echo"</Table>";                                  //表格定义结束
} //函数定义结束
ShowTable();                            //调用 ShowTable 函数显示查询结果   ?>
```

9.4　数据维护程序设计

在较完整的网络应用程序中,需要设计数据维护方面的程序,如岗位设置、应聘人员注册、岗位成绩管理、公司注册和论坛发表等数据都需要维护。数据维护需要为用户提供输入(插入)、修改(更新)和删除数据等交互性网页。

9.4.1　设计插入数据的网页程序

允许用户向数据库中插入数据记录的网页应用程序应该由两个部分组成:一部分是用户输入数据的交互式表单,另一部分是实现数据记录插入的程序代码。

【例 9-8】 设计能向 GWCJB 中插入记录的网页 Insert_GWCJB.HTML。

1. 设计表单向导

(1)启动 Dreamweaver,单击 PHP 选项,新建一个空白的 HTML 网页。

(2)光标定位在<Body>和</Body>之间,单击"插入"菜单→"表单"→"表单"选项。在标签编辑对话框中,设置"操作"为 CRGWCJB.PHP,"方法"为 Post,"名称"为 Form1,其他项为默认设置,单击"确定"按钮。

(3)光标定位在<Form>和</Form>之间,输入"<P>身份证号</P>",将光标定位在"</P>"之前,单击"插入"菜单→"表单"→"文本域"选项,在"标签编辑"对话框中,设置"名称"为"身份证号"(与字段名相同,以便设置控件与字段关联时,控件与字段能够自动匹配),其他项为默认设置,单击"确定"按钮。

(4)按与第(3)步相同的方法为 GWCJB 中的"岗位编号"字段创建对应的表单控件。

(5)输入"<P>资格审核</P>",将光标定位在"资格审核"之后,单击"插入"菜单→"表单"→"单选按钮"选项,在"标签编辑"对话框中,设置"名称"为"资格审核","值"为 0,选中"已选中"项,单击"确定"按钮。

(6)将光标定位在"</P>"之前,输入"未通过",单击"插入"菜单→"表单"→"单选按

钮"选项,在"标签编辑"对话框中,设置"名称"为"资格审核","值"为 1,其他项为默认设置,
单击"确定"按钮。

(7) 将光标定位在"</P>"之前,输入"通过"。

(8) 按与第(3)步相同的方法分别为 GWCJB 中的"笔试成绩"字段和"面试成绩"字段
创建对应表单控件。

(9) 光标定位在"</P>"之后,单击"插入"菜单→"表单"→"按钮"选项,"类型"选择"提
交",输入名称为 tj,"值"为"插入",单击"确定"按钮。创建的表单代码如图 9-13 所示。

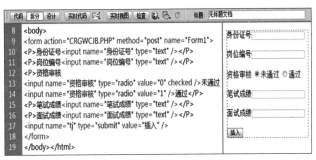

图 9-13　用于"插入记录"的表单

(10) 按 Ctrl+S 快捷键保存文件名为 Insert_GWCJB.HTML。

2. 设计处理数据的程序 CRGWCJB.PHP

(1) 在 Dreamweaver 中,新建 CRGWCJB.PHP 文件。

(2) 编写和优化后的 CRGWCJB.PHP 代码如下。

```
<HTML><Head><Meta Http-Equiv="Content-Type"
    Content="Text/HTML; Charset=UTF-8" />
<Title>输入成绩信息</Title></Head>
<Body><?PHP
    If(Strlen(Trim($_POST['身份证号']))==18
        And Strlen(Trim($_POST['岗位编号']))==5)
    { $InsertSQL="Insert Into GWCJB  Values('". $_POST['身份证号']."','" .
        $_POST['岗位编号']."','".$_POST['资格审核']."','".$_POST['笔试成绩'] .
        "','" . $_POST['面试成绩'] .  "')";
        $Link = MySQL_Pconnect("LocalHost","ywy","ywy211");    //连接数据库服务器
        If(!$Link) Die(MySQL_Error());
                                        //连接数据库服务器失败,输出错误信息,退出程序
        If(!MySQL_Select_DB("RCZP",$Link)) Die(MySQL_Error());
                                        //选数据库失败,退出程序
        MySQL_Query("Set Names 'UTF-8' ");              //发送字符集语句
        If(MySQL_Query($InsertSQL,$Link))  Echo "记录插入成功!"; //发送 Insert 语句
        Else  Echo "记录插入失败!";  }
    Else  Echo "身份证号或岗位编号位数错误!";
?></Body></HTML>
```

(3) 保存文件 CRGWCJB.PHP,运行 Insert_GWCJB.HTML,尝试输入有关数据。

9.4.2　设计删除和修改数据记录的程序

在浏览器中删除或修改数据记录时,通常要在浏览器中以表格形式显示数据记录,每行
设计"删除"和"修改"链接。当用户单击"删除"链接后,执行删除的程序,从数据库中删除所

在行的数据记录；当用户单击"修改"链接后，执行显示当前行数据的表单页面，为用户提供修改数据界面，再单击"更新"按钮后，将修改后的数据保存到数据库中。

【例 9-9】 设计删除和修改 GWB 中数据记录的网页程序。

1. 显示岗位信息的程序设计

显示岗位信息及删除和修改链接的程序 GWBXS.PHP 中的代码如下。

```
<HTML><Head>
<Meta HTTP-Equiv="Content-Type" content="text/html; Charset=UTF-8"/>
<Title>显示岗位表数据</Title></Head>
<Body><Table border="1" cellpadding="2"><Caption>
                           <strong>删除和修改岗位信息</strong></Caption>
    <tr><th>岗位编号<th>岗位名称<th>最低学历<th>最低学位<th>人数<th>年龄上限
        <th>年薪<th>笔试成绩比例<th>笔试日期<th>聘任要求<th>公司名称<th>操作 1
        <th>操作 2</tr>
    <?PHP $link= MySQL_PConnect("LocalHost","ywy","ywy211");//连接数据库服务器
    MySQL_Select_DB("RCZP", $link);                         //选择数据库
    MySQL_Query("Set Names 'utf-8'", $link);          //发送 MySQL 语句,设置字符集
    $gwb=MySQL_Query("Select * From GWB Order By 岗位编号",$link); //发送 SQL 语句
    $row_gwb =MySQL_Fetch_Array($gwb);                //获取第一行数据
    Do { ?>
      <tr><td><?PHP Echo $row_gwb['岗位编号']; ?>
          <td><?PHP Echo $row_gwb['岗位名称']; ?>
          <td><?PHP Echo $row_gwb['最低学历']; ?>
          <td><?PHP Echo $row_gwb['最低学位']; ?>
          <td><?PHP Echo $row_gwb['人数']; ?>
          <td><?PHP Echo $row_gwb['年龄上限']; ?>
          <td><?PHP Echo $row_gwb['年薪']; ?>
          <td><?PHP Echo $row_gwb['笔试成绩比例']; ?>
          <td><?PHP Echo $row_gwb['笔试日期']; ?>
          <td><?PHP Echo $row_gwb['聘任要求']; ?>
          <td><?PHP Echo $row_gwb['公司名称']; ?>
          <td><a href="GWBSC.PHP?GWBH=<?PHP Echo $row_gwb['岗位编号'];
                           //生成带岗位编号参数的程序文件链接 ?>">删除</a>
          <td><a href="GWBXG.PHP?GWBH=<?PHP Echo $row_gwb['岗位编号'];?>">修
              改</a>
      </tr>
    <?PHP} While($row_gwb =MySQL_Fetch_Array($gwb)); ?>
</Table></Body></HTML>
```

程序 GWBXS.PHP 在浏览器中运行效果如图 9-14 所示。

删除和修改岗位信息												
岗位编号	岗位名称	最低学历	最低学位	人数	年龄上限	年薪	笔试成绩比例	笔试日期	聘任要求	公司名称	操作1	操作2
A0001	行长助理	3	3	3	24	11	70	2017-01-14	有驾照，笔试经济+金融	工商前进支行	删除	修改
A0002	银行柜员	2	1	5	24	10	70	2017-01-15	计算机二级，笔试：金融+会计学	工商前进支行	删除	修改
A0003	律师	3	3	3	30	8	60	2017-01-15	有驾照，笔试经济+金融	工商前进支行	删除	修改
A0004	会计	3	3	3	35	10	60	2017-05-10	笔试经济学+金融	工商前进支行	删除	修改
B0001	经理助理	5	5	3	30	12	50	2017-01-21	笔试：经济学+人力资源	腾讯总公司	删除	修改
B0002	理财师	3	2	10	35	9	70	2017-01-22	笔试：经济法+财务管理	腾讯总公司	删除	修改
B0003	岗前培训师	3	3	2	35	10	65	2017-05-08	笔试经济学+金融 +外语	工商前进支行	删除	修改

图 9-14　删除和修改岗位信息表界面

2. 删除当前岗位信息记录的程序 PHP 设计

当用户单击图 9-14 中的"删除"链接后，将删除当前行的岗位信息，程序文件 GWBSC. PHP 中的代码如下。

```
<HTML><Head><Meta HTTP-Equiv="Content-Type" content="text/html; Charset=UTF
-8"/>
<Title>删除岗位表数据</Title></Head>
<Body>
<?PHP $RCZPLJ=MySQL_PConnect("LocalHost","ywy","ywy211");    //连接数据库服务器
  MySQL_Select_DB("RCZP");                   //选择数据库
  MySQL_Query("Set Names 'utf-8'");          //发送 MySQL 语句,设置字符集
  $sql="Delete From GWB Where 岗位编号='".$_GET['GWBH']."'";
  //从链接程序文件参数中获取删除记录的岗位编号
  If(MySQL_Query($sql))                       //发送 Delete From 语句
    Header("Location: GWBXS.PHP");           //删除记录成功,刷新岗位信息表;
  Else Echo "删除记录失败!";   ?>
</Body></HTML>
```

3. 显示与修改当前岗位信息的表单程序设计

当用户单击图 9-14 中的"修改"链接后，运行程序文件 GWBXG.PHP，以表单的形式显示当前岗位信息，以便允许用户修改并保存岗位信息。GWBXG.PHP 中设计表单及显示当前岗位信息的程序代码如下。

```
<HTML><Head><Meta HTTP-Equiv="Content-Type"
    content="text/html; Charset=UTF-8"/>
<Title>修改岗位数据记录</Title></Head>
<Body>
<?PHP
  $gwbh=$_GET['GWBH'];                       //从链接程序文件参数中获取当前岗位的编号
  $link=MySQL_PConnect("LocalHost","ywy","ywy211");    //连接数据库服务器
  MySQL_Select_DB("RCZP", $link);            //选择数据库
  MySQL_Query("Set Names 'utf-8'", $link); //发送 MySQL 语句,设置字符集
  $gw=MySQL_Query("Select * From GWB Where 岗位编号='$gwbh'",$link);
                                             //发送 SQL 语句,查询当前岗位数据
  $row_gw=MySQL_Fetch_Array($gw);           //获取当前岗位数据 ?>
<Form Action="GWBXG.PHP" Method="Post" Name="fm1">
  <p>岗位编号   <Input Name="岗位编号" Type="text"
                  Value="<?PHP Echo $gwbh;?>" /></p>
  <p>岗位名称 <Input Name="岗位名称" Type="text"
                  Value="<?PHP Echo $row_gw['岗位名称'];
                  //用当前岗位的数据填写表单控件的值 ?>" /></p>
<?PHP $x=$row_gw['最低学历'];?><p>最低学历  <Select Name="最低学历" Size="1">
    <Option Value=1 <?PHP If($x==1) Echo 'Selected';//填单选按钮值 ?>> 1无
      </Option>
    <Option Value=2 <?PHP If($x==2) Echo 'Selected';?>> 2专科</Option>
    <Option Value=3 <?PHP If($x==3) Echo 'Selected';?>>3本科</Option>
    <Option Value=4 <?PHP If($x==4) Echo 'Selected';?>>4研究生</Option>
    <Option Value=5 <?PHP If($x==5) Echo 'Selected';?>>5博士</Option>
      </Select></p>
<?PHP $x= $row_gw['最低学位'];?><p>最低学位 <Select Name="最低学位" Size="1">
    <Option Value=1 <?PHP If($x==1) Echo 'Selected';?>>1无</Option>
    <Option Value=2 <?PHP If($x==2) Echo 'Selected';?>>2学士</Option>
```

```
        <Option Value=3 <?PHP If($x==3) Echo 'Selected';?>>3 双学士</Option>
        <Option Value=4 <?PHP If($x==4) Echo 'Selected';?>>4 硕士</Option>
        <Option Value=5 <?PHP If($x==5) Echo 'Selected';?>>5 博士</Option>
        </Select></p>
        <p>人数 <Input Name="人数" Type="Text" Value="<?PHP Echo $row_gw['人数'];
          ?>" /></p>
     <p>年龄上限<Input Name="年龄上限" Type="Text"
              Value="<?PHP Echo $row_gw['年龄上限'];?>" /></p>
     <p>年薪 <Input Name="年薪" Type="Text"
              Value="<?PHP Echo $row_gw['年薪'];?>" /></p>
     <p>笔试成绩比例 <Input Name="笔试成绩比例" Type="Text"
              Value="<?PHP Echo $row_gw['笔试成绩比例'];?>" /></p>
     <p>笔试日期 <Input Name="笔试日期"  Type="Text"
              Value="<?PHP Echo $row_gw['笔试日期'];?>" /></p>
     <p>聘任要求 <TextArea Name="聘任要求"  Cols=50 Rows=3>
        <?PHP Echo $row_gw['聘任要求']; //填写文本区域的值 ?></TextArea></p>
<p>公司名称 <Input  Name="公司名称" Type="Text"
              Value="<?PHP Echo $row_gw['公司名称'];?>"/></p>
<Input Name="GX" Type="Submit" Value="更新记录" /></Form>
<?PHP           //更新岗位信息的程序段代码  ?></Body></HTML>
```

在浏览器中运行 GWBXG.PHP 的效果如图 9-15 所示。

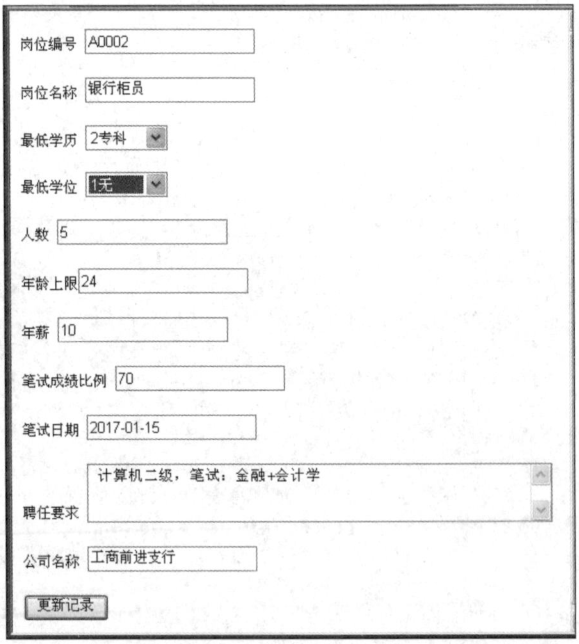

图 9-15   修改岗位信息的表单

4. 更新岗位信息的程序设计

用户在图 9-15 中修改数据后,单击"更新记录"按钮,应该将修改后的数据存储到 RCZP 数据库的岗位表 GWB 中。在 GWBXG.PHP 中代码的</Form>和</Body>之间,设计程序代码如下。

```
<?PHP
  If(isset($_POST["GX"])) //分支判断是否单击"更新记录"按钮
  {                              //用表单控件上的数据,组织 Update 语句,存储到变量$sql 中
   $sql="Update GWB Set 岗位编号='".$_POST['岗位编号'].
     "',岗位名称='".$_POST['岗位名称'].", 最低学位='".$_POST['最低学历'].
     "',最低学位='".$_POST['最低学位'].", 人数=".$_POST['人数'].
     ",年龄上限=".$_POST['年龄上限'].",年薪=".$_POST['年薪'].
     ",笔试成绩比例=".$_POST['笔试成绩比例'].",笔试日期='".$_POST['笔试日期'].
     "',聘任要求='".$_POST['聘任要求']."' Where 岗位编号=".$_GET['GWBH']."'";
  If(MySQL_Query($sql))          //发送 Update 语句
    Header("Location: GWBXS.PHP"); //更新记录成功,刷新岗位信息表;
  Else Echo "更新记录失败!"; } ?>
```

9.4.3　删除和修改数据记录的程序设计向导

删除和修改数据记录程序的另一种设计方法是 Dreamweaver 向导。其优点是通过可视化操作和少量的程序编码完成程序设计;缺点是系统生成的代码量大,不易于阅读,难于系统维护和版本更新。

1. 显示岗位信息的向导

(1) 启动 Dreamweaver,单击 PHP 选项,新建一个空白的 PHP 网页。

(2) 单击"绑定"面板中的"+"→"记录集(查询)"选项。在"记录集"对话框中设置"名称"为 gwb,"连接"为 Link,"表格"为 GWB,"列"选择全部,"筛选"为无,"排序"为无,单击"确定"按钮。

(3) 单击"插入"菜单→"数据对象"→"动态数据"→"动态表格"选项,在"动态表格"对话框中,设置"记录集"为 gwb,"显示"选择"所有记录",输入"边框"为1,"单元格边距"为2,"单元格间距"为0,单击"确定"按钮。

(4) 切换到"代码"视图,在<table border="1" cellpadding="2" cellspacing="0">标记之后输入以下内容:<caption>删除和修改岗位信息</caption>。

(5) 切换到设计视图,单击表格中显示"公司名称"的单元格,单击"插入"菜单→"表格对象"→"在右边插入列"选项,在插入的新列中上面的单元格内输入"操作1",下面的单元格内输入"删除"。

(6) 单击"操作1"单元格,单击"插入"菜单→"表格对象"→"在右边插入列"选项,在插入的新列中上面的单元格内输入"操作2",下面的单元格内输入"修改"。

(7) 选中文字"删除",在"属性"面板的"链接"文本框中输入以下内容:

```
SCGWB.PHP?GWBH=<?PHP Echo $row_gwb['岗位编号'];?>
```

(8) 选中文字"修改",在"属性"面板的"链接"文本框中输入以下内容:

```
XGGWB.PHP?GWBH=<?PHP Echo $row_gwb['岗位编号'];?>
```

(9) 按 Ctrl+S 快捷键保存文件,设置文件名为 XSGWB.PHP,按 F12 键预览,效果如图 9-14 所示。

2. 删除当前岗位信息记录的程序向导

(1) 在 Dreamweaver 中新建一个 PHP 网页,在"服务器行为"面板中,单击"+"按钮→"删除记录"选项。

(2) 在"删除记录"对话框中,按照图9-16进行设置,单击"确定"按钮,在"服务器行为"面板中增加"删除记录(Link,gwb)"选项。

图9-16 设置"删除记录"对话框

(3) 按Ctrl+S快捷键,保存文件名为SCGWB.PHP,并关闭文件。

3. 显示与修改当前岗位信息的表单设计向导

(1) 在Dreamweaver中单击"文件"菜单→"新建"选项,选择"空白页","页面类型"为PHP,"布局"为无,单击"创建"按钮。

(2) 单击"绑定"面板中的"+"→"记录集(查询)"选项。在"记录集"对话框中按照图9-17所示进行设置,单击"确定"按钮。

图9-17 绑定记录集

(3) 在设计视图下,单击"插入"菜单→"表单"→"表单"选项。

(4) 将光标定位在表单中,单击"插入"菜单→"表单"→"文本域"选项,在对话框中按图9-18所示进行设置。

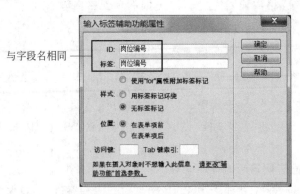

图9-18 设置"文本域"的各项参数

（5）选中文本域，单击"属性"面板中"初始值"文本框右侧的"绑定到动态源"按钮，在"动态数据"对话框中，单击"记录集（gw）"左侧的"＋"按钮展开记录集，选中与控件对应的字段（"岗位编号"），单击"确定"按钮实现控件与数据的绑定。

（6）按第（4）和第（5）步的方法为 GWB 的"岗位名称"字段创建表单控件并绑定数据。

（7）在表单中，单击"插入"菜单→"表单"→"选择（列表/菜单）"选项，设置"ID"和"标签"均为最低学历，其他项为默认值。

（8）选中"选择"控件，在"属性"面板中，单击"动态.."按钮，在"动态列表/菜单"对话框中按照图 9-19 所示进行设置，然后单击"选取值等于"文本框右侧的"绑定到动态源"按钮，在"动态数据"对话框中展开记录集（gw），选中"最低学历"字段，单击"确定"按钮，回到"动态列表/菜单"对话框中，最后单击"确定"按钮。

图 9-19　设置"选择控件"的列表值

（9）重复第（7）和第（8）步，为"最低学位"字段创建对应的选择控件，静态选项的"值"分别为 1、2、3、4 和 5，"标签"分别对应 1 无、2 学士、3 双学士、4 硕士和 5 博士，绑定的动态数据源为记录集（gw）中的"最低学位"字段。

（10）按第（4）和第（5）步为 GWB 的人数、年龄上限、年薪、笔试成绩比例和笔试日期等字段创建对应的文本域控件，并绑定对应的动态数据源。

（11）按 Enter 键后输入"聘任要求"，在代码视图下，单击"插入"菜单→"表单"→"文本区域"选项，在"标签编辑器"对话框中输入"名称"为"聘任要求"，"列"为 50，"行数"为 3，单击"确定"按钮。在"</TextArea>"前输入代码"<?PHP Echo $row_gw[聘任要求]；?>"。

（12）按第（4）和第（5）步为 GWB 的"公司名称"字段创建对应的文本域控件，并绑定对应的动态数据源。

（13）在代码视图下，光标位于</Form>之前，单击"插入"菜单→"表单"→"按钮"选项，设置按钮的"类型"为"提交"，"名称"为 GX，值为"更新记录"，最后单击"确定"按钮。

（14）在设计视图下表单效果如图 9-20 所示，按 Ctrl＋S 快捷键，设置文件名为 XGGWB.PHP，单击"保存"按钮。

4. 绑定"更新记录"服务器行为的向导

（1）打开 XGGWB.PHP 文件，在"服务器行为"面板中，单击"＋"→"更新记录"选项。

（2）在"更新记录"对话框中，按照图 9-21 所示进行设置，单击"确定"按钮，在"服务器行为"面板中增加"更新记录（form1，Link，gwb）"选项。

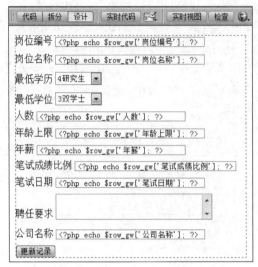

图 9-20 "修改记录"中的表单设计

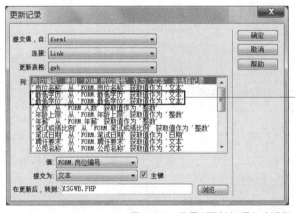

图 9-21 设置"更新记录"对话框

（3）按 Ctrl＋S 快捷键保存此文件。

9.5 用户注册和登录网页程序设计

9.5.1 用户注册网页程序设计

网站用户注册是很常用的一个功能,几乎每个动态交互式的网站都有一个注册模块用来实现用户注册。

注册页面中为个人用户和公司用户提供两种注册方式,如图 9-22 所示。表单数据提交给 Action 目录下的注册处理程序 Zctj.php,分别插入公司表和应聘人员表中,可以使用 Mysql_affected_rows()函数判断数据表是否修改成功。

【例 9-10】 以 RCZP 数据库为例,设计图 9-22 所示的个人用户注册页面,将注册信息添加到 YPRYB 中(使用身份证号作为密码)。

图 9-22　用户登录区

在 Zctj.php 文件中,根据用户类型,分别检索应聘人员表 YPRYB 和公司表中数据。首先判断是否存在待注册的身份证号或公司名称,若不存在则向数据表中插入注册内容,结束注册后返回注册页面并显示操作结果。部分 PHP 代码如下。

```php
<?PHP
    $Link = MySQL_Pconnect("LocalHost","ywy","ywy211");      //连接数据库服务器
    MySQL_Select_DB("RCZP", $Link);                          //选择当前数据库
    MySQL_Query("Set Names 'UTF-8'");
    If($_GET['Role'] == 'Rpry'){                             //当个人用户注册时
      If(Empty($_POST["身份证号"]) || Empty($_POST["密码"]))
        Echo '<Font Color="red">用户名或密码不能为空! </Font>';
    Else
    { $sfzh = $_POST['身份证号'];                             //获取表单数据
      $mm = Md5($_POST['密码']);   $xm = $_POST['姓名'];
      $yddh = $_POST['移动电话'];  $E-mail = $_POST['E-mail 账号'];
      $grjl = $_POST['个人简历'];
      $sql = "Select * From YPRYB Where 身份证号 = '$sfzh'";
      $result = Mysql_query($sql);
      If($Num = Mysql_num_rows($result))                     //若身份证号已存在
        $Info="已经存在该用户";
      Else{                                                  //插入注册信息
        $Sql = "Insert Into YPRYB (身份证号,密码,姓名,移动电话,E-mail 账号,
            个人简历) Values('$sfzh','$mm','$xm','$yddh','$E-mail','$grjl')";
        $a=Mysql_query($Sql,$Rczp) or Mysql_error();
        If(Mysql_affected_rows()==1) $Info="注册成功";//判断数据是否插入成功
        Else   $Info="注册失败";}
      Header("Location: ../Zc.php?Info='$Info'");}
```

在注册页面,还需要显示注册结果的提示信息,部分 PHP 代码如下。

```php
$Info=$_GET['Info'];                      //获取提示信息内容
If(!Empty($Info))  Echo '<Div Class="Info">'.$Info.'</Div>';
?>
```

9.5.2　用户登录网页程序设计

用户在登录区的表单中输入注册信息进行登录,个人用户使用身份证号和密码,公司用户使用公司名称和密码,如图 9-23 所示。表单数据提交给 Action 目录下的登录处理程序

Login.php,用户密码使用明文传输和存储并不安全,所以采用 MD5 函数对其加密后再实现用户验证。用户退出则通过 Logout.php 实现。

图 9-23　用户登录区

在 Login.php 文件中,需要查询应聘人员表 YPRYB 和公司表以验证用户信息,如果存在用户记录,则登录成功,并将用户信息保存在全局变量$_SESSION 中,部分 PHP 代码如下。

```php
<?PHP
    $Link = MySQL_Pconnect("LocalHost","ywy","ywy211");    //连接数据库服务器
    MySQL_Select_DB("RCZP", $Link);    选择当前数据库
    MySQL_Query("Set Names 'UTF-8'");
    $UserId = Trim($_POST["UserId"]);
    $password = Md5($_POST["password"]);                    //使用 Md5 函数加密
    $Sql= "Select * From YPRYB Where 身份证号='$UserId' And 密码='$password'";
    $Rpryresult = Mysql_query($Sql,$Rczp) or die(Mysql_error());
    $Sql= "Select * From 公司表 Where 公司名称='$UserId' And 密码='$password'";
    $gsresult = Mysql_query($Sql,$Rczp) or die(Mysql_error());
    If($Row = Mysql_fetch_assoc($Rpryresult)){              //个人用户登录
      $_SESSION["IsLogin"]  = 1;  $_SESSION["UserId"]  = $UserId;
      $_SESSION["UserName"] = $Row["姓名"]; $_SESSION["Role"] = 'Rpry';
      Header('Location: ../Index.php');}
    Else If($Row = Mysql_fetch_assoc($gsresult)){           //公司用户登录
      $_SESSION["IsLogin"]  = 1; $_SESSION["UserId"]  = $UserId;
      $_SESSION["UserName"] = $Row["名称"]; $_SESSION["Role"] = 'gs';
      Header('Location: ../Index.php');}
    Else {  Echo '<Font Color="red">用户名或密码错误! </Font>';}
?>
```

在 Logout.php 文件中,可以通过消除 Session 会话实现用户的退出,退出后返回首页,部分 PHP 代码如下。

```php
$_SESSION = Array();
Session_destroy();Header('Location: ../Index.php');
```

习题

一、填空题

1. 在 Dreamweaver 中,如果要在网页上使用动态数据,首先要建立一个　①　,然后选择一种　②　,再设置站点的　③　,最后通过绑定　④　实现动态数据的使用。

2. 在 Dreamweaver 中建立 MySQL 连接后,Dreamweaver 会自动建立一个叫作 ___①___ 的文件夹,其中有一个与之前所建立的 MySQL 连接名称相同的 ___②___ 文件。

3. 在 PHP 中实现与 MySQL 数据库连接的函数是 ___①___,关闭连接使用的是 ___②___ 函数。

4. 使用_____命令通知服务器从客户端发送来的信息采用的字符集,并保证服务器发送回客户端的信息也采用相同的字符集,以避免乱码的产生。

5. 网页不能直接访问数据库中存储的数据,而是需要与 ___①___ 进行交互,它是 ___②___ 的结果。

6. 实现记录集与页面的绑定,应该在 Dreamweaver 的 ___①___ 面板中,单击 ___②___ 按钮,在弹出的菜单中选择 ___③___ 菜单项。

7. 允许用户向数据库中插入新记录的网页应该由两部分组成:一个是允许用户输入数据的 ___①___,另一个更新数据库的 ___②___。

8. 在动态网页中,经常需要用户在浏览器上通过表单向数据库服务器提交数据。当表单以 GET 方法发送数据时,应该使用 ___①___ 接收数据,当表单以 POST 方法发送数据,则应该使用 ___②___ 接收数据。

9. 在 PHP 中利用 ___①___ 函数向 MySQL 数据库服务器发送 SQL 语句,然后在 ___②___ 上执行,而不是在 PHP 脚本中执行这条语句。

二、单选题

1. 在 Dreamweaver 中建立了 MySQL 数据库连接后,以下关于相应的 PHP 代码的说法中错误的是(　　　)。

　　A. 相应代码由 Dreamweaver 自动生成

　　B. 切换到代码视图可以查看代码

　　C. 代码是只读的,不可以修改

　　D. 代码中用 MySQL_Pconnect 函数连接数据库

2. 在 Dreamweaver 中为 data.PHP 建立了一个名为 DataLink 的数据库连接后,在 Connections 文件夹中会出现(　　　)文件。

　　A. data.PHP　　　　　　　　　　　B. DataLink.PHP

　　C. data.HTML　　　　　　　　　　D. DataLink.HTML

3. 以下关于数据库连接的说法正确的是(　　　)。

　　A. MySQL_Connect 函数可以创建持久连接

　　B. MySQL_Pconnect 函数可以创建非持久连接

　　C. 脚本执行结束,由 MySQL_Connect 创建的服务器连接就会被关闭

　　D. 可以使用 MySQL_Close 函数关闭由 MySQL_Pconnect 创建的连接

4. 以下关于在 Dreamweaver 中修改数据库表中记录的说法,正确的是(　　　)。

　　A. 在修改之前,由搜索页在数据库中找到要改的记录

　　B. 搜索页是用来设置搜索条件的页面

　　C. 更新页将更新后的内容显示出来

　　D. 结果页将修改后的结果显示出来

5. 在更新记录的结果页中设置数据筛选条件时,以下说法错误的是(　　　)。

A. 选择数据库表中的一个字段,用于匹配搜索页发送过来的查询条件

B. 如果搜索页上的表单使用 POST 方法,则选择"表单变量"

C. 如果搜索页上的表单使用 GET 方法,则选择"URL 参数"

D. 如果用户在搜索页上的表单中输入搜索参数,则选择"输入的值"

6. 以下关于在 Dreamweaver 中删除数据库表中记录的说法,正确的是( )。

A. 在 Dreamweaver 中可以彻底删除数据库表中的记录

B. 在 Dreamweaver 中删除记录仅仅是逻辑删除该记录

C. 在 Dreamweaver 中删除记录后可以恢复该记录

D. 在 Dreamweaver 中利用"删除记录"客户端行为实现记录删除

7. 以下关于数据查询的相关函数的说法正确的是( )。

A. MySQL_Fetch_Assoc 函数以多维数组的形式返回记录集中的所有数据

B. MySQL_Num_Rows 函数可以获得记录集中的一行

C. MySQL_Num_Fields 函数可以获得记录集中的一列

D. MySQL_Field_Name 函数可以获得记录集的字段名

8. 用代码:<Input Type="Text" Name="name" ID="姓名" />,表单使用 POST 方法发送数据,( )能够正确接收数据。

A. $Name=$_POST[0]　　　　 B. $Name=$_POST["name"]

C. $Name=$_POST["姓名"]　　　　 D. $Name=$_POST["Text"]

三、多选题

1. 与动态内容相关的面板有绑定面板,服务器行为面板和数据库面板,关于这些面板的说法中正确的是( )。

A. 按 Shift+Ctrl+F10 组合键可以打开数据库面板

B. 按 Ctrl+F10 组合键可以打开绑定面板

C. 按 Shift+F4 组合键可以打开服务器行为面板

D. 通过数据库面板可以实现对数据记录的操作

E. 只能在绑定面板中实现记录集的绑定

2. 关于在 Dreamweaver 中创建 MySQL 数据库连接的说法正确的是( )。

A. 在 Dreamweaver 中建立站点后就可以直接创建数据库连接

B. 在"数据库"面板中单击"+"按钮创建数据库连接

C. 在创建数据库连接时必须指定用户名和密码

D. 连接建立后系统会自动创建名为 Connection 的文件夹

E. 编写 PHP 代码时可以使用 MySQL_Connect 函数建立数据库连接

3. 有 PHP 代码如下。

```
<?PHP MySQL_Query("Set Names 'uft8'"); ?>
```

关于此代码的说法正确的是( )。

A. 将当前页面的编码方式设置为 UTF-8

B. 将当前站点中所有页面的编码方式设置为 UTF-8

C. 通知服务器将来从这个客户端发送来的信息采用 UTF-8 编码方式

D. 设置服务器发送回客户端的结果采用 UTF-8 编码方式

E. 设置中文字符集,保证中文不会出现乱码

4. 以下关于记录集的说法错误的是(　　)。

A. 记录集是数据库中存储内容的数据库表

B. 记录集是数据库查询的结果

C. 网页要利用记录集才能够访问数据库中的数据

D. 创建记录集后会显示在数据库面板中

E. 可以将记录集中的列直接拖动到网页上进行显示

5. 以下关于数据记录的操作的说法错误的是(　　)。

A. Dreamweaver 提供了可视化操作方法对数据记录进行处理

B. 在 Dreamweaver 中可以直接编写 PHP 代码实现记录的操作

C. 在 Dreamweaver 中利用可视化操作生成的 PHP 代码是只读的

D. 在 Dreamweaver 中可以同时更新多个表中的记录

E. Dreamweaver 提供的"删除记录"服务器行为可以彻底删除记录

四、程序填空题

1. 在 DW 中创建数据库连接时,设置连接名称为 RCZP,MySQL 服务器为本地服务器,用户名为 admin,密码为 helloMySQL,数据库为 rczp。在 DW 自动生成的连接文件　①　中,其代码应该为:

```
<?PHP $hostname_RCZP = "LocalHost";
      $database_RCZP = "   ②   ";
      $username_RCZP = "admin";
      $password_RCZP = "helloMySQL";
      $RCZP =    ③    ($hostname_RCZP, $username_RCZP, $password_RCZP); ?>
```

2. 用户在表单中填写各项数据,单击"插入记录"按钮,向 mzb 表中插入一条记录。网页中的部分代码为:

```
<P> 民族编码<Input Type="Text" Name="num" ID="Text1" /></P>
<P> 民族名称<Input Type="Text" Name="name" ID="Text2" /></P>
<P><Input Type="submit" Name="button" ID="button" Value="插入记录" /></P>
    </Form>
```

其中,表 mzb 的字段依次为"民族编码"和"民族名称"(均为文本),完成文件 mzb.PHP 中的 PHP 代码(mzb.PHP 保存在站点根目录中)。

```
<?PHP Include "  ①  /Link.PHP";              //包含连接文件
      $bm=   ②   ['num'];$mc=$_GET['name'];
      $sql="Insert Into MZB Values('".$bm ."','".   ③   ."')";
      MySQL_Query($sql);?>
```

3. GW 表中包含"岗位编码"和"岗位名称"字段(均为文本型),CJ 表中包含"身份证号""岗位编码"字段(均为文本型)、"笔试"和"面试"字段(均为数值型)。

利用身份证号查询此人申报的所有岗位的总成绩,其中身份证号通过表单中名为 "num"的文本框,采用 POST 方法发送到文件 gwcj.PHP。在此文件中查找身份证号、岗位名称和总成绩(笔试+面试),并将结果按总成绩降序显示在网页中,完成以下 PHP 代码。

```php
<?PHP Include "Connections/Link.PHP";                    //包含连接文件
    $sfzh=$_POST['num'];
    $sql="Select 身份证号, 岗位名称, ___①___ As 总分 From GW Natural Join CJ
        Where 身份证号= ' " . $sfzh . " ' Order By 总分 DESC ";
    $result=MySQL_Query($sql);
    Echo "<Table>";
    ___②___ ($info=MySQL_Fetch_Assco($result))
    { Echo "<TR><TD>", $info['身份证号'], "</TD>";
      Echo "<TD>", $info['岗位名称'], "</TD>";
      Echo "<TD>", $info[' ___③___ '], "</TD>";
      Echo "</TR>"; }
    Echo "</Table>";   ?>
```

五、程序运行结果填空题

数据库 KS 中表 CJ 的字段及内容如下表所示。

学　号	课程名	成　绩	学　号	课程名	成　绩
51140106	高数	85	64130128	高数	63
33140508	外语	71	33140508	高数	69
64130128	数据库	69	33140508	数据库	94
51140106	外语	78	64130128	外语	65

网页 JS.html 中表单部分代码如下:

```html
<Form ID="Form1" Name="Form1" Method="post" Action="PJF.PHP">
    <P><Input Type="Radio" Name="RadioGroup" Value="学号"/>计算学生平均分</P>
    <P><Input Type="Radio" Name="RadioGroup" Value="课程名"/>计算课程平均分
        </P>
    <P><Input Type="Submit" Name="Button" Value="计算"/></P></Form>
```

网页 PJF.PHP 中的代码如下:

```php
<?PHP $Link=MySQL_Pconnect("LocalHost","ywy","ywy211");
    MySQL_Select_DB("KS", $Link);
    MySQL_Query("Set Names 'UTF8'");
    $x = $_POST['RadioGroup'];
    $sql = "Select " .$x. ", Avg(成绩) As 平均分 From cj Group By "
        .$x. "Order By 平均分 Desc";
    $rs = MySQL_Query($sql);
    $info = MySQL_Fetch_Assoc($rs);?>
<Table Width="200" Border="1" CellSpacing="0" CellPadding="3">
    <TR><TH><?PHP Echo $x; ?></TH><TH>平均分</TH></TR>
    <?PHP Do { ?>
        <TR><TD><?PHP Echo $info["$x"]; ?></TD>
        <TD><?PHP Echo $info['平均分']; ?></TD></TR>
    <?PHP } While($info=MySQL_Fetch_Assoc($rs)); ?>
</Table>
```

浏览 JS.html 时,在表单中选中"计算课程平均分"按钮,单击"计算"按钮后,在表格第一列的第二、三、四行看到的数据分别是____①____、____②____ 和 ____③____。

六、思考题

1. 如果绑定记录集时数据来源是多个表,或者数据查询条件时是复合条件,则应该在 Dreamweaver 中如何进行操作?

2. 在用户登录时,虽然登录过程已经验证用户名与密码是正确的,但是当用户跳转到其他页面时,从登录页面获得的用户信息全部丢失,这意味着用户每进入一个页面时都要重新登录,进行身份验证,应该如何解决这个问题?

3. 在网页访问计数器程序设计中实现的是文字计数器,如何实现图片计数器?

第 10 章　MySQL 程序设计

MySQL 5.0 版本支持过程式数据库对象,包括触发器、事件、存储过程和存储函数等内容。所谓过程式数据库对象就是将一组 MySQL 语句作为一个对象存储于数据库中,系统通过特定的触发条件或客户端调用即可执行这组 MySQL 语句,从而有效地提高数据库的处理速度和数据库编程的灵活性,增强数据库的安全性。

MySQL 程序设计即创建、管理和应用这些过程式数据库对象,主要包括下列问题。

(1) MySQL 语句有哪些语法元素? 如何定义变量? 如何为变量赋值? MySQL 语句中有哪些流程控制语句?

(2) 触发器的用途是什么? 如何定义、修改及删除触发器?

(3) 事件是如何发生的? 如何定义事件? 事件与触发器有哪些不同?

(4) 什么是存储过程? 什么是存储函数? 二者之间有哪些不同?

10.1　过程式数据库对象应用实例

存储过程和存储函数是 MySQL 数据库中一些有序的 SQL 语句集合,通过调用存储过程和存储函数执行 SQL 语句,可以避免重复编写 SQL 语句。存储过程和存储函数在 MySQL 服务器端存储和执行,可以减少客户端和服务器端的数据传输。

1. 存储过程的设计过程

【例 10-1】 设计一个过程 TJ,如果参数值长度为 5 位,则输出对应岗位号的申报人数、笔试最高分;如果参数值长度为 18 位,则输出对应人员的申报岗位数和笔试最高分。

(1) 启动 MySQL 客户端:在 XAMPP 控制面板中单击 Shell 选项,在 XAMPP For Windows 窗口中输入如下命令,登录 MySQL 数据库服务器。

```
Mysql -uywy -p
```

输入用户 ywy 的密码 ywy211 后按 Enter 键,进入 MySQL 客户端。

(2) 创建存储过程:在提示符"mysql>"下输入如下命令打开 RCZP 数据库。

```
Use RCZP;                    /* 打开 RCZP 数据库 */
```

(3) 依次输入如下语句,创建存储过程 TJ:

```
Delimiter ##                      /* 创建过程结束符号 */
Create Procedure TJ (In CS VarChar(18))
Begin                             /* 外层复合语句开始 */
  Declare ZGF Int Default 0;      /* 外层局部变量 ZGF */
```

```
Set @ST=CS;                                    /* 将参数 CS 的值赋给全局变量@ST */
If Char_Length(@ST)=5 Then
  Begin                                        /* 内层复合语句开始 */
    Declare RS Int;                            /* 内层局部变量 RS */
    Select Count(身份证号),Max(笔试成绩) Into RS,ZGF
                                               /* 为外层局部变量 ZGF 赋值 */
            From RCZP.GWCJB where 岗位编号=@ST;
    Set @ST=Concat("岗位号: ",@ST,",人数: ",RS);
                                               /* 引用并为全局变量@ST 赋值 */
  End;                                         /* 内层复合语句结束 */
  ElseIf Char_Length(@ST)=18 Then
  Begin                                        /* 内层复合语句开始 */
    Declare GWS Int;                           /* 内层局部变量 GWS */
    Select Count(岗位编号), Max(笔试成绩) Into GWS,ZGF
                                               /* 为外层局部变量 ZGF 赋值 */
            From RCZP.GWCJB where 身份证号=@ST;
    Set @ST=Concat("身份证号: ",@ST,",岗位数: ",GWS);
  End;                                         /* 内层复合语句结束 */
  End If;
  Set @ST=Concat(@ST,",最高分: ",ZGF);
  Select @ST;
End;                                           /* 外层复合语句结束 */
##                                             /* 创建过程结束 */
Delimiter;                                     /* 恢复 MySQL 语句结束符号为";"*/
```

2. 存储过程的调用

调用存储过程 TJ,查看结果: 在 MySQL 客户端分别输入如下语句,执行结果如图 10-1 所示。

```
Call TJ("229901199503121538");    /* 调用存储过程 TJ,参数为身份证号 */
Call TJ("A0001");                 /* 调用存储过程 TJ,参数为岗位编号 */
```

图 10-1 存储过程 TJ 的执行结果

3. 存储过程中的注释

在存储过程 TJ 中,/*和*/之间的内容为注释,注释不影响程序的执行,用于帮助人们阅读和理解程序。在 MySQL 中有如下 3 种格式的注释。

（1）#注释：为行尾注释，书写在语句之后，注释内容到本行结束，如：

```
Use  RCZP;                       #打开数据库 RCZP
```

（2）--注释：连续两个减号(--)构成的行尾注释，注释内容到本行结束，如：

```
Select * from gwb;   --浏览 gwb 表中全部数据
```

（3）/* */注释：可以放在语句中的任何位置，/*和*/之间可以包含多行注释内容，如：

```
Use RCZP  /* 打开 RCZP 数据库 */
Call      /* 调用存储过程使用 Call 语句 */ TJ("A0002");
Call      /* 调用存储过程 TJ,当使用身份证号作为参数时
             函数返回的是对应人员所申报的岗位数及最高分 */
TJ("2299011995503121538");
```

10.2 常用 MySQL 基本语句

设计过程式数据库对象需要编写程序，程序由多条 MySQL 语句组成，包括声明变量、变量赋值、分支、循环和提取表中数据等语句。

10.2.1 复合语句

当过程式数据库对象的处理代码只有一条语句时，可以直接书写 MySQL 语句。当多条 MySQL 语句构成过程体时，必须用复合语句进行书写。所谓复合语句，就是由 Begin 开始，End 结束，之间多条 MySQL 语句构成的语句组(也称复合语句体)。复合语句是一个独立的程序段，复合语句体内还可以嵌套另一个复合语句，也称内层复合语句。

10.2.2 MySQL 变量及其赋值

变量用于在过程式数据库对象中临时存放数据，并且存放的数据可以随着程序的运行而随时改变。

1. 局部变量

仅在复合语句及内层复合语句中可以访问(引用和存储其值)的变量称为该复合语句的局部变量，主要用于存储复合语句体中的临时数据。一个复合语句中可以访问自身及外层复合语句中声明的局部变量，但外层复合语句不能访问内层声明的局部变量。

语句格式：

```
Declare <变量名 1>[,变量名 2[,…]]<数据类型>[Default <表达式>]
```

局部变量只能在复合语句体中声明，Declare 语句必须写在 Begin 之后，其他语句之前，可以有多条 Declare 语句，语句中相关项的含义如下。

（1）**<变量名 n>**：用于标识变量，如 gsmc，变量名可以用字母、数字、下画线(_)和$字符组成，英文字母不区分大小写，但不允许与系统函数或语句中的关键字同名。

（2）**<数据类型>**：指定变量中存放数据的类型。

（3）**Default <表达式>**：用于指定变量的默认值。默认值的数据类型与变量声明的数据类型必须一致。若省略 Default 字句，则默认值为 NULL。

【例 10-2】 在过程体中声明局部变量。

```
Declare gwbh,gwmc char;          /* 声明局部变量 gwbh 和 gwmc,其类型均为字符型 */
Declare rs int Default 0;        /* 声明局部变量 rs,其类型为 int,默认值为 0 */
```

2. 全局变量

全局变量是指在一个过程式数据库对象中定义(赋值)的变量,在其他过程式数据库对象中均可访问的变量。全局变量名由@符号开始,不需要声明其数据类型,所存储值的数据类型由变量赋值时的数据类型决定,如@ST。

利用全局变量可以实现在多个过程式数据库对象之间进行数据传递。例如,在执行 Call TJ("A0001")语句后,还可以执行 Select @ST 语句,输出过程 TJ 中赋值的全局变量@ST。

3. 变量赋值

在过程体中,可以使用 Set 语句为变量赋值,即存储或修改变量的值。

语句格式:

```
Set 变量名 1=表达式 1[,变量名 2=表达式 2[,…]]
```

语句的功能是将表达式的值存储到对应的变量中,变量名可以是全局变量或局部变量。

【例 10-3】 在过程体中为变量赋值。

```
Set gwbh="A0001",gwmc="行长助理",rs=0;   /* 为局部变量 gwbh、gwmc 和 rs 赋值 */
Set @bmrs=0;                              /* 定义全局变量@bmrs 并为其赋值 */
Select gwbh,gwmc,rs,@bmrs;                /* 输出定义的变量值 */
```

10.2.3 获取一行查询结果

在 MySQL 过程式对象的过程体中,执行 Select…Into 语句可以获取一行数据查询结果。

语句格式:

```
Select <表达式表> Into <变量名表> From <表名> [Where <条件>]
```

变量名表中的变量个数与表达式个数应该相等,且按顺序一一对应。此语句将查询各列结果分别保存到对应的变量中。此语句返回的结果只能有一行数据。

【例 10-4】 在过程体中将 GWB 表中岗位编号 A0001 的岗位要求的最低学历和人数保存到局部变量 zdxl 和 rs 中。

```
Declare zdxl Char(1);
Declare rs Int;
Select 最低学历,人数 Into zdxl,rs From RCZP.GWB where 岗位编号="A0001";
```

10.2.4 获取多行查询结果

要获取多行数据,在存储过程或函数中可以定义游标。游标是由一条 Select 语句检索或统计出来的记录集,在一个存储过程中可以定义多个游标,只要每个游标的名字不同即可。

游标的应用可以分成如下几个步骤。

1. 声明游标

在使用游标前需要先声明,声明游标的语句必须书写在过程体中局部变量声明部分。

语句格式:

```
Declare <游标名称>  Cursor For <Select 语句>
```

游标名称的命名规则与表名相同,另外,声明游标的 Select 语句不能含有 into 短语。

2. 打开游标

声明游标后即可打开游标,打开游标实际上就是执行游标中的 Select 语句,并将语句检索到的记录集与游标名称进行绑定。

语句格式:

```
Open <游标名称>
```

3. 读取游标中的数据

在 MySQL 中,使用 Fetch…Into 语句读取游标中的各行数据。

语句格式:

```
Fetch  <游标名称>  Into <变量名 1>[,<变量名 2>…]
```

Fetch…Into 语句将游标当前指向的一行数据赋值给 into 短语中的变量,并将指针指向下一行数据,为再次执行该语句做准备。into 短语中变量个数应该与定义游标时 Select 表达式个数一致。

若要获取游标中的多行数据,可以使用循环结构逐行读取。

4. 关闭游标

游标使用结束后,必须关闭游标。

语句格式:

```
Close <游标名称>
```

关闭游标后,不能再执行 Fetch 语句读游标,除非再运行 Open 语句打开游标。

10.3　MySQL 分支结构程序设计

分支结构根据条件结果选择执行某组语句,也称条件结构或条件判断结构。在 MySQL 程序设计中,条件结构有 If 和 Case 两种。

10.3.1　If 分支结构程序设计

If 结构语句用于实现一个基本的条件结构。

语句格式:

```
If  条件 1  Then  语句组 1
   [ ElseIf  条件 2 Then  语句组 2
     ⋮
   [ElseIf  条件 n  Then  语句组 n]
   [Else 语句组 n+1]
End If;
```

执行 If 语句时,流程如图 10-2 所示,从第一个条件开始判断,当某个条件 i 为 True

(真)时,则执行语句组 i,随后执行对应的 End If 后面的语句;若所有条件都为 False(假),则执行 Else 后的语句组 $n+1$;当所有条件均为 False 且没有 Else 语句时,程序直接执行对应的 End If 后面的语句。

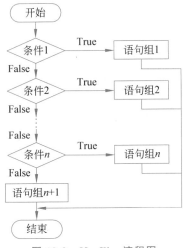

图 10-2　If…Else 流程图

If 语句结构使用 End If 作为结束标识,两者必须配对使用。

【例 10-5】　输出岗位编号 A0001 的岗位的应聘人员的最高笔试成绩的等级。

```
Begin
  Declare cj Int;
  Declare tqcj Cursor For Select 笔试成绩 From GWCJB
      Where 岗位编号="A0001"  Order By 笔试成绩 DESC;          /* 定义游标 tqcj */
  Open tqcj;                      /* 打开游标 tqcj */
  Fetch tqcj Into cj;             /* 读取游标中第 1 行数据并保存在变量 cj 中 */
  Close tqcj;                     /* 关闭游标 tqcj */
  If cj>=85 Then Set @djcj="优秀"; /* if 语句实现数据转换 */
    Elseif cj>=70 Then Set @djcj="良好";
    Elseif cj>=60 Then Set @djcj="及格";
    Else Set @djcj="不合格";
  End if;
  Select cj, @djcj;               /* 显示结果 */
End
```

10.3.2　Case 分支结构程序设计

Case 语句结构适用于多分支条件的处理。

语句结构 1:

```
Case 表达式
  When  值 1  Then  语句组 1
  [When 值 2  Then  语句组 2]
    ⋮
  [When 值 n  Then  语句组 n]
  [Else  语句组 n+1]
End Case;
```

执行 Case 语句时,流程如图 10-3 所示,如果某个值 i 与表达式相等,则执行语句组 i,随后执行对应的 End Case 后面的语句。如果所有的值 $i(i=1,\cdots,n)$ 与表达式的值均不相等,则执行 Else 之后的语句组 $n+1$;若无 Else 子句,则执行对应的 End Case 后面的语句。

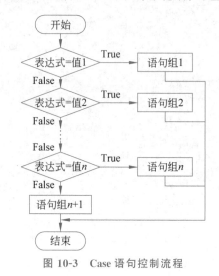

图 10-3　Case 语句控制流程

【例 10-6】 输出 gwb 表中岗位编号为 A0001 的岗位的最低学历要求及说明。

```
Begin
  Declare xl char(1);
  Declare tqxl Cursor For Select 最低学历 From GWB
      Where 岗位编号="A0001";     /* 定义游标 tqxl */
  Open tqxl;                      /* 打开游标 tqxl */
  Fetch tqxl Into xl;            /* 读取游标中的第 1 行数据并保存在变量 xl 中 */
  Close tqxl;                    /* 关闭游标 tqxl */
  Case xl                        /* case 语句实现数据转换 */
    When "1" Then Set @zdxlsm="无要求";
    When "2" Then Set @zdxlsm="专科";
    When "3" Then Set @zdxlsm="本科";
    When "4" Then Set @zdxlsm="研究生";
    When "5" Then Set @zdxlsm="博士";
  End Case;
  Select xl, @zdxlsm;            /* 显示结果 */
End
```

语句格式 2:

```
Case
  When  条件 1  Then  语句组 1
  [When  条件 2  Then  语句组 2]
   ……
  [When  条件 n  Then  语句组 n]
  [Else   语句组 n+1]
End Case;
```

程序执行流程与图 10-3 类似,差别仅在于将图中的"表达式=值 i"换为"条件 i"。如果某个条件 i 的值为 True,则执行语句组 i,随后执行对应的 End Case 后面的语句。若所有条件值均为 False,则执行 Else 之后的语句组 $n+1$;若无 Else 子句,则执行对应的 End

Case 后面的语句。

【例 10-7】 用 Case 语句格式 2 输出岗位编号为 A0001 的岗位应聘人员的最高笔试成绩的等级。

```
Begin
  Declare cj Int;
  Declare tqcj Cursor For Select 笔试成绩 From GWCJB
      Where 岗位编号="A0001"  Order By 笔试成绩 DESC;          /* 定义游标 tqcj */
  Open tqcj;                      /* 打开游标 tqcj */
  Fetch tqcj Into cj;            /* 读取游标中的第 1 行数据并保存在变量 cj 中 */
  Close tqcj;                    /* 关闭游标 tqcj */
  Case                          /* case 语句实现数据转换 */
    When cj>=85 Then Set @djcj="优秀";
    When cj>=70 Then Set @djcj="良好";
    When cj>=60 Then Set @djcj="及格";
    Else Set @djcj="不合格";
  End case;
    Select cj, @djcj;           /* 显示结果 */
End
```

10.4 MySQL 循环结构程序设计

循环结构是指有条件地重复执行某个程序段,重复执行的程序代码段被称为循环体。根据判断循环条件和执行循环体的先后顺序,有当型和直到型两种循环结构。MySQL 有 While、Repeat 和 Loop 三种循环语句。

10.4.1 While 循环结构

语句结构:

```
[<循环名>:] While <循环条件>Do
          <语句组>
          End While [<循环名>]
```

While 语句结构属于当型循环,可以为循环语句结构命名。若定义循环名,则与对应的 End While <循环名>必须相同。语句组即循环体,是重复执行的程序代码。

执行 While 语句时,如图 10-4 所示,首先判断循环条件,若为 True,则执行语句组,随后再判断循环条件,如循环条件仍然为 True,则再次执行语句组,依此类推,直至循环条件为 False 才结束循环结构,执行对应的 End While 后面的语句。

若首次判断循环条件即为 False,则语句组一次都不执行。

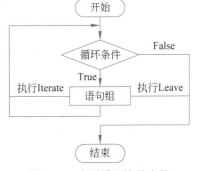

图 10-4 当型循环控制流程

在执行循环体(语句组)的过程中,如果执行到 Iterate 语句,则转到 While <循环条件>语句判断循环条件;如果执行到 Leave 语句,则提前结束循环结构,执行循环结构后面的语句。

语句格式:

```
Leave <循环名>;
Iterate <循环名>;
```

Leave 和 Iterate 语句通常用在循环体内的分支结构中,以便有选择地执行这两条语句。

【例 10-8】 在 MySQL 的过程体中,统计 gwb 表中要求的各学历招聘人员的总数。

```
Begin
  Declare rs,rs1,rs2,rs3,rs4,rs5 int;          /* 定义局部变量,int 数据类型 */
  Declare zdxl char;                           /* 定义局部变量 zdxl,char 数据类型 */
  Declare done Boolean Default True;           /* 声明局部变量 done,boolean 类型,默认
                                                  值 True */
  Declare rstj Cursor For Select 最低学历,人数 From gwb;  /* 定义游标 rstj */
  Declare Continue Handler For Not Found Set done=False;  /* 定义 Continue 句柄 */
  Set rs1=0,rs2=0,rs3=0,rs4=0,rs5=0;           /* 变量赋初值 */
  Open rstj;                                    /* 打开游标 rstj */
  Fetch rstj Into zdxl,rs;          /* 读游标中第 1 行数据并保存在 zdxl 和 rs 变量中 */
  While done do                       /* 若成功读取游标中的数据,则进入循环 */
    Case zdxl                         /* case 语句,表达式为最低学历码 */
      When "1" Then Set rs1=rs1+rs;   /* 最低学历为 1,则变量 rs1 加 1,下同 */
      When "2" Then Set rs2=rs2+rs;
      When "3" Then Set rs3=rs3+rs;
      When "4" Then Set rs4=rs4+rs;
      When "5" Then Set rs5=rs5+rs;
    End Case;
    Fetch rstj Into zdxl,rs;                   /* 读取游标 rstj 中的下一行数据 */
  End while;
  Select rs1,rs2, rs3, rs4, rs5;              /* 显示结果 */
  Close rstj;                                 /* 关闭游标 */
End
```

使用循环结构逐行读取游标(Fetch 语句)中的数据时,通常声明 1 个逻辑型变量控制循环(如例 10-8 中的 done),再声明 Continue 句柄,将循环控制变量与游标关联起来。

语句格式:

```
Declare Continue Handler For Not Found MySQL 子句;
```

游标中没有可读的数据行,即 Not Found,再执行 Fetch 语句将执行(触发)该语句中的 MySQL 子句,以便调整循环控制变量的值,控制循环结构的走向。

【例 10-9】 统计招聘 2 人以上(含 2 人)的岗位,输出各学历的招聘总人数。

```
Begin
  Declare rs,rs1,rs2,rs3,rs4,rs5 int;   /* 定义局部变量 rs,其为 int 类型 */
  Declare zdxl char;                     /* 定义局部变量 zdxl,其为 char 类型 */
  Declare done Boolean default true;    /* 声明 boolean 型局部变量 done,默认值 true */
  Declare rstj Cursor For select 最低学历,人数 from gwb;  /* 定义游标 rstj */
  Declare Continue Handler For Not Found Set done=false;  /* 定义 Continue 句柄 */
  Set rs1=0,rs2=0,rs3=0,rs4=0,rs5=0;    /* 变量置初值 */
  Open rstj;                             /* 打开游标 rstj */
```

```
    Fetch rstj Into zdxl,rs;              /* 读取游标中的第 1 行数据并保存在 zdxl 和 rs 变量中 */
tj: While done do                        /* 若成功读取游标中的数据 */
    If rs<2 Then        /* 若招聘人数少于 2 人,则不计数,读取游标下一行,继续判断循环 */
        Fetch rstj Into zdxl,rs;          /* 读取游标 rstj 中的下一行数据 */
Iterate tj;
    End If;
    Case zdxl                             /* case 语句判断最低学历 */
        When "1" Then Set rs1=rs1+rs;     /* 最低学历为 1,则变量 rs1 加 1,下同 */
        When "2" Then Set rs2=rs2+rs;
        When "3" Then Set rs3=rs3+rs;
        When "4" Then Set rs4=rs4+rs;
        When "5" Then Set rs5=rs5+rs;
        End Case;
    Fetch rstj Into zdxl,rs;              /* 读取游标 rstj 中的下一行数据 */
    End while tj;
    Select rs1, rs2, rs3, rs4, rs5;       /* 显示结果 */
End
```

10.4.2　Repeat 循环结构

语句结构:

```
[<循环名>:]Repeat
            <语句组>
        Until <循环条件>
        End Repeat [<循环名>]
```

Repeat 语句是直到型循环,执行流程如图 10-5 所示。首先执行语句组,之后判断循环条件,若循环条件为 True,则结束循环结构,否则,再次执行语句组,进行下一次循环。

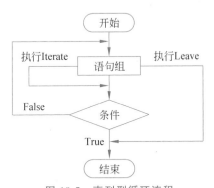

图 10-5　直到型循环流程

【例 10-10】　用 Repeat 语句统计 gwb 表中要求的各学历招聘人员的总数。

```
Begin
    Declare rs,rs1,rs2,rs3,rs4,rs5 int; /* 定义局部变量 rs,其为 int 类型 */
    Declare zdxl char;                   /* 定义局部变量 zdxl,其为 char 类型 */
    Declare done Boolean default true;   /* 声明 boolean 型局部变量 done,默认值 true */
    Declare rstj Cursor For select 最低学历,人数 from gwb;  /* 定义游标 rstj */
    Declare Continue Handler For Not Found Set done=false;   /* 定义 Continue 句柄 */
    Set rs1=0,rs2=0,rs3=0,rs4=0,rs5=0;   /* 变量置初值 */
    Open rstj;                           /* 打开游标 rstj */
```

```
    Fetch rstj Into zdxl,rs;         /* 读取游标中第 1 行数据并保存在 zdxl 和 rs 变量中 */
      Repeat
        Case zdxl                    /* case 语句判断最低学历 */
          When "1" Then Set rs1=rs1+rs;   /* 最低学历为 1,则变量 rs1 加 1,下同 */
          When "2" Then Set rs2=rs2+rs;
          When "3" Then Set rs3=rs3+rs;
          When "4" Then Set rs4=rs4+rs;
          When "5" Then Set rs5=rs5+rs;
        End Case;
        Fetch rstj Into zdxl,rs;     /* 读取游标 rstj 中的下一行数据 */
      Until Not done
      End Repeat;
      Select rs1,rs2, rs3, rs4, rs5;   /* 显示结果 */
    Close rstj;                        /* 关闭游标 */
End
```

10.4.3 Loop 循环结构

语句格式:

```
[<循环名>:]Loop
          <语句组>
          End Loop [<循环名>]
```

Loop 语句属于直到型循环,如图 10-6 所示,用于重复执行语句组。由于没有控制条件,所以 Loop 语句自身构成无限循环,即所谓死循环。通常 Loop 语句组中用 Leave 语句结束循环。

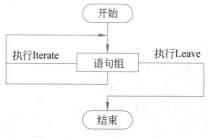

图 10-6 Loop 循环控制流程

【例 10-11】 用 Loop 语句统计 gwb 表中要求的各学历招聘人员的总数。

```
Begin
  Declare rs,rs1,rs2,rs3,rs4,rs5 int;  /* 定义局部变量 rs,其为 int 类型 */
  Declare zdxl char;                   /* 定义局部变量 zdxl,其为 char 类型 */
  Declare done Boolean default true;   /* 声明 boolean 型局部变量 done,默认值 true */
  Declare rstj Cursor For select 最低学历,人数 from gwb; /* 定义游标 rstj */
  Declare Continue Handler For Not Found Set done=false;  /* 定义 Continue 句柄 */
  Set rs1=0,rs2=0,rs3=0,rs4=0,rs5=0;                    /* 变量置初值 */
  Open rstj;                                            /* 打开游标 rstj */
  Fetch rstj Into zdxl,rs;       /* 读取游标中第 1 行数据并保存在 zdxl 和 rs 变量中 */
  tj:Loop
    Case zdxl                    /* case 语句判断最低学历 */
```

```
        When "1" Then Set rs1=rs1+rs;     /* 最低学历为 1,则变量 rs1 加 1,下同 */
        When "2" Then Set rs2=rs2+rs;
        When "3" Then Set rs3=rs3+rs;
        When "4" Then Set rs4=rs4+rs;
        When "5" Then Set rs5=rs5+rs;
      End Case;
      Fetch rstj Into zdxl,rs;            /* 读取游标 rstj 中的下一行数据 */
      If not done Then Leave tj;          /* 若游标 rstj 中的数据全部读取完毕,则退出循环 */
      End If;
    End Loop tj;
    Select rs1,rs2,rs3,rs4,rs5;           /* 显示结果 */
End
```

10.5　存储过程设计

存储过程是一组为实现某特定功能的有序 MySQL 语句的集合,实质是存放于数据库的程序对象,用户通过存储过程名和参数即可调用存储过程。存储过程具有执行效率高、减少网络数据流量、确保数据库安全性及完整性等优点。通过 MySQL 语句和 phpMyAdmin 可视化数据库管理平台均可以创建和调用存储过程。

10.5.1　创建存储过程

在 phpMyAdmin 中,可以使用可视化和语句两种方式创建存储过程。

1. 创建存储过程的可视化操作

可视化创建存储过程的操作方法:在 phpMyAdmin 主页,选择当前数据库,单击"程序"选项卡→"添加程序"按钮,在"添加程序"窗口设置相关参数,编辑程序代码,最后单击"执行"按钮。

【例 10-12】　在 phpMyAdmin 中,通过可视化方式在 RCZP 数据库中设计存储过程 evenwith,设置整型参数 n,用于实现 $1+2+3+\cdots+n$ 的累加运算,通过参数 n 返回运算结果。

设计步骤及说明如下。

(1) 在 phpMyAdmin 主页,选择 RCZP 为当前数据库,单击"程序"选项卡→"添加程序"按钮,进入"添加程序"窗口,如图 10-7 所示。

(2) 程序名称:为存储过程或函数命名,命名规则与数据表名相同,但不可与系统函数同名,如 evenwith。

(3) 类型:选择过程式数据库对象的类型,有 Procedure 和 Function,Procedure 表示存储过程,Function 表示存储函数。

(4) 方向:选择形参的数据传递方向。其含义如下。

- In:输入参数,调用存储过程时,仅接收由实际参数传来的数据。
- Out:输出参数,调用存储过程结束后,通过形参与实际参数变量的对应关系,由实际参数获取返回值。

图 10-7 存储过程编辑对话框

- InOut:输入/输出参数,既能接收实际参数传来的数据,又能将形式参数的值返回给实际参数变量。

(5) 名字:形式参数名,简称形参名。可以有多个形参,也可以没有形参。形参不能用数据表中的字段名,否则,执行存储过程时可能会出现不可预知的结果,如 n。

(6) 参数类型:为形参选择数据类型 Char、VarChar、Date、DateTime、Int 和 Real 等,例如为参数 n 选择 Int 类型。

(7) 编辑过程体代码:用于编辑程序代码,每条语句由分号结束,如图 10-7 所示。

(8) 创建存储过程:单击"执行"按钮,保存程序并创建了存储过程 evenwith。

2. 创建存储过程的语句

语句结构:

```
Create Procedure [<数据库名>.]<存储过程名>(
       [In|Out|InOut <形式参数名 1><数据类型 1>[,…]])
    <存储过程体>
```

相关项的含义如下。

(1) [数据库名.]存储过程名:在指定数据库中创建存储过程,在当前数据库中创建存储过程时,数据库名可以省略。

(2) 形式参数名:定义形式参数,多个形参之间用逗号分隔。

(3) 数据类型:指定形参的数据类型。

(4) 存储过程体:完成存储过程功能的程序代码,其中语句可以是 SQL 语句,如 Create、Update 和 Select 等,也可以是过程式的语句,如分支语句、循环语句、变量声明、变量赋值及游标等。

3. 执行创建存储过程的语句

在 MySQL 命令窗口和 MySQL 语句输入及执行窗口中，都可以执行创建存储过程的语句，实施创建存储过程。为了区别存储过程体中的 MySQL 语句与 Create Procedure 语句结构自身的结束符分号（;），在执行 Create Procedure 语句之前需要用 Delimiter 语句定义其结构的结束符号。

语句格式：

```
Delimiter <两个连续相同字符>
```

Delimiter 语句中两个连续的符号通常用特殊符号，如//、$$或 && 等。

【例 10-13】　在 MySQL 命令行创建存储过程 gwb_xl_rs，如果第一个参数值为 0，则统计 gwb 表中各学历招聘人数，否则，统计各学位招聘人数。通过函数参数返回各个统计结果。

（1）单击 XAMPP 控制面板中的 Shell 按钮，在命令行输入如下命令来登录 MySQL：

```
Mysql -uywy -p
```

（2）在系统提示 Enter password 后，输入密码 ywy211 并按 Enter 键，进入 MySQL 提示符。

（3）依次输入如下命令，创建存储过程：

```
Use RCZP;                      /* 打开 RCZP 数据库,使之成为当前数据库 */
Delimiter ##                   /* 定义 SQL 语句的结束标识为## */
Create Procedure gwb_xl_rs(InOut zrs int,Out rs1 int,Out rs2 int,
                           Out rs3 int,Out rs4 int,Out rs5 int)
Begin
  Declare done Boolean Default True;
  Declare zdxl Char(1);
  Declare rs TinyInt(3);
  Declare cur1 Cursor For Select 最低学历,人数 From gwb;   /* 创建学历游标 cur1 */
  Declare cur2 Cursor For Select 最低学位,人数 From gwb;   /* 创建学位游标 cur2 */
  Declare continue handler for not found set done=false;
  Set rs1=0, rs2=0, rs3=0, rs4=0, rs5=0;
  If zrs=0 Then
    Open cur1;              /* 打开游标 cur1 */
    Fetch cur1 Into zdxl,rs; /* 获取游标 cur1 中的第 1 行数据,保存在 zdxl 和 rs 变量中 */
Else
    Open cur2;              /* 打开游标 cur2 */
    Fetch cur2 Into zdxl,rs; /* 获取游标 cur2 中的第 1 行数据,保存在 zdxl 和 rs 变量中 */
  End if;
  While done do             /* 成功获取游标中的数据 */
    Case zdxl               /* 判断最低学历的值,将招聘人事累加到对应的变量中 */
      When '1' Then Set rs1=rs1+rs;
      When '2' Then Set rs2=rs2+rs;
      When '3' Then Set rs3=rs3+rs;
      When '4' Then Set rs4=rs4+rs;
```

```
      When '5' Then Set rs5=rs5+rs;
    End Case;
    If zrs=0 Then Fetch cur1 Into zdxl,rs;     /* 获取游标 cur1 中的下一行数据 */
    Else Fetch cur2 Into zdxl,rs;              /* 获取游标 cur2 中的下一行数据 */
    End if;
  End While;
  If zrs=0 Then  Close cur1;                   /* 关闭游标 cur1 */
  Else Close cur2;                             /* 关闭游标 cur2 */
  End if;
  Set zrs=rs1+rs2+rs3+rs4+rs5;
End ##                                         /* 完整的存储过程结束符为## */
Delimiter;                                     /* 恢复 MySQL 语句结束标识为";" */
```

（4）输入最后一行内容，并按 Enter 键后，系统提示 Query OK,0 row affected(0.00sec)，表示存储过程创建完成。

10.5.2　调用存储过程

在程序、触发器或者其他存储过程的代码中均可以运行 Call 语句调用存储过程。

语句格式：

Call [数据库名.]<存储过程名>([实际参数 1 [,…]])

（1）当 Call 语句调用非当前数据库中的存储过程时，需要指定数据库名。

（2）当所调用的存储过程没有参数时，存储过程名后的一对圆括号不能省略。

（3）当存储过程有参数时，实际参数必须与形式参数个数相同。

（4）当形参方向选择为 In 时，对应的实参可以是常量、变量或表达式；当形参方向选择为 Out 或 InOut 时，实参只能是变量，在命令行应用中实参必须使用全局变量(@开头)。

【例 10-14】　在 MySQL 命令行中调用例 10-12 创建的 RCZP 数据库中的存储过程 evenwith，分别输出 1～10 和 1～100 的累加结果。

在 MySQL 提示符下依次输入如下命令：

```
Use RCZP;              --打开 RCZP 数据库使其成为当前数据库
Set @n1=10,@n2=100;    --设置全局变量 n1,n2 并分别赋值
Call  evenwith(@n1);   --调用存储过程 evenwith,计算@n1 的累加值并将结果存储于@n1 中
Call  evenwith(@n2);   --调用存储过程 evenwith,计算@n2 的累加值并将结果存储于@n2 中
Select @n1,@n2;        --显示@n1,@n2 的值,结果为 55,5050
```

【例 10-15】　在 MySQL 命令行中调用例 10-13 创建的存储过程 gwb_xl_rs，分别统计 gwb 中各学历及各学位招聘的总人数。

在 MySQL 命令行提示符"mysql>"后依次输入如下语句：

```
Use RCZP;                                              #选择 RCZP 为当前数据库
Set @zs=0;                                             #设置第一个实参的值
Call gwb_xl_rs(@zs,@rs1,@rs2,@rs3,@rs4,@rs5);          #调用存储过程统计各学历人数
Select @zs As 总数,@rs1 As 无学历,@rs2 As 专科, @rs3 As 本科,
@rs4 As 研究生, @rs5 As 博士;                           #显示统计结果
```

```
Set @zs=1;                                      #设置第一个实参的值,非零,用来统计学位人数
Call gwb_xl_rs(@zs,@rs1,@rs2,@rs3,@rs4,@rs5);   #调用存储过程统计各学位人数
Select @zs As 总数,@rs1 As 无要求,@rs2 As 学士, @rs3 As 双学士,
@rs4 As 硕士, @rs5 As 博士;                        #显示统计结果
```

调用存储过程及结果,如图 10-8 所示。

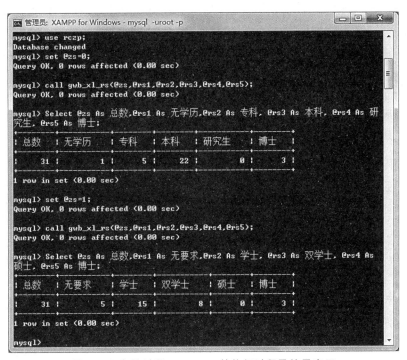

图 10-8　存储过程 gwb_xl_rs 的执行过程及结果窗口

10.5.3　删除存储过程

在 MySQL 中可以通过语句和可视化操作删除数据库中的存储过程。

1. 删除存储过程的语句

语句格式:

```
Drop Procedure [If Exists] <存储过程名>
```

语句中只需要给出存储过程名。删除存储过程前需要确认该存储过程没被其他存储过程、触发器或程序调用,否则会导致其他调用无法运行。

【例 10-16】　在 MySQL 命令行中,删除 RCZP 数据库中的存储过程 evenwith。

```
Use RCZP;
Drop Procedure if Exists evenwith;
```

2. 删除存储过程的操作

在 phpMyAdmin 中也可以删除存储过程:选定数据库名(如 RCZP),在"程序"选项卡中,单击要删除过程名所在行的"删除"选项和"确定"按钮。

10.6　存储函数设计

存储函数与存储过程类似,也是一组有序的 MySQL 语句集合,保存在数据库中,可以被程序和 MySQL 语句调用。存储函数与存储过程主要有如下 6 点差别。

(1)创建语句关键字不同。用 Create Procedure 语句创建存储过程,Create Function 语句创建存储函数。

(2)形式参数方向不同。存储过程参数需要用 In、Out 或 InOut 进行说明,省略方向说明时默认为 In;存储函数的参数不使用方向说明,所有参数均为输入参数(相当于存储过程中的 In)。

(3)有无返回值。存储过程没有返回值,存储函数必须有返回值,因此,在定义的存储函数名后使用 Returns 短语说明返回值类型。

(4)过程体内的代码限制。存储过程体内可以写游标有关的语句,但是,存储函数体内只能用 Select…Into…From 语句读取数据库中的数据。

(5)出口个数不同。存储过程体只有最后一个出口;存储函数体中可以有多条 Return(<表达式>)语句,即可能有多个出口。

(6)调用方法不同。用 Call 语句调用存储过程,通过 Out 或 InOut 形式参数与实参全局变量的对应关系带回多个值;在表达式中用调用系统函数的方法调用存储函数,存储函数只能带回一个值。

10.6.1　创建存储函数

通过 MySQL 语句和 phpMyAdmin 可视化数据库管理平台均可以创建存储函数。

1. 创建存储函数的可视化操作

操作方法与可视化创建存储过程类似,如图 10-7 所示,只是"类型"换为 FUNCTION;从增加的"返回类型"中选择函数返回值的数据类型等;最后单击"执行"按钮保存函数。

2. 创建存储函数的语句

语句格式:

```
Create  Function[<数据库名>.]<存储函数名>(
              [<形式参数名1><数据类型1>][,…])
     Returns <函数返回值数据类型>
     [Begin]
         <语句序列>
     [End]
```

创建存储函数语句与创建存储过程相似,相关项的含义也基本相同。函数体内必须用 Return(<表达式>)语句,表达式的值为函数的返回值,数据类型应与函数说明中 Returns 短语的类型一致。函数返回值可以是常量、变量、表达式或 Select 语句的查询结果,若用 Select 语句的结果作为返回值,则只能是一行且一列值。过程体中可以出现多条 Return(<表达式>)语句,通常用在分支语句结构中,某次调用函数只能执行一条 Return(<表达式>)语句,结束函数调用,返回一个值。

【例 10-17】　在 RCZP 库中创建存储函数 ypryb_lxdh,用于检索应聘人员的联系电话,其中参数为身份证号,函数返回值为应聘人员的固定电话及移动电话号码。

在 MySQL 命令行(如图 10-9 所示)分别输入如下语句并执行。

```
Use RCZP;                                          #打开 RCZP 数据库
Create Function ypryb_lxdh(SFZH CHAR(18)) Returns Varchar(40)
    Return (select concat(固定电话,'  ',移动电话) as 联系电话 From RCZP.ypryb
    Where 身份证号=SFZH);                          #创建存储过程 ypryb_lxdh
Select ypryb_lxdh('229901199503121538');          #调用存储函数查看结果
```

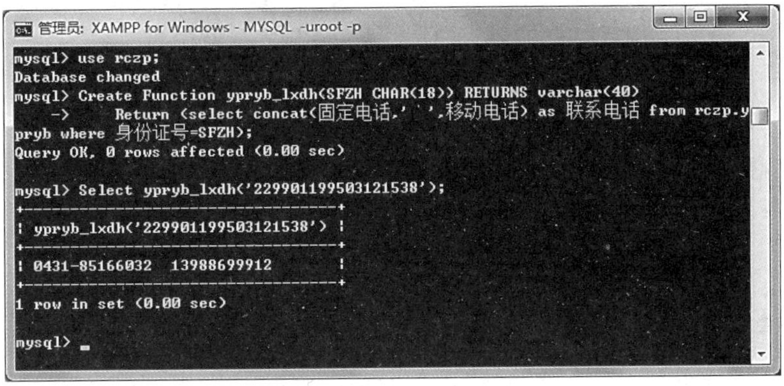

图 10-9　存储函数 ypryb_lxdh 的应用

ypryb 表中有"固定电话"(varchar(20))和"移动电话"(varchar(15))两个字段,函数要求只能有一个返回值,故返回值用 Concat()函数连接两个字段,两个电话号码间用空格分隔,类型及长度与函数中说明返回值的类型 VarChar(40)相匹配。

10.6.2　调用和管理存储函数

1. 调用存储函数

存储函数与系统函数的调用方法相同,存储函数调用通常出现在表达式中。所谓调用存储函数就是转去执行存储函数体中的语句,执行到 Return(<表达式>)语句后,返回到调用语句并带回函数的返回值。

调用格式:

```
<存储函数名>([<实际参数表>])
```

实际参数(实参)应该与定义存储函数时的形参一一对应,多个实参之间用","分隔。如果创建的存储函数没有形式参数,则调用时函数名后的一对圆括号不能省略。

2. 查看存储函数的语句

执行下列语句可以查看当前数据库中有哪些存储函数。

语句格式:

```
Show Function Status
```

执行下列语句查看存储函数的具体定义格式。

语句格式:

```
Show Create Function [<数据名>.]<存储函数名>
```

【例 10-18】　在 MySQL 命令行查看 RCZP 数据库中的存储过程及存储函数,显示存储函数 ypryb_lxdh 的定义语句。

```
Use RCZP;                              #打开 RCZP 数据库,使之成为当前数据库
Show Function Status;                  #查看当前数据库中有哪些存储函数定义
Show Procedure Status;                 #查看当前数据库中有哪些存储过程定义
Show Create Function ypryb_lxdh;       #查看存储函数 ypryb_lxdh 的定义语句
```

3. 删除存储函数的语句

用 Drop 语句可以删除存储函数,用法与删除存储过程相同。

语句格式:

```
Drop Function [If Exists][<数据库名>.]<存储函数名>
```

【例 10-19】　运行 Drop Function 语句删除存储函数 ypryb_lxdh。

```
Drop Function If Exists rczp.ypryb_lxdh;
```

10.7　触发器设计

触发器是一种与数据表关联的数据库对象,对关联表进行特定操作(也称事件,如更新、增加或删除数据记录)时,系统自动执行触发器的程序代码。例如,对 YPRYB 表设计更新数据(Update)触发器后,在更新 YPRYB 表中的数据时(可视化直接修改或执行 Update 语句),系统会自动执行触发器中的程序代码。

设计触发器的目的是确保在数据表中的数据发生变化前后,确保某些特殊操作(如数据备份、操作日志和数据校验等)能够得到及时实施,以便保证数据的一致性、完整性、正确性以及可维护性。

10.7.1　创建触发器

用户需要拥有 Trigger 权限才能创建或删除触发器。通过 MySQL 命令方式和 phpMyAdmin 可视化数据库管理平台均可创建触发器。

1. 创建触发器的可视化操作

(1) 在 phpMyAdmin 主页,选择当前数据库(如 RCZP)。

(2) 单击"触发器"选项卡的"添加触发器"按钮。在"添加触发器"窗口中设置参数,如输入"触发器名称"为 ypryb_update_backup,选择"表"为 ypryb,"时机"为 BEFORE,"事件"为 UPDATE。在"定义"框中编写代码,如图 10-10 所示,单击"执行"按钮。

2. 创建触发器的语句

语句格式:

```
Create Trigger[<数据库名>.]<触发器名>
    Before|After <事件名称>On <表名>For Each Row
[Begin]
    <语句序列>
[End]
```

相关项的含义如下。

图 10-10　触发器编辑窗口

（1）［数据库.］＜触发器名＞：在一个数据库中触发器名必须唯一，在当前数据库中添加触发器，可以省略"＜数据库名＞."选项。

（2）**Before｜After**：称为触发时机，规定在发生事件前（Before）或发生事件后（After）执行触发器的程序代码。

（3）事件名称：必须是 Insert、Update 或 Delete 事件之一。

- Insert：向数据表中增加记录存盘之前（Before）或之后（After）执行触发器的程序代码。
- Update：修改数据表中数据存盘之前（Before）或之后（After）执行触发器的程序代码。
- Delete：删除数据表中记录存盘之前（Before）或之后（After）执行触发器的程序代码。

（4）＜表名＞：要添加触发器的表名，必须是数据表，不能为临时表或视图。

（5）**For Each Row**：对每条操作记录都执行触发器的程序代码。

（6）程序代码：发生相关事件之前（Before）或之后（After）要执行的程序代码。如果仅需要一条语句，则可以省略 Begin 和 End；若程序含多条语句，则必须用 Begin…End 构建复合语句。

每个数据表都有 Insert、Update 和 Delete 三个事件，每个事件还有 Before 和 After 两个触发时机，因此，对每个表可以设计多达 6 个触发器。从触发器的角度来看，一个触发器只能关联一个数据表的一个事件及触发时机。

在触发器代码中可以使用别名为 Old 或 New 的虚拟表，名称不区分大小写。对 Insert 触发器，只能使用 New，存储要插入表中的数据记录；对 Delete 触发器，只能使用 Old，存储要被删除的数据记录；对 Update 触发器，可以同时使用 Old 和 New，其中 Old 存储操作前原表中的数据，New 存储更新后的数据。

【例 10-20】　在 RCZP 数据库中创建触发器 ypryb_update_backup。当修改 YPRYB 表中的任一记录时，触发器自动将更新前的记录内容进行备份，备份结果保存在 ypryb_bak 表（与 ypryb 同结构）中，同时在备份表 ypryb_bak 中记录更新记录时的日期时间值。

（1）创建备份表文件：在 MySQL 命令行依次输入如下语句并执行。

```
Use RCZP;                                      --打开 RCZP 数据库,使之成为当前数据库
Create Table If Not Exists ypryb_bak like ypryb;   --复制表结构
Alter Table ypryb_bak Add 时间 Datetime First;
      --在 ypryb_bak 表中添加时间字段,类型为 datetime,作为表中第一个字段
Alter Table ypryb_bak Drop Primary Key;   --删除 ypryb_bak 中的关键字
Alter Table ypryb_bak Add Primary Key(时间,身份证号);
                                          --为 ypryb_bak 表重新设定关键字
```

（2）创建触发器：通过触发器保存更新前的数据,选择触发事件为 Update,触发时机选择 Before,操作的表是 ypryb,其 Mysql 语句如下。

```
Create Trigger RCZP.ypryb_update_backup Before Update On RCZP.ypryb
   For Each Row Insert Into ypryb_bak Select Now(),ypryb.* From ypryb
   Where 身份证号=New.身份证号;
```

（3）测试触发器：执行 Update 语句修改 ypryb 表中的数据,查看触发器的执行效果。

```
Select * From ypryb Where 邮政编码="130012";     #浏览修改前 ypryb 中的数据
update ypryb Set 邮政编码="130018" where 邮政编码="130012";
      #将 ypryb 表中的所有邮政编码 130012 修改为 130018
Select * From ypryb Where 邮政编码="130018";     #浏览修改后的 ypryb 表中数据
Select * From ypryb_bak;       #浏览通过触发器备份的 ypryb_bak 表中数据
```

10.7.2　查看与编辑触发器

1. 查看触发器的可视化操作

在 phpMyAdmin 主页,选择当前数据库(如 RCZP),单击"触发器"选项卡的触发器行"编辑"按钮,进入触发器设计界面。修改内容后单击"执行"按钮,即可保存修改结果。

2. 查看触发器的语句

在 MySQL 命令行中,若需要查看触发器名称,可以使用 Show Triggers 语句。

语句格式：

```
Show Triggers [<From | in>数据库名]
```

【例 10-21】　在 MySQL 命令行客户端中查看 RCZP 数据库中的触发器定义。

```
Use RCZP;              #设置 RCZP 为当前数据库
Show Triggers;         #查看当前数据库中的触发器
```

10.7.3　删除触发器

当删除一个表时,会自动删除该表相关的触发器。此外,通过 MySQL 命令方式和 phpMyAdmin 可视化数据库管理平台均可以删除触发器。

1. 删除触发器的可视化操作

在 phpMyAdmin 主页,选定数据库名(如 RCZP)→"触发器"选项卡,在"触发器"信息框中单击要删除触发器(如 ypryb_Update_backup)行的"删除"按钮,在确认对话框中单击"确定"按钮。

2. 删除触发器的语句

语句格式：

```
Drop Trigger [If Exists][<数据库名>.]<触发器名>
```

【例 10-22】　删除 RCZP 数据库中 ypryb 表的 ypryb_Update_backup 触发器。

```
Use RCZP;                        #设置 RCZP 为当前数据库
Drop Trigger If Exists ypryb_Update_backup;
                                 #删除当前数据库中的 ypryb_update_backup 触发器
```

10.8　事件设计

事件是基于特定时间周期触发执行某些任务，例如，每星期或每月数据库的备份工作，依靠 MySQL 服务器中的事件调度器功能模块进行监控。事件调度器可以将事件的启动时间精确到秒，这对实时性要求较高的数据处理任务尤其实用。

10.8.1　开启事件调度器

使用事件调度器之前，需要在服务器端开启事件调度器，设置 Event_Scheduler 参数为 True 或 1。

1. 查看事件调度器的状态

运行下列语句可以查看事件调度器的状态。

语句格式：

```
Show Variables Like 'Event_Scheduler';
```

若显示 Event_Scheduler 的值为 Off，表示事件调度器处于关闭状态；若显示 Event_Scheduler 的值为 On，表示事件调度器处于开启状态。

2. 开启与关闭事件调度器

（1）运行下列语句可以开启或关闭事件调度器。

语句格式：

```
Set Global Event_Scheduler=1 或 0;
```

（2）在 MySQL 的配置文件 my.ini 中开启事件调度器，方法为单击 XAMPP 控制面板中 MySQL 行的 Config 按钮→my.ini，在"记事本"程序中查找[mysqld]项，在其下方增加如下语句行：

```
Event_Scheduler=1    或
Set Global Event_Scheduler=On
```

则每次启动 XAMPP 时，自动启动事件调度器。

10.8.2　创建事件

通过 MySQL 语句 Create Event 及 phpMyAdmin 可视化数据库管理平台都可以创建事件。

1. 创建事件的可视化操作

在 phpMyAdmin 主页,选择当前数据库(如 RCZP),单击"事件"选项卡的"添加事件"按钮,在"添加事件"窗口中,设置事件的有关信息,如输入"事件名称"为 ypryb_backup;选择"状态"为 ENABLED,"事件类型"为 RECURRING,"运行周期"为 1 WEEK 等。在定义框中输入事件代码,如图 10-11 所示,最后单击"执行"按钮。

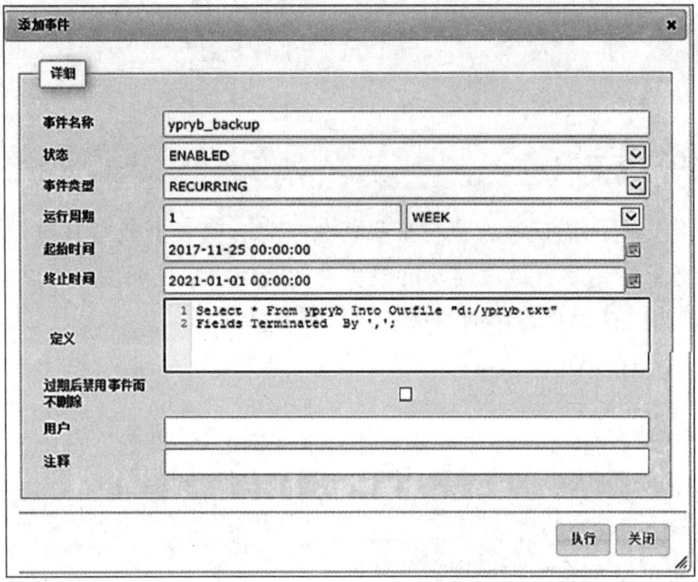

图 10-11　事件编辑窗口

2. 创建事件的语句

语句格式:

```
Create Event [If Not Exists] <事件名>On Schedule
    At <时间>[+Interval <时间间隔>]
    | Every <时间间隔>[Starts <开始时间>[+Interval <时间间隔>]]
    [Ends <结束时间>[+Interval <时间间隔>]]
    Do <语句序列>
```

相关项的含义说明如下。

(1) **<时间>**:表示触发事件的时间点。

(2) **<时间间隔>**:由数值与时间单位两部分组成。时间单位可以是 Year、Quarter、Month、Week、Day、Hour、Minute、Second、Year_month 或 Day_hour 之一。

(3) **Every**:表示每隔多长时间发生一次事件。

(4) **Starts**:指定起始时间。

(5) **Ends**:指定终止时间。

【例 10-23】 在数据库 RCZP 中创建 ypryb_backup 事件:从当前时间算起,2 分钟后备份一次 ypryb 表,之后每间隔 1 星期备份一次,备份文件以"ypryb"+<系统日期>+".txt"作为文件名存放到 D 盘根文件夹下,备份文件中的数据用逗号分隔,直到 2028 年 12 月 31日截止。

```
Delimiter $$                              --定义语句的结束标识
Create Event If Not Exists ypryb_backup
  On Schedule Every 1 Week
  Starts Curdate()+Interval 2 minute Ends '2028-12-31'
  Do
    Begin
      Set @SQL=concat("Select * From ypryb Into OutFile 'd:/ypryb",CurDate(),".
      txt'");
        --生成动态 SQL 语句,备份的文件名中包含当前日期
      Prepare Execsql From @SQL;       --预处理动态语句
      Execute Execsql;                 --执行预处理后的 SQL 语句
  End $$
  Delimiter;                           /* 恢复 MySQL 语句的结束标识为";" */
```

10.8.3　修改事件

1. 修改事件的可视化操作

在 phpMyAdmin 主页,选择当前数据库(如 RCZP),在"事件"选项卡中单击事件(如 ypryb_backup)行的"编辑"按钮。在"编辑事件"窗口编辑各项内容,最后单击"执行"按钮, 保存修改内容。

2. 修改事件的语句

语句格式:

```
Alter Event <事件名>[Rename To <新事件名>]
       [On Schedule At <时间>[+Interval <时间间隔>]
       |Every <时间间隔>[Starts <开始时间>[+Interval <时间间隔>]]
       [Ends <结束时间>[+Interval <时间间隔>]]]
       [Enable | Disable][Do <执行语句序列>]
```

Rename To <新事件名>短语为事件更改名称。Enable 短语启动事件,Disable 短语临时关闭事件。其他相关项含义同 Create Event 语句。

【例 10-24】 将事件 ypryb_backup 改名为 backup_ypryb。

```
Use rczp;                                        /* 打开 RCZP 数据库 */
Alter Event ypryb_backup Rename To backup_ypryb;    /* 事件改名 */
```

10.8.4　删除事件

1. 删除事件的可视化操作

在 phpMyAdmin 主页,选择当前数据库(如 RCZP),在"事件"选项卡中单击事件(如 backup_ypryb)行的"删除"→"确定"按钮。

2. 删除事件的语句

语句格式:

```
Drop Event [If Exists] <事件名>
```

If Exists 短语,只删除已有的事件,避免删除不存在的事件而引起错误。

【例 10-25】　删除事件 backup_ypryb。

```
Use rczp;          /* 打开 rczp 数据库 */
Drop Event If Exists backup_ypryb;
```

10.9　在动态网页中调用存储过程及函数

PHP 是设计动态网页的程序设计语言之一,在 PHP 操作(执行语句)MySQL 数据库管理系统及其对象(数据表、存储函数及存储过程)时,需要调用函数 MySQL_Connect() 连接数据库服务器;调用函数 MySQL_Select_DB() 选择要操作的数据库;调用函数 MySQL_Query() 发送 MySQL 语句;调用函数 MySQL_Fetch_Row() 返回操作结果;调用函数 MySQL_Close() 断开数据库服务器的连接。

10.9.1　PHP 调用存储函数

PHP 程序要操作 MySQL 数据库管理系统,需要向 MySQL 发送相关语句;要获取 MySQL 的操作结果,通常要发送 Select 语句。

【例 10-26】　在 PHP 中,调用 RCZP 库中的存储函数 ypryb_lxdh() 来查询身份证号为 229901199503121538 的应聘人员的联系方式,结果显示在浏览器页面中。

(1) **创建 PHP 文件**:启动 Dreamweaver,单击"文件"菜单→"新建"→"空白页"→PHP→"创建"按钮。

(2) **输入 PHP 程序代码**:在代码视图中 <Body> 与 </Body> 标签之间输入如下程序代码。

```
<?PHP
  $conn=MySQL_Connect('LocalHost','ywy','ywy211') or Die("数据库连接错误!!!");
        // 连接数据库服务器 LocalHost,用户名 ywy,密码 ywy211
        // 若连接失败,提示数据库连接错误并结束程序
  MySQL_Select_DB('RCZP',$conn);          // 选择 RCZP 数据库
  $sfzh='229901199503121538';             // 定义 PHP 变量$sfzh 并为其赋值
  $res=MySQL_Query("Select ypryb_lxdh($sfzh)",$conn);
                                          // 调用 MySQL_Query 发送语句
  $row=MySQL_Fetch_Row($res);
                              // 获取 MySQL_Query 函数的返回结果(保存在数组$row 中)
  Echo $sfzh." 的联系电话: ".$row[0];      // 输出结果
  MySQL_Close($conn);                     // 关闭数据库连接
?>
```

(3) **保存文件**:单击"文件"菜单→"保存"选项,输入文件名 EXP10_26,再单击"保存"按钮。

(4) **浏览页面效果**:单击文档工具栏中的"在浏览器中预览/调试"图标 →"预览在 IExplorer"选项,查看页面效果,如图 10-12 所示。

图 10-12　在 PHP 中调用 MySQL 存储函数

10.9.2　PHP 调用存储过程

在 PHP 程序中调用 MySQL 存储过程,除需要调用函数 MySQL_Query()向 MySQL 发送调用存储过程的 Call 语句和获取数据的 Select 语句外,可能还需要发送为实参变量赋值的 Set 语句。

【例 10-27】　在 PHP 中调用 RCZP 库中的存储过程 gwb_xl_rs,将各岗位要求的学历人数统计结果显示在页面中。

(1) 创建 PHP 文件:启动 Dreamweaver,单击"文件"菜单→"新建"→选择文档类型为"PHP"→"确定"按钮。

(2) 输入 PHP 程序代码:在代码视图中<Body>与</Body>标签之间输入如下程序代码。

```php
<?PHP
  $conn=MySQL_Connect('LocalHost','ywy','ywy211') or die("数据连接错误!!!");
          // 连接数据库服务器 LocalHost,用户名 ywy,密码 ywy211
          // 若连接失败则提示数据连接错误并结束程序
  MySQL_Select_DB('RCZP',$conn);              // 选择数据库 RCZP
  $res=MySQL_Query("Set @zs=0",$conn);        // 发送为实参全局变量 zs 赋值的语句
  $res=MySQL_Query("Call gwb_xl_rs(@zs,@r1,@r2,@r3,@r4,@r5)",$conn);
                                              // 发送调用存储过程的语句
  $res=MySQL_Query("Select @zs,@r1,@r2,@r3,@r4,@r5",$conn);
                                              // 发送 Select 语句,获取 MySQL 变量的值
  $row=MySQL_Fetch_Row($res);                 // 将结果保存于数组$row 中
  Echo '岗位表中各学历要求的人数统计: '.'<br>';  // 分别显示数组$row 中的内容
  Echo '总人数:'.$row[0].'<br>','无学历:'.$row[1].'人'.'<br>';
  Echo '大专:'.$row[2].'人'.'<br>',' 本科:'.$row[3].'人'.'<br>';
  Echo '硕士: '.$row[4].'人'.'<br>','博士:'.$row[5].'人'.'<br>';
  MySQL_Close($conn);
?>
```

(3) 保存文件:单击"文件"菜单→"保存"选项,输入文件名 EXP10_27,再单击"保存"按钮。

(4) 查看页面效果:单击文档工具栏中"在浏览器中预览/调试"图标 ⬤ →"预览在 IExplorer"选项,查看页面效果,如图 10-13 所示。

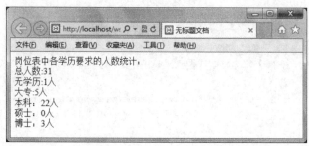

图 10-13　PHP 中调用 MySQL 存储过程

习题

一、填空题

1. 所谓过程式数据库对象就是将 ① 作为一种对象存储在服务器中,在 MySQL 中支持的过程式数据库对象包括 ② 、 ③ 、 ④ 和 ⑤ 等内容。

2. MySQL 中的复合语句用 ① 开始,用 ② 结束,中间可以书写 ③ 条语句。

3. 在存储过程体中使用 ① 语句声明局部变量,一条声明语句可以声明多个变量,但其 ② 及 ③ 必须相同。

4. 在 MySQL 过程体中使用关键字 ① 为声明的局部变量赋值,局部变量只在 ② 有效。变量名的第一个字母为 ③ 的变量称为全局变量,其存在于整个会话过程中。

5. 在 MySQL 过程体中获取表中一行数据可以使用 Select 语句,结果保存在 ① 中,其相应的短语格式是 ② ,语句的返回结果只能有 ③ 行数据。

6. 在 MySQL 过程体中获取表中多行数据可以使用 ① ,其是一个 Select 语句检索出来的 ② ,其只能出现在 ③ 或 ④ 中。

7. 声明游标的关键字是 ① ,打开游标的语句是 ② ,读取游标中的一行数据使用 ③ 语句,关闭游标的语句是 ④ 。

8. MySQL 程序设计中的分支语句有 ① 语句和 ② 语句。MySQL 中的循环语句有 ③ 、 ④ 和 ⑤ 语句。

9. 存储过程是一组为实现某特定功能的 ① ,实质是存放于 ② 中的程序对象,因此其具有提高执行效率、减少网络流量、确保数据库的安全性及完整性等一系列的优点。

10. 调用存储过程的语句是 ① 语句,调用存储过程时给出的参数称为 ② 或者 ③ ,其要求与定义存储过程时的 ④ 在个数、顺序上一一对应。

11. 存储函数的参数不需要方向说明,即不使用关键字 ① 、 ② 或 ③ 进行说明。存储函数需要使用 ④ 语句说明函数的返回值类型。

12. 触发器是一种与 ① 关联的数据库对象,当对一个表的操作出现特定的事件时将激活触发器,特定事件包括对表中数据执行 ② 、 ③ 或 ④ 语句。

13. 创建触发器的命令动词是 ① ,其触发时机的两个关键字分别是 ② 和 ③ ,与触发器相关联的表只能是 ④ ,不能是 ⑤ 或 ⑥ 。

14. 在 MySQL 客户端,查看一个数据库已有的触发器使用的命令是　①　,删除一个触发器使用的命令是　②　。

15. 事件是基于　①　触发执行某些任务,其依靠 MySQL 服务器中的　②　功能模块进行监控。激活事件需要在服务器端设置　③　参数为　④　或　⑤　,在 MySQL 配置文件　⑥　中设置参数 Set Global Event_Scheduler=On,则每次启动 XAMPP 时自动启动事件调度器。

二、单选题

1. 在 MySQL 过程体中能正确定义变量的语句是(　　)。

　　A. Declare x1 int(5,2) default 10.2　　　B. Declare x1 int(2),x2 char(6)

　　C. Declare x1 as int　　　D. Declare x1,x2 int(5) default 0

2. 在过程体中为局部变量赋值,下列语句正确的是(　　)。

　　A. x1=10　　　B. Set 10=x1

　　C. Set x1=10,x2=20　　　D. x1=10,x2=20

3. 在过程体中将 YPRYB 表中身份证号为 229901199503121538 的人员"姓名"和"移动电话"字段值保存到已经说明的局部变量 xm 和 yddh 中,下列语句正确的是(　　)。

　　A. Select 姓名,移动电话 into xm,yddh from ypryb where 身份证号="229901199503121538"

　　B. Select 姓名 To xm,移动电话 To yddh from ypryb where 身份证号="229901199503121538"

　　C. Select 姓名 Into xm,移动电话 Into yddh from ypryb where 身份证号="229901199503121538"

　　D. Select 姓名,移动电话 to xm,yddh from ypryb where 身份证号="229901199503121538"

4. 在 MySQL 过程体中打开游标 ypryxx,正确的语句格式是(　　)。

　　A. Use ypryxx　　　B. Create ypryxx　　　C. Open ypryxx　　　D. Fetch ypryxx

5. 在存储过程定义中,形参方向选择为 Out 或 InOut 时,实参只能是(　　)。

　　A. 常量　　　B. 变量　　　C. 表达式　　　D. 存储函数

6. 有存储过程 gwbtjrs,其有两个参数,下列存储过程调用正确的语句是(　　)。

　　A. Delimiter gwbtjrs with @n1,@n2　　　B. gwbtjrs(@n1,@n2)

　　C. Select gwbtjrs(@n1,@n2)　　　D. Call gwbtjrs(@n1,@n2)

7. 存储函数中的形参不需要方向说明,其所有参数均相当于(　　)。

　　A. Out　　　B. In　　　C. InOut　　　D. OutIn

8. 存储函数在函数名后必须使用语句(　　)说明函数的返回值类型。

　　A. End <类型说明>　　　B. Return <表达式>

　　C. Returns <类型说明>　　　D. Function <类型说明>

9. 在打开的 RCZP 数据库中删除存储函数 ypryb_lxdh,正确的命令格式是(　　)。

　　A. Drop Procedure ypryb_lxdh

　　B. Delete Procedure p7

　　C. Drop Function ypryb_lxdh

D. Delete Function ypryb_lxdh from RCZP

10. 在 MySQL 中创建触发器,用于向表中增加记录时检查数据的格式是否正确,则该触发器的触发时机应该选择关键字( )。

　　A. Insert　　　　　　B. After　　　　　　C. Trigger　　　　　D. Before

11. 删除 RCZP 数据库中的触发器 yprybinsert,正确的命令格式是( )。

　　A. Drop Trigger yprybinsert from RCZP

　　B. Drop Trigger RCZP.yprybinsert

　　C. Delete Trigger yprybinsert from RCZP

　　D. Alter Trigger Delete RCZP.yprybinsert

12. 在 MySQL 配置文件 my.ini 中启动事件调度器,相关语句需要书写在文件中( )选项下。

　　A. [MySQLSERVER]　　　　　　　　B. [MySQL]

　　C. [TRIGGER]　　　　　　　　　　D. [mysqld]

13. 将 MySQL 的结束标志修改为$$,下列语句正确的是( )。

　　A. Declare $$as End　　　　　　　B. Set End=$$

　　C. Delimiter $$　　　　　　　　　D. Dim $$

14. 关于语句"Alter Event table1 Rename To backup1;",下列说法正确的是( )。

　　A. 语句用于将 table1 表的名字修改为 backup1

　　B. 语句用于将 table1 表复制到 backup1 表中

　　C. 语句用于将 table1 事件备份到 backup1 事件中

　　D. 语句用于将 table1 事件的名字更改为 backup1

三、多选题

1. MySQL 中支持的过程式数据库对象有( )。

　　A. 事件　　　　　　B. 索引　　　　　　C. 触发器　　　　　D. 存储过程

　　E. 存储函数　　　　F. 属性

2. MySQL 语句中的注释格式有( )。

　　A. /* */注释　　　　B. --注释　　　　　C. ++ 注释　　　　　D. $$注释

　　E. #注释　　　　　　F. *注释

3. MySQL 的过程体中可以声明或定义变量的语句有( )。

　　A. Create　　　　　B. Declare　　　　　C. New　　　　　　D. Out

　　E. Set　　　　　　 F. Delimiter

4. 在 MySQL 过程体中获取表中数据,可以使用的语句有( )。

　　A. Select…Into 语句　　　　　　　B. Create…line 语句

　　C. New…Outfile 语句　　　　　　　D. Insert…Into 语句

　　E. Case…When　　　　　　　　　F. Fetch…Into 语句

5. 在 MySQL 过程体中常用的循环语句有( )。

　　A. While　　　　　B. Case…When　　　C. Repeat

　　D. Loop　　　　　 E. Do…While　　　　F. For…Next

6. 创建存储过程时,说明形参数据传递方向可以使用的关键字有( )。

A. Int　　　　　B. Out　　　　　C. In　　　　　D. Char

E. InOut　　　　F. Input

7. 定义存储过程中的形参时方向说明为 In,则调用该存储过程时,实参可以使用的形式有(　　)。

A. 常量　　　　　B. 变量　　　　　C. 表达式

D. 其他存储过程　E. Repeat 循环

8. 关于存储函数的返回值,下列说法正确的是(　　)。

A. 存储函数的返回值通过 Return 语句实现

B. 一个存储函数的过程体中可以有多个 Return 语句

C. 一条 Return 语句最多可以返回 7 个结果量

D. 若一个存储函数需要返回不同类型的数据,则可以通过在过程体中设置多个 Return 语句实现

E. Return 语句的返回值类型必须与存储函数 Returns 说明的类型相一致

9. 在 phpMyAdmin 主页中查看数据库中的存储函数,下列说法正确的是(　　)。

A. 首先应该单击选定 phpMyAdmin 主页导航面板中的数据库

B. 可以在"SQL"选项卡中输入"Show Function Status"语句查看存储函数名称

C. 可以在"SQL"选项卡中输入"Show Create Function <存储函数名>"语句查看存储函数的创建语句

D. 可以在"设计器"选项卡中修改数据库中的存储函数

E. 可以单击"程序"选项卡查看连接数据库中的存储函数及存储过程

10. 能够激活数据库中触发器的语句有(　　)。

A. Select 语句　　B. Insert 语句　　C. Create 语句　　D. Update 语句

E. Delete 语句　　F. Drop 语句

11. 在 MySQL 配置文件 my.ini 中启动事件调度器,其可以使用的语句有(　　)。

A. Event_Scheduler=1　　　　　　　B. Event_Scheduler=On

C. Default_Character_Set=utf8　　　 D. default_character_set=On

E. Set Global Event_Scheduler=On

12. 在 MySQL 中命令行客户端执行"Use RCZP;"语句后执行如下语句

```
Create Event If Not Exists bfsj On Schedule Every 10 Seconds
    Do Insert Into bf1(name) Values('abc');
```

下列说明中正确的有(　　)

A. 语句创建了一个名为 bfsj 的事件

B. 创建的事件保存在 RCZP 数据库中

C. 事件 10 秒后启动,运行后自动删除事件

D. 事件向 bf1 表中增加一条记录

E. 若 bfsj 已经存在,则创建命令出错

F. 事件指定的时间间隔是 10 秒

四、程序填空题

1. 在 MySQL 客户端创建一个存储过程 ypryb_cls_mm,用于清除给定身份证号对应人

员的密码。

```
Use RCZP;
  ①   $$
Create   ②   ypryb_cls_mm(in sfzh char(18))
   Begin
    ③   ypryb Set 密码='' Where 身份证号=sfzh
   End $$
```

2. 在 MySQL 客户端中设计存储函数 Found_Name,用于查询给定的名字在 ypryb 表中出现的次数。

```
Create   ①   found_name(xm Varchar(10))   ②
   Return (select count(姓名) From RCZP.ypryb Where   ③   );
```

3. 设计触发器 YPRYB_insert。当每次向 RCZP 库中 YPRYB 表插入一条记录后,用户变量@countrs 的值增 1。

```
Create   ①   RCZP.YPRYB_insert   ②   Insert On RCZP.YPRYB   ③
   Set @ countrs=   ④   ;
```

4. 设计 Insert_1Week 事件。从现在起,每周自动向 Logfile 表的 logtime 字段插入当前日期,直到 2030 年 12 月 31 日截止。

```
Create Event If Not Exists Insert_1Week   ①   Every 1 Week
   ②   curdate() Ends '2030-12-31'
    ③   Insert Into logfile(logtime) values(curdate())
```

五、思考题

1. 如何绘制程序控制结构的流程图?在 MySQL 存储过程中有哪些流程控制语句?

2. 什么是游标?在存储过程中读取游标数据的操作流程是什么?

3. 存储过程和存储函数有哪些相同点及不同点?如何查看数据库中定义的存储过程或存储函数?

4. 如何创建触发器?哪些 SQL 语句能够激活触发器?

5. 什么是事件?事件与触发器有哪些区别?

第11章 会 话 管 理

　　会话是指一个终端用户与系统进行通信的过程。访问 Web 网站时,一个会话是指浏览器程序打开一个网站的网页直至关闭该浏览器窗口的一段时间。一个会话期间,用户可以通过链接和表单提交等方式访问同一网站的多个网页。通常将服务器端管理同一用户发出的不同请求之间的关联称为维护会话。维护会话需要使用会话机制。

　　会话机制是一种面向连接的可靠通信方式,通常根据会话机制可以判断用户的身份和保存其他会话信息。例如,当用户在某购物网站成功登录以后,访问不同的网页,可以完成浏览商品、查看购物车和商品结算等操作。在同一个网站的多个网页之间切换时,保留用户身份信息,记录用户操作行为,都需要使用会话机制。

　　要充分利用会话机制解决网页之间的数据传递问题,在设计网络应用程序时,应该弄清楚下列问题。

　　(1) 会话机制的作用是什么? 有哪几种实现会话机制的技术? 各自的特点是什么?

　　(2) 网页之间为什么要传递数据? 如何利用会话机制实现数据传递?

　　(3) 如何设计和管理各种会话机制?

11.1　会话概述

　　访问 Web 网站时,浏览器通过 HTTP 协议访问每一个 Web 网页文件。而 HTTP 协议是一种无状态的协议,即 HTTP 协议无法维护同一个用户的两个事务之间的状态。当一个用户请求一个网页文件以后,再请求同一个 Web 网站的其他网页文件时,HTTP 协议不能识别这两个请求来自同一个用户,只能将两次请求作为相互独立的请求。

　　在同一个网站的多个网页之间进行切换时,不仅需要识别用户身份,还需要记录用户操作行为。在 HTTP 协议的基础上,目前有 Cookie 和 Session 两种技术,都通过在服务器端和客户端存储会话信息,拓展 HTTP 协议头部传递会话信息来管理会话,其中 Session 技术依存于 Cookie 技术。

1. Cookie 技术

　　基于 Cookie 技术的会话机制,由 Web 服务器启动会话,在客户端存储会话信息。进行会话时,客户端浏览器提取出会话信息,封装到 HTTP 协议头部并发送到 Web 服务器,Web 服务器通过接收会话信息识别用户身份。

　　虽然 Cookie 技术实现了会话机制,但是还存在以下缺陷。

（1）会话信息存储量小。由于会话信息全部保存在客户端,为了防止恶意攻击,浏览器对 Cookie 文件的个数和大小都做了限制,只保存少量会话信息。例如,IE11 限制每个 Cookie 文件大小不能超过 4KB,每个域(网站域名)至多创建 50 个 Cookie 文件。

（2）客户请求速度慢。每次 HTTP 请求都需要携带全部会话信息,降低了客户请求速度,增加了网络通信数据量。

（3）会话可能异常终止。维护会话依赖于客户端对会话信息的存储和发送。客户端系统的稳定性和安全性无法保证,可能因为系统死机等原因造成会话信息丢失或会话异常终止。

（4）会话信息不安全。将所有的会话信息存储在客户端,对网站应用系统有很大的安全隐患。Cookie 文件可能被窃取、篡改、复制和伪造,用户信息安全得不到保证。

（5）会话信息不能跨平台共享。由于会话信息全部保存在客户端,当用户使用不同客户端登录同一网站时,不能共享会话信息。

2. Session 技术

通常用 Session 技术弥补 Cookie 技术的缺陷,将绝大部分会话信息存储在服务器端,客户端用 Cookie 技术只存储会话标识符,并在会话期间将会话标识符发送至服务器端。用 Session 技术实现会话机制,有以下特点。

（1）会话信息存储量大。绝大多数会话信息保存在服务器端,信息量只受服务器外存储器空间的限制。

（2）客户请求速度快。客户端每次只需要在 HTTP 请求头部发送会话标识符,减少了网络通信数据量,加快了客户请求速度。

（3）系统稳定。会话在生命周期内由服务器端维护,服务器端有专用的软硬件设备保证系统稳定性,可以降低信息意外丢失的可能性。

（4）会话信息安全。绝大多数会话信息保存在服务器端,黑客只有侵入服务器才能窃取、篡改、复制和伪造会话信息。

3. Session 技术的缺陷

Session 技术进一步完善了会话机制,但是仍存在以下缺陷。

（1）客户端会话标识符的存储和发送依赖 Cookie 技术。客户端禁用 Cookie 时,需要使用其他技术传递会话标识符。

（2）绝大多数会话信息保存在服务器端,增加了服务器端存储设备的压力。

（3）大量用户并发访问服务器时,所有的会话信息都需要服务器进行维护,可能造成服务器端响应速度下降或死机现象。

11.2　Session 会话技术

由于 Cookie 会话技术具有会话信息存储量小、网络传输数据量大和安全性差等缺陷,目前大多数网站都使用 Session 会话技术。

使用 Session 会话技术,客户端浏览器需要启用 Cookie,服务器端需要设置会话参数和启动会话。启动会话有程序启动和系统自动启动两种方式。

11.2.1　Session 会话技术主要环节

Session 会话技术由服务器端启动会话并发送会话标识符（默认为 PHPSESSID）和值，在指定路径（系统默认是…\XAMMP\TMP\）创建以"sess_"＋"会话标识符值"命名的 Session 文件。在会话过程中，客户端需要保存并发送的会话信息仅是会话标识符和值，会话其他信息保存在服务器端的 Session 文件中。在 PHP 程序中可以使用超全局关联数组获取会话信息。

1. 设置 Session 会话参数

通过修改 Apache 服务器的 PHP.INI 文件设置 Session 会话参数，与 Session 会话相关的选项如下。

（1）Session.Use_Cookies：指定客户端是否使用 Cookie 技术保存会话标识符，默认值为 1，表示使用 Cookie 保存会话标识符。

（2）Session.Name：指定会话标识符名，默认值为 PHPSESSID。

（3）Session.Cookie_LifeTime：指定会话标识符在客户端的过期时间，单位为秒。默认值为 0，表示会话标识符生命周期为一次浏览器会话，关闭浏览器窗口时注销；当值大于 0 时，会话标识符保存在客户端硬盘中，过期时注销。

（4）Session.GC_MaxLifeTime：指定会话信息在服务器端的过期时间，单位为秒，过期时注销。

（5）Session.Save_Path：指定会话信息在服务器端的存储路径，默认值为 XAMPP 安装路径下的 Tmp 目录。

（6）Session.Auto_Start：指定是否自动启动会话，默认值为 0，表示不自动启动会话；当值为 1 时，系统自动启动会话。

（7）Session.GC_Probability 和 Session.GC_Divisor：指定服务器端每次调用 Session_Start 函数或自动启动会话时，启动垃圾回收进程的概率。垃圾回收进程用于扫描并删除会话信息存储路径下所有的过期会话文件，启动概率＝Session.GC_Probability /Session.GC_Divisor。例如 Session.GC_Probability 指定为 1，Session.GC_Divisor 指定为 10，表示服务器端每次调用 Session_Start 函数或自动启动会话时，有 10％的概率启动垃圾回收进程。

2. 启动 Session 会话

有如下两种方式启动会话。

（1）程序启动会话方式：客户端通过表单网页等向服务器提交信息（如身份证号和密码等），由服务器验证信息正确性，并确定是否需要启动会话。如果需要启动会话，则服务器端调用启动会话函数，将值唯一的会话标识符通过 HTTP 响应头部发送给客户端，并在指定文件夹中创建以"sess_"＋"会话标识符"命名的 Session 文件。客户端浏览器收到会话标识符后，使用 Cookie 技术将会话标识符存储到本地，完成启动会话。

（2）系统自动启动方式：服务器在第一次响应客户端请求时自动启动会话。

3. 获取 Session 会话信息

如果会话信息存在，客户端向服务器发送请求时，将会话标识符和值添加到 HTTP 请求头部，服务器根据收到的会话标识符值找到本地对应的 Session 文件，并从文件中取出会话的其他信息，恢复会话状态。

4. 新增或修改 Session 会话信息

服务器端将需要新增或修改的会话信息存储到对应的 Session 文件中。

5. 注销 Session 会话信息

以下三种情况将注销会话。

(1) 当会话生命周期为一次浏览器会话时,客户端关闭浏览器窗口。

(2) 当会话生命周期为长期时,会话过期。

(3) 在程序中调用 PHP 相关函数。

Session 技术通常用于保存会话过程中频繁使用的身份和登录状态等信息。例如,用户登录网站时,系统可以通过查询数据库表获取用户身份、系统访问和操作权限等信息。如果每次网页跳转都需要查询数据库表,则会增加数据库的负担,此时可以使用 Session 技术保存有关信息。

11.2.2 程序启动 Session 会话

启动会话时创建会话标识符,在 PHP 程序中通过调用函数可以创建、设置和获取会话标识符。

1. 程序启动 Session 会话

在系统默认状态下,PHP.INI 文件中 Session.Auto_Start 选项的值为 0,表示不自动启动会话,此时需要在 PHP 程序中调用 Session_Start 函数启动会话。

函数格式:

```
Session_Start()
```

在程序启动会话方式下,每个使用 Session 会话技术的 PHP 程序文件中都必须调用 Session_Start 函数(仅一次)启动会话,创建和装载会话超全局关联数组 $_SESSION,执行成功后函数返回逻辑值 True。在系统启动会话方式下,PHP 程序中不能调用该函数。

Session_ID 和 Session_Start 函数配合,可以在创建会话时自定义会话标识符,用户登录某网站首次调用 Session_Start 函数时,如果没有调用 Session_ID 函数设置自定义会话标识符,则系统自动分配会话标识符(与系统启动会话方式相同)。

在每次(包括首次)调用 Session_Start 函数时,如果对应的会话标识符在 Web 服务器中不存在,则系统自动产生会话文件(系统默认是…\XAMMP\TMP\SESS_<会话标识符>),创建空的超全局关联数组 $_SESSION;如果对应的会话标识符在 Web 服务器中已经存在,则用会话文件的内容装载超全局关联数组 $_SESSION,继承之前会话的相关信息。

在每个调用 Session_Start 函数的 PHP 程序文件中,都可以定义超全局关联数组 $_SESSION 中的元素、改变或引用元素的值,实现向其他 PHP 程序文件传输数据或接收其他 PHP 程序文件传来的数据。

2. 设置和获取 Session 会话标识符

每个 Session 会话都有会话标识符,系统默认会话标识符为 PHPSESSID,可以在 PHP.INI 中修改。只要 PHP 程序中会话标识符相同,它们就对应同一个会话超全局关联数组 $_SESSION,由此可以实现多个会话之间的数据传递。在程序启动会话方式下,调用 Session_ID 函数可以自定义会话标识符。

函数格式：

```
Session_ID([自定义会话标识符])
```

调用该函数时返回当前的会话标识符，当前还没有启动会话时，函数的返回值为空串（长度为 0）。如果调用此函数时有参数，则为会话自定义标识符。

会话标识符在客户端以字符形式保存在存储器中，当访问相应网站时，客户端向服务器发送会话标识符；会话标识符在服务器端作为文件名的一部分，当服务器收到客户端发送的会话标识符时，查找相应文件，取出会话的相关信息。

以人才招聘网站为例，如果两个用户使用相同的自定义会话标识符，则他们共享服务器端同一会话文件的内容，实现了多用户共享会话信息。

自定义会话标识符需要调用 Session_ID 函数后再调用 Session_Start 函数启动会话。

【例 11-1】 在服务器端人才招聘网站目录下，新建登录网页 Login11_1.PHP、登录验证网页 LoginCheck11_1.PHP 和主网页 Index11_1.PHP。用户在登录时，可以选择是否保存登录信息；登录验证时，将身份证号作为会话标识符；访问主网页时，可以使用不同的客户端计算机共享会话信息，如果服务器端已保存登录信息，则直接登录并显示会话信息；如果服务器端未保存登录信息，则仅显示登录网页的链接。

在配置文件 PHP.INI 中设置：

```
Session.Use_Cookies=1;              //指定客户端使用 Cookie 技术保存会话标识符
Session.Cookie_LifeTime=864000;     //指定会话标识符在客户端的生命周期为一天
Session.GC_MaxLifeTime=86400;       //指定会话信息在服务器端的生命周期为一天
```

保存设置后，重启 Apache 服务。

设计 Login11_1.PHP 网页程序代码如下。

```
<HTML><Head><Meta Content="CharSet=utf-8"><Title>用户登录</Title></Head>
<Body><Center>用户登录
<Form Name="loginForm11_1" Method="Post" Action="LoginCheck11_1.PHP">
<Table Width="440" Border="1" CellSpacing="0" CellPadding="1">
    <TR Align="Center"><TD>身份证号</TD>
      <TD><Input Name="SFZH" Type="Text" Size="18" ></TD></TR>
    <TR Align="Center"><TD>密码</TD>
      <TD><Input Name="PassWord" Type="PassWord" Size="18" ></TD></TR>
    <TR Align="Center"><TD>保存登录信息</TD>
      <TD><Input Type="Radio" Name="Remember" Value="1"  Checked>是
      <Input Type="Radio" Name="Remember" Value="2" >否</TD></TR>
    <TR Align="Center">
      <TD ColSpan="2" ><Input Type="submit" Name="Button" Value="提交"></TD>
</TR>
</Table></Form></Center></Body></HTML>
```

LoginCheck11_1.PHP 网页程序代码如下。

```
<?PHP
$SFZH=$password="";
$remember=0;
If(!Empty($_POST['SFZH']))$SFZH=$_POST['SFZH'];    //获取 Login11_1 中 SFZH 的值
If(!Empty($_POST['PassWord']))$password=$_POST['PassWord'];
                                                   //获取 PassWord 的值
```

```
$fwq=MySQL_PConnect("LocalHost","ywy", "ywy211");
MySQL_Select_db('RCZP',$fwq);
MySQL_Query("Set Names 'utf8'");
$sql="Select 姓名 From ypryb where 身份证号='".$SFZH."' and 密码='".$password."'";
                        //将提交的身份证和密码作为筛选条件,验证用户身份
$rs=MySQL_query($sql,$fwq) or die(MySQL_Error());
If(mysql_num_rows($rs)!=0)        //返回数据记录,验证通过
{  If($_POST['Remember']==1)      //如果选择"保存登录信息"
   { Session_ID("$SFZH");         //设置会话标识符为身份证号
     Session_Start();         //启动以身份证号为标识符的会话,创建或装载数组$_SESSION
     $row=MySQL_Fetch_Assoc($rs);
     If(!Isset($_SESSION['SFZH'])) $_SESSION['SFZH']=$SFZH;      //保存身份证号
     If(!Isset($_SESSION['PassWord'])) $_SESSION['PassWord']=$password;
                            //保存密码
     If(!Isset($_SESSION['UserName'])) $_SESSION['UserName']=$row["姓名"];
                            //存姓名
     If(!Isset($_SESSION['LoginNumber'])) $_SESSION['LoginNumber']=0;
                            //存登录次数
   }
   Echo '<a href="Index11_1.PHP">登录成功,单击跳转到主网页。</a>';
}
Else Echo '<a href="Login11_1.PHP">登录失败,单击跳转到登录网页。</a>';?>
<HTML><Head><Meta CharSet="utf-8"><Title>登录验证</Title></Head>
<Body></Body></HTML>
```

Index11_1.PHP 网页程序代码如下。

```
<HTML><Head><Meta HTTP-Equiv="Content-Type" Content="Text/HTML;
   CharSet=utf-8"/>
<Title>人才招聘网!</Title></Head>
<Body><Center><H1>人才招聘</H1>
<P><A Href="ZPGW.PHP " Target="_self">招聘岗位信息</A>
<A Href="Login11_1.PHP" Target="_self" >个人应聘信息查询</A>
<A Href="../BBS/Index.PHP" Target="_self" >人才招聘论坛</A></P>
<?PHP
Session_Start();
If(Isset($_SESSION['UserName']))                    //判断是否已保存会话信息用户名
{ Echo '<A Href="Logout11_5.PHP" Target="_self" >注销</A>','<br>';
  Echo '用户名: '.$_SESSION['UserName'],'<br>';      //显示会话信息用户名
}
If(Isset($_SESSION['LoginNumber']))
{ $_SESSION['LoginNumber']=$_SESSION['LoginNumber']+1;   //会话信息登录次数增加1
  Echo '登录次数: ',$_SESSION['LoginNumber'],'<br>';      //显示会话信息登录次数
  $loginNumber='Log'.$_SESSION['LoginNumber'];
  $_SESSION["$loginNumber"]=Time();          //注册会话数组元素,保存本次登录时间
  Echo '历史登录时间:','<br>';
  for($i=1;$i<=$_SESSION['LoginNumber'];$i++)
  Echo $i,':',date('Y-m-d H:i:s',$_SESSION['Log'.$i]),'<br>';
                                    //循环输出用户所有的登录时间
}
Else Echo '<A Href="Login11_1.PHP" Target="_self" >请先登录</A>';
                                    //未保存会话信息,显示登录网页链接
?></Center></Body></HTML>
```

登录并查看会话信息，步骤如下。

（1）使用浏览器打开登录网页 Login11_1，输入身份证号和密码，保存登录信息选择"是"，单击"提交"按钮，浏览效果如图 11-1 所示。

（2）单击登录验证网页 LoginCheck11_1 中的链接"登录成功，单击跳转到主网页"跳转到主网页，再次刷新主网页后，主网页中显示会话信息，浏览效果如图 11-2 所示。

图 11-1　用户登录网页　　　　　　　　图 11-2　主网页显示会话信息

（3）用"记事本"程序打开客户端计算机 C：\Users\Administrator\AppData\Local\Microsoft\Windows\Temporary Internet Files 路径下（Administrator 是当前 Windows 用户名）的 Cookie：administrator@localhost 文件，查看客户端保存的会话信息，如图 11-3 所示。

（4）用"记事本"程序打开服务器的 …\XAMMP\TMP\ 路径下的文件 sess_229901199503121538，查看服务器端保存的会话信息，如图 11-4 所示。

图 11-3　客户端保存的会话信息　　　　图 11-4　服务器端保存的会话信息

服务器端以"变量名|数据类型：长度：值"的格式保存会话信息，会话信息生命周期在 PHP.INI 文件中统一定义。由于会话信息全部保存在服务器端，例 11-1 中自定义会话标识符为身份证号，同一用户在不同客户端登录时，将共享会话信息。

【例 11-2】　在程序启动会话的前提下，设计人才招聘网页 Index11_2.PHP，输出网页最近访问时间和访问总次数，浏览效果如图 11-5 所示。

图 11-5　主网页显示会话信息

Index11_2.PHP 网页程序代码如下。

```
<HTML><Head><Meta HTTP-Equiv="Content-Type" Content="Text/HTML; CharSet=utf
-8"/>
<Title>人才招聘网!</Title></Head><Body>
<H1>人才招聘</H1>
<P><A Href="ZPGW.PHP " Target="_self">招聘岗位信息</A>
<A Href="Login11_3.PHP" Target="_self" >个人应聘信息查询</A>
<A Href="../BBS/Index.PHP" Target="_self" >人才招聘论坛</A></P>
<?PHP
Session_ID('RCZP');           //访问者都用相同的会话标识符 RCZP,以便共享会话信息
Session_Start();              //启动以 RCZP 为标识符的会话,创建或装载数组$_SESSION
If(!Isset($_SESSION['访问总次数'])) $_SESSION['访问总次数']=0;
$_SESSION['访问总次数']=$_SESSION['访问总次数']+1;
If(Isset($_SESSION['最近访问时间']))
Echo '最近访问时间: ',$_SESSION['最近访问时间'],'<br>';
Echo '访问总次数: ',$_SESSION['访问总次数'],'<br>';
Date_Default_TimeZone_Set('PRC');            //设置北京时间
$_SESSION['最近访问时间']=Date("Y-m-d h:i:s");
?></Body></HTML>
```

访问此网页时,如果 Web 服务器中没有文件 SESS_RCZP(系统默认路径是…\
XAMMP\TMP\),则系统自动创建该会话文件,在一段时间内(时间长短取决于 Web 服务
器设置的会话生命周期),所有用户可以访问该文件,装载、修改和引用超全局关联数组
$_SESSION 中的元素$_SESSION['访问总次数']和$_SESSION['最近访问时间'],实现数
据传递。

单击"招聘岗位信息"链接执行 ZPGW.PHP 时,调用 Session_Start 函数,启动以 RCZP
为标识符的会话,装载超全局关联数组$_SESSION,ZPGW 网页,如图 11-6 所示。

图 11-6   招聘岗位网页显示会话信息

ZPGW.PHP 程序代码如下。

```
<?PHP
Session_Start();
//启动以 RCZP 为标识符的会话
Echo '本次登录时间: ',$_SESSION['最近访问时间'],'<br>';    //接收其他程序传输的数据
$fwq=MySQL_PConnect("LocalHost","ywy", "ywy211");
MySQL_Select_db('RCZP', $fwq);
MySQL_Query("Set Names 'utf8'");
```

```
$sql="Select 岗位编号,岗位名称,
    ELT(最低学历,'无','专科','本科','研究生','博士') As 学历要求,
    ELT(最低学位,'无','学士','双学士','硕士','博士') As 学位要求,
    人数,年龄上限,年薪,笔试成绩比例,笔试日期,聘任要求,公司名称 From gwb";
$rs=MySQL_query($sql,$fwq) or die(MySQL_Error());
$row=MySQL_Fetch_Assoc($rs); ?>
<HTML><Head>
<Meta HTTP-Equiv="Content-Type" Content="Text/HTML; CharSet=utf-8" />
<Title>人才招聘岗位信息发布</Title></Head><Body>
<Table Border="1"><Caption Style="Font-Size:24px">人才招聘岗位信息表</Caption>
<TR><TH>岗位编号<TH>岗位名称<TH>学历要求<TH>学位要求<TH>人数<TH>年龄上限<TH>
年薪
    <TH>笔试成绩比例<TH>笔试日期<TH>聘任要求<TH>公司名称</TR>
<?PHP do { ?>
    <TR><TD><?PHP Echo $row['岗位编号']; ?><TD><?PHP Echo $row['岗位名称']; ?>
    <TD><?PHP Echo $row['学历要求']; ?><TD><?PHP Echo $row['学位要求']; ?>
    <TD><?PHP Echo $row['人数']; ?><TD><?PHP Echo $row['年龄上限']; ?>
    <TD><?PHP Echo $row['年薪']; ?><TD><?PHP Echo $row['笔试成绩比例']; ?>
    <TD><?PHP Echo $row['笔试日期']; ?><TD><?PHP Echo $row['聘任要求']; ?>
    <TD><?PHP Echo $row['公司名称']; ?></TR>
<?PHP} While($row=MySQL_Fetch_Assoc($rs)); ?>
</Table></Body></HTML>
```

为了在 Index11_2.PHP 中通过链接能正常执行 Login11_3.PHP 和 SBKH.PHP,还需要将这两个程序中的代码"//Session_Start()"改为"Session_Start();",即,删掉注释标记(//),使之能通过程序启动标识符为 RCZP 的会话。

11.2.3　系统启动 Session 会话

PHP.INI 文件中 Session.Auto_Start 选项值为 1,表示系统自动启动 Session 会话。当用户首次访问某网站时,Web 服务器自动为该用户分配会话标识符、创建会话文件和启动会话。此后,在会话生命周期内,用户访问该网站时都使用此会话标识符,即可以注册、修改和引用同一个超全局关联数组 $_SESSION 中的元素,以便实现 PHP 程序之间的数据传递。

如果使用了系统自动启动会话,不能在程序中调用 session_start 函数,但是仍然可以使用 Session_ID 函数设置会话标识符。

【例 11-3】　在系统启动会话的前提下,设计应聘人员登录网页 Login11_3.PHP,验证身份证号和密码正确后,通过链接跳转到 SBKH.PHP 网页,查看本人申报岗位及考核信息。

Login11_3.PHP 程序代码如下。

```
<HTML><Head><Meta HTTP-Equiv="Content-Type" Content="Text/HTML; CharSet=utf-8"/>
<Title>应聘人员登录</Title></Head>
<Body>
<Form Name="LoginF" Method="Post" Action="">
    <P>身份证号:<Input Name="sfzh" Type="Text"/><P/>
    <P>密码:<Input Name="mm" Type="PassWord" /><P/>
    <P><Input Type="Submit" Name="dl" Value="登录"/></P></Form>
```

```
<?PHP
If(Isset($_POST['dl']))
{  $sfzh=$_POST['sfzh'];
   If(StrLen(Trim($sfzh))<18) Die('身份证号太短!');
   $mm=$_POST['mm'];
   //Session_Start();                           /* 系统自动启动会话,不再需要程序启动会话 */
   $conn=MySQL_PConnect("LocalHost","ywy", "ywy211");  //连接服务器
   If(!$conn) Die("连接数据库失败: ".Mysql_Error());
   MySQL_Select_DB('rczp', $conn);                        //选择数据库
   MySQL_Query("Set Names 'utf8'");
   $sql="Select 姓名 From ypryb Where 身份证号='$sfzh' and 密码='$mm'";
                                                //检验身份证号及密码是否正确
   $rs=MySQL_Query($sql,$conn) or Die(mysql_error());
   If($result=MySQL_Fetch_Assoc($rs))             //记录集非空,则登录成功
   {  $_SESSION['身份证号']=$sfzh;                //注册会话数组元素,保存身份证号
      $_SESSION['姓名']=$result['姓名'];          //注册会话数组元素,保存姓名
      $_SESSION['密码']=$mm;                      //注册会话数组元素,保存密码
   }
   Else Die($sfzh.':登录失败!');
   Echo $_SESSION['姓名'],',欢迎您访问人才招聘网!<br>';
   Echo '可以查看本人<A href="SBKH.PHP">申报考核</A>信息';
} ?></Body></HTML>
```

程序中注册$_SESSION['身份证号']和$_SESSION['姓名'] 两个超全局关联数组元素,用于向 SBKH.PHP 中传递数据。

Login.PHP 中通过链接(<A href="SBKH.PHP">申报考核</A>)执行 SBKH.PHP 时,引用了$_SESSION['身份证号']和$_SESSION['姓名']两个元素,SBKH.PHP 程序代码如下。

```
<?PHP
//Session_Start();                           /* 系统启动会话,不再需要程序启动会话 */
$fwq=MySQL_PConnect("LocalHost","ywy", "ywy211");
MySQL_Select_DB('rczp', $fwq);
MySQL_Query("Set Names 'utf8'");
$sfzh=$_SESSION['身份证号'];          //引用超全局关联数组元素身份证号的值
$sql="Select 岗位编号, 岗位名称,If(资格审核,'通过','未过') As 资格,笔试成绩,
            面试成绩 From GWB Natural Join GWCJB ";
$sql=$sql." Where 身份证号='$sfzh'";
$rs=MySQL_Query($sql,$fwq) or die(mysql_error());
$row=MySQL_Fetch_Assoc($rs);   ?>
<HTML><Head><Meta HTTP-Equiv="Content-Type" Content="Text/HTML; CharSet=utf
-8" />
<Title>个人申报信息</Title></Head>
<Body><Center><Table Border-"1"><Caption style="Font-Size:24px">
<?PHP Echo $_SESSION['姓名'];          //引用超全局关联数组元素姓名的值
?>
本人申报考核信息表</Caption>
<TR><TH>岗位编号<TH>岗位名称<TH>资格<TH>笔试成绩<TH>面试成绩</TR>
<?PHP do { ?>
        <TR><TD><?PHP Echo $row['岗位编号']; ?>
        <TD><?PHP Echo $row['岗位名称']; ?>
        <TD><?PHP Echo $row['资格']; ?>
```

```
        <TD><?PHP Echo $row['笔试成绩']; ?>
        <TD><?PHP Echo $row['面试成绩']; ?></TR>
<?PHP} While($row=MySQL_Fetch_Assoc($rs)); ?>
</Table></Center></Body></HTML>
```

SBKH 网页浏览效果如图 11-7 所示。

图 11-7　申报考核网页显示会话信息

【例 11-4】　将例 11-3 改成以系统或程序启动会话方式都能正常运行的程序，当用程序启动会话方式时，以应聘人员的身份证号为会话标识符值，以便此应聘人员多次访问该 Web 服务器时都使用同一个会话，减少通过数据库验证其身份的次数。

改进 Login11_3.PHP 后的 Login11_4.PHP 程序代码如下。

```
<HTML><Head><Meta HTTP-Equiv="Content-Type" Content="Text/HTML;
    CharSet=utf-8"/>
<Title>应聘人员登录</Title></Head>
<Body><Form Name="LoginF" Method="Post" Action="">
<P>身份证号:<Input Name="sfzh" Type="Text"/><P>
<P>密码:<Input Name="mm" Type="PassWord" /><P>
<P><Input Type="Submit" Name="dl" Value=" 登录"/></P></Form>
<?PHP
If(Isset($_POST['dl']))
{ $sfzh=$_POST['sfzh'];
  If(StrLen(Trim($sfzh))<18) Die('身份证号太短!');
  $mm=$_POST['mm'];
    //增加的代码段
  If(StrLen(Session_ID())==0)           //分析是系统或程序启动会话方式
  { Session_ID($sfzh);                  //程序启动会话方式,设置身份证号为会话标识符
    Session_Start();                    //启动以身份证号为标识符的会话
  }
  If(!Isset($_SESSION['身份证号']) Or !Isset($_SESSION['密码']) Or
       $_SESSION['身份证号'] !=$sfzh Or $_SESSION['密码'] !=$mm)
  { //系统启动会话方式、首次登录或更换密码,要连接服务器检验,增加代码结束
    $conn=MySQL_PConnect("LocalHost","ywy", "ywy211"); //连接服务器
    If(!$conn) Die("连接数据库失败: ".Mysql_Error());
    MySQL_Select_DB('rczp', $conn);                      //选择数据库
    MySQL_Query("Set Names 'utf8'");
    //检验身份证号及密码是否正确
    $sql="Select 姓名 From ypryb Where 身份证号='$sfzh' and 密码='$mm'";
    $rs=MySQL_Query($sql,$conn) or Die(mysql_error());
    If($result=MySQL_Fetch_Assoc($rs))   //记录集非空,则登录成功
    { $_SESSION['身份证号']=$sfzh;         //注册会话数组元素,保存身份证号
      $_SESSION['姓名']=$result['姓名']; //注册会话数组元素,保存姓名
      $_SESSION['密码']=$mm;              //注册会话数组元素,保存密码
    }
    Else Die($sfzh.':登录失败!');
  }    //增加大括号
```

```
Echo $_SESSION['姓名'],',欢迎您访问人才招聘网!<br>';
Echo '可以查看本人<A href="SBKH.PHP">申报考核</A>信息';
} ?></Body></HTML>
```

除了修改 Login11_3.PHP 中的代码外,还要将 SBKH.PHP 中的代码"//Session_Start()"
改为:

```
If(StrLen(Session_ID())==0) Session_Start()
```

其中,Session_ID 函数的返回值为空串(长度为 0)表示需要用程序启动会话方式,调用
Session_Start 函数启动会话。

11.2.4 注销 Session 会话及会话元素

使用 Session 技术将用户会话信息保存在 Web 服务器中,可能存在个人信息泄漏等安
全隐患,因此,通常要注销(删除)PHP 程序中暂时不用的会话信息。在 PHP 程序中,注销
会话信息有注销会话元素和注销会话两种方法。

1. 注销会话元素

在 PHP 程序中调用 Unset 函数可以注销超全局关联数组$_SESSION 中的某个元素。
函数格式:

```
Unset($_SESSION[元素下标])
```

例如,在 Login11_4.PHP 中"}?>"之前加语句 Unset($_SESSION['身份证号']),
将注销$_SESSION['身份证号']元素,从 Web 服务器中删除身份证号信息。在浏览器中执
行 Login11_4.PHP 时,单击"申报考核"链接将出现"Undefined index:身份证号"出错
信息。

清空$_SESSION,可以一次性注销$_SESSION 中的全部元素,但仍然保留会话标识符
及$_SESSION,例如,执行$_SESSION=Array()。

2. 注销会话
函数格式:

```
Session_Destroy()
```

在 PHP 程序中调用 Session_Destroy 函数可以注销会话,其中包括会话标识符、$_
SESSION 数组及其 Web 服务器中对应的文件。当然,可以调用 Session_Start 函数,再启
动另一个新会话。

【例 11-5】 在服务器端人才招聘网站目录下新建 Logout11_5.PHP,注销会话信息。
Logout11_5.PHP 网页程序代码如下。

```
<?PHP
SetCookie("PHPSESSID","",Time()-1);        //通知客户端注销会话标识符 PHPSESSID
Session_Start();
Session_Destroy();                         //服务器端注销会话,删除所有会话信息
?>
<HTML><Head><Meta CharSet="utf-8"><Title>注销</Title></Head>
<Body><Center><a href="Index11_1.PHP">注销成功,单击跳转到主网页。</a>
</Center></Body></HTML>
```

使用浏览器访问网页 Index11_1,单击链接"注销",在网页 Logout11_5 中单击链接"注销成功,单击跳转到主网页",会话信息已注销,主网页不再显示相关内容。

习题

一、填空题

1. _____是指一个终端用户与系统进行通信的过程。

2. 服务器端管理同一用户发出的不同请求之间的关联,称为___①___会话,需要使用___②___。

3. HTTP 协议是一种_____的协议,即 HTTP 协议无法维护同一个用户的两个事务之间的状态。

4. 在网页程序设计中,通常使用___①___技术和___②___技术实现会话机制。

5. Cookie 技术将会话信息封装到 HTTP 协议_____发送到 Web 服务器。

6. Cookie 技术将会话信息全部保存在_____。

7. Session 技术将绝大部分会话信息保存在_____。

8. _____技术通常用于保存会话过程中频繁使用的身份和登录状态等信息。

9. 使用 Session 技术时,启动会话有___①___启动和___②___启动两种方式。

10. Apache 服务器的 session.auto_start 选项值为_____时,系统自动启动会话。

11. 使用 Session 技术时,在程序启动会话方式下调用_____函数可以启动会话。

12. 使用 Session 技术时,在 PHP 程序中调用_____函数可以注销超全局关联数组中的某个元素。

13. 使用 Session 技术时,在 PHP 程序中调用_____函数可以注销会话标识符、超全局关联数组及其对应的会话文件。

二、单选题

1. 下列关于 Cookie 技术的描述中,正确的是(　　)。

　　A. 浏览器对 Cookie 文件的个数无限制

　　B. 浏览器对 Cookie 文件的大小无限制

　　C. 维护会话依赖于服务器端对会话信息的存储和发送

　　D. 会话信息不安全

2. 在 PHP 程序中引用超全局关联数组(　　)中元素可以获取会话信息。

　　A. $_GET　　　　　　B. $_SESSION　　　　C. $_POST　　　　　D. $_ENV

3. 使用 Session 技术,服务器端通过配置(　　)文件设置会话参数。

　　A. HTTPD. CONF　　　　　　　　　B. PHP.INI

　　C. MY.INI　　　　　　　　　　　　D. Session.INI

4. Apache 服务器默认的 PHP 程序会话标识符是(　　)。

　　A. PHPID　　　　B. SessionID　　　C. PHPSESSID　　D. ApacheID

5. Apache 服务器的(　　)选项,用于指定会话标识符在客户端的过期时间。

　　A. session.use_cookies　　　　　　　B. session.cookie_lifetime

　　C. session.gc_maxlifetime　　　　　　D. session.gc_probability

6. Apache 服务器的( )选项,用于指定会话信息在服务器端的过期时间。

    A. session.use_cookies   B. session.cookie_lifetime

    C. session.gc_maxlifetime   D. session.auto_start

7. 关于 Session_Start 函数,下列说法正确的是( )。

    A. 程序启动会话和系统自动启动会话方式下都可调用

    B. 程序启动会话方式下每个 PHP 程序只能调用一次

    C. 系统自动启动会话方式下每个 PHP 程序只能调用一次

    D. 只能在系统自动启动会话方式下调用

8. 使用 Session 技术,以下方法能够实现同一用户在多个客户端共享会话信息的是( )。

    A. 程序中使用系统自动生成的会话标识符值

    B. 程序中指定教学号为会话标识符值

    C. 程序中指定姓名为会话标识符值

    D. 程序中指定登录时间为会话标识符值

9. 判断( )函数返回值可以分析会话是否启动。

    A. Session_ID   B. Session_Start

    C. Unset   D. Session_Destroy

10. 使用 Session 技术,服务器端的会话文件内容中不包含( )。

    A. 变量名   B. 数据类型   C. 值   D. 有效期

三、多选题

1. 下列描述中,不属于 Cookie 技术缺陷的是( )。

    A. 会话信息存储量小   B. 会话信息不安全

    C. 会话信息不能跨平台共享   D. 增加了服务器端存储设备的压力

    E. 依赖 Session 技术

2. 下列关于 Session 技术的描述中,错误的是( )。

    A. 会话信息存储量大   B. 服务器端保存全部会话信息

    C. 客户端不保存任何会话信息   D. 依赖于 Cookie 技术

    E. 会话信息安全主要取决于客户端计算机

3. Apache 服务器的( )选项,用于指定服务器端启动垃圾回收进程的概率。

    A. session.use_cookies   B. session.cookie_lifetime

    C. session.gc_maxlifetime   D. session.gc_probability

    E. session.gc_divisor

4. ( )函数配合,可以在创建会话时自定义会话标识符的值。

    A. Unset   B. Session_ID

    C. Session_Start   D. Session_Destroy

    E. Session_Encode

5. 下列关于会话信息的描述中,正确的是( )。

    A. 使用 Session 技术,可以通过修改配置文件设置会话信息有效时间

    B. 使用 Session 技术,不可以自定义会话标识符

C. 使用 Session 技术，会话标识符值可以在程序中自定义

D. 使用 Session 技术，超全局关联数组元素只能在服务器端引用

E. 使用 Session 技术，客户端和服务器端都保存会话信息

四、程序设计题

使用会话技术，结合人才招聘数据库中的 ypryb 编写网页程序，在人才招聘网页中显示应聘人员的 E-mail 账号。

五、思考题

1. 如果客户端浏览器禁用了 Cookie，访问网站时如何实现会话机制？

2. 如何提高会话信息的安全性？

3. 不同的网络应用程序（系统）之间如何共享会话信息？

附录 A   MySQL 常用运算符及函数

表 A-1   MySQL 常用数值运算符及函数

运算符及函数格式	功能及说明	应用示例
$<n_1>+<n_2>$	加法运算	5+2.8 值为 7.8
$<n_1>-<n_2>$	减法运算	5-2.8 值为 2.2
$<n_1>*<n_2>$	乘法运算	5 * 2.8 值为 14
$<n_1>/<n_2>$	除法运算	5/2 值为 2.5
$<n_1>$ Div $<n_2>$	商运算	5 Div 2 值为 2
$<n_1>\%<n_2>$	模运算	5%2 值为 1
Abs(x)	计算 x 的绝对值	Abs(-5) 值为 5
Bin(x)	返回 x 的二进制格式字符串	Bin(20) 值为 "10100"
Ceiling(x)	大于或等于 x 的最小整数	Ceiling(2.8) 值为 3
Exp(x)	计算 e 的 x 次方	Exp(2) 值为 7.38905609893065
Floor(x)	小于或等于 x 的最大整数	Floor(5.8) 值为 5
Greatest$(n_1,n_2,\cdots,n_m)$	所有 n 值的最大值	Greatest(1,2,5,4,3) 值为 5
Least$(n_1,n_2,\cdots,n_m)$	所有 n 值的最小值	Least(1,2,5,4,3) 值为 1
Ln(x)	以 e 为底数，x 值的对数	Ln(2) 值为 0.6931471805599453
Log(x) 或 Log(x,y)	以 2 为底数，x 的对数 以 x 为底数，y 的对数	Log(28) 值为 3.332204510175024 Log(2,65536) 值为 16
Mod(n_1,n_2)	n_1 除以 n_2 的余数	Mod(5,2) 值为 1
Pi()	圆周率 pi 的值	Pi() 值为 3.141593
Power(x,y)	指数函数，返回 x 的 y 次方的值，x 和 y 的值均为实数	Power(2,5) 值为 32 Power(2,1/2) 值为 1.4142135623730951
Rand()	0 到 1 之间的随机值	Rand() 值为 0.1824410643265
Round(n_1,n_2)	n_1 的值在 n_2 指定位置四舍五入，n_2 为正数表示小数点后的位置，为负数表示小数点前面的位置	Round(2.56,1) 值为 2.6 Round(12345.6888,-2) 值为 12300
Sign(x)	x 值的符号(-1,0 或 1)	Sign(-5) 值为 -1
Sqrt(x)	x 值的算术平方根	Sqrt(16) 值为 4
Truncate(n_1,n_2)	n_1 截短为 n_2 位小数的结果，不进行四舍五入	Truncate(58.2985,2) 值为 58.29 Truncate(123.456,-1) 值为 120

表 A-2　**MySQL 常用字符串函数**

函 数 格 式	功能及说明	应 用 示 例
Ascii(str)	str 字符串首字符的 ASCII 值	Ascii("abc")值为 97
Bit_Length(str)	str 字符串的二进制位长度	Bit_Length("abc")值为 24 Bit_Length("计算机")值为 48
Char(n_1[,n_2…])	编码转字符并连接函数。将各个参数(编码)对应的字符接成一个字符串作为函数的返回值	Char(73,32,67,65,78)值为"I CAN"
Char_Length(str)	字符串长度函数。返回 str 字符串中符号的个数(也称字符串长度),英文符号、汉字和全角符号都记为 1	Char_Length("Data Base")值为 9 Char_Length("数据库")值为 3
Concat(s_1,s_2,…,s_n)	将各字符串顺序连接成一个新的字符串	Concat("人才","招聘")值为"人才招聘"
Concat_WS(sep,s_1,s_2,…,s_n)	将各字符串连接成一个新字符串,并用 sep 指定的字符间隔	Concat_WS("-","吉","林","省")值为"吉-林-省"
CONV(x,m,n)	数制转换函数。x 为大于或等于 0 的整数,将 x 的值由当前进制 m(≤36)转换到目标进制 n(≤36),结果以字符串格式返回	CONV(30,10,16)值为"1E" CONV(12,8,2)值为"1010"
ELT(n,s_1[,s_2,…,s_m])	数码转名称函数。n 为数值或数字串的字符表达式,当 1≤n≤m 时,返回 s_n 的值,否则,返回值为 NULL。一般用于将数据编码转换成名称	ELT(2,'男','女')的值为'女' ELT(最后学历,'无要求','专科','本科','研究生','博士')值为最后学历取值的汉字名称
Insert(str_1,x,y,str_2)	将字符串 str_1 从第 x 位置开始的连续 y 个字符替换为字符串 str_2,返回结果	Insert("abcde",2,2,"12345")值为"a12345de"
InSTR(str_1,str_2)	子串位置函数。若 str_2 的值是 str_1 中的完整子串(英文字母不区分大小写),则函数返回其首次出现的位置号,否则,函数返回值为 0	InSTR('吉林省大学','吉林大学')值为 0 InSTR('吉林省大学','大学')的值为 4
Find_In_Set(str,list)	分析逗号分隔的 list 列表,如果发现 str,返回 str 在 list 中的位置	Find_In_Set("ab","aa,abc,ab,mdd")值为 3
Format(X,n)	转换千分位函数,将 X 的数值转换成千分位字符串,其中 n 为转换后的小数位数,n≤0 时按 0 计算,在小数 n+1 位上四舍五入	Format(23456789.675,2)值为"23,456,789.68" Format(8976.54,-2)值为"8,977"
Lcase(str)或 Lower(str)	返回将 str 字符串中所有大写字母改变为小写字母后的结果	Lower("AbC")值为"abc"
Left(str, x)	返回 str 字符串中左边 x 个字符	Left("DateTIME",4)值为"Date"
Length(str)	返回 str 字符串中的字符个数,每个汉字或全角符号为 2 个字符长度	Length("吉林大学")值为 8

续表

函 数 格 式	功 能 及 说 明	应 用 示 例
Locate(str₁,str₂,n)	子串位置函数。从起始位置 n 之后，若 str₁ 的值是 str₂ 中的完整子串(英文字母不区分大小写),则函数返回其首次出现的位置号,否则,函数返回值为 0	Locate('中国','中国是一个发展中国家',5)值为 8 Locate('发家','中国是一个发展中国家',3)值为 0
Ltrim(str)	将 str 字符串开头的空格去除	Ltrim(" 人才招聘")值为"人才招聘"
Mid(str,n[,m])或 SubString(str,n [,m])	返回值是从字符串 str 中第 n 个位置开始向后的 m 个字符构成的字符串。若不写",m"或 m 值超过后面的字符个数,则函数返回值为从位置 n 开始向后的全部符号串	Mid("吉林省大学",3)的值为"省大学" SubString("吉林省大学",3,2)的值为"省大"
Position(str₁ in str₂)	返回字符串 str₁ 在字符串 str₂ 中第一次出现的位置	Position("管理" in "人才招聘管理系统")值为 5
Quote(str)	用反斜杠转义字符串 str 中的单引号	Quote("Abc'abc")值为"Abc\'abc"
Repeat(str,x)	返回 str 字符串重复 x 次的结果字符串	Repeat("人才",3)值为 "人才人才人才"
Reverse(str)	返回颠倒 str 字符串的结果字符串	Reverse("ABC")值为"CBA" Reverse("人才招聘")值为 "聘招才人"
Right(str,x)	返回 str 字符串中最右边的 x 个字符	Right("abcde",2)值为"de" Right("人才招聘",2)值为"招聘"
Rtrim(str)	返回去除 str 字符串尾部空格的结果字符串	Rtrim("人才招聘 ")值为 "人才招聘"
Strcmp(str₁,str₂)	比较字符串 str₁ 和 str₂,其中的英文字母不区分大小写,两个字符串相同,结果为 0	Strcmp("abc","abd")值为−1 Strcmp("abc","Abc")值为 0
Trim(str)	返回去除 str 字符串首部和尾部空格的结果字符串	Trim(" 人 才 招 聘 ")值为 "人 才 招 聘"
Ucase(str)或 Upper(str)	返回将 str 字符串中所有字符转变为大写后的结果	Upper("aBc123")值为"ABC123"

表 A-3 MySQL 常用比较、逻辑运算符及函数

运算符及函数格式	功 能 及 说 明	应 用 示 例
<式 1>=<式 2>	判断式 1 的值是否等于式 2 的值,若相等结果为 1,否则为 0,式中英文字母不区分大小写	"A"="a"值为 1 10=10.0 值为 1
<式 1><><式 2>	判断式 1 的值是否不等于式 2 的值,若不等则结果为 1,否则为 0	"A"<>"a"值为 0 10<>20 值为 1

续表

运算符及函数格式	功能及说明	应 用 示 例
<式 1><=><式 2>	与"="的区别仅在于含 Null 运算项。"<=>"运算项之一是 Null 时,结果是 0;两项均为 Null 时,结果是 1	5<=>Null 值为 0 Null<=>Null 值为 1 Null=Null 值为 Null
<式 1><<式 2>	判断式 1 的值是否小于式 2 的值,若式 1 小于式 2 则结果为 1,否则为 0	3<5 值为 1 "A"<"a"值为 0
<式 1><=<式 2>	判断式 1 的值是否小于或等于式 2 的值,若式 1 小于或等于式 2 则结果为 1,否则为 0	3<=5 值为 1 "Abc"<="ade"值为 1
<式 1>><式 2>	判断式 1 的值是否大于式 2 的值,若式 1 大于式 2 则结果为 1,否则为 0	3>5 值为 0 "Abc">"ade"值为 0
<式 1>>=<式 2>	判断式 1 的值是否大于或等于式 2 的值,若式 1 大于或等于式 2 则结果为 1,否则为 0	3>=5 值为 0 "Abc">="ade"值为 0
<式 1>Between <式 2>And <式 3>	判断式 1 的值是否在式 2 的值和式 3 的值之间	笔试成绩 Between 60 And 100 #笔试成绩为 60~100
<式 1>In (<表达式表>)	判断式 1 的值是否等于表达式表中某个表达式的值	民族码 In("01","02","03") #民族码为"01"、"02"或"03" 笔试成绩 In (57,58,59) #笔试成绩为 57,58 或 59 分
<字段名>Is [Not] Null	字段名为 Null	民族码 Is Null
str$_1$ Like str$_2$	两个字符串匹配,str$_2$ 字符串中可包含"%"(表示任意多个字符)和下画线"_"(表示任意一个字符)	聘任要求 like"%计算机%" #有对于计算机能力的聘任要求
str$_1$ Regexp str$_2$	正则表达式匹配查询,可以使用多种正则表达式通配符	姓名 Regexp "^马" #匹配所有姓马的招聘人员
!<式 1> Not<式 1>	逻辑非运算,作用于逻辑数据时其值取反,作用于数值型数据时,其值非 0 结果返回 0,其值为 0 结果为 1	!(考试成绩>=60) #考试成绩不及格
<式 1>&&<式 2> <式 1>And <式 2>	逻辑与运算,式 1 和式 2 同时为 True,结果为 True,否则结果为 False;表达式为数值型数据时,非 0 为 True,0 为 False	笔试成绩>=60 && 面试成绩>=60 #笔试和面试成绩均及格
<式 1>‖ <式 2> <式 1>Or <式 2>	逻辑或运算,式 1 和式 2 至少一个为 True,结果为 True,否则结果为 False	笔试成绩<60 ‖ 面试成绩<60 #笔试或面试成绩不及格
<式 1>Xor <式 2>	异或运算,当其中一个表达式是 True 而另外一个表达式是 False 时,运算结果为 True,否则为 False	笔试成绩>=60 Xor 面试成绩>=60 #笔试或面试成绩单项合格

续表

运算符及函数格式	功能及说明	应 用 示 例
If(expr₁,expr₂,expr₃)	如果 expr₁ 是 True(expr₁ <> 0 且 expr₁<>NULL),那么 If()函数返回 expr₂,否则返回 expr₃	If(笔试成绩>面试成绩,笔试成绩,面试成绩) #取笔试成绩和面试成绩中的较大值
IfNull(expr₁,expr₂)	如果 expr₁ 不是 NULL,IfNull()函数返回 expr₁,否则返回 expr₂	IfNull(1,0)结果为 1 IfNull(1/0,10)结果为 10
NullIf(expr₁,expr₂)	如果 expr₁ 等于 expr₂,NullIf()函数返回 NULL,否则返回 expr₁	NullIf(1,1)结果为 NULL
Case When [test₁] Then [result₁] When [test₂] Then [result₂] ⋮ When [testₙ] Then [resultₙ] Else [default] End	如果 testₘ(1≤m≤n)是 True,则返回表达式 resultₘ 的值,否则返回 default 的值。若多个 testₘ 的值为 True,则只返回第一个满足条件的 Result 结果	Case When 1>0 Then "True" When 1<0 Then "False" Else "Unknown" End #结果为 True
Case [test] When [val₁] Then [result₁] When [val₂] Then [result₂] … When[valₙ] Then [resultₙ] Else [Default] End	如果 valₘ(1≤m≤n)和 test 相等,则返回表达式 resultₘ 的值,否则返回 Default 的值	Case 1 When 1 Then "One" When 2 Then "Two" Else "More" End #结果为 One

表 A-4　MySQL 常用日期时间函数

函 数 格 式	功能及说明	应 用 示 例
AddDate(Date,n)	日期加天数函数。返回 Date 加 n 天的日期(时间),n<0 时,得到|n| 天前的日期(时间);n≥0 时,得到 n 天后的日期(时间)。函数返回值的数据类型由 Date 的数据类型决定	AddDate("2016-10-01",100)结果为 "2017-01-09" AddDate("2016-10-01",-100)结果为 "2016-06-23"
Curdate()或 Current_Date()	返回当前的系统日期,结果为字符串	Curdate() #若当前日期为 2016-10-1,则结果为 "2016-10-01"
Curtime()或 Current_Time()	返回当前的系统时间,结果为字符串	Curtime() #若当前系统时间为 14:20:28,则结果为"14:20:28"
Date_Add(Date, Interval int Keyword)	返回日期 Date 加上间隔时间 int 的结果,Keyword 可以是 Year、Month、Day、Hour、Minute 等	Date_Add(Curdate(), Interval 6 Month); #当前日期加上 6 个月后的日期

续表

函 数 格 式	功 能 及 说 明	应 用 示 例
Date_Format(Date，Format)	按指定的 Format 格式对日期 Date 值进行格式转换	Date_Format(Now()，'%d %b %Y %T：%f') #显示当前日期时间，结果为 22 Dec 2015 14：24：08：000000
Date_Sub(Date，Interval int Keyword)	返回日期 Date 减去间隔时间 int 的结果，Keyword 可以是 Year、Month、Day、Hour、Minute 等	Date_Sub(Now()，Interval 48 Hour)； #若系统日期为 2015-12-22 14：28：18，则结果为 2015-12-20 14：28：18
DateDiff(Date₁，Date₂)	日期差函数。返回 $Date_1$ 与 $Date_2$ 之间的天数，若 $Date_1 \geqslant Date_2$，则函数返回值为大于或等于 0 的整数，否则为负数	DateDiff("2016-10-01"，"1949-10-01") 结果为 24472
DayofWeek(Date)	返回 Date 日期所代表的一星期中的第几天（1～7）	DayofWeek(Now()) #若今日为星期二，则结果为 3
DayofMonth(Date)	返回 Date 日期所在月份的第几天（1～31）	DayofMonth(Now()) #若当前系统日期为 2015-12-22，则函数结果为 22
DayofYear(Date)	返回 Date 日期是一年的第几天（1～366）	DayofYear(Now()) #若当前系统日期为 2015-12-22，则函数结果为 356
DayName(Date)	返回 Date 日期的英文星期名	DayName(Now()) #若当前系统日期为 2015-12-22，则函数结果为 Tuesday
From_UNIXTime(ts，Format)	根据指定的 Format 格式对 UNIX 时间戳 ts 进行格式转换	From_UNIXTime（12345678，"%Y-%m-%d %H：%i：%d"）结果为 1970-05-24 05：21：18
Hour(Time)	返回 Time 的小时值（0～23）	Hour(Now()) #若系统时间为 14：28：18，则结果为 14
Minute(Time)	返回 Time 的分钟值（0～59）	Minute(Now()) #若系统时间为 14：28：18，则结果为 28
Month(Date)	返回 Date 的月份值（1～12）	Month(Now()) #若系统日期为 2015-12-22，则结果为 12
MonthName(Date)	返回 Date 的月份名	MonthName(Now()) #若系统日期为 2015-12-22，则结果为 December
Now()	返回当前的日期和时间	Now() #若系统当前日期 2015-12-22 14：28：01，则结果为 2015-12-22 14：28：01

函 数 格 式	功能及说明	应 用 示 例
Quarter(Date)	返回 Date 在一年中的季度(1~4)	Quarter(Now()) #若系统时间 2015-12-22,则结果为 4
TimeDiff(Date$_1$,Date$_2$)	时间差函数。两个日期时间或两个时间之间相隔的时间,函数返回值的范围为 −838:59:59~838:59:59,即函数只适合计算不超过 34 天 23 小时的时间间隔	TimeDiff('2016-10-8 8:0:0','2016-10-1 10:10:10') #结果为 165:49:50
Week(Date)	返回日期 Date 为一年中第几周(0~53)	Week(Now()) #若系统时间为 2015-12-22,则结果为 51
WeekDay(Date)	返回 Date 对应的工作日(周几),范围是 0~6,0 为周一,1 为周二…6 为周日	WeekDay(Now()) #若系统时间为 2015-12-22,则结果为 1
Year(Date)	返回日期 Date 的年份(1000~9999)	Year(Now()) #系统时间为 2015-12-22,则结果为 2015

表 A-5　MySQL 常用聚合函数

函 数 格 式	功能及说明	应 用 示 例
Avg(col)	返回指定列的平均值	Select Avg(笔试成绩) From GWCJB; #笔试成绩的平均值
Count(col)	返回指定列中非 NULL 值的个数	Select Count(身份证号) From GWCJB; #统计 GWCJB 中的记录个数
Min(col)	返回指定列的最小值	Select Min(笔试成绩) From GWCJB; #笔试成绩的最小值
Max(col)	返回指定列的最大值	Select Max(笔试成绩) From GWCJB; #笔试成绩的最大值
Sum(col)	返回指定列的所有值之和	Select Sum(笔试成绩) From GWCJB; #笔试成绩的总和
Group_Concat(col)	返回由属于一组的列值连接组合而成的结果	Select Group_Concat(身份证号) From GWCJB; #GWCJB 中所有身份证号连接成一个字符串,每个身份证号间用逗号分隔

表 A-6　MySQL 常用位运算符

运 算 格 式	功能及说明	应 用 示 例
<式 1>& <式 2>	式 1 与式 2 按位与运算,对应位都为 1 结果为 1,否则为 0	2&3 值为 2 #数值 2 的二进制格式为 000…0010 #数值 3 的二进制格式为 000…0011
<式 1>| <式 2>	式 1 与式 2 按位或运算,对应位有 1 结果为 1,否则为 0	2|3 值为 3

续表

运 算 格 式	功能及说明	应 用 示 例
<式 1>^<式 2>	式 1 与式 2 按位异或运算,即对应位相同结果为 1,对应位不同结果为 0	2^3 值为 1
~<式 1>	式 1 按位取反运算,即 0 变为 1,1 变为 0	~2 # 在 64 位系统中,其值为 18446744073709551613
<式 1>>><式 2>	式 1 按位右移式 2 指定的位	15>>2 值为 3 # 15 的二进制格式为 000…001111
<式 1><<<式 2>	式 1 按位左移式 2 指定的位	15<<2 值为 60

表 A-7 MySQL 运算符的优先级

优 先 级	运 算 符
1(最高)	!,Not
2	−(取负),~(按位取反)
3	^(按位异或)
4	*,/,Div,%,Mod
5	+,−
6	<<(按位左移),>>(按位右移)
7	&(按位与运算)
8	|(按位或运算)
9	=(相等比较),<=>,>=,>,<=,<,<>,!=,Is,Like,Regexp,In
10	Between,Case,When,Then,Else
11	&&,And
12	||,Or,Xor
13(最低)	=(赋值),:=(复合赋值运算符)

附录 B　PHP 常用运算符及函数

表 B-1　PHP 常用数值运算及函数

运算及函数格式	功能及说明	应 用 示 例
$<n_1>+<n_2>$	加法运算	$5+2.8$ 值为 7.8
$<n_1>-<n_2>$	减法运算	$5-2.8$ 值为 2.2
$<n_1>*<n_2>$	乘法运算	$5*4$ 值为 20
$<n_1>/<n_2>$	除法运算	20/5 值为 4
$<n_1>\%<n_2>$	求余运算	8%3 值为 2
++	前缀加法	$a=10;$b=++$a;$ 结果$a 值为 11,$b 值为 11
++	后缀加法	$a=10;$b=$a++;$ 结果$a 值为 11,$b 值为 10
−−	前缀减法	$a=10;$b=−−$a;$ 结果$a 值为 9,$b 值为 9
−−	后缀减法	$a=10;$b=$a−−;$ 结果$a 值为 9,$b 值为 10
Abs(x)	取 x 的绝对值	Abs(−10.245)值为 10.245
Base_Convert(str,x,y)	将 str 字符串由 x 进制转换为 y 进制,结果以字符串格式存储	Base_Convert("100",16,2) 结果为"100000000" Base_Convert("100",10,16)结果为"64"
Bindec(str)	将二进制格式字符串 str 转换成十进制数值	Bindec("10011")结果为 19
Ceil(x)	向上舍入,求得大于 x 的最小整数	Ceil(12.58)结果为 13 Ceil(−20.4)结果为−20
Cos(x)	计算 x 的余弦值	Cos(2)结果为−0.41614683654714
Decbin(x)	将十进制数 x 转换为二进制格式字符串	Decbin(20)结果为"10100"
Dechex(x)	将十进制数 x 转换为十六进制格式字符串	Dechex(20) 结果为"14"
Decoct(x)	将十进制数 x 转换为八进制格式字符串	Decoct(20)结果为"24"
Exp(x)	自然对数 e 的 x 次方值	Exp(2)结果为 7.3890560989307

续表

运算及函数格式	功能及说明	应 用 示 例
Floor(x)	计算小于 x 的最大整数	Floor(30.48)结果为 30 Floor(−21.44)结果为−22
Getrandmax()	返回调用 Mt_rand()函数所能返回的最大随机数	Getrandmax()结果为 32767
Hexdec(str)	十六进制字符串格式数据 str 转换为十进制数值	Hexdec("12")结果为 18
Log(x)	x 的自然对数值	Log(100) 结果为 4.6051701859881
Log10(x)	以 10 基底的 x 对数值	Log10(100)结果为 2
Max(n_1,n_2,…,n_m)	取所有表达式中的最大值	Max(10,20.8,30)结果为 30
Min(n_1,n_2,…,n_m)	取所有表达式中的最小值	Min(10.5,20.8,30)结果为 10.5
Number_Format(str,n,c_1,c_2)	格式化数字字符串 str,n 为小数点后的位数,c_1 为小数点符号,c_2 为千位分隔符符号,省略部分参数时使用系统默认值	Number_Format("5000000",2)结果为 5,000,000.00 Number_Format("5000000",2,",",".")结果为 5.000.000,00
Octdec(str)	将八进制格式字符串 str 转换成十进制数值	Octdec("123")结果为 83
Pi()	圆周率	Pi()结果为 3.1415926535898
Pow(x,y)	计算 x 的 y 次方	Pow(2,5)结果为 32
Rand(n_1,n_2)	取得 n_1 和 n_2 之间的随机整数值	Rand(10,20)结果为 10～20 的随机整数,例如 18
Round(x,n)	舍入函数,保留 x 值小数点后 n 位,四舍五入	Round(12.488,2)结果为 12.49
Sin(x)	计算 x 的正弦值	Sin(2.5)结果为 0.59847214410396
Sqrt(x)	开平方根	Sqrt(100)结果为 10
Tan(x)	计算 x 的正切值	Tan(2)结果为−2.1850398632615

表 B-2　PHP 常用字符运算及函数

运算及函数格式	功能及说明	应 用 示 例
.	连接运算符,用于连接两个字符串	"吉林"."大学"结果为"吉林大学"
.=	连接赋值运算符,用于连接两个字符串	$a="吉林"; $A.="大学"; 结果为"吉林大学"
Strlen(str)	获取 str 字符串长度,每个汉字或全角符号占 3 个字符长度	Strlen("吉林大学")结果为 12
Ltrim(str_1[,str_2])	去除 str_1 字符串左侧开始部分的空格;如有参数 str_2 则是将 str_1 左侧开始的空格去除并删除 str_2 字符串的内容	$a="　吉林大学"; Ltrim($a)结果为"吉林大学" Ltrim($a,"吉林")结果为"大学"

续表

运算及函数格式	功能及说明	应用示例
Rtrim(str₁[,str₂])	去除 str_1 字符串右侧空格;如有参数 str_2,则是将 str_1 右侧空格去除并删除右侧 str_2 字符串的内容	$a="吉林大学　　"; Rtrim($a)结果为"吉林大学" Rtrim($a, "大学")结果为"吉林"
Trim(str₁[,str₂])	将 str_1 字符串两侧空格去除;若有 str_2 参数则去掉 str_1 两侧 str_2 子串中出现的每个字符	$a="　吉林大学　　"; $b="　学习吉林大学　　"; Trim($a)结果为"吉林大学" Trim($b,"学大")结果为"习吉林"
Substr(str,n,m)	从 str 字符串第 n 个字符开始,连续截取 m 个字符形成一个字符串,str 字符串中第 1 个字符位置从 0 开始计算	Substr("吉林大学图书馆",12,6)结果为"图书"
Str_Replace(str₁,str₂,str₃)	将 str_3 中出现的 str_1 的内容用 str_2 替换,形成新的结果	Str_Replace("大学","高校","吉林大学大学城")结果为"吉林高校高校城"
Strtoupper(str)	返回 str 字符串中的英文字母全部大写的字符串	Strtoupper("Asdaf123")结果为"ASDAF123"
Ucfirst(str)	将 str 字符串中第一个字符变成大写后返回	Ucfirst("abc")结果为"Abc"
Htmlentities(str)	将 str 字符串转换为 HTML 实体,用 echo 等将转换后 str 字符串打印在网页上时原样输出,包括标签字符等内容	echo Htmlentities(" "); //结果为
Substr_Count(str₁,str₂)	返回 str_2 字符串在 str_1 字符串中出现的次数	Substr_Count("吉林大学大学城","大学")结果为 2
Strpos(str₁,str₂)	返回 str_2 字符串在 str_1 字符串中第一次出现的位置,起始位置为 0;若 str_2 未出现在 str_1 中,函数返回 False	Strpos("吉林大学大学城","大")结果为 6 Strpos("吉林大学大学城","吉林省")结果为 False
Strrpos(str₁,str₂)	返回 str_2 字符串在 str_1 字符串中最后一次出现的位置	Strrpos("吉林大学大学城","大")结果为 12
Strstr(str₁,str₂)	返回 str_1 字符串中第一个出现 str_2 字符串位置到字符串结尾的全部字符	Strstr("吉林大学大学城","大学")结果为"大学大学城"
Strrchr(str₁,str₂)	返回 str_1 字符串中从最后一次出现 str_2 字符串的位置开始并去掉最后一个 str_2 之后的字符串内容	Strrchr("吉林大学大学城","大学")结果为"城"
Addcslashes(str₁,str₂)	将 str_2 字符串中每一个字符在 str_1 字符串中出现的相同字符前加"\"	Addcslashes("Jilin University","is")结果为"J\il\in Un\iver\s\ity"

续表

运算及函数格式	功能及说明	应用示例

Str_Pad(str_1, n, str_2, m)	将 str_1 字符串扩展到 n 位字符长度,不足时用 str_2 填充到 n 指定的长度),m 为填充方向,默认为右侧填充。若 str_1 长度大于或等于 n,则函数不填充任何内容	$str="Hello World!";
		echo Str_Pad($str,20,"abc");
		//结果为"Hello World!abcabcab"

Strcmp(str_1, str_2)	逐个比较两字符串对应位置字符的 ASCII 值,出现不相同时,如果 str_1 中的字符大于 str_2 对应位置的字符,函数返回 1,反之返回−1,两字符串完全一样返回 0	Strcmp("abc","abd")结果为−1 Strcmp("abc","abc")结果为 0

表 B-3 PHP 常用比较、逻辑运算及函数

运算及函数格式	功能及说明	应用示例
<式 1>==<式 2>	相等比较,若式 1 等于式 2,结果为 True,否则结果为 False	$a=100; $b=100.0; $a==$b 结果为 True "吉林"=="吉林省"结果为 False
<式 1>===<式 2>	全等比较,若式 1 等于式 2 且其类型也相同,则结果为 True,否则结果为 False	$a=100; $b=100.0; $a===$b 结果为 False
<式 1>!=<式 2> <式 1><><式 2>	不等于比较,若式 1 不等于式 2,则结果为 True,否则结果为 False	100 !=101 结果为 True "abc"<>"Abc" 结果为 True
<式 1>!==<式 2>	非全等比较,若式 1 非全等于式 2,则结果为 True,否则结果为 False	$a=100; $b=100.0; $a !==$b 结果为 True
<式 1><<式 2>	小于比较,若式 1 小于式 2 则结果为 True,否则结果为 False	100<120 结果为 True "AB" <"Ab"结果为 True
<式 1>><式 2>	大于比较,若式 1 大于式 2 则结果为 True,否则结果为 False	100>120 结果为 False "AB">"Ab"结果为 False
<式 1><=<式 2>	小于或等于比较,若式 1 小于或等于式 2 则结果为 True,否则结果为 False	100<=120 结果为 True "AB"<="Ab"结果为 True
<式 1>>=<式 2>	大于或等于比较,若式 1 大于或等于式 2 则结果为 True,否则结果为 False	100>=120 结果为 False "AB">="Ab"结果为 False
<式 1>?<式 2>: <式 3>	条件运算符,计算式 1,若其结果为 True,则计算式 2 并将式 2 的结果作为整个表达式的结果;若式 1 的计算结果为 False,则计算式 3 并将式 3 的结果作为整个表达式的结果	$a=100; $b=120; $a>$b?$a:$b 结果为 120 $C=("AB"=="AC")?"相同":"不相同"; //结果$C 变量赋值为"不相同"
<式 1>&&<式 2> <式 1>And <式 2>	逻辑与运算,式 1 和式 2 同时为 True 时结果为 True,否则为 False	$a>10 And $a<20 //判断$a 的值是否为 10~20

续表

运算及函数格式	功能及说明	应 用 示 例
<式 1> ‖ <式 2> <式 1>Or <式 2>	逻辑或运算,式 1 和式 2 二者至少有一个为 True 时结果为 True,否则为 False	$a<10 Or $a>20 //判断$a 不在 10~20 中
<式 1>Xor <式 2>	异或运算,式 1 和式 2 结果相反时表达式结果为 True,否则为 False	笔试成绩>=60 Xor 面试成绩>=60 //判断单科及格的情况
!<式 1>	逻辑非运算,对<式 1>的结果取反,即式 1 的结果为 True,表达式的结果为 False;式 1 的结果为 False,表达式的结果为 True	!(笔试成绩<60) //判断笔试成绩合格
File_Exists(str)	判断给定的文件是否存在,若文件存在,函数返回 True,否则返回 False	File_Exists("d:\test.txt") //D 盘根目录下存在文件 test.txt 时函数返回 True,否则 False
Is_Dir(str)	检查给定的标识符是否是目录,若是则返回 True,否则返回 False	Is_Dir("d:\test") //D 盘根目录下存在 test 文件夹则函数返回 True,否则返回 False

Mkdir(str)	创建给定的目录,成功时返回 True,否则返回 False。若路径描述不正确,则无法创建给定的目录	Mkdir("d:\51180130")
		//在 D 盘根目录下创建 51180130 目录
		Mkdir("d:\51180130\temp\data")
		//由于 51180130 下不存在 temp 目录,故创建 data 目录失败,函数返回 False

表 B-4　PHP 常用日期时间运算及函数

运算及函数格式	功能及说明	应 用 示 例
CheckDate (Month, Day, Year)	验证日期的正确性,函数返回逻辑值	CheckDate(2,10,2017) 结果为 True CheckDate(2,30,2017) 结果为 False
Date(格式[,时间])	格式化服务器的时间,形成字符串格式数据返回	Date("Y 年 m 月 d 日 H:i:s") //按格式显示系统时间,结果为"2015 年 12 月 22 日 14:33:28"

GetDate()	获得时间及日期信息,结果存入字符数组中	$a=GetDate();
		Var_Dump($a);
		//显示数组中的 11 个元素值
		array(11)
		{["seconds"]=>int(44)
		["minutes"]=>int(3)
		["hours"]=>int(5)
		["mday"]=>int(23)
		["wday"]=>int(3)
		["mon"]=>int(12)
		["year"]=>int(2015)
		["yday"]=>int(356)
		["weekday"]=>string(9) "Wednesday"
		["month"]=>string(8) "December"
		[0]=>int(1450843424)}

续表

运算及函数格式	功能及说明	应用示例

GetTimeOfDay()	取得当前系统时间,结果存入字符数组中	$my_t＝GetTimeOfDay();
		Var_dump($my_t);
		//输出数组中的内容
		array(4)
		{["sec"]=>int(1450843692)
		["usec"]=>int(496756)
		["minuteswest"]=>int(−60)
		["dsttime"]=>int(0)}

MkTime (Hour, Minute, Second, Month, Day, Year)	取得 UNIX 时间戳,其可以自动校正越界的输入	MkTime(0,0,0,12,36,2017) //生成日期时间:2018-01-05 0:0:0
Time()	取得当前系统时间的 UNIX 时间戳,时间戳是指从 1970 年 1 月 1 日 0 时 0 分 0 秒算起到当前时间所经历的秒数	Time() //结果为数值,例如 1450844406

表 B-5　PHP 常用正则表达式

正则表达式	表达式说明
/^\d+$/	匹配非负整数
/^[0-9]*[1-9][0-9]*$/	匹配正整数
/^((-\d+)|(0+))$/	匹配非正整数
/^-[0-9]*[1-9][0-9]*$/	匹配负整数
/^-?\d+$/	匹配整数
/^\d+(\.\d+)?$/	匹配非负浮点数
/^(([0-9]+\.[0-9]*[1-9][0-9]*)|([0-9]*[1-9][0-9]*\.[0-9]+)|([0-9]*[1-9][0-9]*))$/	匹配正浮点数
"/^((-\d+(\.\d+)?)|(0+(\.0+)?))$/"	匹配非正浮点数
"/^(-(([0-9]+\.[0-9]*[1-9][0-9]*)|([0-9]*[1-9][0-9]*\.[0-9]+)|([0-9]*[1-9][0-9]*)))$/"	匹配负浮点数
/^(-?\d+)(\.\d+)?$/	匹配浮点数(整数也算做浮点数)
/^[A-Za-z]+$/	匹配由英文字母组成的字符串
/^[A-Z]+$/	匹配由大写英文字母组成的字符串
/^[a-z]+$/	匹配由小写英文字母组成的字符串
/^[A-Za-z0-9]+$/	匹配由数字和英文字母组成的字符串
/^\w+$/	匹配由数字、英文字母或者下画线组成的字符串

续表

正则表达式	表达式说明
/^[\x{4e00}-\x{9fa5}]+$/u	匹配汉字字符串
/^[\x{4e00}-\x{9fa5}_a-zA-Z0-9]+$/u	匹配中文、英文、数字及下画线组成的字符串
/^[a-zA-Z][a-zA-Z0-9_]{4,15}$/	匹配合法账号(字母开头,允许 5～16 字节,允许字母数字下画线)
/^[\w-]+(\.[\w-]+)*@[\w-]+(\.[\w-]+)+$/	匹配 E-mail 地址
#^[a-zA-z]+://(\w+(-\w+)*)(\.(\w+(-\w+)*))*(\?\S*)?$#	匹配 URL 地址
/^(\d{1,2}|1\d\d|2[0-4]\d|25[0-5]).(\d{1,2}|1\d\d|2[0-4]\d|25[0-5]).(\d{1,2}|1\d\d|2[0-4]\d|25[0-5]).(\d{1,2}|1\d\d|2[0-4]\d|25[0-5])$/	匹配 IP 地址
/^(\d{2}|\d{4})-((0([1-9]{1}))|(1[0|1|2]))-((([0-2]([1-9]{1}))|(3[0|1]))$/	匹配"年-月-日"日期格式(月日两位)
/^((0([1-9]{1}))|(1[0|1|2]))-((([0-2]([1-9]{1}))|(3[0|1]))-(\d{2}|\d{4})$/	匹配"月/日/年"日期格式(月日两位)
/(\d{3}-|\d{4}-)?(\d{8}|\d{7}))?/	匹配国内电话号码(固定电话)
/^((\(\d{2,3}\))|(\d{3}\-))?1\d{10}$/	匹配手机号码(可以加国家区号)
/^0\d{2,3}$/	匹配电话区号
/^[1-9]*[1-9][0-9]*$/	匹配腾讯 QQ 号
/^(select|drop|delete|create|update|insert).*$/i	匹配 SQL 语句

表 B-6　PHP 运算符的优先级

优先级	运　算　符	含　义	结合性
1(最高)	New	实例化	
2	[	Array()	
3	! ～ ++ -- (int) (float) (string) (array) (object) @	逻辑非,自增自减,强制类型转换	右
4	* / %	算术运算	左
5	+ - .	算术运算	左
6	<< >>	移位运算	左
7	< <= > >=	比较运算	无
8	== != === !==	比较运算	无
9	&	按位与运算	左
10	^	按位异或运算	左

续表

优先级	运　算　符	含　　义	结合性
11	|	按位或运算	左
12	& &	逻辑与运算	左
13	||	逻辑或运算	左
14	?　:	条件运算	左
15	=　+=　-=　*=　/=　.=　%=　&= |=　^=　~=　<<=　>>=	赋值及复合赋值运算	右
16	Print	输出	右
17	And	逻辑与运算	左
18	Xor	逻辑异或运算	左
19	Or	逻辑或运算	左
20(最低)	,	逗号运算	左

参 考 文 献

［1］ 宋长龙,曹成志. 大学计算机[M]. 4 版. 北京：高等教育出版社,2019.

［2］ 未来科技. PHP 从零基础到项目实战［M］. 北京：中国水利水电出版社,2023.

［3］ 刘春茂. PHP＋MySQL 动态网站开发案例课堂[M]. 3 版. 北京：清华大学出版社,2022.

［4］ 王维哲. PHP＋MySQL 动态网站开发实例教程[M]. 2 版. 北京：清华大学出版社,2023.

［5］ 教育部教育考试院. 2023 全国计算机等级考试二级教程：MySQL 数据库程序设计[M]. 北京：高等
教育出版社，2023.

［6］ 施莹. PHP＋MySQL 项目实例开发[M]. 北京：清华大学出版社,2014.

［7］ 软件开发技术联盟. PHP＋MySQL 开发实战[M]. 北京：清华大学出版社,2013.

［8］ 李晓斌. PHP＋MySQL＋Dreamweaver 网站建设全程揭秘[M]. 北京：清华大学出版社,2014.